全国电力行业"十四五"规划教材

二代和三代压水堆核电厂系统与设备

（核岛部分）

主　　编　　陆道纲
副主编　　李　军　　吕雪峰
参　　编　　黄　美　　郝祖龙　　李向宾　　刘　雨　　张钰浩
主　　审　　赵　斌

中国电力出版社
CHINA ELECTRIC POWER PRESS

内 容 提 要

"核电厂系统与设备"是核工程与核技术专业学生及核电从业人员认识与理解核电厂系统与设备的构成、功能与工作原理的一门基础课程。本书首先以 M310 型二代压水堆为基础，系统讲解了核电厂系统与设备的核岛部分，再聚焦于 M310 与 AP1000 和华龙一号三代压水堆在系统与设备上的差异之处，阐述了三代核电如何应用新型设计和先进技术进一步提高压水堆的安全性。全书共六章，分别介绍了核电厂系统与设备概况、一回路系统与设备、一回路辅助系统、专设安全系统、换料系统及辅助冷却水系统、三废处理系统。

本书可作为高等院校核工程与核技术专业的教材，也可供核电行业的设计、建造、运行和管理人员参考。

图书在版编目（CIP）数据

二代和三代压水堆核电厂系统与设备．核岛部分/陆道纲主编 .—北京：中国电力出版社，2023.9（2024.10 重印）

ISBN 978-7-5198-7988-4

Ⅰ.①二… Ⅱ.①陆… Ⅲ.①压水型堆-核电厂-系统 ②压水型堆-核电厂-设备 Ⅳ.①TM623.91

中国国家版本馆 CIP 数据核字（2023）第 177670 号

出版发行：中国电力出版社
地　　址：北京市东城区北京站西街 19 号（邮政编码 100005）
网　　址：http://www.cepp.sgcc.com.cn
责任编辑：吴玉贤（010-63412540）
责任校对：黄　蓓　李　楠
装帧设计：张俊霞
责任印制：吴　迪

印　　刷：望都天宇星书刊印刷有限公司
版　　次：2023 年 9 月第一版
印　　次：2024 年 10 月北京第二次印刷
开　　本：787 毫米×1092 毫米　16 开本
印　　张：17.5
字　　数：434 千字
定　　价：58.00 元

前　言

拓展资源

核电厂是一种利用原子核裂变反应释放的核能作为热源的发电厂，因其电力生产过程中不产生二氧化碳等温室气体和硫化物、氮化物等大气污染物，所以核电是一种环境友好的清洁能源。目前，世界核电的年发电量约占全球年累计发电量的 10%，而中国核电的年发电量约占全国年累计发电量的 5%，因此核电是电网基础负荷的重要组成部分。作为一种高效、清洁的新能源，核电一直受到世界各国的高度重视。进入 21 世纪以来，中国一直在安全、高效的指导方针下积极有序发展核电。发展核电一方面有利于保障我国的能源安全；另一方面也有利于我国能源结构优化和环境保护。我国核电必将在"力争 2030 年前实现碳达峰，2060 年前实现碳中和"的决策中发挥不可或缺的重要作用。

目前，世界上运行中的核电厂所使用的反应堆堆型主要有压水堆、沸水堆、重水堆、快堆以及高温气冷堆。其中，压水堆是以高温高压下的液态轻水作为冷却剂的一种反应堆，该堆型发展较早，技术相对成熟，已处于大规模商业化运行水平，具有较高的安全性与可靠性，因此被世界上大多数核电厂所采用。压水堆核电厂占当今世界在运核电厂的 60% 以上，中国在运核电厂也以压水堆作为主导堆型。对于初学者来说，压水堆作为最具有代表性的经典堆型，是广大核工程专业学生与核电从业人员认识与理解反应堆系统的最合适堆型。

压水堆最早被设计用作核潜艇动力推进装置，后被应用于核电厂，20 世纪 50 年代世界上第一个商业用途的核动力发电厂是基于压水堆技术建造的。作为核电的起步阶段，20 世纪 50 年代的核电厂一般机组装机容量小，系统性能参数较低，被称为第一代核电。20 世纪 60 年代至 90 年代是世界核电高速发展时期，在此期间，美、法、俄、日等国家建设了一批核电厂，这个时期的核电厂具有机组装机容量大、系统性能参数高、商用化成熟度高的特点，被称为第二代核电，例如我国从法国引进的大亚湾核电厂的 M310 型压水堆机组就属于第二代核电。1979 年的美国三哩岛核事故和 1986 年的苏联切尔诺贝利核事故之后，西方国家对核电厂的安全提出了更高的要求，即应用先进技术进一步降低反应堆的堆芯熔毁频率，并针对堆芯熔毁的严重事故采取了预防和缓解措施，以降低放射性物质大规模释放频率，基于这样的要求，形成了第三代核电的概念，例如美国的 AP1000 型压水堆和法国的 EPR 型压水堆就属于第三代核电。

我国自行设计和建造的秦山核电一期 30 万 kW 压水堆核电厂于 1991 年建成投运，从此结束了中国大陆没有核电的历史。1994 年投运的大亚湾核电厂是中国大陆第一座大型商用核电厂。在大亚湾核电厂 M310 型压水堆技术的消化与吸收基础上，我国自主建设了一批"二代＋改进型"百万千瓦级压水堆核电机组，例如岭澳核电厂、福清核电厂（1~4 号机组）和红沿河核电厂等。进入 21 世纪后，我国开始了第三代核电的引进和自主创新，从美国引进的三门核电厂 AP1000 机组和从法国引进的台山核电厂 EPR 机组于 2018 年陆续投运，我国自主设计和建造的第三代核电"华龙一号"全球首堆-福清核电厂 5 号机组于 2021 年投运，在 AP1000 技术消化和吸收基础上研发的我国拥有自主知识产权的第三代核电"国和一号"全球首堆预计 2023 年投入运行。

"核电厂系统与设备"是广大核工程专业学生与核电从业人员认识与理解核电厂系统与设备的构成、功能与工作原理的一门基础课程。鉴于我国在运、在建以及在规划的核电厂以压水堆为主，且在运的以二代技术为主，未来全面过渡到三代技术的趋势，又由于三代技术是在二代技术基础之上发展而来的状况，本教材首先以 M310 型二代压水堆为基础对核电厂的系统与设备的核岛部分进行较为系统讲解，再聚焦于 M310 与 AP1000 和华龙一号三代压水堆在系统与设备上的差异之处，讲解三代核电如何应用新型设计和先进技术进一步提高压水堆的安全性。本书针对 M310 型二代压水堆的描述主要参考大亚湾机组，同时也在书中标注了二代改进型 M310 机组的差异。华龙一号有中核和广核两个版本，虽然技术融合度较高，但也有很大不同，本书的描述均基于中核华龙一号设计。

针对核电厂系统设备虽然已有多部教材出版，但本教材基于编者多年的教学实践经验和近年压水堆技术研发进展，具有如下特点：在内容上，既有二代压水堆也涵盖了先进的三代压水堆技术，反映当今技术现状；在结构上，对二代压水堆进行系统性讲解，而对三代压水堆则重点阐述它们与二代的差异之处，简明扼要，易于理解；在写作手法上，结合多年的教学与科研实践，讲其然，力求讲其所以然。教材中在讲解第三代反应堆的技术特点时加入了编写人员的说明和释义，旨在实现"知其然，知其所以然"。

本书的主编华北电力大学陆道纲教授在核工程领域拥有丰富的工程经验，目前担任国家核安全专家委员会委员，对核电厂的系统和设备有深入的理解。本书由华北电力大学和中国核电工程有限公司联合编写，力求面向工程前沿，满足国家重大需求。

本书配套慕课、视频、图片等资料，请扫描二维码获取。

陆道纲教授作为本书主编策划了本书编写的指导思想，制订了各章节的编写内容，并承担了第一章的编写，参与各章的修改，负责全书的定稿工作。中国核电工程有限公司的李军研究员级高级工程师（研高）和华北电力大学吕雪峰教授担任副主编。李军研高提供了华龙一号相关资料和素材，并参与了各章的修订，吕雪峰教授负责组织协调工作、制订各章节的详细知识体系，并负责第二章第一节和第三节的编写，郝祖龙讲师负责第二章第二节和第四章第二节的编写，黄美教授负责第三章的编写，刘雨讲师和李向宾副教授负责第四章（不含第二节）的编写，刘雨讲师和张钰浩副教授负责第五章的编写，张钰浩副教授负责第六章的编写，全文的统稿工作由刘雨讲师和吕雪峰教授完成。此外，华北电力大学刘栋、徐纪亮、李东昊、张超凡、邓超、许言、陈子佳等研究生参加了书稿的校对工作。

本书主审中国核电工程有限公司的赵斌研高为本书提出了许多宝贵意见和建议，对本书的及时定稿起到了很大作用，使教材的质量得到进一步的提高。此外，作者在编写过程中参考了国内外一些专家的论著，谨此一并致谢。

由于时间和编者学术水平所限，书中难免会有疏漏和不当之处，欢迎广大读者提出批评和修改意见。

编 者

2023 年 9 月

目　录

第一章　核电厂系统与设备概述

利用核反应释放的能量生产电能的发电厂称为核电厂。由于核反应堆的类型不同，核电厂的系统和设备有所差异。压水堆（pressurized water reactor，PWR）用低浓缩铀（易裂变核素铀-235 的含量从天然状态的 0.715% 提高到 3%~4%）作为核燃料，通常以二氧化铀的物质形态做成燃料棒，再构成堆芯；通过热中子（一种慢中子，与周围物质一起处于热平衡状态，动能在 0.025eV 左右）与铀-235 核发生链式核裂变反应释放出热量，并用液态轻水作为冷却剂流经堆芯带走核反应产生的热量；作为冷却剂的液态水也是中子的慢化剂，核反应过程中新生成的中子通过与慢化剂的相互作用转变为热中子。为了让轻水在 300℃ 左右的高温下保持液态，需要将冷却剂系统的压力加压到 155 个大气压以上，压水堆因此而得名。压水堆有一个重要的设备——蒸汽发生器，它实际上是一个热交换器，来自堆芯的冷却剂在蒸汽发生器一次侧把堆芯产生的热量传给二次侧的给水，使之变为蒸汽。蒸汽发生器产生的蒸汽被输送到汽轮机推动汽轮机转动，进而驱动发电机发电。压水堆核电厂主要由一回路系统、二回路系统及其辅助系统组成，其主要系统流程如图 1-1 所示。

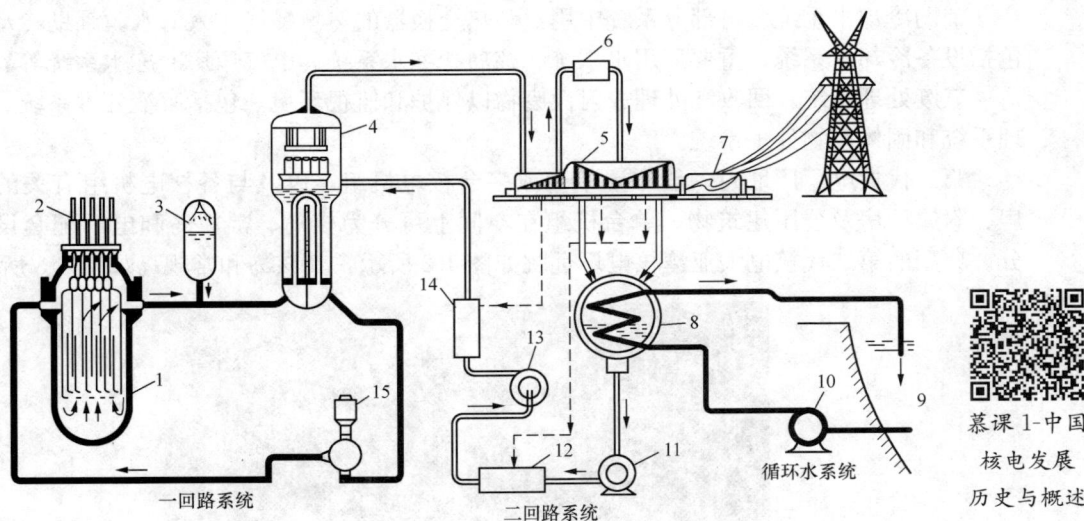

慕课 1-中国
核电发展
历史与概述

图 1-1　压水堆核电厂主要系统流程

1—反应堆压力容器；2—控制棒传动装置；3—稳压器；4—蒸汽发生器；5—汽轮机；
6—汽水分离再热器；7—发电机；8—凝汽器；9—循环水水源；10—循环水泵；11—凝结水泵；
12—低压加热器；13—给水泵；14—高压加热器；15—反应堆冷却水泵

一回路系统通过冷却剂的循环将核裂变能从反应堆带出经由蒸汽发生器传递给二回路系统。它由反应堆本体、主泵、稳压器、蒸汽发生器和相应管道组成。一回路及其辅助系统实际上是一个利用核能生产蒸汽的系统，也被称为核蒸汽供应系统。一回路系统中所有包容反应堆冷却剂的金属部件需要有足够的强度来承受一回路高压，它们被称为一回路压力边界，

也是防止反应堆内放射性物质外泄的重要屏障，它们被划分为核电厂核安全级别最高的（核安全一级）设备。

二回路系统将蒸汽的热能转化为电能。它与常规火电厂相似，由汽水分离器、汽轮机、凝汽器、凝结水泵、给水泵、给水加热器、除氧器等设备组成。二回路给水在蒸汽发生器吸收了一回路的热量后变成蒸汽，蒸汽进入汽轮机做功，做功后的乏汽在凝汽器内凝结成水，凝结水被泵送入加热器，加热后重新返回蒸汽发生器。

一回路和二回路是核电厂主要系统，为了使核电厂安全、可靠和稳定地实现电力生产，核电厂还有许多其他系统，包括专设安全设施、一回路辅助系统、二回路辅助系统、核燃料装卸的换料系统、辅助冷却水系统、三废处理系统、输配电系统等。本书着重介绍以下五类系统：

专设安全系统。在反应堆发生大量失水事故时可以自动投入，阻止事故的进一步扩大，保护反应堆的安全，同时防止放射性物质向大气环境扩散。包括安全注入（简称安注）系统、安全壳喷淋系统、辅助给水系统和安全壳隔离系统。

一回路辅助系统。保证反应堆和一回路正常启动、运行和停堆，包括化学和容积控制系统、硼和水补给系统、余热排出系统、反应堆和乏燃料水池冷却和处理系统及设备冷却水系统等。

换料系统。实施新燃料装载和使用后燃料（乏燃料）卸载操作及燃料储存，包括装卸料机、水下燃料运输系统和乏燃料储存池等。

辅助冷却水系统。将部分系统中用户和热交换器的热量最终排入海水。辅助冷却水系统包括设备冷却水系统、重要厂用水系统、核岛冷冻水系统和电气厂房冷冻水系统等。

三废处理系统。回收和处理放射性废物以保护和监视环境，包括废液处理系统、废气处理系统和固体废物处理系统。

第二代核电厂厂址内一般布置单台或多台核电机组，以及与各核电机组有关的辅助厂房、附属厂房及公用建筑物。单台机组在空间上可分为核岛、常规岛和电厂配套设施三部分。典型的第二代核电大亚湾核电厂远眺如图1-2所示，其核岛和常规岛如图1-3所示。

图1-2　第二代核电大亚湾核电厂

一、核岛主要厂房

1. 反应堆厂房。反应堆厂房又称安全壳，是一个带有准球形穹顶的圆柱形预应力钢筋混凝土结构，地面上高度约60m，直径约37m，壁厚近1m，内衬厚约6mm不锈钢板，可

图 1-3　压水堆核电厂的核岛和常规岛

慕课 2-压水堆核电厂系统与设备概述

核电厂识别符号

承受绝对压力约 0.5MPa 的内压。安全壳反应堆和其他一回路主要设备（主泵、蒸汽发生器和稳压器等）以及部分专设安全系统和核辅助系统设备提供屏蔽，遮挡来自外部的各种侵害；它还是核电厂包容放射性物质，防止其外泄的最后一道屏障，对于保障核安全十分重要。

2. 燃料厂房。该厂房是一个平顶方形混凝土结构，其内主要有乏燃料水池，用以储放堆芯中卸出的乏燃料。厂房背面紧邻换料水箱，储有反应堆换料操作所需的含硼水。

3. 核辅助厂房。它夹在两台机组的反应堆厂房之间，为两机组共用。厂房呈矩形，主要布置核辅助系统（如化学容积控制系统、硼和水补给系统等）、废物处理系统及部分专设安全系统设备。

4. 电气厂房。位于反应堆厂房和汽轮机厂房之间，其内布置有主控室和各种仪表控制系统及供配电设备。另外，蒸汽发生器的蒸汽管道和给水管道也穿过该厂房，使核岛和常规岛联系起来构成一个整体。此外，核岛还包括应急柴油发电机厂房、连接厂房和辅助给水储存箱等。

二、常规岛主要厂房

常规岛厂房主要由汽轮机厂房、辅助间和联合泵站组成。汽轮机厂房容纳二回路及其辅助系统的主要设备，如汽轮机、发电机、冷凝器、除气器和给水泵等。毗邻的建筑物还有通风间，润滑油传送间和变压器区等。联合泵站位于循环冷却水的取水口处，其内主要设置循环水泵和旋转滤网，为汽轮机组的冷凝器提供冷却水源。

三、电厂配套设施

此类设施数目较多，它们对于核电厂的安全、可靠和稳定运行必不可少。这些设施包括检修车间、现场实验室、废物辅助厂房、除盐水生产车间和主开关站等。

第二章　一回路系统与设备

第一节　M310 一回路系统与设备

一、一回路系统

（一）功能

核电厂一回路系统，即反应堆冷却剂系统（RCP），其主要功能包括：

（1）驱动冷却剂在一回路循环流动，将堆芯核裂变产生的能量通过蒸汽发生器传输给二回路，同时冷却堆芯，防止燃料棒烧毁或者损坏。

（2）压水堆的冷却剂为轻水，轻水不仅拥有良好的冷却能力，同时还拥有较好的中子慢化能力，使裂变产生的快中子慢化成热中子，用以维持链式裂变反应。此外，水还起到反射层的作用，把部分泄漏出堆芯的中子反射回来。

（3）反应堆冷却剂中溶有一定浓度的硼酸溶液，用来吸收中子控制反应性（主要用于补偿氙效应和燃耗）。

（4）一回路系统中的稳压器用于控制一回路冷却剂的压力，防止堆芯燃料棒表面产生气泡，造成燃料棒壁面发生偏离泡核沸腾现象。

（5）一回路系统压力边界作为防止裂变产物放射性外泄的第二道屏障，在燃料棒包壳破损泄漏时，可防止放射性物质外逸。

（二）系统描述

1. 系统组成

M310 的一回路系统如图 2-1 所示，由核反应堆和与其相连的三条环路组成，每条环路包含一台蒸汽发生器、一台主泵以及相应的管道和阀门，在其中一条环路上还连接有一台稳压器。

从反应堆压力容器出口到蒸汽发生器入口的主管道，被称为热段（热端、热腿）；从蒸汽发生器出口到主泵入口的主管道，被称为过渡段；从主泵出口到反应堆压力容器入口的主管道，被称为冷段（冷端、冷腿）。主泵一般设置在冷段上，可以降低主泵的运行温度。整个一回路系统共用一台稳压器，稳压器通过波动管连接在其中一个环路的热段上。

2. 系统流程

一回路系统根据其功能要求，包含冷却系统、压力调节系统和超压保护系统。此外，还有协助实现其功能的辅助系统、专设安全系统和测量系统，其流程及与各系统的接口如图 2-2 所示。

（1）冷却系统。一回路内的高温高压含硼水（即冷却剂），在主泵输送下流经反应堆的堆芯，充分吸收核燃料裂变释放出的能量后温度升高，然后流入蒸汽发生器，通过蒸汽发生器传热管壁将热量传给二回路系统的蒸汽发生器给水，温度下降后经过主泵重新回到反应堆，构成了一回路冷却剂密闭循环系统。为了在反应堆正常运行时，使一回路冷却剂在任何位置（稳压器除外）都处于液态，要保持系统压力始终高于其饱和压力，该系统的外边界被

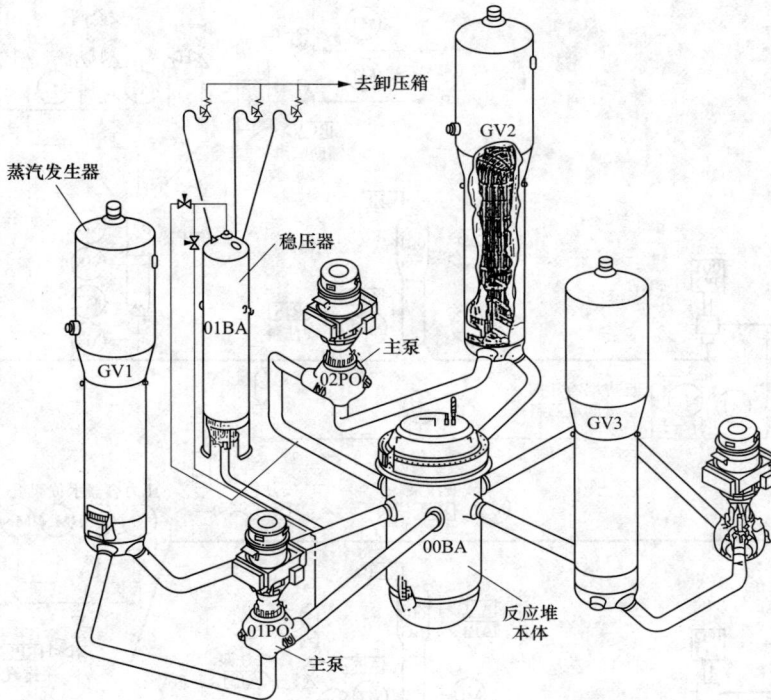

图 2-1　M310 一回路系统简图

00BA—反应堆本体；PO—泵；01BA 稳压器；GV—蒸汽发生器

称为一回路压力边界，是防止放射性物质外逸的第二道屏障。

一回路压力边界包括反应堆压力容器、控制棒驱动机构的压力外罩和棒行程室、蒸汽发生器一回路侧（下封头、管板、U 形管）、主泵壳体及密封件、稳压器筒体及与其连接的管道、主管道、与辅助系统相连的管道（到第二个隔离阀为止）。

一回路冷却剂在反应堆运行过程中会含有一定量的放射性物质，其来源主要如下：冷却剂流经堆芯时，冷却剂自身及冷却剂中的腐蚀产物经中子照射后，会产生一定量的放射性核素；燃料包壳破损，部分裂变产物会通过破口进入冷却剂。

为了实现对一回路冷却剂的容积控制、化学成分的调控及水质净化等，设置了化学和容积控制系统（RCV，简称化容系统）。该系统与 RCP 的三环路冷段和二环路冷段相连，RCP 系统的冷却剂从三环路冷段排向 RCV 系统，经过 RCV 系统的下泄、净化、上充管线后，从二环路冷段进入 RCP 系统。

为了在正常停堆之后，排出堆芯余热，设置了余热排出系统（RRA）。该系统与 RCP 的二环路热段和一、三环路冷段相连，RCP 系统的冷却剂从二环路热段排向 RRA 系统，经 RRA 系统的热交换器冷却后，从一、三环路冷段进入 RCP 系统。

为了在事故工况下实现对堆芯的冷却和反应性控制，设置了安全注入系统（RIS）。该系统与 RCP 三个环路的热段和冷段相连。

为了对冷却剂的温度进行精细测量，设置了测温旁路。测温旁路分别与热段、冷段、过渡段相连，热段和冷段的冷却剂分别从热段和冷段流出，测温后返回到过渡段。

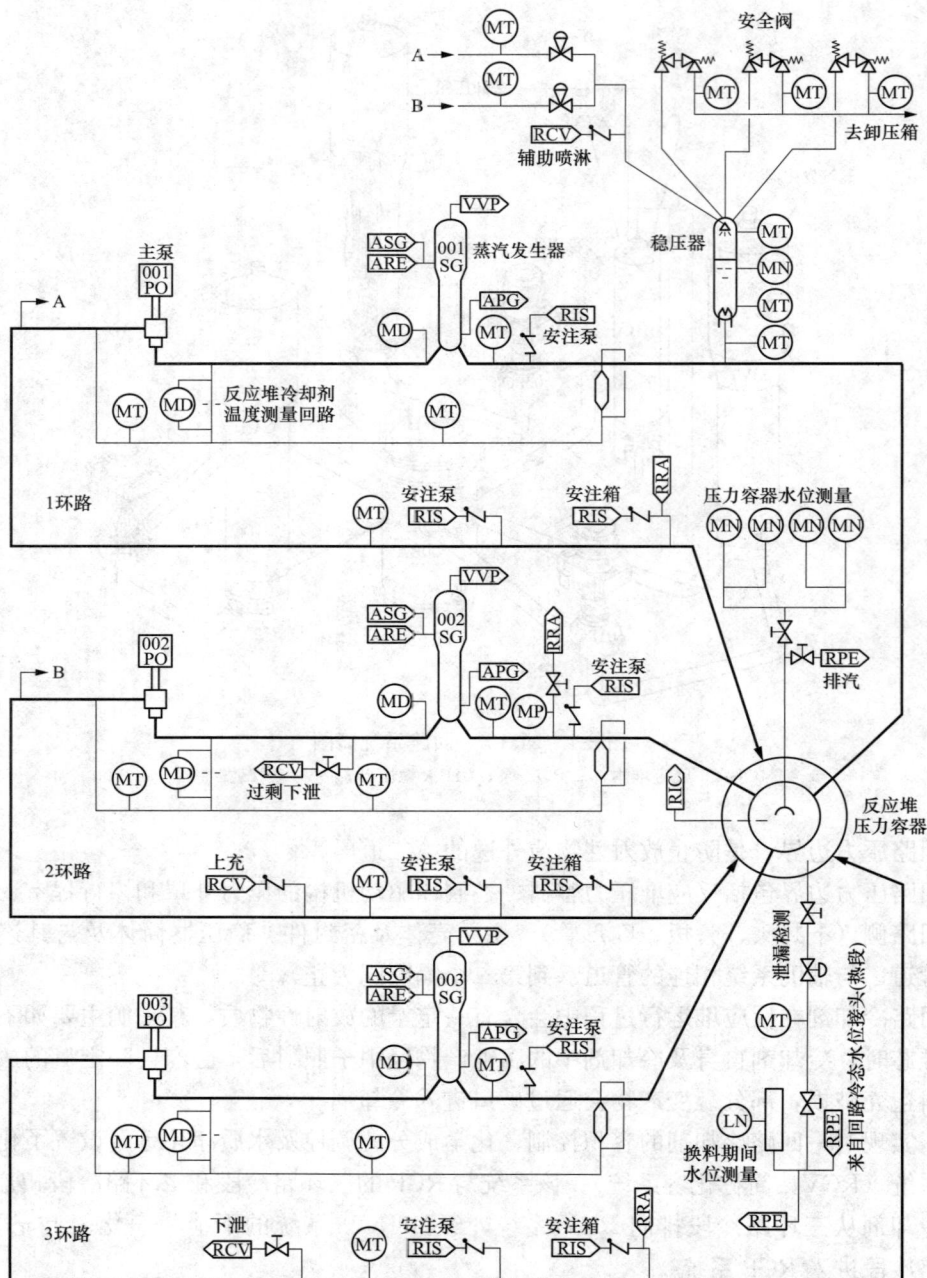

图 2-2　M310 一回路系统流程简图

（2）压力调节系统。在稳态运行时，维持一回路绝对压力在 15.5MPa 的整定值附近，防止冷却剂汽化；在正常功率变化及中、小事故工况下，将 RCP 系统的压力变化控制在允许范围内，以保证反应堆安全，避免发生紧急停堆。

当压力超过设定值时，压力调节系统将从主泵出口引入过冷水喷淋到稳压器中使系统降压，该管线利用主泵的压头而不需要另外设置泵进行驱动，当主泵停运时由 RCV 系统提供辅助喷淋水；当压力低于设定值时，压力控制系统将启动电加热器，使稳压器内部水分蒸发，使系统升压。

（3）超压保护系统。当一回路系统的压力超过限值时，装在稳压器顶部卸压管线上的安全阀组开启，向卸压箱排放蒸汽，使稳压器压力下降，以维持整个一回路系统的完整性。

3. 系统的参数选择

核电厂的一回路系统是由若干并联的环路组成。一个环路输送的热功率与压水堆核电厂的规模和设备设计制造能力有关。按照核电厂安全准则，单堆核电厂的环路数不小于2，但过多的环路数将会增加设备成本，因此目前核电厂中一般采用2～4条环路并联的形式。早期每条环路的电功率只有150MW，随着核电设备设计制造能力的提高，单个环路产生的电功率可达到600MW。在相同堆功率情况下，单个环路功率提高后，就可以减少环路数目，减少相应的设备和部件，降低设备投资和维修费用。这样就降低了核电厂每千瓦的造价和每度电价格，经济上有利。

在核电厂设计时，若采用反应堆冷却剂平均温度不随负荷改变的运行方式，一回路体积基本不变，稳压器补偿体积可以小，功率变化废水量少，反应性补偿很少。但是二回路蒸汽温度随负荷增加下降幅度大，影响二回路热力循环效率。

另一种运行方式是二回路蒸汽温度不变，一回路水温度随负荷增加而提高，这时二回路效率虽然提高了，但是一回路水的体积补偿增加，废水量增多，反应性调节量增加对一回路不利。

目前压水堆核电厂设计时采用的是折中方案，即反应堆进口水温基本不变，反应堆冷却剂平均温度随负荷增加而上升，上升到可以接受的程度，蒸汽温度随负荷增加而降低，但与反应堆冷却剂平均温度不变的运行方式相比，下降幅度小得多。

一回路的工作压力、冷却剂的反应堆进出口温度、流量等参数的选择，直接影响到核电厂的安全性和经济性，合理选择一回路的工作参数是核电厂设计的重要内容。这里仅简要分析主要参数对核电厂安全性和经济性的影响及其取值范围。

（1）一回路压力。由水的热物性可知，要想提高反应堆冷却剂的出口温度而不发生冷却剂沸腾，必须提高一回路压力。从提高核电厂的热效率来说，提高一回路系统冷却剂的工作压力是有利的，但过高的提升压力会增加反应堆成本。M310压水堆的一回路压力为15.5MPa，其对应的饱和温度为344.7℃。设计压力取1.10～1.25倍工作压力；冷态水压试验压力取1.25倍设计压力。

（2）冷却剂出口温度。电厂热效率与冷却剂的平均温度密切相关，冷却剂出口温度越高，电厂热效率越高。但冷却剂出口温度的确定应考虑以下因素：

1）燃料包壳温度限制。燃料包壳材料要受到抗高温腐蚀性能的限制。

2）传热温差的要求。为了保证燃料元件表面与冷却剂之间传热的要求，燃料表面与冷却剂间应有足够的温差。冷却剂温度至少要比包壳温度低10～15℃，以保证正常的热交换。

3）冷却剂过冷度要求。为保证流动的稳定性和有效传热，冷却剂应具有20℃左右的过冷度。

由此可见，对于一定的工作压力，反应堆冷却剂的堆出口温度变化余地很小。M310核电厂满功率运行时，反应堆出口冷却剂温度为327.3℃。

（3）冷却剂入口温度。反应堆冷却剂的出口温度一旦确定，对于一个确定热功率的反应堆，其入口温度与流量之间为单值关系。入口温度越高，一回路冷却剂平均温度越高，对提高热效率有利；但入口温度越高，冷却剂温升越小，所需冷却剂流量就越大，增加了泵的输送功率，从而降低了电厂的净效率。选择冷却剂的入口温度时，应综合考虑它与流量各自带来的利弊以及其他一些因素后，选取最佳值。M310 满功率运行时反应堆入口冷却剂温度为 292.7℃。

（4）冷却剂流量。反应堆的流量由反应堆的功率和冷却剂的进出口温差确定。M310 反应堆的冷却剂额定流量为 3×23 790m³/h。

4. 系统布置

一回路系统中的所有设备，包括阀门和管道，全部要求安装在安全壳内部。一回路系统设备和管道的布置以压力容器为中心，力求紧凑、简单、对称。由于主管道的热膨胀应力会使蒸汽发生器和主泵产生横向位移，所以蒸汽发生器和主泵采用摆动的支撑结构。

在发生丧失厂外交流电源事故时，冷却剂失去强迫循环，保护系统实行紧急停堆，功率水平迅速下降。为了去除堆内衰变产生的热量，必须保证一定的冷却剂流量。因此，在一回路设备的布置上，使蒸汽发生器的入口不低于反应堆压力容器的出口，以便建立和保持自然循环的驱动压头。

高能管道上装有限制器，防止管道破裂的情况下，由于流体喷射导致的管道甩击对周围设备产生的危害。设备周围的隔墙和安全壳构成二次屏蔽，主要设备（反应堆压力容器、蒸汽发生器、反应堆冷却剂泵、稳压器）和反应堆冷却剂管道安装在二次屏蔽墙内。

二、反应堆本体

慕课 3-反应堆本体

反应堆本体是产生、维持和控制链式核裂变的装置，其主要功能包括：① 使反应堆核燃料按照反应堆设计要求实现自持链式裂变反应；② 使核裂变产生的热量按照设计要求有效地导出；③ 各部件在核电厂运行期间应保持良好的性能，在事故工况下仍能保持反应堆的安全性和结构完整性。

反应堆本体由堆芯、堆内构件、反应堆压力容器和顶盖及控制棒驱动机构组成。其结构设计不仅要满足机械强度、刚度、加工精度和耐腐蚀性的要求，还必须满足核性能和抗辐照方面的要求。在核燃料裂变过程中放出的高能 γ 射线和高能中子的轰击下，结构材料的材质会发生变化，同时带有很强的放射性。为了保证反应堆长期、安全、可靠地运行，在反应堆本体主要部件的设计、制造、安装和在役检查的各个阶段都要对其进行严格的质量控制。

（一）堆芯组成及换料策略

堆芯处于压力容器中心偏下的位置，由 157 个尺寸相同的燃料组件排列而成。每个燃料组件中插有一个功能组件，功能组件的类型有控制棒组件、可燃毒物组件、中子源组件（包括初级中子源组件和次级中子源组件）和阻力塞组件。

在首次装料时，堆芯一共有三种不同富集度（1.8%、2.4%、3.1%）的燃料组件。堆芯水平方向中子通量分布表现为中心高、外围低，为了展平水平方向的功率分布，采用按富集度的不同分区装料和局部倒料的燃料循环方式，富集度较低的燃料组件排列在堆芯的中心区域，富集度较高的燃料组件排列在堆芯的外部区域，其布置如图 2-3 所示。通常一年进行一次换料，每次更换 1/3 的燃料组件。

从第二循环开始，新装入的燃料组件的富集度为 3.25%，高于首次装料，这是因为运

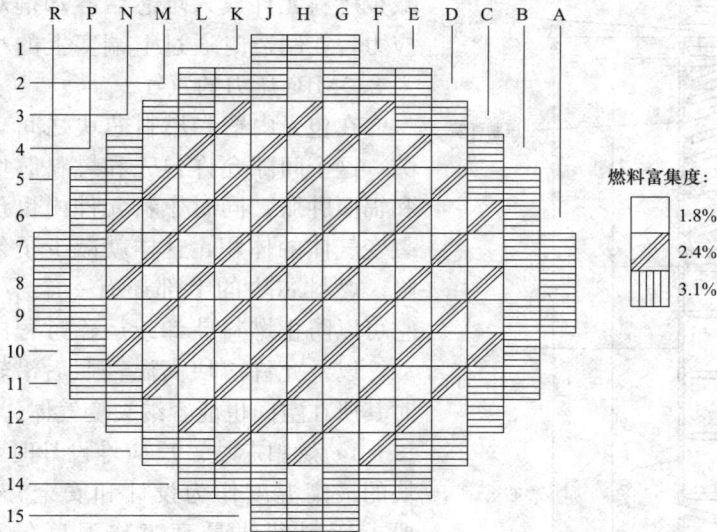

图 2-3 堆芯燃料组件布置（第一循环）

行一段时间后堆芯内积累了一些吸收中子的裂变产物，需要增加正反应性储备。

大亚湾核电厂从第九循环开始，为了减少大修次数，降低发电成本，向长燃料循环（18 个月换料）方式过渡，新换料燃料组件型号由 AFA-2G 变成 AFA-3G，富集度提高到 4.45%。

1. 燃料组件

燃料组件共有 289 个棒位，按照 17×17 排列成正方形栅格。其中有 264 根燃料元件棒，24 根控制棒导向管和 1 根中子注量率测量导管。整个棒束沿高度方向设有 8 个定位格架和 3 个中间搅混格架。264 根燃料元件棒插入定位格架内，由定位格架支撑，并保持燃料棒的间距。燃料组件的上、下管座设有定位销孔，当燃料组件装入堆芯时这些定位销孔与堆芯上、下栅格板上的定位销配合，使燃料组件在堆芯中按一定间距定位。上管座上还装有压紧弹簧，一是使燃料承受轴向压紧力，防止冷却剂从下向上流动的冲击力引起组件窜动；二是可以补偿热态下材料的热膨胀；三是减少在突然的外来载荷（包括地震）作用下燃料组件所承受的冲击载荷。其结构如图 2-4 所示。

（1）燃料元件棒。燃料元件棒由燃料芯块、燃料包壳、压紧弹簧、上端塞和下端塞几个部分组成，如图 2-5 所示。每根燃料元件棒装有 271 块燃料芯块，这些芯块叠放在壁厚 0.57mm 的包壳中，两端焊有端塞，构成长 3852mm、外径 9.5mm 的燃料元件，其中活性区长度为 3657.6mm。为了

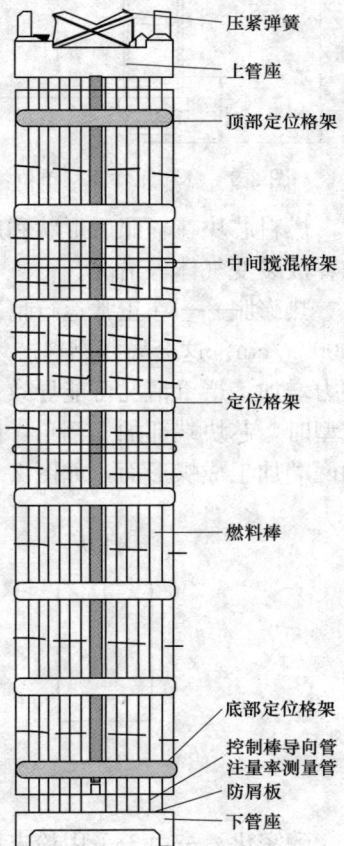

图 2-4 燃料组件

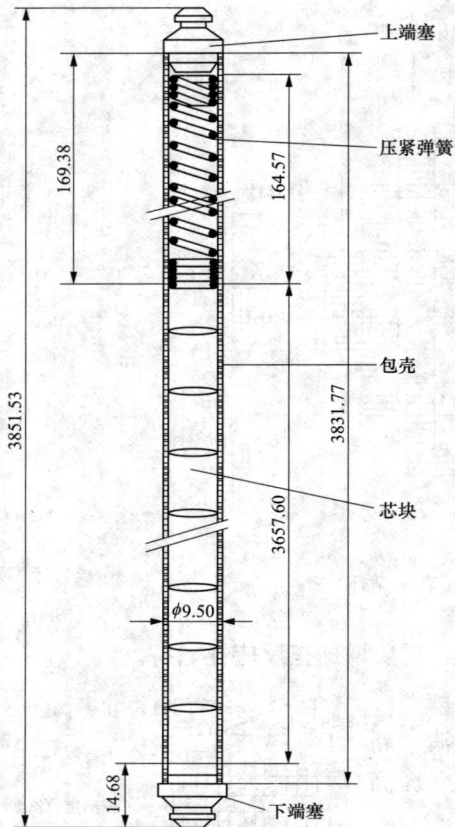

图 2-5　燃料元件棒（单位：mm）

减少燃料元件放入堆芯后冷却剂对包壳形成的压应力，在制造时通过上端塞上的小孔向包壳内充入 2.0MPa 压力的氦气。

在包壳内壁和燃料芯块之间有 0.17mm 的间隙，这个间隙允许包壳和燃料芯块不同的热膨胀和辐照肿胀，同时燃料元件内也预留了足够容纳裂变气体的体积，这样就减少了包壳超应力的风险。燃料芯块的上部还有一个不锈钢压紧弹簧，它可以防止燃料装卸或运输过程中燃料芯块的窜动，以及允许芯块高温辐照后沿轴向的肿胀，同时其所在空间也能容纳裂变气体。

1）燃料芯块。反应堆设计时，常常把燃料芯块的最高温度作为设计和安全分析的验收标准，要求燃料芯块最高工作温度低于 UO_2 的熔点 2800℃，正常运行时不高于 2200℃。

燃料芯块由低富集度的 UO_2 粉末经过冷压，在 1700～1800℃ 的高温下烧结成圆柱形陶瓷体，直径为 8.19mm，高约 13.5mm。

芯块的密度对热导率有很大影响，为了使芯块的温度降低，要求密度高；为了减小高燃耗时燃料的肿胀，需要预留气孔，即密度降低。实际制造密度为理论密度的 95%。

燃料芯块在辐照后形状和成分都会发生一些变化，主要有热膨胀、致密化、肿胀、裂纹和释放裂变气体等情况。

热膨胀——在正常运行情况下，燃料芯块的中心温度高达 1670℃，径向温度梯度大于 1000℃/cm。这会导致燃料芯块变形，使芯块端部与包壳接触，二者相互作用使包壳的局部应力增加，严重情况可能导致包壳出现裂痕甚至破裂。为了消除热膨胀的影响，在芯块压制成型时，芯块端部加工倒角，同时为了限制芯块由于轴向膨胀引起的长度增加，将每个芯块的两端加工成蝶形面，如图 2-6 所示。

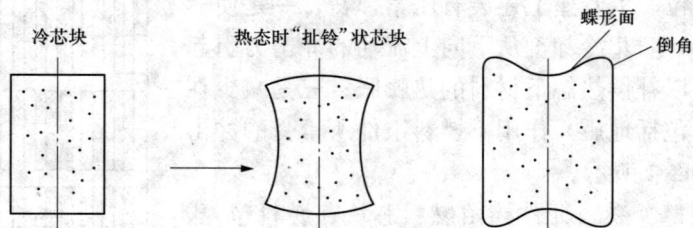

图 2-6　燃料芯块受辐照后外形的变化

致密化——由于采用粉末压制芯块时加入了造孔剂，在芯块中存在很多细孔。在运行时这些细孔逐渐消失，芯块密度增加，称为芯块的致密化。致密化使芯块直径减小，即燃料芯块与包壳之间的间隙增大，在外部压力作用下，可能使包壳局部压坏而破裂。

肿胀——芯块的肿胀主要是由裂变气体和重核裂变产生的碎片的滞留引起的。肿胀使得芯块直径增加，而包壳受到外界压力使直径减小，这就使得包壳和芯块之间的间隙减小。在寿期末，这种相互作用还可能导致包壳破裂。

裂缝——UO$_2$属于脆性材料，拉伸性能很差，在径向温度梯度下，芯块容易产生径向裂缝。在功率连续变化的影响下，这些裂缝将张开或闭合，使得包壳上已经具有很高应力的地方出现材料疲劳而导致裂开，如图2-7所示。

释放裂变气体——燃料芯块在裂变过程中会产生氪、氙等裂变气体，这些气体大部分积聚在芯块内，一小部分释放到包壳和芯块之间，使得燃料棒内压力升高。裂变气体的释放量随着温度和燃耗的增加而变大，由于裂变气体的释放，在寿期末燃料棒内的压力高达15.0MPa。当燃料棒内的压力大于冷却剂压力时，将会引起包壳向外蠕变导致损坏。为了限制这种现象，在设计燃料棒时要降低燃料棒中心温度，因此采用直径小的燃料棒，并在燃料包壳上部预留空间以容纳裂变气体。

2）燃料包壳。燃料包壳的主要作用是容纳燃料芯块，将燃料与冷却剂隔离开，同时包容裂变气体，它是防止放射性外逸的第一道防护屏障。

压水堆的燃料包壳通常采用吸收中子少、耐腐蚀、低辐照生长和低蠕变的新型锆合金材料。大亚湾核电厂的燃料包壳主要采用Zr-4合金，其外径为9.5mm，厚度为0.57mm。

锆合金的优点如下：①几乎不吸收中子；②具有良好的机械性能（良好的抗蠕变和延展性）；③熔点高（1800℃）；④只有很少的氚穿过包壳管扩散；⑤正常运行情况下不与水发生反应。

但锆合金导热性差，并且在温度达820℃后开始发生锆-水反应并产生氢气，其反应式为

$$Zr + 2H_2O \longrightarrow ZrO_2 + 2H_2 \uparrow$$

锆与水在950℃时反应显著，以后每升高50℃反应热增加一倍，在1200℃以上时包壳会完全烧毁，所以在失水事故时必须及时限制包壳温度上升，以免第一道防护屏障被破坏。

（2）定位格架。定位格架是支撑燃料元件棒，确保燃料元件的径向定位，以及加强元件棒刚性的一种弹性构件。它是由许多Zr-4合金的条带相互插配经钎焊而组成的17×17栅格，如图2-8所示。

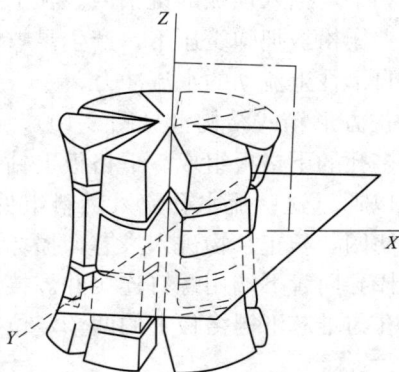

图2-7 芯块开裂变形

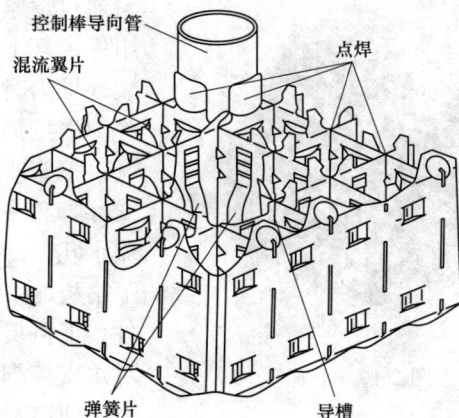

图2-8 定位格架（部分）

定位格架的条带上有弹簧片、支承凸台和混流翼片。在定位格架的每个栅元，2个弹簧片和4个刚性凸台将燃料棒顶住，其共同作用力使燃料棒保持在中心位置。定位格架对燃料棒的约束力要足以使其不能窜动，又不能对包壳产生过大的压力。定位格架也要允许燃料棒的轴向热膨胀，其约束力不会使燃料棒发生弯曲或者变形。

定位格架分为两种。一种是组件中部带有混流翼片的6个定位格架，混流翼片从格架的边缘伸到冷却剂通道中，促进冷却剂交混；另一种是组件两端不带混流翼片的定位格架。定位格架外围有导向叶，在装卸料操作时防止相互勾连。

（3）上、下管座。上、下管座是燃料组件骨架结构的顶部和底部连接构件。上管座由上孔板、侧板、顶板、4个板式弹簧和相应的零件组成，如图2-9所示。

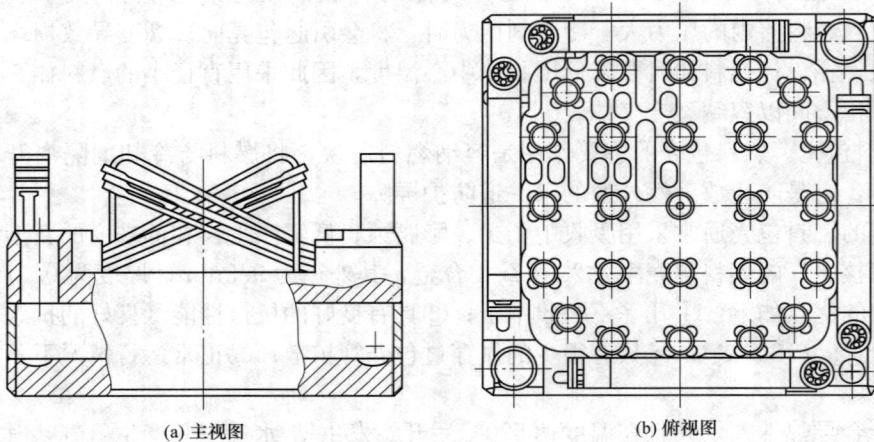

(a) 主视图　　　(b) 俯视图

图 2-9　上管座

上孔板是一块正方形不锈钢板，上面加工了许多长方形流水孔和对应控制棒导向管的圆孔，控制棒导向管上端固定在上孔板上。顶板是中心带孔的方板，以便控制棒束通过。顶板的两个对角上设有两个定位销孔，与堆芯上栅格板的定位销相配，以便燃料组件顶部和上栅格板的定位与对中。其中一个角上设有一个识别孔，用来确认燃料组件的方位。四个板式弹簧通过锁紧螺钉固定在顶板上，弹簧的一端向上凸出燃料组件，其下部弯曲朝下，插入顶板的键槽内。在上部构件装入堆内时，堆芯上栅格板把弹簧压下，产生足够的压紧弹力以抵消冷却剂自下往上流动的水流冲力。

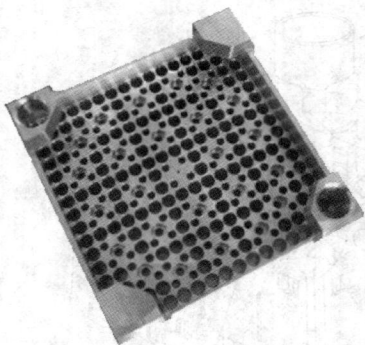

图 2-10　下管座

下管座是一个正方形箱式结构（见图2-10），由四个支撑脚和一块方形多孔的下格板组成。下格板上钻了一些流水孔，冷却剂可以通过这些流水孔流入燃料组件内部。下格板的下侧装了滤网，防止杂物进入堆芯，损坏燃料组件。下格板与控制棒导向管下端用螺钉连接并焊接。两个对角支撑脚上的销孔与堆芯下栅格板上的两个定位销相配合，使燃料组件定位。

（4）控制棒导向管。每个燃料组件有24根控制棒导向管，为控制棒的插入和提起提供导向通道。导向管由 Zr-4 合金制成，其下段在第一和第二格架之间直径缩小（见图 2-11）。紧急停堆时，当控制棒在导向管内下落接近其行程底部时，收缩管径可以起到缓冲的作用。缓冲段的过渡段成锥形，以避免管径过快地变化。离缓冲段以上不远的管壁设有流水孔，以便正常运行时冷却剂流入管内冷却控制棒，以及控制棒紧急下落时冷却剂能够从管内排出。缓冲段下方在底层定位格架的高度处，管子扩径至正常管径，使管子与定位格架焊接相连。

　　导向管与上、下管座的连接是可拆卸的。导向管下端焊接一个带内螺纹的 Zr-4 端塞，再用一个带防落边的螺钉把它固定在下管座上方的防屑板上，使其精确定位。防落边胀到肋板上的孔壁内，防止螺钉松脱。螺钉上有一个轴向小孔，用于增加对控制棒的冷却作用（运行时）和不使导向管存水（换料时）。导向管顶端有一个带内螺纹的套管，从上管座的孔板上面用一个带防落边的套筒螺钉与套管拧紧，而后再把防落边胀到孔板上的梅花状凹窝内，从而防止螺钉松脱。需要拆卸时，用足够的反向力矩把螺钉松开，即可卸去上、下管座，复装上、下管座时只需更换新螺钉。

　　2. 控制棒组件

　　控制棒组件主要用来快速控制反应堆的反应性，在正常运行时用于调节反应堆功率，在事故工况下快速引入负反应性，使反应堆紧急停堆，保证核安全。

　　（1）结构。控制棒组件结构如图 2-12 所示，由星形架和吸收剂棒组成。星形架用不锈钢制成，中央有一个连接柄，其内部通过丝扣与控制棒驱动机构驱动杆上的可拆接头相连接。以连接柄为中心呈辐射状装有 16 块连接翼片，每个翼片上装有 1 或 2 个指状物，每个指状物带有一根吸收剂棒，吸收剂棒通过螺纹固定，然后用销钉紧固。连接柄的下端装有弹簧组件，当控制棒快速下落时弹簧可起到缓冲作用，减小控制棒组件对燃料组件的冲击。

　　吸收剂棒一共有 24 根，这些吸收剂棒可插入对应燃料组件的 24 根控制棒导向管内。吸收剂棒销孔以下的端塞设计成弹头状，使棒能略微弯曲，以校正微小的不对中。

　　吸收剂棒有两种，一种由不锈钢制成，吸收中子的能力较弱，称之为"灰棒"；另一种由 Ag（80%）-In（15%）-Cd（5%）合金制成，吸收中子能力较强，称之为"黑棒"。黑棒的包壳和吸收剂之间留有径向、轴向间隙，允许芯体径向和轴向的热膨胀。在芯体上方装有压紧弹簧，然后两端焊上端塞密封。

　　（2）吸收剂特性。控制棒材料的选择要全面考虑物理性能、力学性能和核性能等。要考虑材料的热膨胀、热传导和熔点；要求控制棒在堆芯内受强中子和 γ 射线辐照之后，材料仍有很高的稳定性，并且能耐高温，在

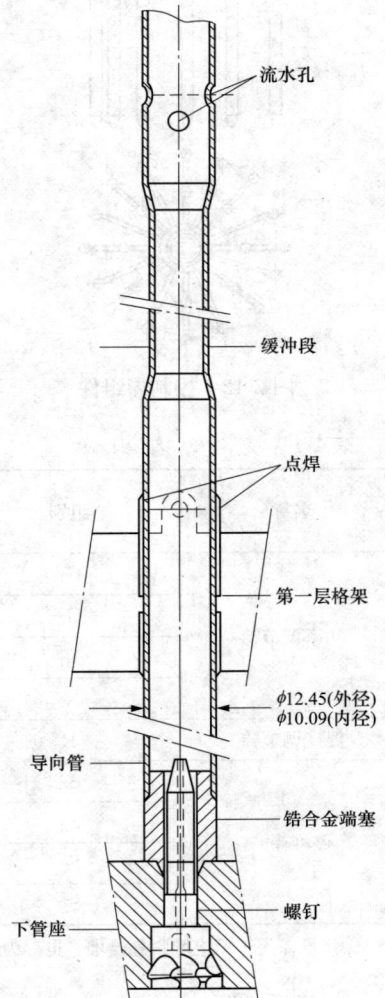

图 2-11　控制棒导向管下部结构

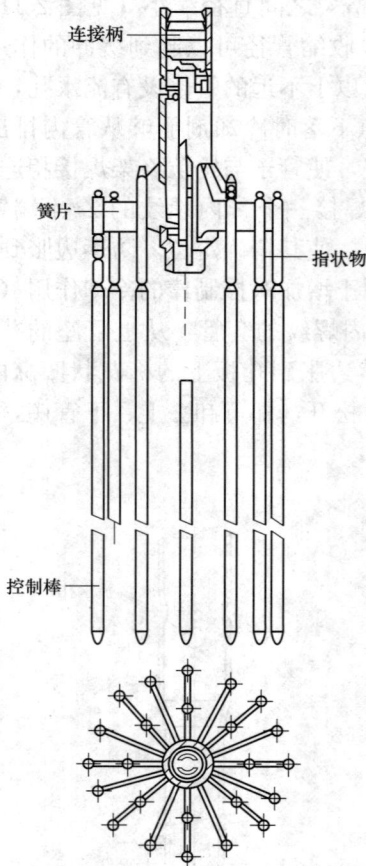

图 2-12　控制棒组件

高温水中有良好的耐腐蚀性，同时机械强度及加工性能都应该满足要求；控制棒材料还要有很强的吸收中子能力。

Ag-In-Cd 合金基本上能满足上述要求，且尤其适合压水堆。压水堆的中子能谱较硬，即堆内除了大部分裂变中子慢化到热能中子之外，也有相当部分的中子为超热中子。Cd 的热中子吸收截面比较大，而 Ag 和 In 则有较强的超热中子吸收本领，因此 Ag-In-Cd 合金控制棒可以在比较宽的能量范围内吸收中子。从热能区到 50eV 的超热能区的中子几乎全部可被 Ag-In-Cd 控制棒吸收掉。

（3）控制棒组件的分类。根据控制棒组件中灰棒和黑棒数目的不同，把控制棒组件分为黑棒组件和灰棒组件。黑棒组件由 24 根黑棒组成；灰棒组件由 8 根黑棒和 16 根灰棒组成。采用一部分灰棒组件是为了使功率均匀分布，避免局部中子注量率畸变过大。

根据控制棒组件在运行中的用途，把控制棒组件归类为三个功能组：功率调节组、温度调节组和停堆组。各功能组的组成见表 2-1。正常运行情况下，功率调节组位于机组功率对应的棒位高度，用于调节反应堆功率；温度调节组在堆芯的上部一定范围内移动，用于控制冷却剂温度的波动；停堆组用于紧急事故停堆，正常运行时提出堆外。所有控制棒接到停堆信号后能在很短的时间内依靠自身重量落入堆芯，使链式裂变反应中止。

表 2-1　　　　　　　　　　　　　　控制棒组件的种类及数目

名称	组别	类型	数目	
			第一燃料循环	后续燃料循环
功率调节棒	G_1	灰棒组	4	4
	G_2	灰棒组	8	8
	N_1	黑棒组	8	8
	N_2	黑棒组	8	8
温度调节棒	R	黑棒组	8	8
停堆棒[①]	S_A	黑棒组	1	5
	S_B	黑棒组	8	8
	S_C	黑棒组	4	4
	S_D	黑棒组		8

①停堆棒用于反应堆紧急停堆，也称为安全棒。

3. 堆芯相关组件

堆芯由 157 个燃料组件组成，其中 49 个（第一循环）或 61 个（后续循环）燃料组件配置了控制棒组件，剩余的燃料组件则配置其他堆芯相关组件，包括可燃毒物组件、中子源组件和阻力塞组件。每个堆芯相关组件由一个压紧构件外带 24 根棒组成，其中压紧构件的结构都是相同的，棒束的构成则各不相同。每根棒的上端塞螺纹拧紧到压紧组件的底板上，然后用销钉固定。如图 2-13 所示。

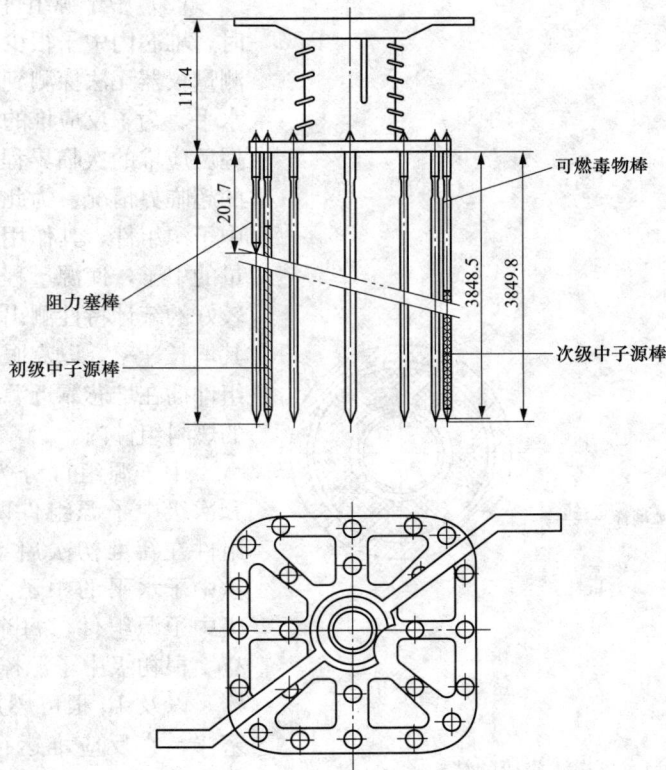

图 2-13 堆芯相关组件的结构（单位：mm）

在堆芯中，堆芯相关构件的 24 根棒插入燃料组件的控制棒导向管内，压紧构件的底板紧贴在燃料组件上管座的孔板上。在安装堆芯上栅格板时，将上栅格板压在压紧构件的丁字形轭板上，轭板再压紧导向筒的弹簧，使堆芯相关组件固定就位。

（1）可燃毒物组件。压水堆除了采用控制棒控制反应性外，同时还采用硼溶液进行化学控制，这样可以减少控制棒数目，加深燃耗，降低反应堆的功率不均匀因子。但新堆第一次装料的后备反应性很大，加入过多的硼酸会使慢化剂温度系数出现正值，影响核电厂的自稳调节性能。因此，为了控制硼酸的浓度，在堆芯中设置了 66 组固体可燃毒物组件以平衡反应性，保证反应堆有负的温度系数。随着反应堆运行后燃耗的加深，可燃毒物中的 ^{10}B 吸收中子后衰变成 ^{7}Li，直至消耗完毕。可燃毒物组件在燃料第一循环后全部取出，换上其他功能组件。

可燃毒物组件的 24 根棒中有 12 根或者 16 根可燃毒物棒，剩下为阻力塞棒。在总共 66 个可燃毒物组件中，含有 12 根可燃毒物棒的组件为 48 个，含有 16 根可燃毒物棒的组件为 18 个。

可燃毒物棒的包壳材料为 304 型不锈钢，两端用端塞焊缝密封。包壳内放置了硼玻璃管芯体，其成分为 $SiO_2+B_2O_3$。玻璃管内还装入了一根 304 型不锈钢薄管作为内衬，以防止玻璃管坍塌蠕变。可燃毒物棒内留有了足够的空腔来包容硼玻璃因 $^{10}B(n, \alpha)^7Li$ 反应产生的氦气。可燃毒物棒结构如图 2-14 所示。

（2）中子源组件。在反应堆刚启动时，堆芯内中子很少，此时堆芯外的核测量仪器无法探测到堆内的中子注量率水平。为了反应堆的安全，必须随时掌握反应堆的次临界程度，避免发生意外的超临界情况。为此，在堆芯中设置了中子源组件，其作用是在堆内产生足够量的中子，使源量程的核测量仪器能以较好的统计特性测出中子注量率水平及其增长速率，以克服测量盲区。中子源组件插在堆芯靠近源量程核仪表探测器的燃料组件内。

中子源组件分为初级中子源组件和次级中子源组件两种。初级中子源组件在新堆初次启动时，产生用于指示中子水平的中子。堆内装有两个初级中子源组件，每个初级中子源组件有 1 根初级中子源棒、1 根次级中子源棒，以及 16 根可燃毒物棒和 6 根阻力塞棒。在反应堆运行过程中，初级中子源逐渐衰变，在第一循环后取出，

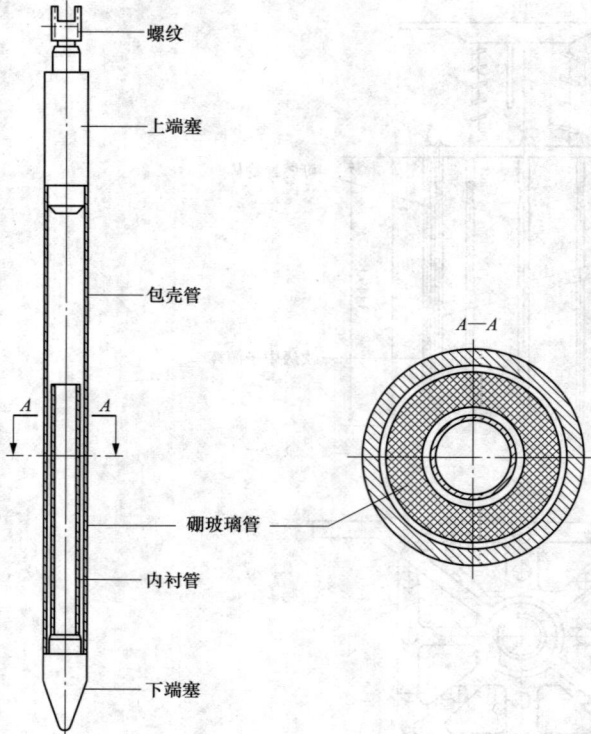

图 2-14   可燃毒物棒的结构

换入其他功能组件，之后其功能由次级中子源组件代替。

反应堆运行后，在停堆后再次启动时，由次级中子源产生中子，以便于堆芯外的核测量仪器探测堆内的中子注量率水平。次级中子源组件由叠放在不锈钢包壳内的锑-铍芯块组成。次级中子源组件最初不产生中子，只有在反应堆内受到中子照射后才被激活成为中子源。在满功率运行两个月后，其放射性强度可允许停堆 12 个月后再启动时使用。换料时次级中子源组件不更换，连续使用。

（3）阻力塞组件。在不装控制棒、中子源和可燃毒物的燃料组件的控制棒导向管中，都插入了阻力塞组件，以防止冷却剂旁路。

阻力塞组件由连接板、阻力塞棒（24 根）、圆柱筒、组合弹簧和压紧杆等部件组成。24根阻力塞棒通过螺母与连接板拧紧，连接板为一正方形板，上面开设有一定形状的流水孔，并与圆柱筒连接。圆柱筒用来支承组合弹簧和导向压紧杆。组合弹簧装在圆柱筒外，当阻力塞组件就位后，利用堆芯上部压紧组件下压阻力塞组件的压杆，使组合弹簧被压缩，从而使阻力塞组件牢固地落在燃料组件上。

（二）堆内构件

堆内构件指的是反应堆压力容器内除堆芯组件外的所有其他构件，包括堆芯下部支承构

件和堆芯上部支承构件，其主要功能如下：①支承、压紧和固定燃料组件，防止堆芯组件在运行过程中偏移或移动。②使控制棒组件对中，为控制棒组件提供导向，在事故工况下可以快速落棒，并吸收控制棒组件快插产生的冲击能量。③构成冷却剂通道，合理分配冷却剂流量并减小无效流量。④为压力容器提供热屏蔽，减少其受中子和 γ 射线的辐照。⑤为堆内测量系统包括温度测量、中子注量率测量和压力容器内水位探测器提供支承和导向。为堆内测量提供安装和固定措施。

1. 堆芯下部支承构件

堆芯下部支承构件是堆芯的主要包容件，是以吊篮结构为特征的组合体。堆芯下部支承构件包括吊篮、堆芯支承板、围板和辐板组件、堆芯下栅格板组件、热屏蔽、辐照样品管、二次支承组件以及中子注量率导管，结构如图 2-15 所示。

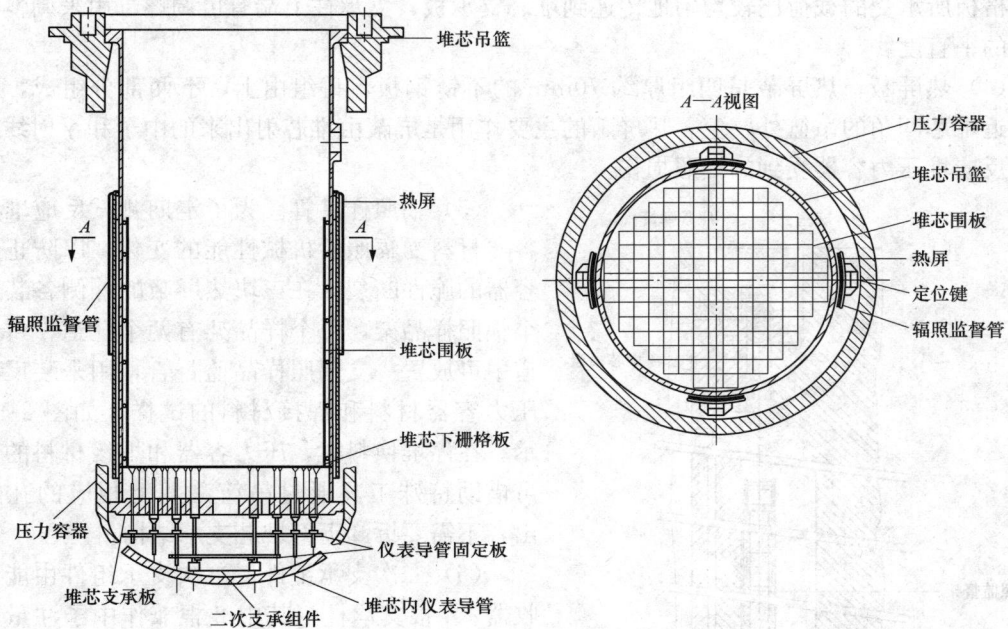

图 2-15　堆芯下部支承结构

(1) 吊篮和堆芯支承板。堆芯吊篮是一个高约 8.2m，直径约 3.6m 的不锈钢圆筒，壁厚 51mm。它有三个冷却剂出口管嘴，上端带有法兰，下端焊在厚约 500mm 的堆芯支承板上。在法兰上一共有 24 个流水孔、6 个辐照样品孔和 4 个定位键孔。

堆芯支承板是一块锻制件，堆芯组件的全部重量都由它来承担。吊篮上部法兰吊挂在压力容器内壁的凸肩上。因此，堆芯支承板的重量通过吊篮法兰传递给压力容器内壁的凸肩。堆芯支承板上开了许多流水孔，以便冷却剂能够从下部流进堆芯。吊篮下端外壁径向焊有四个起导向作用的定位键，与压力容器内壁上焊接的键槽相配合，使吊篮径向定位，并允许吊篮轴向膨胀。吊篮中部内壁上有 4 个定位键，为堆芯上栅格板定位。

(2) 围板和辐板组件。在堆芯的外侧，装有围板和固定在吊篮上的辐板。围板主要作用是包围堆芯，防止冷却剂旁路燃料组件。辐板的主要作用是提供横向支撑。

因为燃料组件是方形而堆芯吊篮是圆的，如果没有围板组件，堆芯的四周就会出现空隙，从而导致冷却剂旁路。堆芯围板确定了堆芯燃料区的边界，从堆芯下栅格板一直延伸到刚好高于燃料组件。

围板放置在堆芯下栅格板上，辐板用螺钉连接在堆芯吊篮和围板上，保证围板准直并提供结构刚度。

辐板厚 20～30mm，围板厚 25～30mm。辐板共 8 层，上面钻有一些小孔，允许少量冷却剂流过，以消除压差。

（3）堆芯下栅格板。堆芯下栅格板位于堆芯围板的下方，主要用来放置燃料组件。其厚度约 50mm，上面开了 $\phi 4 \times 157$ 个流水孔。为了定位燃料组件，下栅格板的板面上对应每个燃料组件位置都有两个定位销。下栅格板置于吊篮下方内侧的凸环上，68 根支承柱（其中有 20 根兼作中子通量仪表的导管）把堆芯下栅格板和堆芯支承板连成一个整体，并把堆芯下栅格板所承受的载荷比较均匀地传递到堆芯支承板，支承柱上端有可调螺母用来调整下栅格板的平直度。

（4）热屏蔽。热屏蔽是四组厚约 70mm 的不锈钢板，每组由上、下两部分组成，固定在靠近堆芯四角的吊篮外壁上。热屏蔽的主要作用是屏蔽由堆芯射出来的中子和 γ 射线，以减小反应堆压力容器受到的辐照损伤。

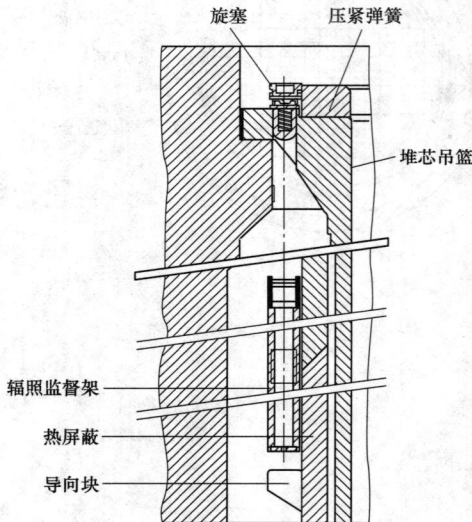

图 2-16　辐照样品管

（5）辐照样品管。为了定期测试反应堆压力容器材料受辐照后机械性能的变化，以防止压力容器的脆性断裂，在三块热屏蔽的外侧各装有一个辐照样品架，每个样品架有两个孔道，每个孔道中可放置一支辐照样品监督管，用来装反应堆压力容器材料和焊接材料的试样，如图 2-16 所示。在停堆换料时，压力容器和焊接材料的试样可借助特殊工具通过吊篮法兰上相应的孔道取出，不需要拆卸下部堆芯支承结构。

（6）二次支承组件。二次支承组件由能量吸收器、4 根支承柱（其中 2 根兼作中子注量率仪表导管）和一块轮廓与压力容器下封头几何形状一致的底板所组成（见图 2-17）。

当堆芯吊篮法兰断裂时，二次支承组件可以限制堆内构件向下的位移，以防止控制棒束组件与对应燃料组件中控制棒导向管的不对中，这种不对中可能妨碍反应堆的紧急停堆。

在发生吊篮断裂假设事故时，热态下堆内构件的自由下落是 1.27cm，能量吸收装置的附加变形位移大约是 1.91cm，总计下降距离为 3.18cm。控制棒的设计可以保证在此情况下，棒束顶端不会从燃料组件的控制棒导向管中脱出，控制棒仍能插入堆芯。

（7）中子注量率导管。中子注量率导管主要是为测量堆芯内中子注量率的仪表导向，测量的目的是建立堆芯中子注量率分布图和校准堆外中子测量仪器。测量的方法是将导向块柔性不锈钢指套管通过贯穿压力容器下封头上的管座，经测量仪表导向管插入到选定的燃料组件中心的中子注量率管内。在正常运行时，可根据需要将探测器通过柔性套管作为进出堆芯的移动，以测量不同的燃料组件。因为这些指套管直径小，结构强度很低，所以从压力容器

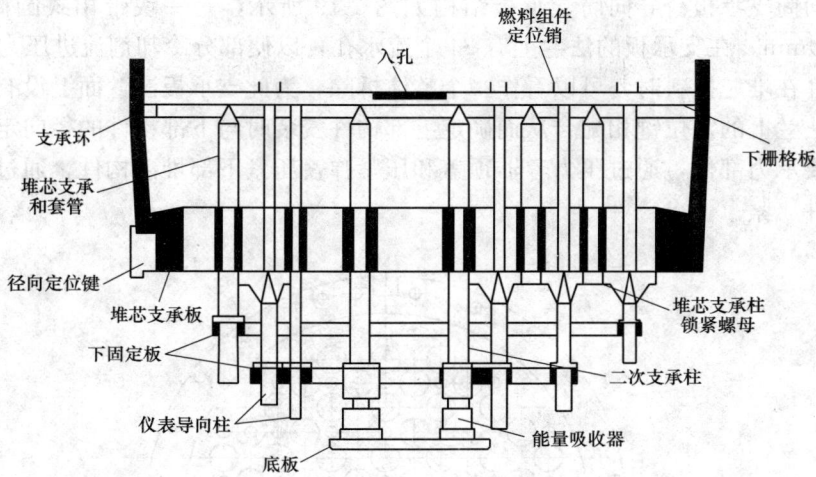

图 2-17　二次支承组件和仪表测量导向柱

贯穿处到燃料组件必须始终对它们加以支持和对中。

仪表导管共 50 根，分三种类型。单纯的仪表导管 28 根，兼作支承柱的 20 根，兼作二次支承柱的 2 根，它们分别与 2 层支承板连接形成刚性结构。

2. 堆芯上部支承构件

堆芯上部支承构件由导向筒支承板、堆芯上栅格板、控制棒导向筒、支承柱、热电偶柱和压紧弹簧等组成，其结构如图 2-18 所示。

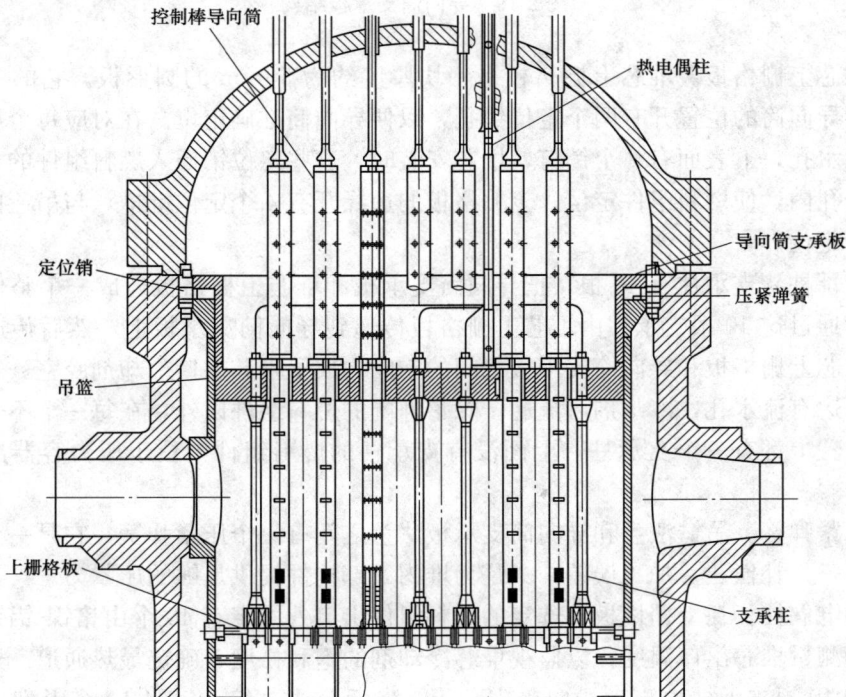

图 2-18　堆芯上部支承结构

（1）导向筒支承板。导向筒支承板结构如图 2-19 所示，是一块带裙式圆筒的多孔板，厚度约为 100mm。在支承板的法兰上有 24 个流水孔，以便部分冷却剂流进压力容器上部空间。上部构件在堆芯换料时，可以看作一个整体拆除，为此支承板法兰面上设有 4 个定位键槽，与吊篮法兰上的定位键相配合从而确定上部构件安装时与下部构件的径向定位。导向筒支承板是主要承力部件，通过压力容器顶盖和压紧弹簧压紧下部堆内构件，通过堆芯上栅格板将堆芯部件压紧。

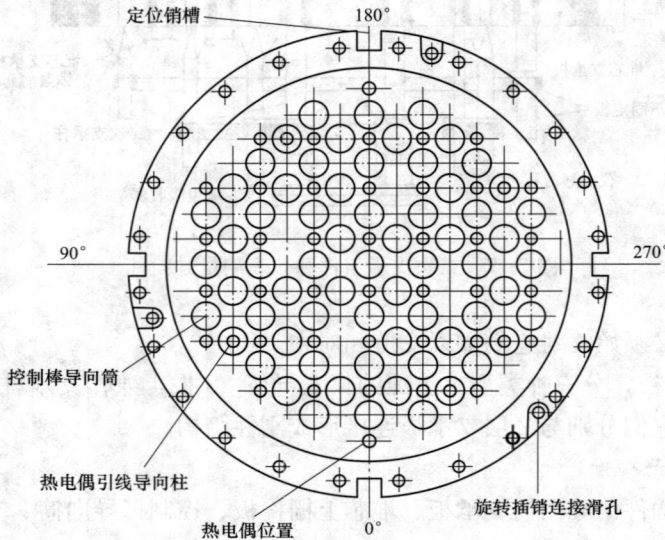

图 2-19　导向筒支承板结构

（2）堆芯上栅格板。堆芯上栅格板是一块厚度约为 50mm 的圆形板。它的上表面对应每个控制棒导向筒的位置开有两个定位销孔，以便导向筒准确定位。在对应每个燃料组件的位置上有流水孔，下表面有 2 个销钉，堆芯安装时，这些定位销插入燃料组件的上管座对角线上的两个孔内，使燃料组件定位。上栅格板的边缘开有 4 个定位键槽，与吊篮内壁对应的定位键配合定位。

（3）支承柱。支承柱有 40 根，把导向筒支承板和堆芯上栅格板连成一个整体。冷却剂的上冲载荷通过这 40 根支承柱由堆芯上栅格板传递到导向筒支承板上，然后传递到压力容器法兰。堆芯上栅格板和导向筒支承板之间的空间构成了堆芯出口冷却剂腔室。支承柱为中空结构，周边有流水孔，冷却剂可流通。除了外围的燃料组件以外，在每一个不带控制棒的燃料组件位置上都有一个支承柱，上面没有支承柱的燃料组件则位于压力容器出口接管的前面。

（4）压紧弹簧。吊篮法兰和导向筒支承板法兰之间有一个压紧弹簧，它是一个不锈钢圆环，其作用一是补偿法兰加工误差，二是为堆内下部构件提供足够的压紧力。

（5）热电偶柱。在上栅格板上选定的燃料组件出口处固定有 40 个由铬镍-铝镍制成的热电偶，用来测量堆芯出口温度，以监视堆芯冷却剂的饱和裕度、确定最热通道。这些热电偶的导线沿着 40 根支承柱内穿过导向筒支承板，然后分成 4 组，每组 10 个引到一个热电偶柱。4 个热电偶柱下端固定在导向筒支承板上，上部贯穿压力容器顶盖，将热电偶信号引出。

（6）控制棒导向筒。控制棒导向筒一共有61个，结构如图 2-20 所示。它允许控制棒组件（包括星形架和 24 根吸收棒）在其内上下运动，为控制棒组件提供定位和导向。

导向筒分上部导向筒和下部导向筒两部分，二者的法兰背靠在一起，通过螺钉固定在导向筒支承板上，底部两个定位销插在堆芯上栅格板的对应定位销孔中。上部导向筒是一个圆筒结构，里面有 4 层导向板。下部导向筒是一个方筒结构，上半部有 6 块导向板，下半部是连续导向段。

（三）反应堆压力容器

反应堆压力容器和一回路管道共同组成一回路的压力边界，是防止放射性外泄的第二道屏障的一部分。其主要用来固定和包容反应堆堆芯、堆内构件和高温高压的冷却剂，使核裂变反应在一个密闭的空间内进行。

1. 结构

反应堆压力容器是核电厂不能更换的部件，核电厂设计寿命取决于反应堆压力容器寿命。反应堆压力容器由筒体和顶盖两部分组成，材料采用 Mn-Ni-Mo 低合金钢，其成分：

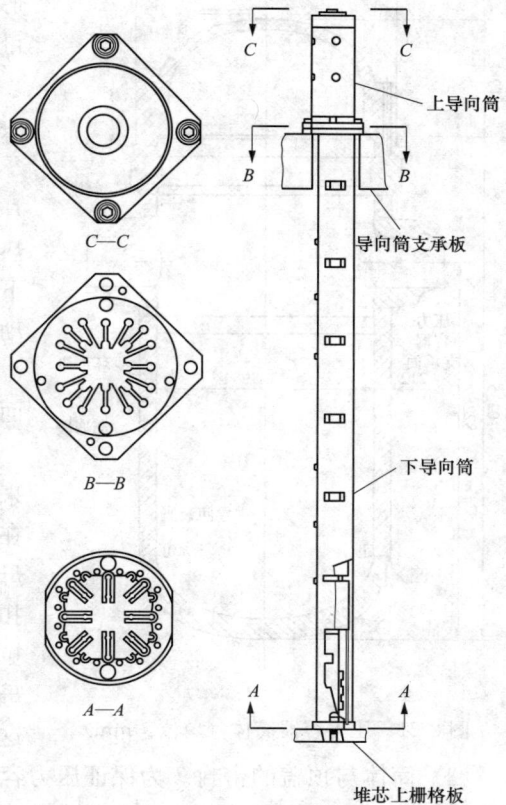

图 2-20 控制棒导向筒结构

$C \leqslant 0.25\%$，$Mn 1.5\%$，$Ni 0.4\% \sim 1.0\%$，$Mo 0.6\%$。容器内壁堆焊一层大于 5mm 厚的不锈钢。

（1）筒体。筒体由一个带螺栓螺纹孔的法兰、一个焊有 6 个冷却剂进出口管嘴的环形段、两个环形段、一个过渡段和一个半球形下封头焊接而成，如图 2-21 所示。

1）筒体法兰。筒体法兰上共有 58 个螺孔，用以安装螺栓和顶盖密封。其中 3 个螺孔可以安装导向杆，以便在吊装顶盖时对中。在法兰外侧焊有环形密封台肩，用来支承密封环，防止在装卸核燃料时反应堆水池内的水流进反应堆堆腔。在法兰内侧有悬挂吊篮的台肩，上面开有 4 个定位键槽。

2）带管嘴的环形段。每一条环路的进、出口管嘴相隔 50° 夹角，每一对管嘴沿压力容器的周围呈 120° 对称分布。在出口管嘴的内侧有一个凸环，与吊篮的管嘴相接。管嘴的外端焊了一段不锈钢安装端，采用同种材料允许把一回路管道与压力容器焊接成一体。6 只管嘴的底部均设有支承座，以便把压力容器放在它的支承结构上。

3）环形段。在压力容器带管嘴环形段的下面是对应堆芯高度的环形段，它由两段对接焊接的筒体所构成。在环形段下方内侧焊有 4 个因科镍（inconel）导向键槽，与吊篮导向键相配，用来限制吊篮径向位移。

4）过渡段。过渡段把半球形的下封头和容器的筒体段焊接起来。

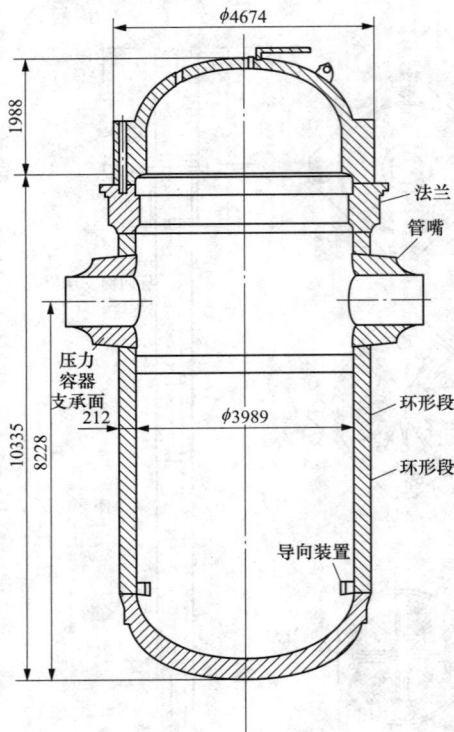

图 2-21　压力容器筒体（单位：mm）

5）下封头。下封头是由热轧钢板压成的半球形封头，其上焊有 50 根因科镍套管，堆内中子注量率测量导管通过套管进入压力容器。

（2）顶盖。压力容器顶盖由半球形顶盖和上法兰焊接而成。

顶盖由钢板热压成半球形，上面焊有 3 只吊耳、1 根排气管、61 个控制棒驱动机构管座、4 个热电偶管座和控制棒驱动机构通风罩法兰。管座下部伸入压力容器的端部装有导向漏斗，便于驱动杆和热电偶柱导入管座。

上法兰钻有 58 个贯穿的螺栓孔，下部的支承面上开有 2 道放置 O 形密封环的沟槽。

压力容器顶盖卸/装过程中用液压螺栓拉伸机来松/紧螺栓。主螺栓长 1957mm，下端部螺纹旋在压力容器法兰的螺孔内，中间一段螺纹与主螺母配合，上端部螺纹供螺栓拉伸机螺母使用。在扣上顶盖的操作中，同时对称地用两台液压螺栓拉伸机抓紧两只螺栓并将它们拉伸，然后扭紧螺母，再将张力释放给螺栓，以施加正确的力矩。这种分两个阶段扭紧螺栓的方法能消除翘曲。

（3）筒体与顶盖的密封。为保证压力容器筒体法兰与顶盖法兰之间接合处的密封性，在它们之间装有两个因科镍制造的 O 形密封环。O 形密封环结构如图 2-22 所示。

压力容器法兰与 O 形密封环的装配关系示意图；不同辐照条件下的运行图

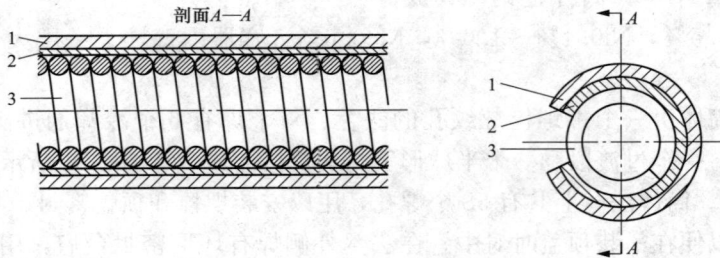

图 2-22　O 形密封环结构
1—密封⊃形环（镀银层）；2—中间⊃形环；3—螺旋弹簧

O 形密封环由因科镍合金管制成，外表面镀银。内置一个因科镍-718 绕成的弹簧，环外侧沿周向开有细缝。在连接顶盖与筒体法兰的螺栓拧紧后，O 形环受压变形，从而达到密封的目的。银层有较好的弥合作用，弹簧则提供了较好的回弹量。由于 O 形环是用压板固定在顶盖法兰的密封槽中，为了保证良好的密封性，每个 O 形环只能用一次，只要打开顶盖就要更换新的 O 形环。

压力容器筒体与顶盖结合面的密封泄漏由引漏接管进行探测。一个引漏接管安装在内、外环之间，另一个位于外环的外侧，它们倾斜穿过筒体法兰。位于内、外环之间的引漏探测管，探测内密封环的泄漏。在反应堆额定功率稳态运行时，内密封环不允许泄漏；在启动和停堆时，内密封环允许最大泄漏量为20L/h。

　　压力容器密封探漏系统如图2-23所示。在内密封环的泄漏回收管线上设置一台温度传感器RCP001MT进行检测。该管线上设有液位收集箱，根据测得的收集箱内水位的变化可确定泄漏率。温度和泄漏率的记录与报警在控制室内显示。若温度大于70℃或泄漏量大于20L/h，就应检查压力容器。外密封环的泄漏采用目视检查水蒸气和硼的结晶来检测。

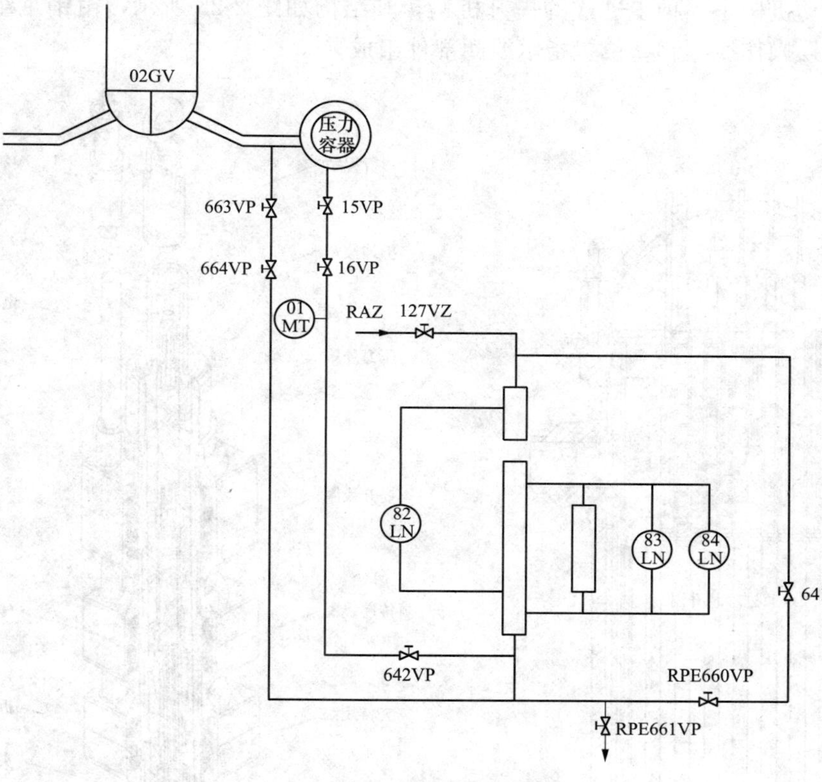

图2-23　压力容器密封探漏系统

　　2. 冷却剂在堆内的流程

　　冷却剂在堆内的流程如图2-24所示。冷却剂从三条进口接管流入压力容器，沿压力容器内壁与堆芯吊篮之间的环形空间向下流动，到压力容器底部后转向，通过堆芯支承板和堆芯下栅格板向上流经堆芯，带出核反应放出的热量，经过上栅格板后，从三条出口管道排出。冷却剂自上而下又自下而上地流动，其目的是减少动压头对堆芯所产生的机械应力。

　　冷却剂在压力容器内流动时，有一部分流量没有用来冷却燃料元件，称为旁路流量。其中，从压力容器内壁和吊篮管嘴之间的间隙直接流向压力容器出口接管的流量大约为1.0%，通过堆芯辐板的流量约为0.6%，通过导向筒支承板法兰流水孔进入顶盖空间的泄漏流量为2.2%，控制棒导向管旁路的流量为2.24%，所以总计有6.04%的总流量旁流了燃料元件。为安全起见，热工设计时取6.5%总流量作为旁路流量。

　　一回路冷却剂对堆芯的冲力约等于堆芯本身重力的4/3。水流在流过反应堆堆芯时，会有压降，可分为两类：①燃料棒和燃料组件格架摩擦的压头损失；②水流改变流向及通过堆芯多层格板时产生的局部压头损失。在堆芯内压头损失约为 0.156MPa，在压力容器内的总压头损失为 0.307MPa。

（四）控制棒驱动机构

控制棒驱动机构驱使控制棒组件在堆芯内提起、插入或保持在适当的位置，以实施反应堆启动、功率调节、停堆和事故情况下反应堆安全停堆保护，是确保反应堆安全可控的重要动作部件。

控制棒驱动机构是一种步进式的提升机构，其结构如图 2-25 所示，由销爪组件、驱动杆、压力外壳、操作线圈和棒位置指示线圈部件组成。

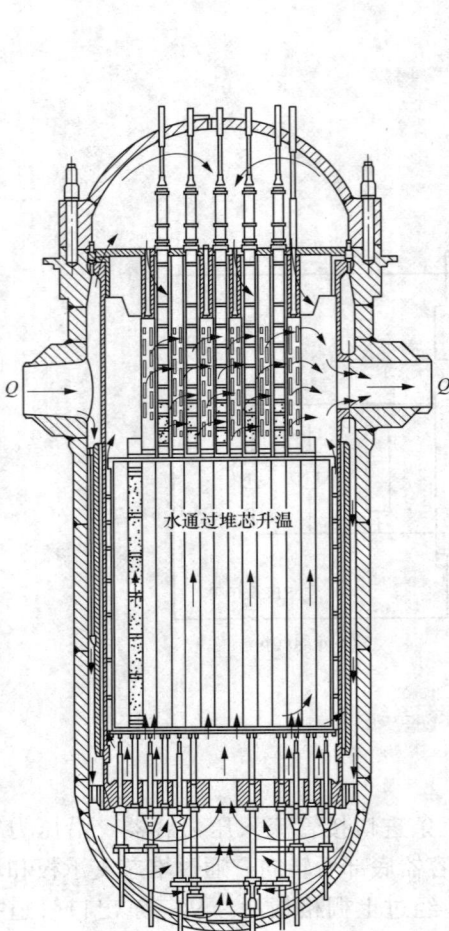

图 2-24　冷却剂在堆内的流程

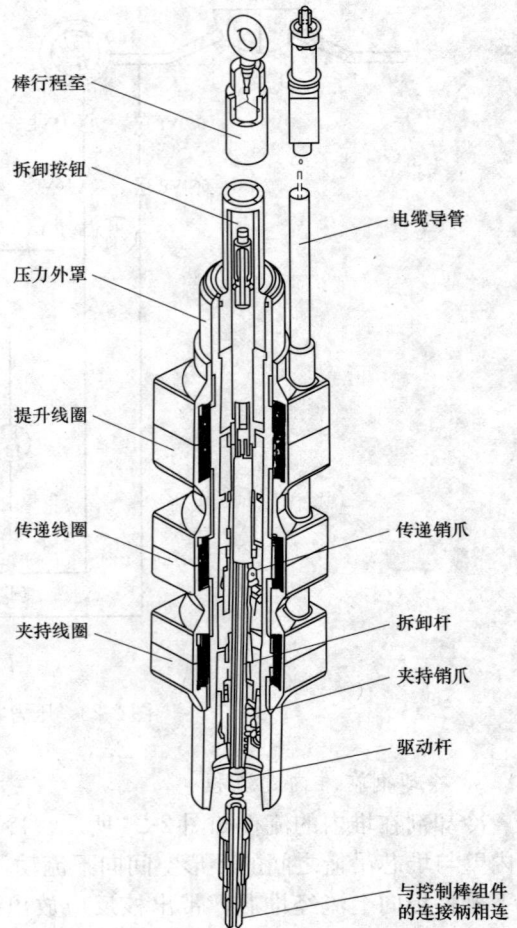

图 2-25　控制棒驱动机构

控制棒驱动机构全长为 5700mm，提升力为 163kg，约为控制棒组件静态载荷的 2 倍，因而它具有克服活动零件和固定零件之间机械摩擦的额外提升能力。

控制棒驱动机构在正常运行工况下要使棒的移动速度缓慢，每秒的行程为 10～16mm。在事故工况或者快速停堆的情况下，控制棒驱动机构在得到停堆信号后驱动杆要自动脱开钩爪，控制棒组件凭借自身重力快速落入堆芯，从得到信号到控制棒完全插入堆芯的紧急停堆时间不超过 3.2s，以保证堆芯的安全。

在反应堆运行过程中，控制棒组件因为各种原因动作十分频繁，因此控制棒驱动机构要求在几百万次动作中不能出现故障。由于要定期换料，因此驱动机构应该便于拆卸。在 M310 中，控制棒驱动机构采用磁力提升式，具有结构简单可靠、提升力大、拆装和维修方便等优点。

1. 压力外壳

压力外壳包括压力罩和棒行程室，与压力容器顶盖连接，里面充满了 RCP 系统压力下的反应堆冷却剂。

压力罩位于压力外壳的下部，其下端的内螺纹旋入压力容器顶盖上的控制棒驱动机构管座的外螺纹，并焊接密封。压力罩的上面是棒行程室，通过螺纹与压力罩连接并焊接密封。棒行程室为驱动杆提供了向上运动的空间，其顶部有一排气口，供 RCP 系统充水排气期间使用。

吊装压力容器顶盖时，压力外壳与压力容器顶盖连为一体同时吊装。

2. 操作线圈

操作线圈围绕在压力罩的外侧，从上到下依次是提升线圈、传递线圈和夹持线圈，由六个线圈外壳包容三个线圈。

操作线圈在线圈盒内，线圈盒安装在压力罩外面的法兰上。三个操作线圈都是由双层玻璃丝绝缘的圆铜线制成的，设计运行温度为 200℃，正常工作温度保持在 120℃ 左右或者更低。

工作线圈由电源系统直流发电机供电，发电机输出电压为直流 260V，其上装有飞轮，在电网瞬时故障时（小于 1.2s）可维持向线圈供电，避免控制棒下落。

3. 销爪组件

销爪组件是指控制棒组件在插入、抽出和固定操作时，与带齿槽的驱动杆啮合并加以支撑的部件，其结构如图 2-26 所示。主要部件是两个与驱动杆啮合的夹持销爪和传递销爪。此外还装有若干个磁极环、弹簧、枢轴和连杆，以便在操作时控制销爪。两组销爪相距 25 个齿槽。

当传递线圈通电时，传递销爪与驱动杆齿槽啮合；提升线圈通电时，传递销爪向上移动一步，即 15.9mm；当夹持线圈通电时，夹持销爪与驱动杆齿槽啮合，以便传递销爪复归原位。在控制棒不运动时，夹持销爪通常是啮合的，由它保持控制棒在某一位置。

4. 驱动杆

驱动杆的主要功能是把控制棒组件与控制棒驱动机构连接起来。驱动杆下端连接到

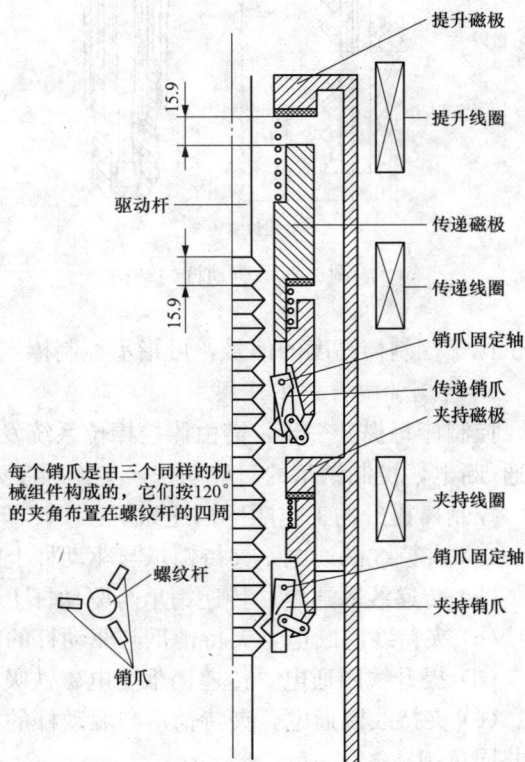

图 2-26　销爪组件（单位：mm）

控制棒组件星形架的连接柄上，上部由销爪定位。在反应堆运行时（包括掉棒），驱动杆与控制棒组件一直保持连接，只有在移开压力容器顶盖后才能把驱动杆与控制棒组件连上或拆开。驱动杆全长 7253mm，中间一端的外壁有 261 个与销爪啮合的齿槽，齿槽间距为 15.9mm。

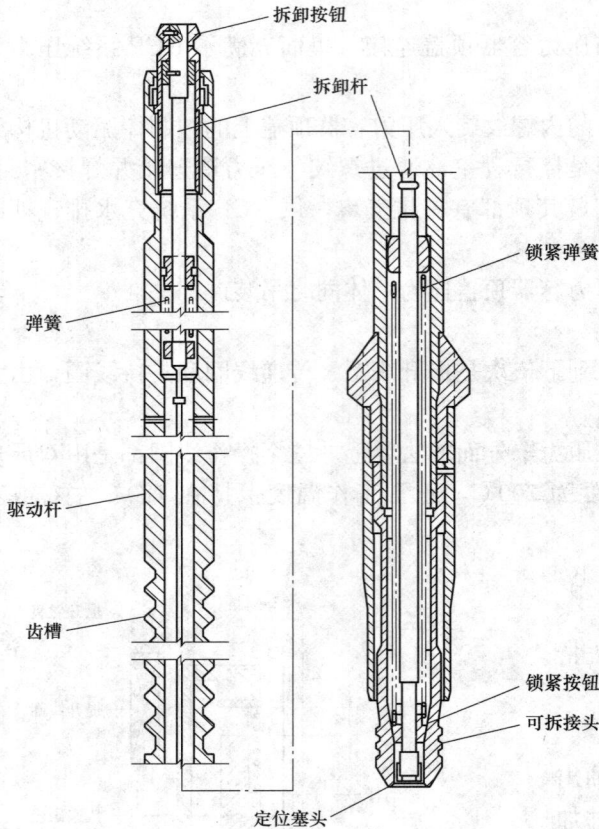

图 2-27　驱动杆的结构

驱动杆的结构如图 2-27 所示，其为空心结构，内部有一个拆卸杆，下端是一个两半的带环齿的可拆接头。拆卸杆上端有一个拆卸按钮，供拆卸工具用，下端有一个定位塞头。在堆芯重新装料后，拉起拆卸杆，定位塞头从两半的可拆接头内提出，再将驱动杆插入控制棒组件连接柄的孔内，然后压下拆卸杆，将定位塞头插入可拆接头，使可拆接头胀开而与连接柄的内齿槽啮合，这样驱动杆与控制棒组件便可靠地连接在一起。在换料时，将驱动杆与控制棒组件连接柄拆开，并随上部堆内构件一起吊出，控制棒组件仍留在燃料组件内。

5. 棒位指示线圈部件

棒位指示线圈由许多环形小线圈组成，绕制在不锈钢套管上。这些线圈套在驱动机构棒行程室壳体的外侧，通过线圈的次级输出可以确定驱动杆在位置线圈中的位置。当驱动杆头部通过位置线圈的各线圈移动时，改变了位置指示线圈的磁场，由此产生一个正比于控制棒高度的信号，可指示控制棒当前所在的位置。

6. 控制棒提升的工作顺序

控制棒每提升一步，需由棒控棒位系统发出一系列指令，使三个操作线圈按固定程序依次通/断电，控制销爪的对应动作，工作顺序如图 2-28 所示。

控制棒提升的工作顺序描述如下：

(a) 夹持线圈通电，夹持销爪与驱动杆上的槽啮合，保持控制棒在一个固定位置；

(b) 传递线圈通电，传递销爪与驱动杆上的槽啮合；

(c) 夹持线圈断电，夹持销爪与驱动杆的槽脱开；

(d) 提升线圈通电，传递销爪受电磁铁吸引，带动驱动杆提升一步；

(e) 夹持线圈通电，夹持销爪与驱动杆的槽啮合，使控制棒的重量由夹持销爪和传递销爪共同负担；

(f) 传递线圈断电，传递销爪与驱动杆的槽脱开；

(a) 夹持线圈通电　　(b) 传递线圈通电　　(c) 夹持线圈断电

(d) 提升线圈通电　(e) 夹持线圈通电　(f) 传递线圈断电　(g) 提升线圈断电

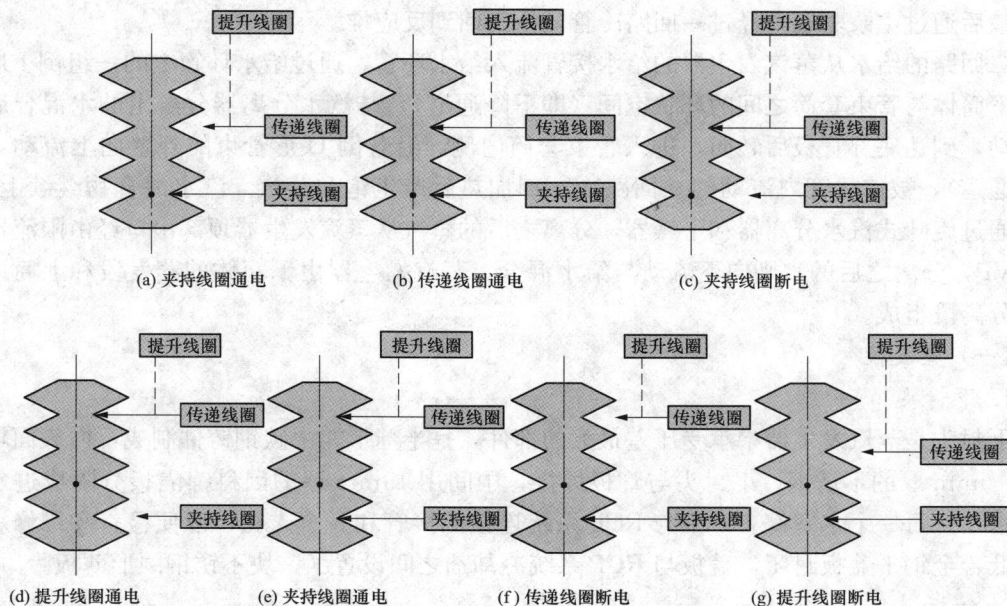

图 2-28　驱动机构使控制棒提升的工作顺序

（g）提升线圈断电，受弹簧力的作用，传递销爪下降一步。

控制棒插入的工作顺序与上述步骤相反。

三、蒸汽发生器

　　蒸汽发生器是反应堆冷却剂系统的重要设备之一。每条环路上各装有一台蒸汽发生器，设备的标识为 RCP001GV、RCP002GV、RCP003GV。蒸汽发生器的主要作用是作为热交换器设备将一回路产生的热量传输给二回路给水，使其产生饱和蒸汽供给二回路动力装置；同时作为连接一、二回路的设备，蒸汽发生器也作为第二道防护屏障防止一回路放射性外泄。一回路冷却剂具有放射性，而二回路设备不应受到放射性的污染，蒸汽发生器的管板和倒 U 管就起到了防护屏障的作用，是第二道防护屏障的组成部分。

　　M310 的蒸汽发生器是立式、自然循环、U形管式蒸汽发生器，其结构如图 2-29 所示。反应堆压力容器出口流出的冷却剂流过一回路热管段，通过蒸汽发生器下封头的进口接管进入水室，随后在倒 U 形管内流动，同时将热量传

图 2-29　M310 蒸汽发生器的结构

蒸课 4-蒸汽发生器

视频-SG可视化实验

输给 U 形管外侧的二回路给水，产生饱和蒸汽，从而实现一、二回路的热交换。一回路的冷却剂将热量传输给二回路给水后，温度降低，经过下封头的出口水室、出口接管流入过渡

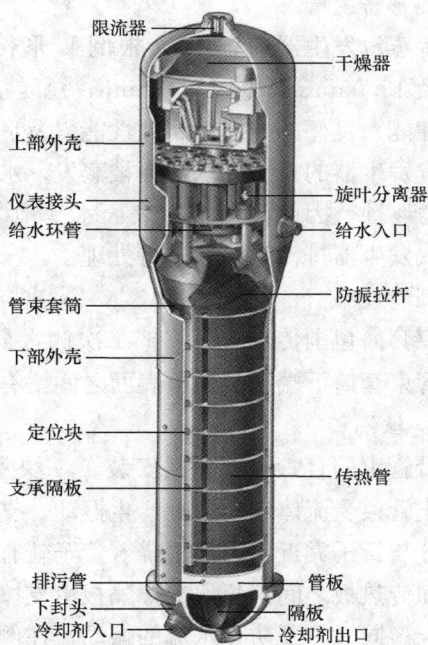

段，最后通过主泵驱动，经过一回路冷管段重新回到反应堆。

二回路的给水从蒸汽发生器的给水接管流入给水环管，通过给水环管上的一组倒 J 形管进入下筒体与管束套筒之间的环状空间（即下降通道），与汽水分离器分离出的水混合后向下流动，到达底部管板后转向，进入管束套筒内侧，沿着倒 U 形管束的外壁向上流动（即上升通道），被传热管内流动的一回路冷却剂加热后产生饱和蒸汽。汽水混合物继续上升，依次通过旋叶式汽水分离器和干燥器，分离之后的蒸汽从蒸汽发生器顶部出口经由限流器流入 VVP，分离之后的水则向下流动与给水混合。蒸汽发生器由下筒体的蒸发段和上筒体的汽水分离段组成。

（一）蒸发段

1. 下封头

下封头是蒸汽发生器中承受压差最大的部件，呈半球形，由碳钢铸件制成，内表面堆焊了 5～6mm 厚的不锈钢。下封头与管板焊接，中间用 19mm 厚的因科镍隔板分隔成进水室和出水室，每一个水室都有一个与 RCP 系统连接的接管和一个人孔，以便检查和维修。人孔用低合金钢平盖板封闭，盖板与 RCP 系统冷却剂之间设置了一块不锈钢圆形薄板。

2. 管板

管板重约 40t，由 555mm 厚的碳钢锻件制成，与冷却剂接触的表面上堆焊因科镍 600。管板上共钻了 8948 个管孔，U 形传热管两端插入孔内，并与堆焊层焊接，之后将全部的插入管段进行滚压涨管，消除管子和管孔之间的间隙，以免氯离子沉积造成应力腐蚀。

3. U 形传热管

每台蒸汽发生器内有 4474 根倒 U 形传热管，呈正方形排列。传热管由因科镍 690 制成，外径 19.05mm，壁厚 1.09mm，总质量约 50t。因科镍 690（Cr30Ni60）材料具有良好的机械性能、良好的抗应力腐蚀性能以及良好的热学性能（导热系数较高）。

蒸汽发生器的二次侧水不断被蒸发，水中杂质容易在管板上产生水垢，水垢易使传热管产生应力腐蚀，因此在管板上表面水平地装设有两根多孔的管道，供连续排污至 APG 系统（蒸汽发生器排污系统）进行处理。

4. 管束套筒

管束套筒包围传热管束，把二次侧水分隔成下降通道和上升通道，其下端用支承块支承，使管束套筒下端与管板上表面之间留有空隙，供下降通道的水通过，进入管束区。

5. 支撑隔板

在沿管束的直管段上一共安装了 9 块支撑隔板。支撑隔板的主要作用是固定和支撑管束，防止管束受流体流动影响产生振动。支撑隔板的管孔为四叶梅花孔，这样支撑隔板只有一小部分与管子靠近，因而围绕着管子就有更大的流量，腐蚀产物和化学物质不易沉积在支撑隔板和传热板之间。每块支撑隔板由支撑块支撑，支撑块通过管束套筒将载荷传至蒸汽发生器外壳。同时为了防止水流的振动，在倒 U 形管的弯曲部分还装了防振拉条。

6. 流量分配挡板

流量分配挡板位于管束下部高于管板的地方，板上钻了传热管孔，中心处钻一个大孔。这块挡板和 U 形管束中间水道的阻塞块保证二回路水以足够的流速有效地冲刷管板表面，避免了二回路侧腐蚀产物的聚积，从而减小管板表面以上的管子腐蚀的危险。

（二）汽水分离段

蒸汽发生器的上部设有两级汽水分离器。汽水混合物离开传热管束后经上升段进入第一级汽水分离器，除去大量的水分，然后进入第二级汽水分离器进一步除湿。

1. 一级汽水分离器

一级汽水分离器为旋叶式分离器，结构如图 2-30 所示。在每个分离筒内装有一组固定的螺旋叶片，使汽水混合物向上流过时由直线运动变成螺旋运动，密度较大的水在离心力的作用下被甩到筒壁上形成环状水层，而中心只剩下蒸汽柱。在筒壁上开有若干个疏水口，水沿着壁面上升时通过疏水通道流出汽水分离器，向下与给水环管的给水混合，流入下降通道进行再循环。

2. 二级汽水分离器

二级汽水分离器一般采用六角形带钩波形板分离器，在六角形内部还有六块波纹形分离器，结构如图 2-31 所示。经过一级汽水分离器分离后带有水珠的蒸汽在波纹管间流动，多次改变流向，密度较大的水被波纹管上的多道挡水钩收集分离，汇集后沿着凹槽流入疏水装置。

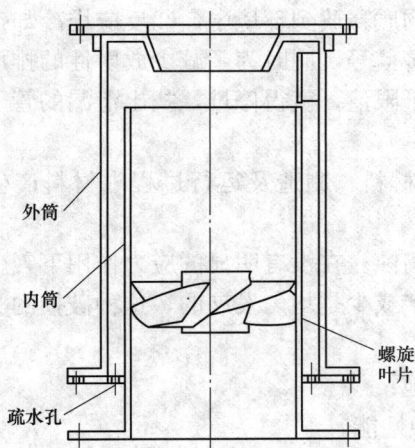

图 2-30 一级汽水分离器

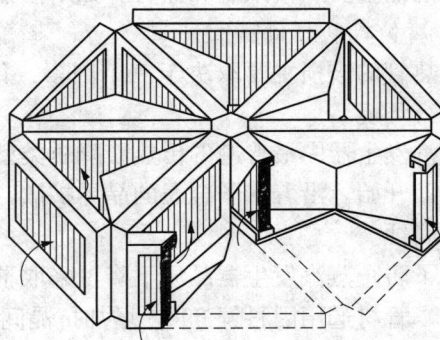

图 2-31 二级汽水分离器

3. 给水环管

给水环管的位置稍微低于一级汽水分离器。给水进入环管之后，从顶部焊接的倒 J 形管流出，进入下降通道，这样可以避免水位下降到给水环管以下时环管内的水被排空，从而防止给水再次进入时由于环管内蒸汽遇冷凝结产生"汽锤"现象（正常运行时给水环管淹没在水下）。倒 J 形管的数目在筒体周边分布是不均匀的，使 20% 的给水流向冷侧，80% 的给水流向热侧，这样使得两侧蒸发量大致相等，从而避免了两侧之间的热虹吸作用。

4. 流量限制器

蒸汽发生器顶部蒸汽出口接管内装有一只由因科镍 600 制成的流量限制器，其作用是当蒸汽管道破裂时限制蒸汽流量，以防止一回路过冷造成反应堆重新临界及减轻对安全壳产生的压力。流量限制器是一个 18MD5 钢制的锻件，内装 7 只收缩—扩张喷管（文丘利管），蒸汽流过时产生压降，使得蒸汽流量降低。

（三）蒸汽发生器的自然循环

自然循环是指只依靠热段和冷段之间的流体密度差所产生的驱动压头来实现的流量循环。在蒸汽发生器中，上升通道因汽水分离降低了汽水混合水柱的高度，使下降段水柱高于上升段水柱，从而产生压差。该压差克服介质在整个流道中的摩擦阻力后驱动介质在流道中流动，形成了不需要依靠水泵强制的自然循环状态。

汽水分离出来的饱和水和汽轮机高压缸进汽调节阀的开启都有助于自然循环。其中饱和水在重力作用下进入下降通道，增加了下降通道压头，而此时饱和水中夹带的部分蒸汽被给水冷却液化，使下降段冷柱有足够的密度，且不致增加流道阻力，有助于自然循环。当汽阀打开时，蒸汽发生器内的压力降低，上升通道介质沸腾增加，从而使上升段水的密度进一步降低，对自然循环也有帮助。

（四）传热管的破损和监测

在反应堆中，蒸汽发生器的故障极其容易导致非计划停堆。蒸汽发生器传热管占一回路承压边界总面积的80%左右，为了提高传热效率，管壁设计得很薄，容易造成机械损伤和腐蚀。同时，功率密度和金属温度都很高使其问题更加严重。

蒸汽发生器传热管的品质下降引起的安全性问题主要有两个：①潜在的管道破裂风险。这种严重事故会造成反应堆失水，甚至导致放射性物质释放到环境中。②反应堆冷却剂泄漏进二回路：由于这种泄漏可能是将要发生破管的报警信号，同时为了减少放射性的排放，对许可的泄漏量要严格限制和监管。如果泄漏量超过了限值，就得停堆，找出泄漏的管子。

1. 腐蚀机制与预防措施

传热管的破损主要取决于三个因素：传热管的材料、制造及运行过程中材料产生的应力、运行环境。

蒸汽发生器中最普遍的传热管降质类型为晶间腐蚀。在没有明显的应力作用下，化学侵蚀由表面开始，沿着管子金属的晶界扩散，而且或多或少是均匀发展的，这种破损的类型称为晶间腐蚀。

为了防止蒸汽发生器品质下降，采取了以下措施：

（1）管材选用因科镍690，增加抗晶间应力腐蚀性能。

（2）二次侧水采用全挥发性处理（AVT），防止区域性的耗蚀（管壁变薄）。

（3）管束支撑板用不锈钢制造，并改为梅花形管孔，防止管子压陷。

（4）改进胀管工艺和U形管弯曲段热处理方法，以消除制造过程的残余应力。

（5）严格控制二回路水化学指标，保证给水的纯度，并在运行过程中连续排污，防止管板上方管壁受压陷，以及腐蚀裂纹的损伤。

（6）定期用高压水冲洗或化学清洗以消除沉积的污垢。

（7）运行过程中传热管两侧的压差不得大于11.0MPa。

2. 泄漏监测

运行期间利用冷却剂 H_2O 的 $^{16}O(n, p)^{16}N$ 反应，用二回路侧 ^{16}N 放射性跟踪法验证一、二回路侧之间的密封。下面有三种方法可以测量二回路的放射性：

（1）检测蒸汽发生器出口处蒸汽中的 ^{16}N 放射性。

（2）冷凝器抽气泵处空气放射性快速监测。

（3）蒸汽发生器排污水中放射性精确测量。

如果发现超过允许的泄漏率，则在停堆后将一回路侧水排空，二回路侧部分充水至完全浸没管束，必要时加压，然后在管板一回路侧检漏。

3. 停堆和破损维修

在停堆换料期间，通常对传热管进行在役检查，即用一个探头沿整根传热管内侧移动进行涡流探伤检验，找出传热管缺陷区域和缺陷程度，如果经检查发现某根管子已经破损，其处理方法有两种：

(1) 采用传热管堵管。即在管子的两端各焊一管塞，不再使用。堵管是非常便宜的方法，但为保证一、二回路的热量交换，允许堵管率只有 10%（设计余量），超过该值会降低额定功率。

(2) 采用机械胀管或焊接金属内衬管，衬管方法费用较高，且衬管区仍是易发生破损的区域。

四、主泵

反应堆冷却剂泵简称为主泵。主泵主要用来驱动冷却剂在 RCP 系统循环流动，连续不断将堆芯产生的热量传输给蒸汽发生器的二次侧给水。

以大亚湾核电厂使用的主泵为例，它是空气冷却、立式、电动、单极离心泵，同时带有可控泄漏的轴封装置。正常运行情况下，主泵的工作压力为 15.5MPa，工作温度为 292℃。为了防止高温高压带有放射性的冷却剂从主泵处泄漏，在主泵处设置了热屏和特殊的轴封装置。轴封装置一共有三道可控的轴封，以防止带放射性的冷却剂泄漏到安全壳内。电动机和水泵泵体是分开组装的，中间用短轴相连接，该设计便于检修和更换泵轴承和轴封装置。为了延长电动机断电时的惰转时间，在电动机的顶部安装了飞轮，以保证在断电时依然可以带出堆芯剩余功率。

每条环路上都有一台主泵，主泵的总体结构（见图 2-32）可分为三大部分：

(1) 水力机械部分：包括泵体、热屏、泵轴承和轴封水注入接口。

(2) 轴封组件：由三个串联的轴封组成，这些是主泵的精密部件。轴封系统提供从 RCP 系统压力到环境条件的压降。

(3) 电动机部分：包括电动机主体、轴承、惰转飞轮、防逆转装置等。

(一) 部件描述

1. 水力机械部分

(1) 泵体。泵体由泵壳、扩散器、进水导管、叶轮、泵轴承等组成，结构如图 2-33 所示。其中泵壳、扩散器、进水导管和叶轮均为不锈钢铸件，泵轴为不锈钢锻件。扩散器焊在泵壳上，叶轮有 7 个叶片，

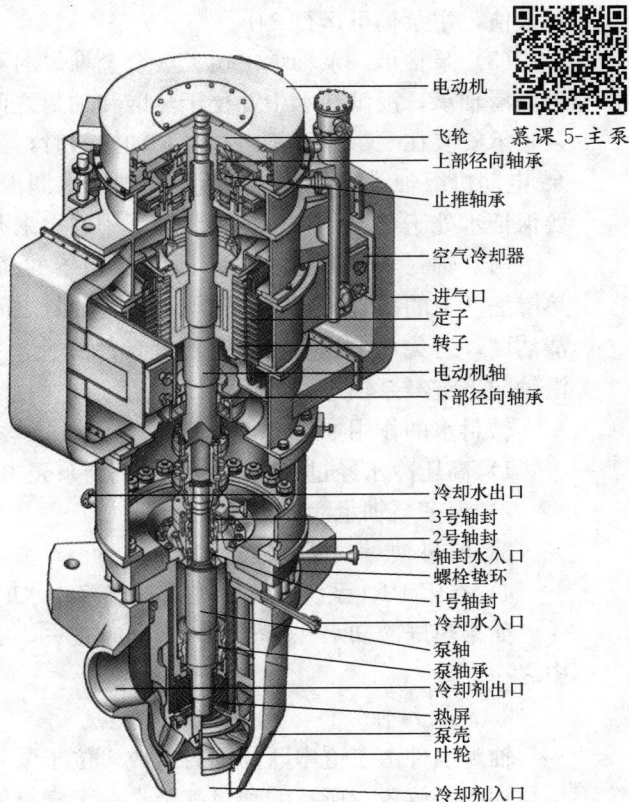

图 2-32 主泵的总体结构

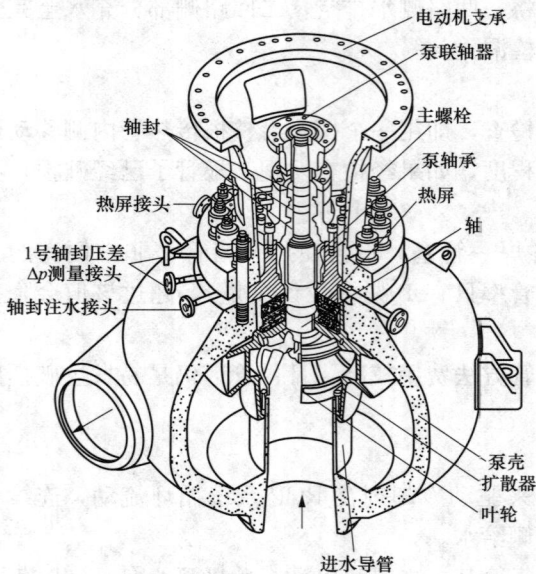

图 2-33 泵体结构

装在泵轴上。反应堆冷却剂由泵底部的进口接管吸入，依靠装在泵轴下部的叶轮唧送，经扩散器从泵壳侧的出口接管排出。进水导管的上端固定在扩散器上，下端对准泵壳进口接管中心线，将反应堆冷却剂引入叶轮。

（2）热屏组件。热屏组件由紧固法兰、防护套筒、蛇形管热交换器和紧固法兰上的蛇形管进出口管嘴所组成，安装在叶轮的上方。热屏组件主要用来阻挡反应堆冷却剂的热量传导到泵的上部，因此在蛇形管内循环着设备冷却水系统（RRI）的冷却水，分别从位于热屏紧固法兰处的两个管嘴流入和流出。在主泵正常运行时，从化学和容积控制系统（RCV）注入冷的高压轴封水，此时热屏起辅助作用；在轴封水中断时，热屏就发挥保护泵轴承和轴封的主要作用，此时一回路冷却剂在热屏处冷却后再继续流过泵轴承和轴封，防止泵轴承和轴封因温度过高而毁坏。只要泵轴承及轴封的温度未达到限值，主泵仍可运行 24h。

（3）泵轴承。泵轴承由司太立合金堆焊的不锈钢轴颈和石墨环轴瓦构成的套壳组成，是水润滑轴承，浸没在水中并位于热屏和轴封之间。其主要作用是为泵提供径向支承和对中。泵轴承安装在一个球形座内，当泵轴倾斜时，轴瓦外表面的球面可自调对中，这样可以校正泵-电动机组轴线的不对中。石墨环轴用水润滑和冷却，而石墨环在高温下会被破坏，因此要保证水处于低温状态。石墨环轴所用的水来源于 RCV 系统的轴封注入水。

（4）轴封水。轴封水来源于 RCV 系统的高压冷水，压力稍高于 RCP 系统的压力，通过热屏法兰上的接管从泵径向轴承和 1 号轴封之间注入。轴封注入处装有过滤器，保证水质的清洁度，避免水中的杂物磨损轴封或者轴承。注入的轴封水因受到轴封装置的阻挡，大部分沿轴向下流经泵轴进入 RCP 系统主管道，剩余流量沿轴向上流过 1 号轴封。

轴封水的作用如下：

1）高压冷水经过泵轴承、热屏流到泵壳内，抑制反应堆冷却剂向上流动；

2）保证泵轴承润滑；

3）流过轴封，提供轴封水；

4）在因 RRI 系统故障而失去热屏冷却水时，保证泵轴承和轴封的短时间应急冷却。

如果热屏冷却水和轴封注入水同时丧失，必须立即停运该泵，并在 1min 内恢复二者其中之一。

2. 轴封组件

轴封组件由三道串联的轴封组成，位于泵轴的末端。轴封组件通过主法兰安装到轴上，与泵轴同心放置。所有的轴封都装在一个密封外罩内，外罩用螺栓固定在主法兰上。轴封组件的作用是保证在电厂正常运行期间，从 RCP 系统沿泵轴向安全壳的泄漏量基本为零，因此轴封组件性能的好坏直接影响到泵的安全性能。其中第一道轴封为可控制泄漏的液膜密封，第二和第三道轴封是摩擦面密封。

（1）1号轴封。1号轴封为可控制泄漏的液膜密封，是轴封组件的主轴封，位于泵轴承的上面。其主要部件是一个随轴转动的动环和一个与密封外罩固定的静环（可上下移动）。动环和静环是不锈钢制的，表面喷涂耐腐蚀的氧化铝涂层，同时氧化铝的膨胀系数和不锈钢基本相同。在运转过程中两个环的表面不接触，中间由液膜隔开防止磨损。1号轴封结构如图2-34（a）所示。

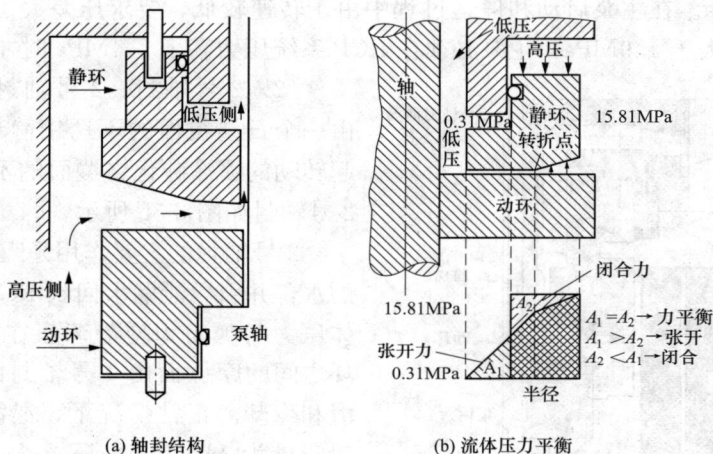

图2-34 1号轴封结构及力平衡原理

在正常运行情况下，温度为55℃的轴封注入水以高于RCP系统的压力（约为15.8MPa）进入泵中，流量约为1.8m³/h。轴封注入水分成两个部分，大约1.1m³/h的注入水经过泵轴承和热屏向下流动进去RCP系统，防止一回路冷却剂进入泵轴承和轴封区；剩余的0.7m³/h注入水通过1号轴封（产生15.5MPa的压降），被2号轴封阻挡，少部分流过2号轴封，其余流入1号轴封泄漏管线，与RCP系统的过剩下泄管线汇合后回到RCV上充泵入口。上述的各种参数都是在RCP系统压力15.5MPa下的数值，实际上，轴封水的压力、流量、1号轴封压降以及泄漏流量随着RCP系统压力而改变。

1号轴封是可控制泄漏的液膜密封轴封，控制的方式是通过作用在静环上的流体压力平衡，保证动环和静环之间的间隙始终为定值（大约0.1mm）。作用在静环上的力分为闭合力和张开力两种，前者趋向于使间隙闭合，后者趋向于使间隙张开。流体压力平衡如图2-34（b）所示，一个正比于静环两边压差的恒定闭合力A_2施加在环的上表面上，该力在图中的力平衡曲线上被表示为矩形。静环底部所受的压力产生一个张开力A_1，如果底面是平行的，这个力在流体压力平衡图上将由一个三角形代表，然而静环朝着高压侧有一个渐张段，这就使转折点处的压力更高，因而在流体压力平衡图上张开力是一个近似梯形。顶部和底部的面积差产生了一个不大的张开力，这个力将使静环上抬离开动环，并在静环和动环之间保持一个间隙。

为了便于解释，忽略静环的重量，并假定当$A_1=A_2$时，静环和动环之间稳定地保持适当的间隙。如果间隙趋于闭合（轴向上移动或静环向下移动），平行段降低的百分数将大于渐开段减小的百分数，因此平行段中的流动阻力增加得更快，使转折点处的压力提高。这样就改变了力平衡，使张开力稍有增加（即 $A_1 > A_2$），于是静环就向上移动，直至张开力等于闭合力，恢复设计所要求的间隙。同样，如果轴向下移动或静环向上移动使间隙张开，张开力将减小（即 $A_1 < A_2$），最终间隙恢复至正常值。

如果轴封两端压差降低，力平衡图的形状不会改变，不过实际数值降低。但是，在低压下不能再忽略静环的重量，因为它成为闭合力的一个重要部分。在静环两边压差小于1.5MPa 的情况下，张开力可能变得不足以保持间隙，因此主泵运行时应保持 1 号轴封两边压差大于 1.5MPa。在主泵启动和停运过程中由于转速较低，要求压差大于 1.9MPa。为保证 1 号轴封压差大于 1.9MPa，主泵必须在 RCP 系统压力高于 2.4MPa 时才允许投入运行。

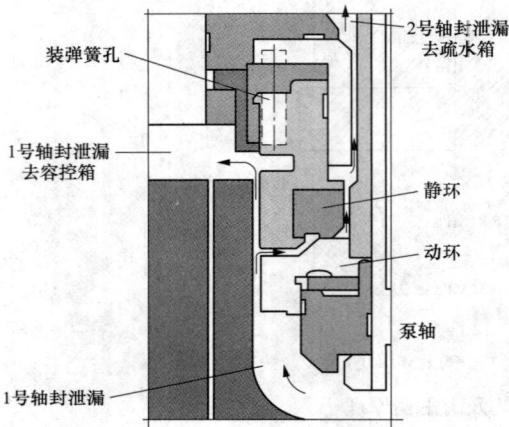

图 2-35　2 号轴封结构

（2）2 号轴封。2 号轴封是摩擦面密封，由一个石墨覆面的不锈钢静环和一个与轴一起转动的喷涂碳化铬覆面的不锈钢动环组成，2 号轴封如图 2-35 所示。

2 号轴封的主要作用是阻挡 1 号轴封泄漏的水，并引导泄漏水回到 RCV 系统。通过液体压力与弹簧力使静环压在动环上，动、静环之间的摩擦面由 1 号轴封的泄漏水进行润滑和冷却。正常情况下，泄漏到 2 号轴封的泄漏量为 11.4L/h，压差为 0.17MPa，泄漏水排到核岛排气和疏水系统（RPE）。

2 号轴封也能承受 RCP 系统运行的压力，因此它可以作为 1 号轴封故障时的备用轴封。当 1 号轴封损坏时，无论主泵是转动或者静止状态，2 号轴封都能在 RCP 系统压力下短时间代替 1 号轴封。此时主控室内指示和报警"1 号轴封泄漏量高"，操作员应关闭 1 号轴封泄漏阀，使 1 号轴封全部的泄漏量都通过 2 号轴封，将 2 号轴封作为主要轴封使用。随后电厂按照正常顺序停堆，更换损坏的设备。同样的，根据 2 号轴封泄漏流量是否异常，可以判断轴封是否有损坏。在 2 号轴封故障的情况下，只要泵轴承无异常振动，主泵仍可保持运行。

（3）3 号轴封。3 号轴封的结构与 2 号轴封基本相同，都是摩擦面密封，但不能承受 RCP 系统压力。其作用主要是引导 2 号轴封的泄漏水到 RPE 系统，以避免 2 号轴封的泄漏水流到安全壳内，同时防止含硼的泄漏水在泵的末端结晶。

硼和水补给系统（REA）供水的立管为 3 号轴封注入轴封水，其中一半的流量流经轴封一侧冷却和润滑动、静环的摩擦面，随后排入 2 号轴封的泄漏管线；剩下一半的流量流向轴封的另一侧冲洗泵轴末端，随后通过 3 号轴封泄漏管线排入 RPE 系统。如果立管水位变化异常，则表明 3 号轴封可能发生故障。当 3 号轴封故障时，主泵仍可保持运行，但此时冷却剂会向安全壳泄漏，应密切监视辐射水平。

这样设置的三道轴封实现了主泵中反应堆冷却剂向外界的零泄漏。主泵轴封水流程如图2-36 所示，图中标出了 RCP 压力为 15.5MPa 时各部位轴封水的额定流量和压力。

3. 电动机部分

电动机是立式鼠笼式感应电动机。此类电动机的转动部分质量很大，用来增加惯性。热态运行时额定功率为 6500kW，额定转速为 1485r/min。转子和定子用空气冷却，在转子的两端装有风叶，空气通过电动机体的冷却孔吸入，通过电动机后回到装在电动机机架外的空气冷却器冷却。每台电动机有两个彼此正好相对安装的空气冷却器，冷却器管内流动的是 RRI 系统的冷却水。

电动机装有上下两个径向轴承、一个双向金斯伯里型止推轴承、惰转飞轮、防逆转装置、润滑油冷却器以及相应的仪表。主泵电动机的电源来自 6.6kV 非永久性用电设备配电盘 LGA（2、3 号泵）和 LGD（1 号泵）。为防止主泵停止运转后电动机绕组受潮，安置了电动机绕组电加热器。主泵停运后，电加热器自动投入运行；主泵启动时，电加热器自动断开。

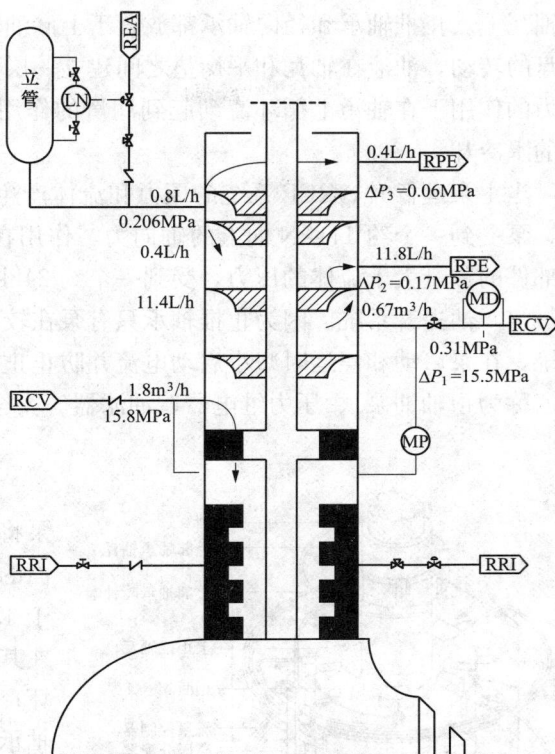

图 2-36 主泵轴封水流程

（1）惰转飞轮。飞轮的主要作用是增加泵的转动惯量，延长泵的惰转时间。在主泵发生断电的情况下，反应堆需紧急停堆，停堆之后反应堆的剩余功率呈指数下降，因此短时间内必须保持有较高的冷却剂流量通过反应堆堆芯。每台主泵都装有一个 6t 重的飞轮，与反应堆保护系统互相配合，保证在紧急停堆或者泵断电时有充分的冷却剂流过堆芯。飞轮提供的惰转流量也有助于产生自然循环流动。飞轮结构如图 2-37 所示。

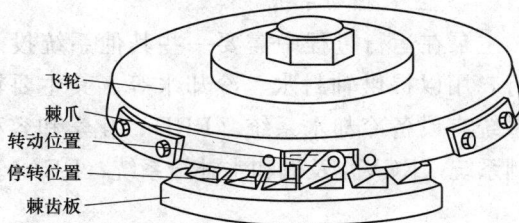

图 2-37 飞轮结构

（2）防逆转装置。防逆转装置主要作用是防止断电主泵的环路发生流体逆向流动，逆向流动容易导致电动机过热并使其损坏。该装置包括安装在飞轮底部外缘上的 11 个棘爪、一块安装在电动机机架上的棘齿板，以及棘齿板用的恢复弹簧和振动吸收器。

当泵停转后，每个棘爪与棘齿板啮合，当电动机开始逆向旋转时，棘齿板刚开始转动时振动吸收器就使其停止。当电动机重新启动时，恢复弹簧使棘齿板恢复至初始位置。随着电动机转速的提高，棘爪在棘齿板上拖过，在电动机达到其额定转速的 1/10 后，离心力使棘爪保持在升高的位置上。

（3）止推轴承和径向轴承。电动机的上部装有一个组合式双向金斯伯里型止推轴承和两个径向轴承。径向轴承安装在止推轴承的上方与下方，材质为碳钢挂巴氏合金。止推轴承在平衡垫（止推转盘）的上、下两面各有 8 块止推轴瓦，平衡垫把推力负荷均匀地分配到各止推轴瓦上。止推轴承和径向轴承都放置于上储油箱中，并浸没在油内，随着电动机轴和止推转盘的转动，油液在轴瓦和平衡垫之间建立一层薄油膜，使二者不直接接触。同时油液在离心力的作用下在轴承上循环流动起到润滑的作用，随后流入外部的润滑油冷却器被 RRI 系统的水冷却。

当主泵运行时，RCP 系统的压力和流体产生向上的推力大于泵和电动机转动部件的重量，泵受到一个约 441kN 向上的轴向力，作用在上止推轴瓦上；当泵启动和停运时，泵转动部件的重量大于流体的压力，受到一个约 245kN 向下的轴向力，作用在下止推轴瓦上。

（4）油提升系统。因为止推轴承只有泵在较高转速下才是自润滑的，所以设置了油提升系统，在泵启动和停运时减小启动电流并防止止推轴承损坏。油提升系统由一台电动柱塞油泵（称为顶轴油泵）、压力继电器、油滤器、安全阀、止回阀、排气阀以及相连接的管道所组成。

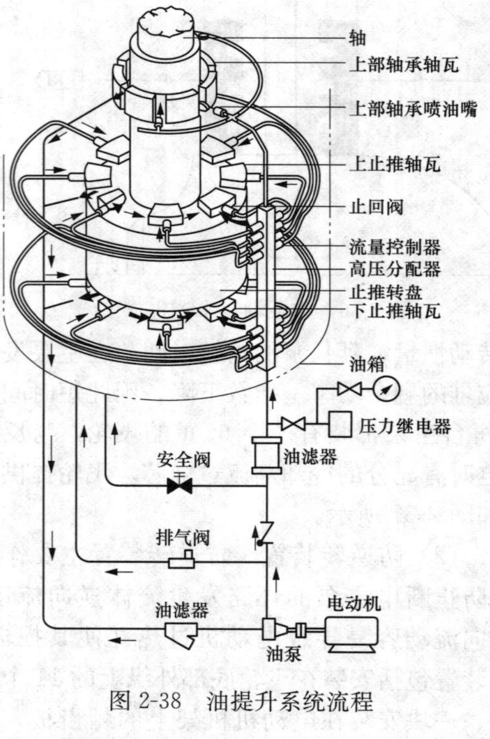

油提升系统流程如图 2-38 所示，顶轴的油泵将润滑油注入止推轴瓦，润滑油通过轴瓦上面的小孔流入止推轴瓦和止推转盘之间，以大于 4.2MPa 的油压迫使轴瓦离开止推转盘，并在其间形成油膜，这样可以避免止推轴承的损坏；一部分润滑油也被注入电动机上部的径向轴承，起润滑作用。

顶轴油泵从上部油箱吸油。每台主泵配备一台顶轴油泵，装在主泵电动机机架外，它的电动机功率为 7.5kW，转速为 1500r/min，由 380V 电源供电。油泵出口装有压力继电器，在主泵供电前必须将油压升高到大于 4.2MPa，才能启动主泵，否则将有闭锁信号阻止泵的启动。

图 2-38　油提升系统流程

（二）主泵辅助系统

主泵在运行过程中需要一些其他系统投入运行，用以提供轴封水、冷却水等。其主要辅助系统有设备冷却水系统（RRI）、化学和容积控制系统（RCV）及硼和水补给系统（REA）。

1. RRI 系统

设备冷却水系统主要向主泵提供：热屏冷却水；电动机上部油箱的润滑油冷却器冷却水；电动机下部油箱内冷却盘管内冷却水；电动机定子空气冷却器冷却水。

2. RCV 系统

化学和容器控制系统主要为主泵提供轴封注入水。RCV 系统上充泵出口的水分成两部分，一部分作为上充水进入 RCP 系统主管道，另一部分经过调节阀后分成三个支路，分别通往三台主泵作为轴封注入水。三台主泵轴封水的总流量由调节阀进行调节，每台主泵轴封水流量则由各自的就地调节阀调节。

3. REA 系统

REA 系统主要为立管提供轴封水。当立管水位降低到中心线以下 60cm 时，REA 除盐水泵开启，为立管补水；当立管水位升高到中心线以上 60cm 时，补水停止。

五、稳压器

稳压器是核电厂的重要设备之一，其主要功能是在各种情况下控制一回路系统的压力，同时也起到超压保护的作用。其主要功能可分为以下几个方面：

（1）压力控制。在核电厂稳态运行工况下，稳压器将一回路压力稳定在 15.5MPa 的整定值附近。在正常功率变化以及中、小事故工况下，稳压器将 RCP 系统压力变化控制在规定范围内，保障反应堆的安全。

（2）压力保护。当核电厂发生事故，RCP 系统压力超过稳压器安全阀阈值时，安全阀自动开启，把稳压器内的蒸汽排放到稳压器卸压箱。

（3）液位控制。稳压器作为 RCP 系统的缓冲箱，补偿 RCP 系统的水容积变化。RCP 系统的水容积增大时，稳压器水位上升；水容积减小时，稳压器水位下降。

（4）协助启堆和停堆。在反应堆启动时按照预定的程序使 RCP 系统升压。在反应堆停堆时按照预定的程序使 RCP 系统降低至规定的压力。

（一）工作原理

在正常运行工况下，稳压器上部是饱和蒸汽，下部是饱和水。稳压器与 RCP 系统通过一根波动管相连，而一回路是一个充满水的系统，所以稳压器的压力就是整个系统的压力。

在 RCP 系统的运行压力 15.5MPa 下，水的密度约是蒸汽密度的 6 倍，因此，当稳压器加热下部饱和水产生蒸汽时，将产生 6 倍的体积变化，从而使得稳压器内的压力升高。反之，当稳压器上部喷淋冷却水使蒸汽冷凝，蒸汽体积减小，稳压器内的压力下降。这就是用电加热器和喷淋器调节稳压器压力的原理。

因此，稳压器的设计必须满足下述要求：

（1）有足够的水容积。一是防止正常加热情况下加热器裸露；二是使稳压器可以调节 0～100% 功率范围内反应堆冷却剂温度变化引起的水位波动。

（2）有足够的蒸汽容积。当反应堆功率下降时，水位不至于达到反应堆停堆的高度。当厂外断电时，稳压器可以包容停堆引起的水位波动。

（二）稳压器结构

RCP 系统三个环路共用一台稳压器，设备代码为 RCP001BA，安装在 1 号环路的热管段上。稳压器是一个直立式圆筒，上下端为椭球形封头。高约 13m，直径约 2.5m，净重约 79t，内部容积为 39.7m³。稳压器结构如图 2-39 所示。

稳压器的上部是蒸汽空间，有喷淋管管嘴和喷头、三个先导式安全阀组、仪表管嘴、脉冲管管嘴和人孔。下部是水空间，有波动管管嘴、电加热器、核取样口和仪表管嘴。满功率时，水容积为 25.18m³，蒸汽容积为 15.15m³。

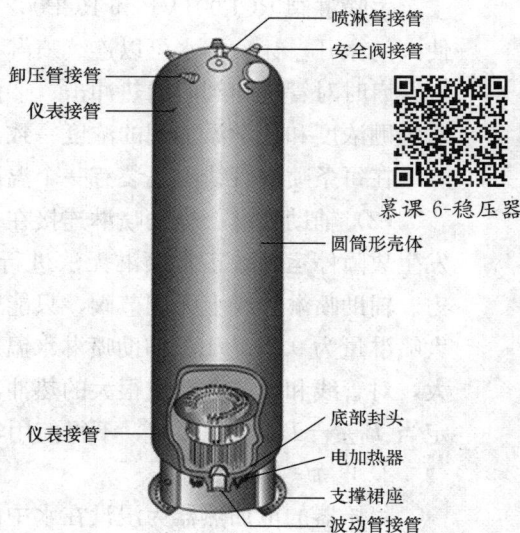

慕课 6-稳压器

图 2-39　稳压器结构

在稳压器的下封头上垂直安装有 60 根电加热器，分布在以下封头中心线为中心的同心圆上，通过下封头插入稳压器的水中。在稳压器内设置了两块水平隔板支撑电加热器，用以防止电加热器横向振动。

稳压器的下封头通过波动管连接到 1 号环路的热管段上，使一回路的水能够和稳压器内的水互相交换。为了使波动水和稳压器内的水均匀混合，且防止稳压器中的杂质进入一回路，在波动管入口的正上方设置了挡板式滤网。为了承受较热或较冷水的交流造成的热应力，在波动管的两端都装有热套管。

稳压器上封头的人孔用平的带螺栓的盖子封死，下封头安置在圆柱形裙座上，支撑裙的上部圆周上开有通风孔。

稳压器主要由电加热器组、喷淋系统、安全阀组和相关仪表组成。其流程图如图 2-40 所示。

1. 喷淋系统

喷淋系统的管线安装在稳压器的顶部，根据喷淋水来源的不同，可分为主喷淋和辅助喷淋。

（1）主喷淋。主喷淋管线连接在 RCP 系统的 1 号和 2 号环路（2 号机组为 1 号和 3 号环路）主泵的出口管道上，两条从冷管段出来的冷却水在稳压器前汇入到同一条喷淋母管内，随后在主泵的驱动压头下通过位于稳压器顶部的喷嘴喷淋到稳压器上部的蒸汽空间，使蒸汽凝结，系统降压。在每条主喷淋管线上各安装了一个喷淋阀，代码分别为 RCP001VP 和 RCP002VP，可以通过控制阀门的开度来控制喷淋流量。每个阀门最大流量为 $72m^3/h$，喷淋降压速率为 1.5MPa/min。

喷淋流量的设计原则：当汽轮机功率以 10％FP 阶跃下降时，稳压器的压力不能达到第一个安全阀开启的整定值（16.6MPa）。

主喷淋阀 RCP001VP 和 RCP002VP 下设置有下挡块，当它们处于关闭位置时，下挡块使阀门微开，让喷淋水可以连续喷淋，流量为 230L/h。连续喷淋的作用如下：①限制主喷淋开启时对管道和阀门的热冲击；②保证稳压器内水温的均匀性；③使稳压器内水与一回路水的硼浓度和化学添加剂的浓度一致。

在每条喷淋管线上还装有一个温度探测器，以监测喷淋流量。

（2）辅助喷淋。辅助喷淋连接在 RCV 系统再生式热交换器下游的上充管线上，当主泵发生故障停运导致正常喷淋无法进行时，辅助喷淋向稳压器提供喷淋水，降低一回路的压力。辅助喷淋管线上无调节阀，只能通过开启/关闭 RCV227VP 来控制喷淋水的流量，其最大喷淋量为 $9.5m^3/h$。辅助喷淋水温度与上充水相同，热态时只有 266℃，与稳压器温差较大，对管线和设备会造成很大的热冲击。因此为了保护设备，应尽量避免使用辅助喷淋。规定当 $T_{PZR}-T_0 \geqslant 177℃$ 时，不得使用辅助喷淋。

2. 电加热器

稳压器的电加热器为浸没在水中的直套管式电加热器。套管的下端用连接管座密封，上端用塞子焊接密封。其中加热的电阻丝用镍铬合金制造，四周用压紧的氧化镁使之与套管绝缘。

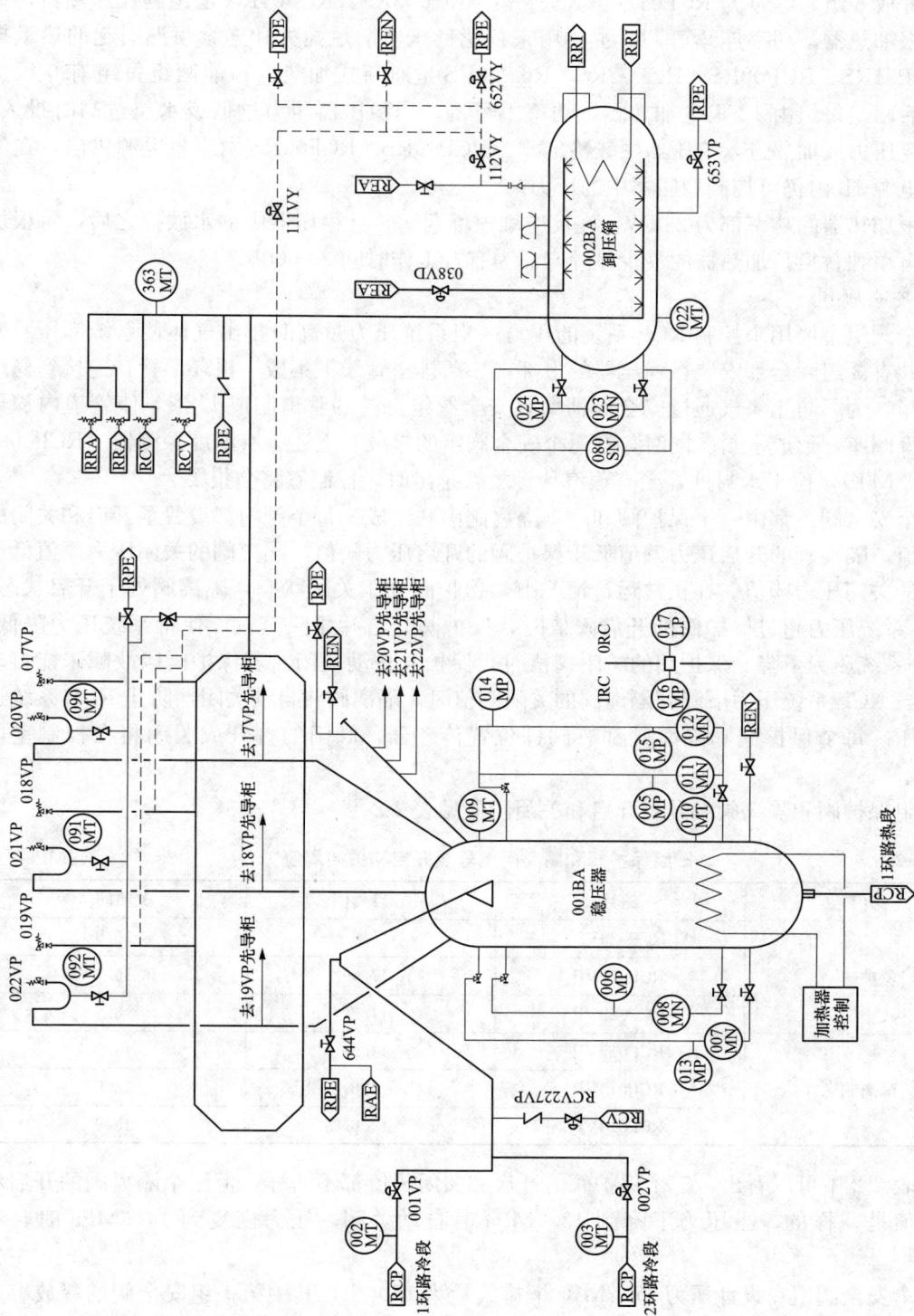

图 2-40 稳压器流程

稳压器中一共有 60 根电加热器，分为比例式电加热器和通断式电加热器两种。电加热器一共分成 6 组，编号为 RCP01～06RS。其中 RCP03RS、RCP04RS 是比例式加热器，每组有 9 根加热器，功率连续可调，主要用来补偿稳压器散热损失和连续喷淋引起的热量损失。RCP01RS、RCP02RS、RCP05RS、RCP06RS 是通断式加热器，前两组每组有 9 根加热器，后两组每组由 12 根电加热器，功率不可调，当稳压器压力过低或水位过高时投入，用以恢复压力或加热进入稳压器中较冷的水。RCP05RS、RCP06RS 由应急电源供电，在失去厂外电源 1h 内仍可控制稳压器中的压力。

每根加热器的功率都为 24kW，在反应堆停堆期间并且稳压器中的水放掉之后，每根加热器都可单独替换。加热器的最少设计寿命为有效工作时间 20 000h。

3. 安全阀组

安全阀组主要用来控制 RCP 系统的压力，当系统压力过高时排出气体使系统卸压。安全阀组共有 3 组，全部安装在稳压器的上部，三条排出管线汇集成一根环形管，连接到稳压器泄压箱。为了防止氢气通过安全阀泄漏，安全阀组上游的管道制成 U 形，使管道内积聚的水淹没阀座，形成水封。同时，在每个安全阀组的排放管上还装有温度探测器（RCP090、091、092MT），位于水封处，当有蒸汽从排放管排出时，控制室将会报警。

每个安全阀组都由一个保护阀和一个隔离阀串联组成。每个阀门都设置了开启和关闭的压力阈值，隔离阀的开启压力阈值低于保护阀的开启压力阈值，隔离阀的关闭压力阈值低于保护阀的关闭压力阈值。在正常运行情况下，保护阀处于关闭状态，隔离阀处于开启状态。当 RCP 系统压力超过保护阀的开启阈值时，保护阀开启并排除蒸汽，使得系统压力降低；当 RCP 系统压力下降到保护阀的关闭阈值时，保护阀自动关闭。若保护阀因故障未能自动关闭，当 RCP 系统压力下降到隔离阀的关闭阈值时，隔离阀将自动关闭，防止 RCP 系统进一步卸压。每个保护阀和隔离阀都有阀杆位置传感器，阀门的打开或关闭将在控制室内显示。

三组保护阀和隔离阀编号及开启和关闭阈值见表 2-2。

表 2-2　　　　　　　　三组保护阀和隔离阀编号及开启和关闭阈值　　　　　　　　MPa

阀门	编号	开启阈值	关闭阈值
保护阀	RCP020VP	16.6	16.0
	RCP021VP	17.0	16.4
	RCP022VP	17.2	16.6
隔离阀	RCP017VP	14.6	13.9
	RCP015VP	14.6	13.9
	RCP019VP	14.6	13.9

从表 2-2 中可以看出，三个保护阀的开启和关闭阈值都不一样，但三个隔离阀的开启和关闭阈值是一样的，当压力下降到 13.9MPa 时自动关闭，压力恢复到 14.6MPa 时自动打开。

每个安全阀组在设计压力 17.2MPa 下排放量为 170t/h，其中第一组安全阀的释放容量可以保证在电源全部丧失并且喷淋流量同时丧失的情况下，RCP 系统最大运行负荷时的压力不会超过其设计压力。其余两组安全阀的释放容量则是按照全部主蒸汽隔离阀关闭而造成负荷完全丧失这个严重的超压工况设计的。如果任一组安全阀误开启，其释放容量不足以引起堆芯发生偏离泡核沸腾（DNB）。

保护阀和隔离阀的结构类似，下面以保护阀为例说明安全阀的工作原理。

保护阀是自启动先导式阀门（SEBIM 阀），每一台保护阀都是由先导阀和主阀组成，保护阀结构原理如图 2-41 所示。

主阀是一个液压驱动阀，主要提供卸压功能，包括：①一个插入喷嘴的下阀体，主阀盘就坐落在喷嘴上；②一个包含活塞的上阀体，活塞使阀盘压到喷嘴上，活塞上面和主阀盘下面都受到稳压器的压力，但活塞的面积比阀盘的面积大，所以主阀是关闭的。

先导阀与主阀及稳压器分开设置，它通过脉冲管与稳压器和主阀连接。在稳压器与先导阀之间装有一个冷凝罐，以保护先导阀不受高温蒸汽的影响。

先导阀起到压力敏感和控制元件的作用。阀的上端有一个活塞机构，活塞缸通过脉冲管与稳压器蒸汽空间相通，活塞上所受的压力与活塞杆上受的弹簧

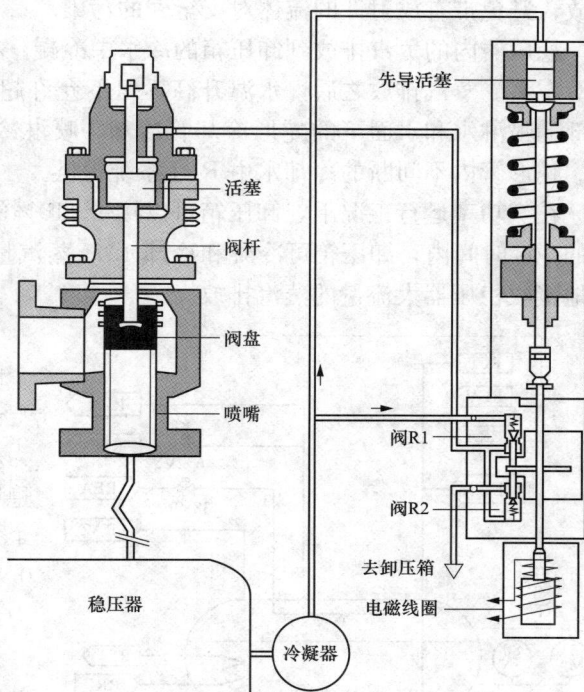

图 2-41 保护阀结构原理

力相反。通过调整该弹簧可以调节先导阀的整定压力。活塞杆上装有一个凸轮，可开启两个先导阀盘 R1 和 R2。

当稳压器压力低于先导阀的整定压力时，活塞杆在上面位置，先导阀盘 R1 开启，使主阀活塞上部与稳压器连通，由于主阀活塞的面积比阀盘的面积大，因此主阀关闭。

当稳压器压力升高时，压力作用在先导阀活塞上，使活塞杆向下移动，先导阀盘 R1 关闭，使主阀活塞上部与稳压器隔离，此时主阀仍然保持关闭。

当稳压器压力达到先导阀整定压力时，活塞杆进一步向下移动，先导阀 R2 开启，主阀活塞上部的流体通过 R2 排出而卸压，作用在主阀盘上的稳压器压力使主阀开启。

当稳压器压力降低时，活塞杆上升，先关闭先导阀盘 R2，再开启 R1，使主阀活塞上部与稳压器接通，恢复到初状态，于是主阀关闭。

先导阀活塞杆的底部装有一个电磁线圈，它通电后可直接使活塞杆移动。如果要在低于保护阀开启压力下强制开启阀门，可在控制室手动发出信号，使电磁线圈通电。

隔离阀在反应堆启动升压过程中始终要处于打开状态，在稳压器压力低于 13.9MPa 时，必须通过控制室的一个 TPL 开关使隔离阀的先导阀电磁线圈通电，即手动打开隔离阀。当稳压器压力大于 14.4MPa 时，手动开启信号被复位清除，以防止隔离阀无法关闭。在稳压器压力低于 0.5MPa 时，由于阀门机构的液压作用，保护阀保持关闭，隔离阀保持开启，此时手动控制信号不起作用。

（三）卸压箱

卸压箱的功能是收集、冷凝和冷却稳压器安全阀、RRA 系统安全阀、RCV 系统安全阀排放的蒸汽及一回路系统阀门杆填料装置泄漏的冷却剂。卸压箱使冷却剂不向反应堆安全壳排放，避免带有放射性的流体对安全壳的污染。

稳压器内的蒸汽排放到卸压箱的冷水中冷凝。在蒸汽排放之前，卸压箱内的水温维持在40℃左右。蒸汽排放之后，水温升高，但不允许超过 93℃。泄压箱中的冷凝水通过卸压箱顶部的喷淋水和水面下的蛇形冷却管冷却。喷淋冷水来自硼和水补给系统经过处理的除盐水。蛇形管内不间断的冷却水由 RRI 系统提供。

在满功率运行工况下，卸压箱可以接受 110%的稳压器蒸汽空间的蒸汽。在安全阀组开启的 30s 时间内，卸压箱可冷凝和冷却 1.7t 蒸汽量。但是，卸压箱容积有限，不能连续不断地接收稳压器大流量的蒸汽排放。

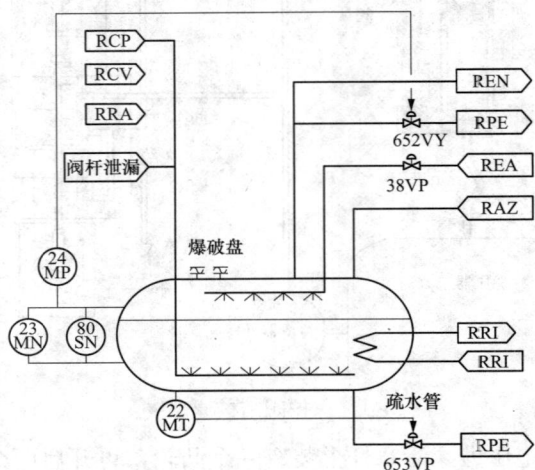

图 2-42　稳压器卸压箱结构

卸压箱的结构如图 2-42 所示，它是一个卧式低压容器，总容积约为 37m³。容器上部充以氮气，同时装有一组喷淋器。下部为水空间，容器底部沿轴线方向装有 1 根与稳压器卸压管线相连的鼓泡管。爆破膜盘 2 个，设于卸压箱顶部，爆破膜爆破压力为 0.8MPa，爆破压力下每个盘的蒸汽释放能力约为 280t/h。

卸压箱除了与稳压器卸压管线、硼和水补给系统（REA）冷水喷淋管线、设备冷却水系统蛇形冷却管线连接外，还与核岛排气和疏水系统（RPE）的排水和排气管线、核取样系统（REN）管线以及核岛氮气分配系统（RAZ）的补气管线相连接。另外，在稳压器卸压管线上还并联有来自余热排出系统（RRA）和化容系统（RCV）安全阀的卸压管线，以及专门用来收集与冷却剂系统相连接的阀门、阀杆泄漏水的回收管线。

在卸压箱中设置了水温测量通道，正常运行情况下水温维持在 40℃左右。当稳压器向卸压箱排放蒸汽时，水温升高，计算机报警。此时利用 REA 系统的冷水进行喷淋降温，并闭锁向 RPE 系统的排水阀，以防损坏设备。

在卸压箱中设置了压力测量通道，正常情况下卸压箱内充入氮气维持一定的正压力，防止空气进入与蒸汽产生氢爆。当卸压箱内压力升高时，计算机报警，向 RPE 系统的排气阀被闭锁，以防稳压器排放的蒸汽直接向 RPE 系统排放。压力偏低时由 RAZ 向卸压箱补氮，压力偏离时可通过排气阀向 RPE 系统排放。

卸压箱中还有水位测量通道，水位偏高、偏低时报警，同时通过 REA 系统进行喷淋补水或向 RPE 系统排水。

正常运行时，卸压箱水位约 65%，上部氮气压力为 0.12MPa，水温约 40℃。稳压器安全阀开启卸压时，蒸汽进入卸压箱，水温升高不超过 93℃，水位增高不超过 90%，压力不超过 0.8MPa，冷水喷淋流量约 34m³/h。压力继续升高超过 0.8MPa 时卸压箱上部爆破膜爆破，蒸汽直接向安全壳内排放。特殊情况下，蒸汽冷凝且排水过度时，卸压箱可能会造成负压，此时如果安全壳超压，卸压箱爆破膜也可能爆破，以保护卸压箱免遭压坏。卸压箱冷停堆工况可退出运行，冷态启动则应投入运行。卸压箱氮气中氢、氧浓度超限时，必须进行排气。

第二节　AP1000 一回路系统与设备

AP1000（advanced passive PWR）是美国西屋公司在 AP600 的基础上开发的一种三代非能动先进压水堆。AP1000 在技术成熟度、安全特性、经济性等方面具有鲜明的设计特色，特别是"非能动"理念的引入对现有核电安全系统的设计带来了变革性影响，不仅可以确保 AP1000 安全性得到显著提高，同时简化了安全系统配置，使其在经济性方面具备竞争优势。

一、一回路系统

（一）功能

AP1000 一回路系统除了具备正常运行功能外，还具有以下三类功能：

（1）安全相关功能。主要包括：维持反应堆冷却剂压力边界的完整性；堆芯冷却和反应性控制；工艺监测。

（2）许可证申请相关功能。主要包括：排出积聚在稳压器和反应堆压力容器顶部的不可凝气体，以支持事故工况下的堆芯冷却能力；在假想的严重事故下，通过特殊设计将堆芯熔融物保持在堆内，即 IVR。

（3）非安全相关的纵深防御功能。主要包括：堆芯冷却、反应堆冷却剂系统（RCS）压力控制、工艺监测以及 RCS 排气卸压。

（二）系统组成

AP1000 一回路系统结构如图 2-43 所示，采用"四进两出"方式，即由反应堆本体和与之相配的两条环路构成，每条环路各有一台蒸汽发生器、两台冷却剂主泵，以及一根热管段和两根冷管段。

为符合三代核反应堆技术要求，AP1000 在 M310 一回路系统成熟设计基础上对部分设备和运行条件进行了改进，主要包括：

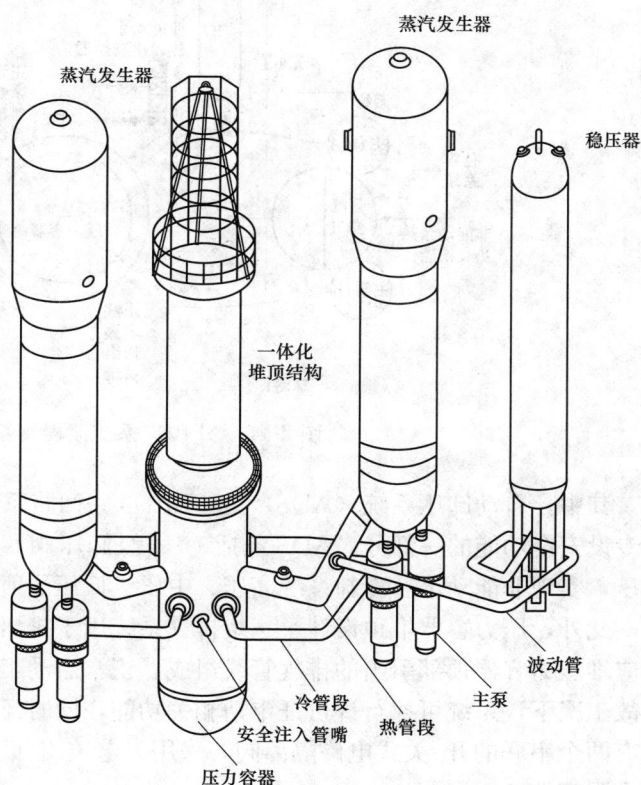

图 2-43　AP1000 一回路系统结构

（1）引入屏蔽电机泵代替原有的轴封泵。这一改进可实现"零泄漏"，极大降低了安全壳内放射性物质释放的可能性。

（2）采用联体结构实现蒸汽发生器与主泵直接连接，取消了过渡段。这样不仅优化了RCS的布置空间，有效降低了一回路主管道内冷却剂的流动阻力，而且有助于降低反应堆发生失水事故的概率。

（3）通过增大稳压器容积和优化蒸汽发生器汽水分离装置来增加RCS运行设计裕量。

（4）通过适当降低反应堆冷却剂平均温度设计值来满足堆芯热工裕量要求。AP1000反应堆的冷却剂平均温度设计值为300.9℃，低于M310反应堆的冷却剂平均温度（310℃）。

（三）系统流程

与M310类似，AP1000一回路系统除了包含冷却系统、压力调节系统以及超压保护系统外，还有专门的辅助系统、专设安全系统以及测量系统，其流程及与各系统的接口如图2-44所示。

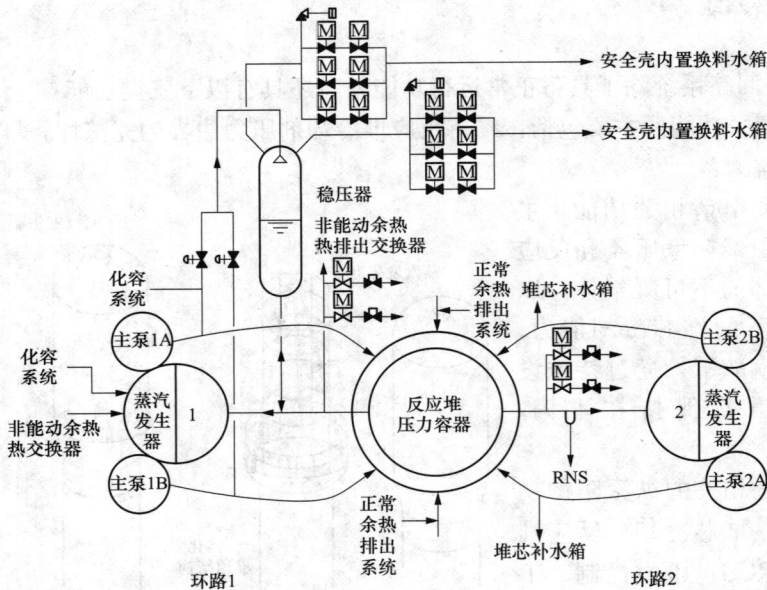

图 2-44　AP1000 系统流程及各系统接口

其中，自动卸压系统（ADS）是AP1000一回路系统专门设计的一个子系统，作为非能动专设安全功能的一部分。ADS包括1～4级卸压阀，用于各种LOCA事故中的RCS快速卸压，实现非能动堆芯冷却系统高压、中压、低压注射以及再循环注射之间的合理衔接。

此外，压力容器堆顶设计了一组排气系统用于排出堆顶聚集的不可凝气体，它由两条从反应堆压力容器顶部引出的排气管线组成。正常启动工况下，该系统可进行高点排气；而在事故工况下，系统可执行许可证申请相关功能，同时还具有应急下泄功能。每条排气管线中均有两个串联的开/关式电磁隔离阀，采用失电关闭（FC）的常关模式，隔离阀下游还设有一个限流孔板。

（四）主要参数

额定工况下AP1000一回路系统的主要特性参数见表2-3。

表 2-3 额定工况下 AP1000 一回路系统的主要特性参数

参 数		数值
总体参数	电厂设计寿命/a	60
	蒸汽供应系统功率/MW	3415
	反应堆冷却剂压力（绝对压力）/MPa	15.52
	反应堆冷却剂容积（包括稳压器水容积）/m³	271.84
环路	冷管段数	4
	热管段数	2
	热管段内径/mm	787.4
	冷管段内径/mm	558.8
反应堆冷却剂泵	电机名义功率/kW	5223.9
	加热冷却剂的有效泵功率/MW	15
稳压器	总容积/m³	59.5
	水体积/m³	28.33
	喷淋流量/(m³/h)	136.44
	内径/mm	2286
	高度/mm	15417.8
蒸汽发生器	传热功率/(MW/台)	1707.5
	传热面积/(m²/台)	11 477
	壳侧压力/MPa	8.28
	零功率温度/℃	291.7
	给水温度/℃	226.7
	蒸汽出口压力/MPa	5.77
	总蒸汽流量/(t/h)	6790

二、反应堆本体

AP1000 反应堆由堆芯、堆内构件、压力容器和一体化堆顶结构以及控制棒驱动机构组成，其功能与 M310 反应堆本体相同。

（一）堆芯

与 M310 类似，AP1000 堆芯是由 157 个尺寸相同的燃料组件规则排列而成，每个燃料组件对应有一个功能组件。

首次装料时，AP1000 有两种方式可以选择：传统装料方式或先进装料方式。传统装料方式主要用于建立较平坦、容易控制的径向功率分布，在堆芯不同区域分别装有 3 种不同富集度的燃料组件，而每个燃料组件中的所有燃料棒都有相同富集度。首次燃料循环时的燃料布置方式如图 2-45 所示。可见，堆芯外围的第 3 区燃料富集度最高。同时为减少轴向中子泄漏，在燃料棒上下两端布置低富集度的燃料芯块，可提高燃料利用率。

先进装料方式是按燃料富集度由低到高将反应堆堆芯分为 A～F 共 6 个区，其中富集度较低的 A 区、C 区和 D 区在堆芯外围，高富集度的 E 区、F 区和低富集度的 B 区在堆芯内部，故又称为低泄漏率装料模式。这种模式通过降低堆芯边缘的中子注量率，一方面，减少了中子从堆芯的泄漏，从而增加了中子利用的经济性和芯部的反应性；另一方面，减少压力容器的中子辐照损伤，使压力容器的使用寿命延长到 60 年。同时，为避免高富集度燃料装入反应堆中心引起较大功率峰值，还采用一定数量的可燃毒物来抑制峰值功率，包括 6768 根一体化燃料可燃吸收体（IFBA）和 528 根湿环形可燃吸收体（WABA）。

首堆循环后的堆芯换料，AP1000 也考虑了两种不同的平衡循环。第一种是 18 个月换料方案，即采用 64 盒相同的换料组件装卸方式，每次换料卸出的燃料组件数与装进堆芯的新燃料组件数相同。第二种是 16 个月和 20 个月交替的换料方案。在 16 个月循环时卸出并装入 57 盒新组件。而在 20 个月循环时卸出并装入 72 盒新组件。20 个月的循环运行结束后，下一循环又是 16 个月的循环长度，如此交替。这种设计模式的优势在于，核电厂可以将停堆换料期安排在用电淡季，从而满足在用电高峰季节电站正常运行的需求。

1. 燃料组件

AP1000 燃料组件结构（见图 2-46）与传统压水堆燃料组件的结构类似，主要由燃料棒、格架、上管座、下管座、导向管、仪表管等组成。

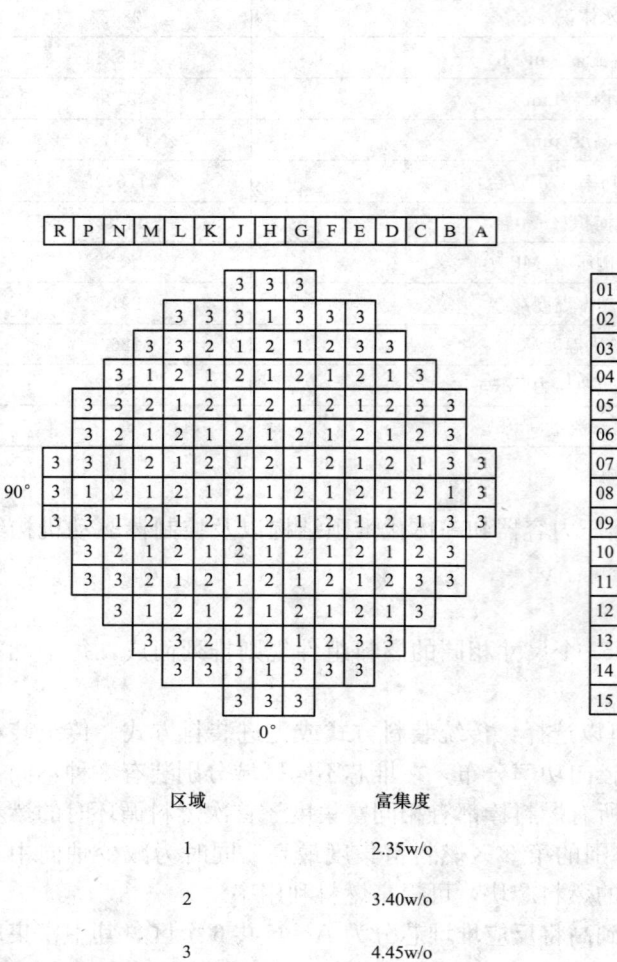

区域	富集度
1	2.35w/o
2	3.40w/o
3	4.45w/o

图 2-45　AP1000 首次燃料循环时的燃料布置方式

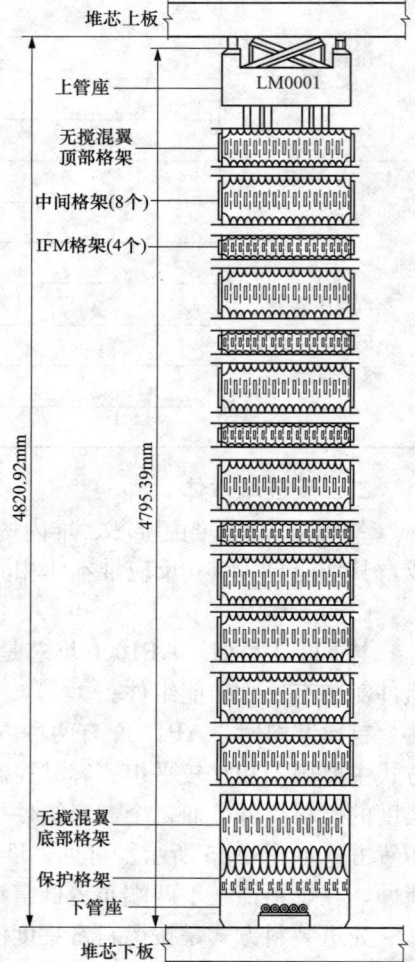

图 2-46　AP1000 燃料组件结构

（1）燃料棒。AP1000 燃料棒的基本结构（见图 2-47）与 M310 相同。每个燃料元件内装有 434 个二氧化铀（UO$_2$）燃料芯块，与 M310 相比，芯块的形状、直径与制备工艺相同，但芯块高度有所减小，约为 9.83mm。

AP1000 的燃料包壳采用锆铌合金（ZIRLO）材料，它是专门为高燃耗应用而开发的一种先进锆合金，主要成分包括 Zr、0.1% Nb、0.1% Sn 和 Fe。与 Zr-4 合金相比，ZIRLO 合金具有更好的抗水侧腐蚀、抗辐照生长和蠕变性能，适于高燃耗和长循环运行场合。

AP1000 燃料棒两端各有一个空腔，用于容纳更多的裂变气体。其中，上部空腔体积由燃料芯块压紧弹簧维持，下部空腔体积则由支承管提供。另外，下端塞的长度超过底部格架的高度，以防止燃料棒的包壳受到滞留在底部格架位置的异物的磨损。

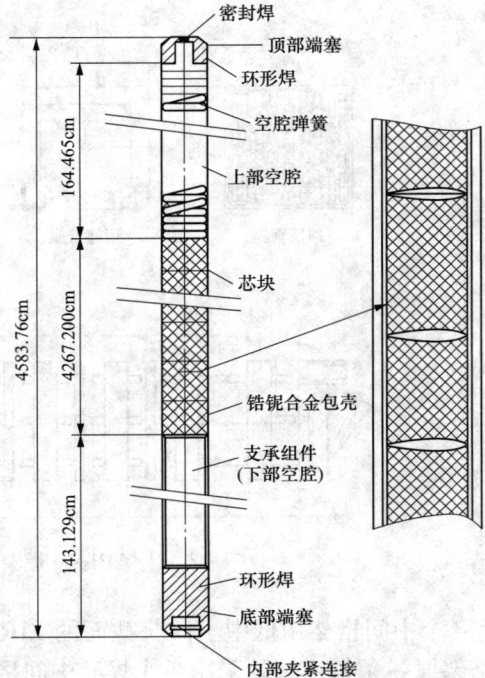

图 2-47　AP1000 燃料棒结构

此外，AP1000 燃料棒还进行了如下改进：

1）部分燃料棒芯块柱的两端设计了轴向再生区（或轴向抑制区），由一些偏低富集度的燃料芯块组成，其主要作用是减少轴向中子泄漏，提高燃料的利用率。轴向再生区也使用倒角芯块，长度大于柱中部其他正常富集度的芯块，以防止在制造过程中发生意外混淆。此外，轴向再生区不会对源量程探测器响应产生影响，因为轴向再生区的局部低功率被限制在距堆芯顶部和底部 20.32cm 的范围内，而源量程探测器被放置在距堆芯底端约 1m 处。

2）一部分燃料棒可能在燃料柱上下两端约 20cm 处包含了较低富集度的环状燃料芯块，一方面可以减少中子泄漏，另一方面可包容更多裂变气体。

3）某些燃料棒中可能包含一体型燃料-可燃毒物，通常有两种可能形式：一种是涂硼化锆（ZrB$_2$）覆层的燃料芯块，即所谓的 IFBA（一体化可燃吸收体），在燃料芯块表面覆盖的硼化物其厚度小于 0.0254mm，ZrB$_2$ 的特点是可以耗尽，剩余反应性几乎为零，可以降低局部功率峰值因子，提高堆芯装载的灵活性，为低泄漏燃料管理和提高燃耗创造了条件；另一种是 UO$_2$-Gd$_2$O$_3$ 弥散体构成的燃料芯块，简称含钆燃料。这种设计的优势在于可以将不同类型的芯块布置在燃料组件的不同位置，增加了堆芯布置的灵活性，减少了中子的泄漏，提高了中子经济性和燃料的利用率。

（2）格架。AP1000 燃料组件沿全程方向间隔地用 15 个格架支撑，包括 2 个端部格架、8 个中间格架、4 个中间搅混格架和 1 个保护格架，燃料组件格架结构如图 2-48 所示。

端部格架包括顶部格架和底部格架各 1 个，格架材料均采用因科镍 718 合金，条带连接处采用黄铜焊。此外，端部格架的条带上无搅混翼。

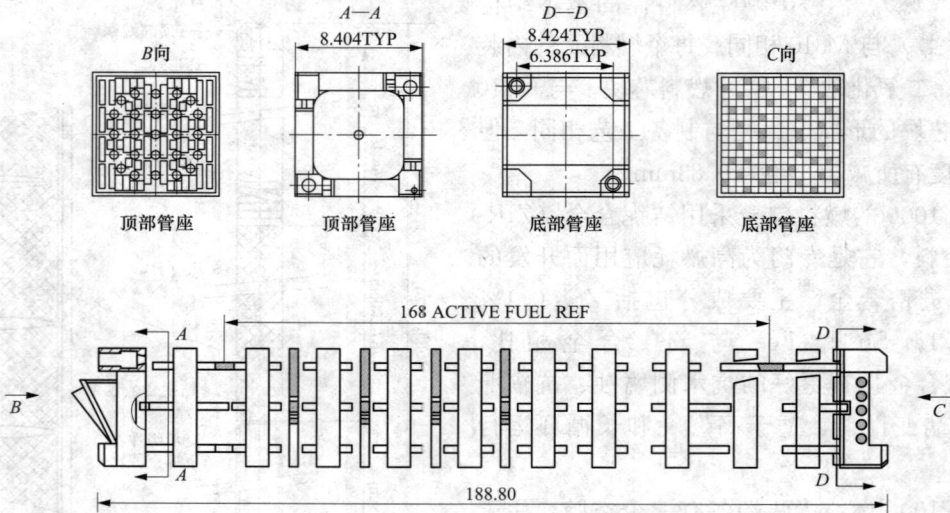

图 2-48　AP1000 燃料组件格架结构（单位：英寸）

8 个中间格架用低中子俘获截面的 ZIRLO 材料制成，锆合金格架条带比因科镍 718 合金格架厚，条带连接处采用激光焊。中间格架上安装有第三代搅混翼，有助于增强燃料组件内部以及相邻组件之间流道内的混流，改善热工性能。

4 个中间搅混格架（IFM）位于上部 4 个中间格架之间的选定跨距上，构成一个相似的搅混翼阵列。中间搅混格架形式与中间格架一致，也是用 ZIRLO 材料制成，但属于非结构格架，高度仅为中间格架的一半，其基本功能是在高热流密度区域促进流体搅混，改善燃料组件偏离泡核沸腾的热工水力性能。

保护格架由因科镍 718 合金制成，条带连接处采用激光焊。保护格架紧靠下管座孔板的上方，把过水小孔分成 2 等分和 4 等分，进一步起到过滤异物的作用。

（3）管座。AP1000 燃料组件的下管座和上管座均采用快速可拆卸设计以减少组件维修的拆卸时间。将带螺纹的燃料棒下端塞穿过下管座格板后与一螺帽相连，螺帽压入一球形凹槽内，拆卸时只需拧松并去除螺杆即可。

（4）导向管与仪表管。AP1000 导向管材料采用 ZIRLO 合金，其外径和内径在全长上保持不变。在导向管内的下部安装有用 ZIRLO 合金制成的独立缩颈管，对快速下落的控制棒起阻尼作用。此外，在缩颈管的上端开有流水孔，在正常运行期间冷却剂经流水孔流入导向管，在事故期间冷却剂经流水孔流出，可缩短控制棒的落棒时间。

2. 控制棒组件

AP1000 控制棒组件的结构与 M310 相同，主要用于在反应堆启动、停堆以及运行过程中因功率变化引起的反应性补偿。按功能不同，控制棒组件又可分为三类：温度控制、轴向功率分布控制和停堆。

AP1000 灰棒束控制组件（见图 2-49）的机械设计、驱动原理以及导向管的连接方式，均与黑棒束组件相同。灰棒束控制组件由 12 根黑棒（Ag-In-Cd 合金）和 12 根灰棒（不锈钢）组成。灰棒束控制组件使 AP1000 可采用机械补偿模式（MSHIM），即通过控制棒的机械动作来同步完成负荷跟踪过程中的反应性控制和功率分布控制。根据 MSHIM 运行的功能分配，AP1000 将 69 个棒束控制组件分为控制组和停堆组，而控制组又可分为 AO 组和 M 组，其布置方式如图 2-50 所示。其中，AO 组专用于控制堆芯轴向功率分布，M 组用于补偿温度、功率水平、瞬态氙变化引起的反应性变化。MSHIM 模式可保证 AP1000 在 30％ FP 以上实现不调硼负荷跟踪，极大简化硼处理系统的设计和运行，减少放射性废水量，降低运行成本。

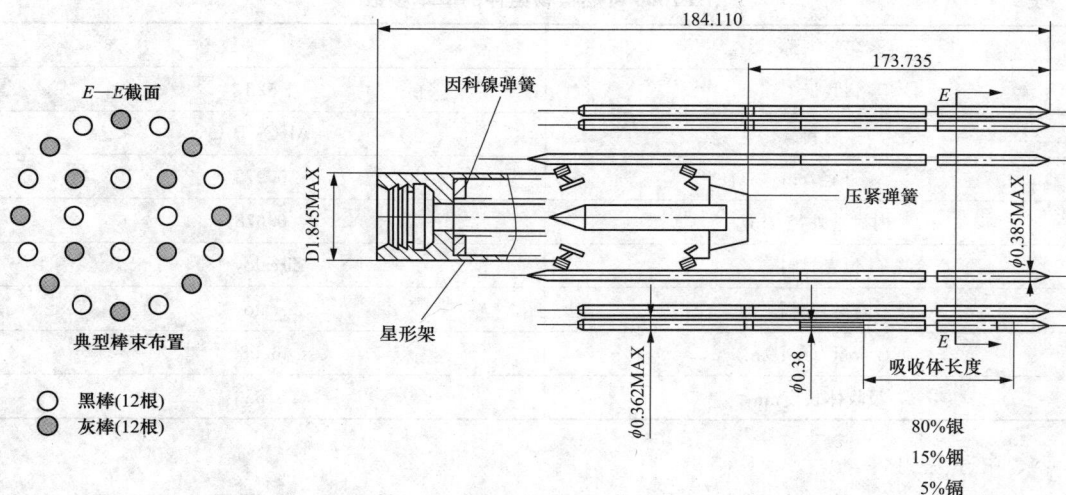

图 2-49 灰棒束控制组件结构（单位：英寸）

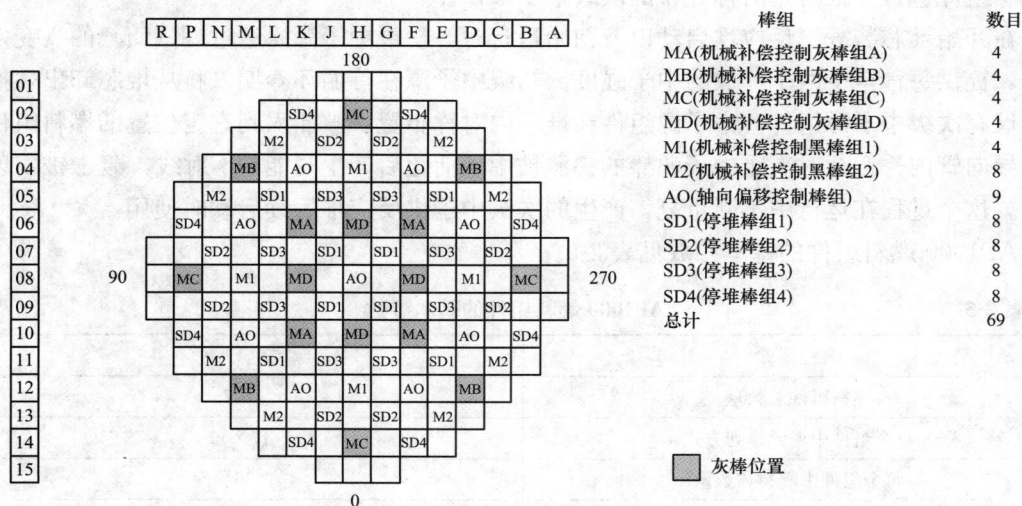

棒组	数目
MA(机械补偿控制灰棒组A)	4
MB(机械补偿控制灰棒组B)	4
MC(机械补偿控制灰棒组C)	4
MD(机械补偿控制灰棒组D)	4
M1(机械补偿控制黑棒组1)	4
M2(机械补偿控制黑棒组2)	8
AO(轴向偏移控制棒组)	9
SD1(停堆棒组1)	8
SD2(停堆棒组2)	8
SD3(停堆棒组3)	8
SD4(停堆棒组4)	8
总计	69

图 2-50 棒束控制组件在堆芯中的布置方式

3. 可燃毒物组件

AP1000 有两种可燃毒物棒，除了前面讨论过的一体型燃料-可燃毒物棒之外，还有一种离散型可燃毒物棒。与传统的硼硅酸盐玻璃不同，AP1000 的离散型可燃毒物棒采用的是湿环形可燃吸收体（WABA）设计，它由环状、薄壁的氧化铝芯块组成，芯块内含有以碳化硼（B_4C）形式存在的 ^{10}B 材料。环状芯块放入两根同心的锆合金管内，两端分别插入锆合金端塞并与管子进行焊接，端塞上开有通水孔，允许冷却剂从内管中流过，提高了可燃毒物的热中子注量率。WABA 的内管与外管之间的环状空间内预充有一定压力的氦气，提高了可燃毒物的结构稳定性。

AP1000 可燃毒物组件的基本参数见表 2-4。

表 2-4　　　　　　　　　　　　　AP1000 可燃毒物组件的基本参数

名　称	参　数
数量	528
材料	Al_2O_3-B_4C
外径/cm	0.978
内衬管外径/cm	0.678
包壳材料	Zircaloy-4
内衬管材料	Zircaloy-4
^{10}B 含量/(mg/cm)	6.03
吸收体长度/m	3.683

4. 中子源组件

AP1000 堆芯在首次装料中装有 4 个中子源组件，即两个初级中子源组件和两个次级中子源组件。每个初级中子源组件包含一根初级中子源棒和一定数量的可燃毒物棒。每个次级中子源组件包含 6 根对角对称分布的次级中子源棒。

在开始堆芯装载、反应堆启动以及初始运行时，初级中子源棒通过锎（Cf）的衰变发出中子，提供每秒至少两个计数的中子强度。初级中子源在首循环寿期末将从堆芯卸出，换料堆芯仅有次级中子源组件。中子源组件在堆芯内对称布置，被插入到选定位置的燃料组件控制棒导向管内。运行时次级中子源棒的锑源被中子活化后产生高能的 γ 射线，轰击铍发射出中子。这个过程在运行中不断重复，产生的次级中子供反应堆后续启动时使用。

AP1000 燃料组件的基本参数见表 2-5。

表 2-5　　　　　　　　　　　　　AP1000 燃料组件的基本参数

名　称	参　数
燃料组件总数量	157
每个组件中栅元排列方式	17×17
每个组件中燃料棒数量	264
燃料棒间距/cm	1.3
横截面尺寸/m	0.214×0.214
燃料总质量（以 UO_2 计)/kg	96 084
锆合金包壳质量/kg	19 552
每个组件中的格架数量	14
顶部和底部格架数量（Ni-Cr-Fe Alloy 718）	2

续表

名　　称	参　数
中间格架数量（ZIRLO™）	8
中间搅混格架数量（ZIRLO™）	4
底部保护格架数量（Ni-Cr-Fe Alloy 718）	1
每个组件中的导向管数量	24
导向管材料	ZIRLO™
导向管上端尺寸/in	内径 0.442，外径 0.482
下端缓冲段尺寸/in	内径 0.397，外径 0.430
仪表导向管尺寸/in	内径 0.442，外径 0.482

（二）堆内构件

AP1000 堆内构件的功能与 M310 相同，也是由上部堆内构件、下部堆内构件、压紧弹簧以及流量分配板（裙板）等组成，其结构如图 2-51 所示，但在局部设计方面进行了较大改进。

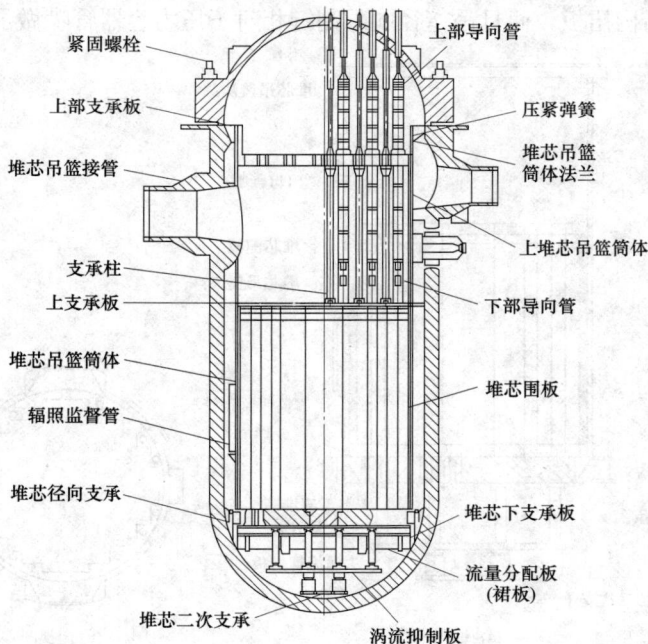

图 2-51　AP1000 堆内构件结构

1. 结构描述

AP1000 上部堆内构件由上部支承板、上支承板、支承柱和导向筒组成，其结构如图 2-52 所示。AP1000 共有 69 个导向筒，8 个支承柱和 42 个堆芯仪表管。支承柱固定在上部支承板和堆芯上格栅板之间，用于传递机械载荷。堆芯仪表管从压力容器顶盖经快速接头伸入堆芯。每个堆芯仪表管内安装有 7 个钒（V-51）热中子自给能探测器和一个不接地的 K 型（镍铬-镍铝）热电偶，堆芯仪表管为这些堆内探测器提供了保护通道。

AP1000 下部堆内构件结构（见图 2-53）由吊篮筒体、堆芯下支承板、堆芯二次支承、涡

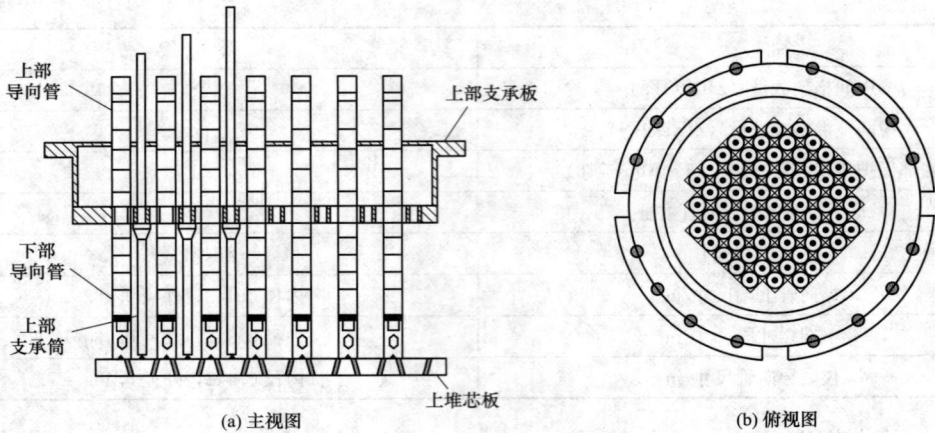

(a) 主视图   (b) 俯视图

图 2-52　AP1000 上部堆内构件结构

流抑制板、堆芯围筒、中子衬垫、径向支承键及相关附属组件组成。AP1000 采用了加长的堆芯吊篮和上部支承结构裙板，而且吊篮径向限制键相对于压力容器管嘴做了角向重新定位。

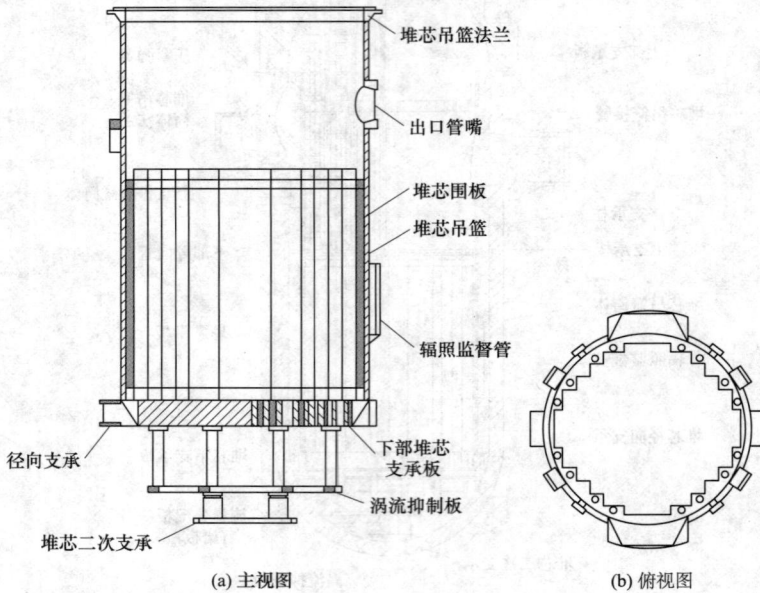

(a) 主视图   (b) 俯视图

图 2-53　AP1000 下部堆内构件结构

2. 设计特点

在 M310 的基础上，AP1000 的堆内构件设计做了如下改进：

（1）用堆芯围筒代替堆芯围板，可避免围板螺栓松动脱落，降低中子泄漏。

（2）堆芯仪表安装在反应堆上部，取消了压力容器底部可移动式探测器的贯穿件，有利于堆内熔融物滞留（IVR）的实施，降低了严重事故下压力容器下封头的失效概率。

（3）涡流抑制板和流量分配裙的引入，可抑制明显的冷却剂涡流，并改善压力容器底部的冷却剂流量分布。

（4）堆内构件位置下移，下腔室容积减少，可改善 IVR 特性。

（三）反应堆压力容器

AP1000 反应堆压力容器不仅继承了 M310 的成熟经验，同时在结构、材料和功能等方面进行了改进创新。

1．结构描述

AP1000 反应堆压力容器由圆形筒体、半球状底封头以及可拆卸式顶盖等构成，其结构如图 2-54 所示，顶盖通过主螺栓与筒体连接，这两个组件之间采用两道金属 O 形环密封。

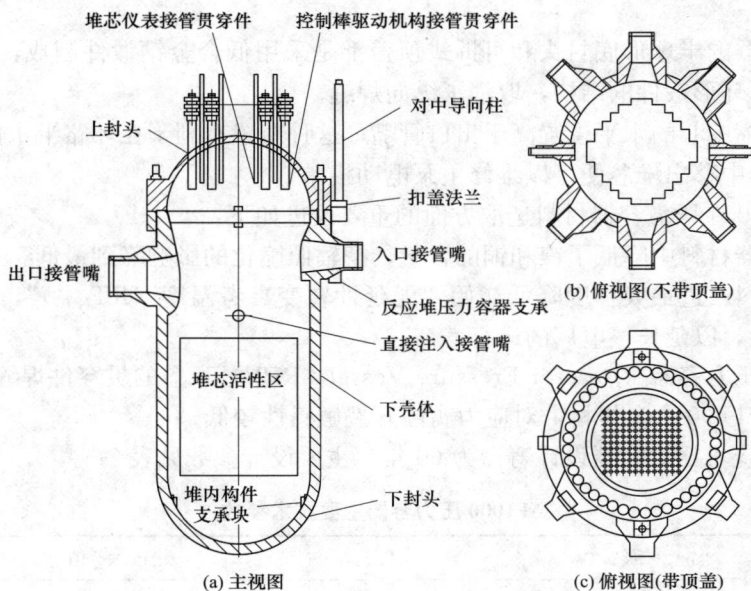

图 2-54　AP1000 反应堆压力容器结构

圆形筒体包括上筒体（接管段）和下筒体（活性段）两部分。下筒体和半球状底封头之间用一个过渡段连接，上筒体、下筒体、过渡段和底封头均由低合金钢制造，内部堆焊奥氏体不锈钢。

上筒体周边布置了 4 个冷却剂进口管嘴、2 个出口管嘴和 2 个直接注入管嘴。其中，进口管嘴和出口管嘴分别布置在两个不同标高的水平面上。

可拆卸式顶盖是由低合金钢整体锻造而成，结构上包括顶盖球冠和顶盖法兰，内表面堆焊奥氏体不锈钢。顶盖法兰上有 45 个均匀布置的主螺栓孔，在顶盖的球冠部分布置了 69 个控制棒驱动机构贯穿件，以及 8 个堆芯测量仪表贯穿件。在靠近顶盖上部中心处，布置了一根排气和水位测量的两用接管。在顶盖外表面，沿球冠的外周边焊有凸台，以支撑和定位一体化堆顶结构。

压力容器支撑由位于进口管嘴下的 4 个箱形支撑结构组成，沿着一次屏蔽墙按 90° 对称分布，通过空气冷却可以将混凝土冷却到设计温度以下。

此外，AP1000 采用了成熟的金属反射型保温层，不仅可以减少反应堆正常运行时压力容器的热损失，在严重事故下，还具有提高压力容器传热能力的功能。该保温层安装在一个由堆腔壁和地面支撑的结构框架上，确保压力容器冷却期间保温板和压力容器外壁之间的间距不小于 50.8mm。此外，保温层底部设有非能动的进水组件，反应堆正在运行时，进水组件处于关闭状态，防止形成空气自然循环造成反应堆热量损失。只有当堆腔充水时，进水组件阀门自动打开，允许堆腔水进入保温层冷却压力容器。

2. 设计特点

（1）与 M310 相比，AP1000 反应堆压力容器在以下方面进行了重要技术改进：

1）堆内中子注量率和温度测量仪表通道设在压力容器顶部，取消了压力容器底部所有的贯穿件，因此消除了因压力容器下封头发生泄漏导致冷却剂丧失事故和堆芯裸露的可能性。

2）压力容器的半球形底封头和可拆式顶盖都是采用低合金钢锻件制成，对应于活性段的下筒体采用了环形锻件的结构，取消了纵向焊缝。

3）进口管嘴中心的水平位置高于出口管嘴，这种布置有利于在环路半水位运行情况下，无需从压力容器中移出堆芯便可以维修主泵电动机。

（2）AP1000 在压力容器材料选取方面的重要改进如下：

1）压力容器材料中降低了镍和铜的含量，把辐照脆化的影响降到最低。

2）通过材料改进最大程度降低初始"无延性转变参考温度（RT_{NDT}）"，提高压力容器材料的断裂韧性，以延长核电厂的运行寿命。

3）反应堆压力容器（Reactor Pressure Vessel，RPV）顶盖的贯穿件焊缝和接管安全端焊缝采用 Inconel-690 合金焊材，对应力腐蚀开裂敏感性较低。

AP1000 反应堆压力容器设计寿命为 60 年，主要设计参数见表 2-6。

表 2-6　　　　　　　　　　　　AP1000 压力容器主要技术参数

名　称	数　值
设计压力（表压）/MPa	17.13
设计温度/℃	343
压力容器总高度/m	12.2
顶盖密封螺栓数量/个	45
顶盖密封螺栓直径/mm	178
顶盖密封法兰外径/m	4.78
筒体内径/m	4.04
筒体厚度（最小）/mm	213.4
堆焊层厚度/mm	5.59
下封头厚度/mm	152.4
进口管嘴内径/m	0.56
出口管嘴内径/m	0.79
进口管嘴高于出口管嘴/mm	444.5

（四）一体化堆顶结构

AP1000 一体化堆顶结构（IHP）主要由控制棒驱动结构（CRDM）的屏蔽围筒、CRDM 的通风冷却系统和抗震支撑系统、堆芯仪表系统的支撑结构以及电缆托架和吊具等组成，其结构如图 2-55 所示。

IHP 将多个独立设备组合后形成一个整体，允许这些部件连同压力容器顶盖一起提升和移动。在停堆换料期间，与拆装反应堆压力容器顶盖相关操作相结合，可以简化反应堆的换料操作，缩短停堆换料周期，减少个人辐照剂量。集成化的 IHP 也减少了反应堆拆卸下来的物项在安全壳内的搁置空间。

1. 结构描述

一体化堆顶结构的主要结构部件包括：

（1）CRDM 屏蔽围筒。CRDM 屏蔽围筒是一个碳钢结构的圆筒形组件，包括筒体、风门和围筒内部构件。屏蔽围筒安装在反应堆压力容器顶盖上的 IHP 支承凸台上，包围在控制棒驱动机构外围，构成 CRDM 的流场边界。筒体为主螺栓拉伸机提供支撑，采用两段式圆筒薄型结构以减轻重量。

（2）CRDM 冷却系统。CRDM 冷却系统由风门、围筒、风机和风管等组成，4 台风机安装在围筒上，利用风机强迫冷却 CRDM 的线圈组件和棒位指示器，维持在正常工作温度范围。

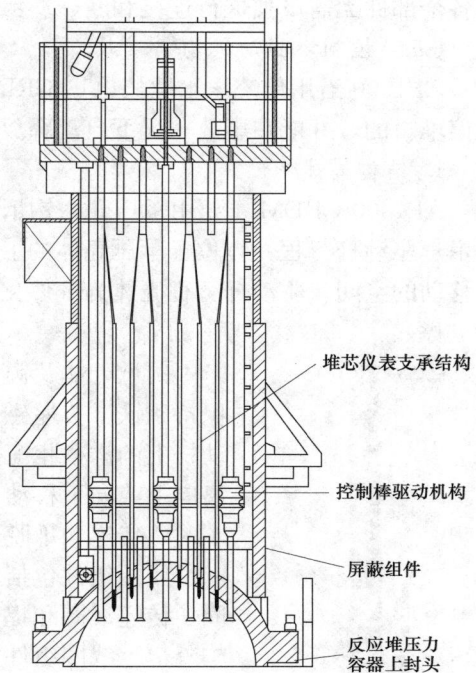

图 2-55　一体化堆顶结构

（3）顶盖吊装系统。顶盖吊装系统用于起吊压力容器顶盖，分为上下两部分。上部分包括一个三脚架和一个连接装置，下部分由一个载荷分布器和三根吊杆组成。顶盖起吊时，起吊杆将顶盖载荷从顶盖上的 IHP 支承凸台传递到起吊锁具上。

（4）CRDM 抗震支承结构。CRDM 抗震支承结构由安装在 CRDM 上部的横向支承板和围筒组件组成，用于约束驱动机构上部的横向位移。

（5）堆芯仪表系统支承结构。AP1000 的堆芯仪表系统（IIS）主要由 42 根堆芯仪表套管组件（IITA）组成，利用一体化堆顶设计，可以将 42 根堆芯测量贯穿件减少为 8 根。IIS 部件与 IHP 的接口是快速接插组件、仪表电缆和插头，反应堆堆芯测量系统的众多信号电缆汇集后，通过 8 个快速接插头贯穿件穿过压力容器顶盖，并与 IHP 的信号电缆实现快速插接或断开。

（6）电缆及其支承结构。一体化堆顶结构电缆是指从插接件板连接到一体化堆顶结构内部相应的用电装置的这段电缆，包括控制棒驱动机构电源电缆、堆芯测量装置电缆和棒位指示器电缆。电缆托架为仪表电缆和动力电缆提供抗震支承和隔离。电缆支承位于控制棒驱动机构行程套管顶部的上方，为控制棒驱动机构动力电缆和棒位指示器电缆提供永久支承和导向。

2. 设计特点

与传统核电堆型相比，AP1000 的 IHP 实现了控制棒驱动机构组件、数字棒位显示系统、堆芯测量装置等组件的整合，简化了反应堆的拆装操作。通过 IHP 可实现包括控制棒驱动机构电源、棒位数字指示器以及堆芯测量装置等组件电缆的快速插接和断开，使得在其内各个部件无需单独进行连接和断开。

（五）控制棒驱动机构

AP1000 沿用传统压水堆核电厂 CRDM 的成熟技术，实现反应堆正常启动、功率运行和停堆目的，并能在事故工况下自动释放控制棒实现快速停堆。

1. 结构描述

AP1000 CRDM 主要由承压壳、钩爪、磁轭线圈和驱动杆等部件组成，其结构如图 2-56 所示。驱动杆行程壳体位于承压壳体的上部，在控制棒从堆芯抽出的过程中为驱动杆提供向上移动的空间。驱动杆行程壳体为一体化结构，与一体化封头一起为控制棒驱动机构提供抗震支撑。

图 2-56 控制棒驱动
机构结构

钩爪壳体及钩爪组件位于承压壳体下部。钩爪组件包括导向管、保持磁铁、传递磁铁和两套钩爪（保持钩爪和传递钩爪）。钩爪与驱动杆上的沟槽相配合。提升磁铁可以使传递钩爪以每步 15.9mm 的距离向上或向下移动，从而提升或下插控制棒驱动杆。当准备迈向下一步时，传递钩爪脱开，保持钩爪抓紧驱动杆组件。

线圈组件包括线圈壳体、电缆、接线柱和三个工作线圈（保持线圈、传递线圈和提升线圈）。线圈组件为一独立结构，安装在驱动机构外部。线圈组件安装在钩爪壳体的基座上，但没有机械连接。对工作线圈进行供电可引起磁铁和钩爪组件内的钩爪动作。

2. 技术特点

（1）AP1000 CRDM 采用双钩爪结构，以增加勾爪部件的耐磨性和步进动作的可靠性。

（2）增加一个可浮动的隔热套，以降低冷却剂温度对磁轭线圈的影响，同时可加快落棒速度。

（3）采用一体化承压壳体部件，取消了上下密封环，增强了防止冷却剂向外泄漏的能力。

三、蒸汽发生器

AP1000 一回路系统的两条环路均配置了一台 Δ125 型蒸汽发生器，采用典型的立式、倒 U 型管自然循环形式，内置一体化的汽水分离装置。

1. 结构描述

AP1000 蒸汽发生器与传统压水堆蒸发器结构类似，其结构如图 2-57 所示，主要由蒸发段和汽水分离段两部分组成，其中蒸发段包括下封头、管板、传热管、管束套筒、支承隔板以及抗振条，汽水分离段包括一级分离器、二级分离器、给水环和限流器。下面介绍 AP1000 蒸汽发生器各部件的典型特征。

（1）下封头。AP1000 下封头采用椭圆体设计，可提高传热管的维修和在役检查的可达性。在 1 号蒸汽发生器出口腔侧的下封头底部有一个非能动余热排出系统自然循环的回水管嘴。此外，1 号蒸汽发生器出口腔室还接有一个化容系统（CVS）的管嘴，CVS 净化回流水和 RCS 补水由此管嘴进入下封头主泵吸入口。下封头的两个出口管嘴直接连接到屏蔽电机泵的进口管嘴，取消了过渡段。下封头进口腔侧接有一个热段管嘴和一个人孔，设置人孔可以方便工作人员和机械工具进入下封头进行检查和维修。

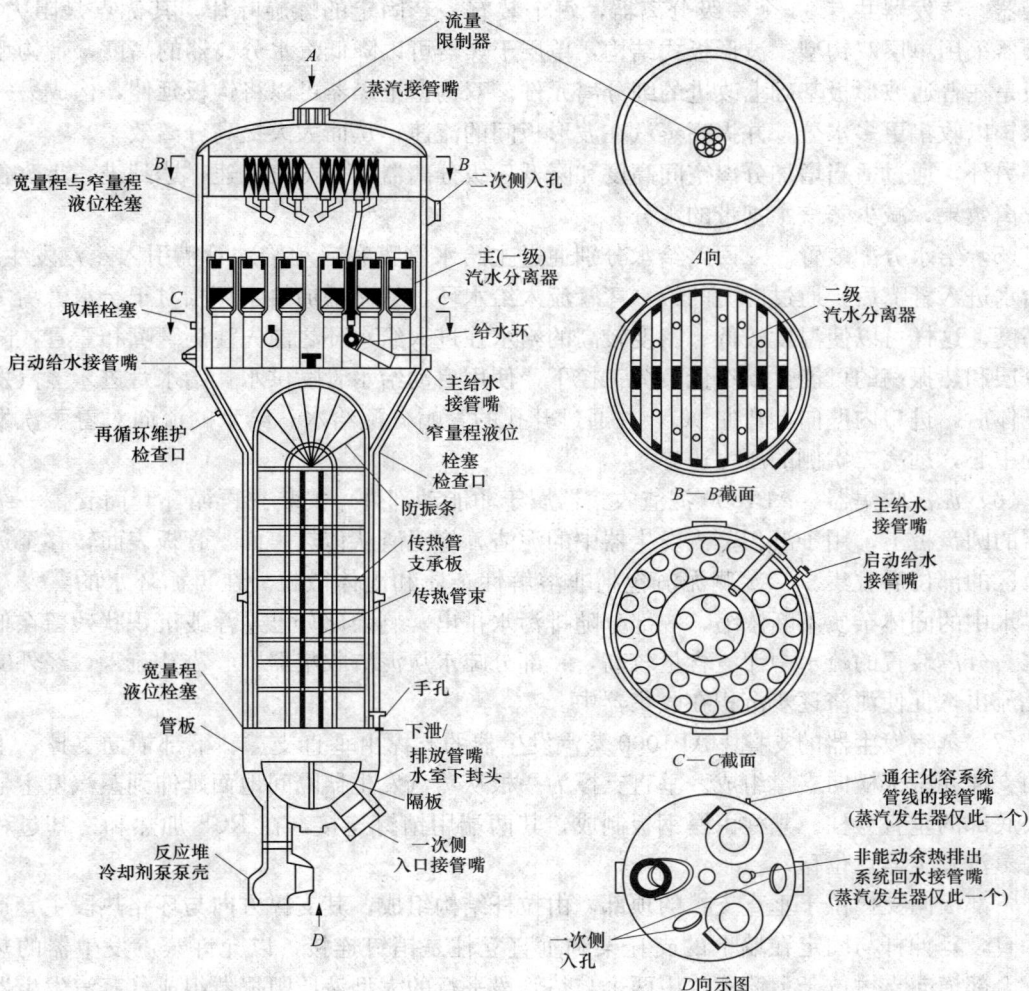

图 2-57　AP1000 蒸汽发生器结构

（2）传热管及支承抗振部件。相比于 M310 蒸发器传热管，AP1000 传热管材料选择的是性能优良的因科镍 690 合金，减小了传热管直径和壁厚，采用三角形排列方式，节距约为 25mm，这样可以满足 AP1000 大功率需求。此外，由于反应堆水化学控制和泥渣清除技术的改进，AP1000 蒸发器管束套筒在底部取消了流量分配板。

蒸汽发生器管束直管段设有 10 块传热管支承板，支承板采用三叶状梅花孔设计，材料为抗腐蚀的 405 不锈钢合金。三叶支承板设计有助于增加蒸汽发生器二次侧介质的循环倍率，既可以提高管束内部的流速和流过管板的横向流速，又可以减少管板表面的泥渣沉积。AP1000 采用了 6 组抗振条设计，用于防止传热管弯管区出现较大流致振动。

（3）管板。采用全深度液压胀管技术实现传热管与管板的连接，其优点是胀接均匀，且残余应力低，有助于消除二次侧给水进入传热管与管板之间缝隙的可能性。管板二次侧开有应力槽，可减薄管板厚度，并在二次侧单边开有排污孔，便于泥渣冲洗。

（4）汽水分离器。AP1000 汽水分离器分为一级和二级分离器，其中二级分离器又称为干燥器。蒸发器共有 33 个一级分离器，每个装有一套固定的螺旋叶片，其优点是阻力小。干燥器采用单层双钩型、波形板式结构，单层干燥器可以降低汽水分离器的高度，带钩型波形板是在普通波形板基础上改进的细分离元件。双钩型干燥器可以将钩板延伸，构成另一个疏水钩以收集更多水分，并提高蒸汽在波形板间的流速，从而大大提高分离效率。

另外，通过适当增加分离空间高度和降低一级分离器出口蒸汽流速，达到进一步改善汽水分离效果，减少蒸汽中携带的水分。

（5）给水分配装置。二回路给水分别通过主给水管嘴和启动给水管嘴引入蒸汽发生器。主给水进入管嘴后，通过向上的给水弯管流入给水环，从而增加给水环相对于给水管嘴之间的高度，这样可以使温度较低、密度较高的给水在进入给水环之前先注满管嘴和弯管，降低热分层和热振荡的可能性。在低负荷工控下，使用启动给水管嘴供水。给水管进入蒸汽发生器壳体后，进口内壁向上弯曲 90°，并通过开孔的管帽分配给水。给水的流向对着蒸汽发生器的中心，远离二次侧的压力边界。

（6）泥渣收集器。AP1000 泥渣收集器属于非能动部件，安装在再循环套筒支撑一级分离器的圆盘板上，用于沉积蒸汽发生器中的泥渣，将泥渣从传热表面、管板表面转移至远离管束区的部位后收集。二次侧泥渣包括非溶解性杂质和固体微粒。在再循环水的蒸发过程中，水中的固体杂质不断浓缩，一部分随排污水排出，剩余部分已悬浮或沉积状残留在低流速区。分离装置的疏水中泥渣含量较高，一部分疏水从泥渣收集器中心小孔流入，经外圈的小孔流出，促使泥渣逐步沉积在收集器中。

（7）蒸汽发生器的支撑。AP1000 蒸汽发生器的支撑由垂直支撑、下部横向支撑、上部横向支撑和中部横向支撑组成。垂直支撑为一根从蒸汽发生器隔间地面延伸到蒸汽发生器下封头底部的垂直立柱。立柱由厚钢板制成，其两端用销钉连接，在 RCS 加热和冷却过程中允许蒸汽发生器热位移。

下部横向支撑位于垂直支撑的顶部，由拉杆结构组成，其支撑方向与环路热段主管道几乎垂直，延伸杆与固定在墙上的支托架和垂直立柱是销钉连接，以允许蒸汽发生器的热位移。上部横向支撑位于上筒体，由两个与热管段平行的大型液压阻尼器组成，蒸汽发生器的两侧各装一个阻尼器，在地震等动载荷下成为刚性支撑，限制蒸汽发生器的位移。中部横向支撑位于下筒体，与热段主管道方向垂直，由左右两根刚性拉杆组成。拉杆安装在隔间墙上，载荷通过筒体上的耳轴传递给拉杆。

蒸汽发生器支撑采用埋入混凝土的地脚螺栓或钢焊接件固定，通过这些预埋件可以将环路和蒸汽发生器所受载荷传递给混凝土结构。

2. 技术特点

AP1000 蒸汽发生器的主要技术特点如下：

（1）与 M310 不同，AP1000 蒸汽发生器无安全相关的传热功能。电厂发生断电事故或失去所有正常给水时，事故缓解将由非能动余热排出系统完成，因此事故工况下蒸汽发生器的传热功能仅为非安全相关的纵深防御功能。

（2）U 形传热管采用正三角形排列，这种排列方式比正方形排列更为紧凑，在管束区的单位体积内允许配置更大的传热面积。

（3）蒸汽干燥器采用效率更高的单层双钩型波形板结构，减少了汽水分离装置所占空间，增加了二次侧水装量，加宽了正常水位控制带。

（4）采用抗腐蚀性能优良的因科镍 690 热处理管作为传热管管材，并配有二次侧介质全挥发处理制度，以减少传热管的腐蚀。

（5）管板与传热管采用全深度、最小残余应力的液压胀接技术，最大限度地防止二回路介质进入传热管与管板之间的缝隙，防止间隙局部发生腐蚀。

（6）管束直管段采用三叶梅花孔支承板，管束下部取消了流量分配板。管束的弯管部分由抗振条支撑，以增加传热管的防振和磨损余量。

蒸汽发生器设计参数见表 2-7。

表 2-7　　　　　　　　　　　AP1000 蒸汽发生器主要参数（单台）

名　　称	数　　值
热功率/MW	1707.5
一次侧设计压力（表压）/MPa	17.13
一次侧设计温度/℃	343.3
二次侧设计压力（表压）/MPa	8.17
二次侧设计温度/℃	315.6
出口蒸汽压力	
蒸汽流量/(kg/s)	943.7
总传热面积/m²	11 477
传热管数量/根	10 025
传热管外径/mm	17.48
传热管壁厚/mm	1.01
管间距（三角形）/mm	24.89
总高/m	22.454
上筒体内径/m	5.334
下筒体内径/m	4.191
管板厚度/mm	787
一次侧水体积/m³	58.8
U 形管内水体积/m³	42.2
下封头内水体积/m³	16.6
二次侧水体积/m³	103.2
二次侧汽体积/m³	147.9
二次侧水装量/kg	79 722.5
蒸汽湿度/%	0.10
设计污垢系数/(h・℃・m²/J)	5.26×10^{-9}
正常排污流量/(m³/h)	2.1
最大排污流量/(m³/h)	21.1

四、主泵

传统压水堆核电厂主泵采用轴封泵设计，虽具有唧送功率大、效率高等优点，但在全厂断电等事故下存在反应堆冷却剂泄漏风险，而 AP1000 核反应堆所采用的屏蔽电机泵设计理论上可以彻底消除这一潜在的泄漏根源，其泵体为无轴封、立式、大转动惯量的单级离心泵，驱动电机为 60Hz 水冷感应式屏蔽电机。

无轴封屏蔽电机泵不仅具有结构简单、体积小、噪声低、可靠性高等优点，而且大大简化了主泵正常运行的支持系统。其主要特征在于泵体内的所有转动部件和电动机均包容在承压容器内。

1. 概述

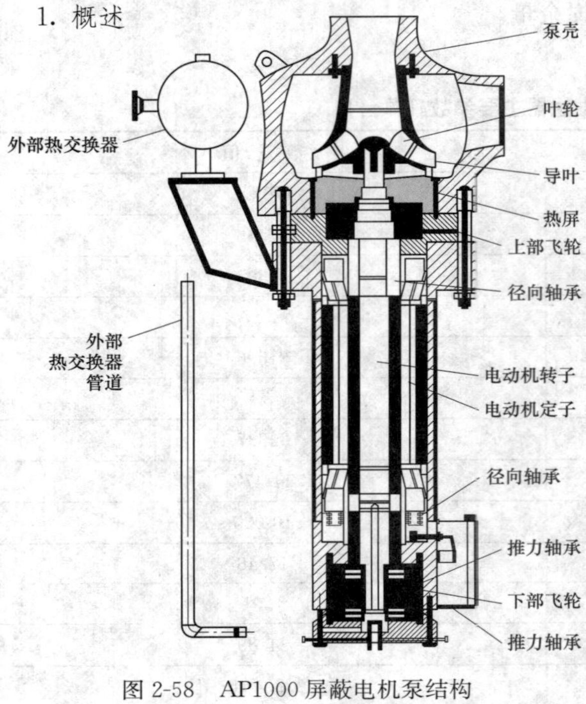

图 2-58　AP1000 屏蔽电机泵结构

AP1000 屏蔽电机泵由水力部件和电机部件两部分组成，其结构如图 2-58 所示。水力部件主要由叶轮、泵壳和导叶等部件组成，这些部件构成的泵体直接安装在电机单元上，中间没有联轴器。由于电机的转子和泵的叶轮固定在同一根轴上，并包容在与主回路连通的承压边界内，因此可以实现一回路冷却剂的零泄漏。泵的承压壳由泵壳、热屏、定子外壳和定子盖等组成。

为阻止泵壳内一回路冷却剂热量传递至电机部分，在泵和电机之间设置了热屏蔽组件。热屏蔽组件上部是一回路冷段冷却剂，下部是温度低的电机冷却剂。为了冷却热屏蔽组件，在热屏蔽上设置了内部冷却器，热量由设备冷却水带走。

主泵有 3 个轴承，包括 2 个径向轴承和 1 个与飞轮结合的双向推力轴承，都安装在电机侧。轴承采用水润滑方式，泵运行时，轴和轴承之间就会形成起润滑和冷却作用的水膜，避免轴和轴承磨损。轴承通过电机内的冷却回路冷却，使轴承温度保持在 80℃ 以下，保证轴承的使用寿命。

双向推力轴承采用金氏推力轴承。金氏推力轴承由若干个止推块组成，止推块下垫有上平衡块、下平衡块、基环，相当于 3 层零件叠放在基环上，止推块与平衡块之间通过球面支点接触。当止推块载荷不同时，引起轴承的不平衡，因止推块受力不均就要偏转，通过上、下搭接的平衡块，自动调节每个止推块上的载荷，直到每个止推块上的载荷相同，轴承重新建立平衡为止。

屏蔽电机是一种专门设计的立式、水冷、单绕组、四级、三相、鼠笼式的带有屏蔽转子和定子的感应电机。该电机由三相、6900V、60Hz 的电源驱动。变频器用于泵的启动，并在泵连续运行时改变电源频率（50～60Hz）。

屏蔽电机本体可从泵壳上拆下来进行维修检验和更换。定子屏蔽套保护了定子不接触在电机内部和轴承腔内循环的部分反应堆冷却剂。转子上的屏蔽套将转子铜条与系统隔离，以减小铜析出的可能性。

由于定子、转子间隙充满冷却剂，设置了定子屏蔽套和转子屏蔽套，将定子、转子同一回路冷却剂隔绝开。为了保证电机具有高性能，并尽量减少屏蔽套内的涡流损耗，定子屏蔽套厚度为 0.381mm，屏蔽套材料采用耐腐蚀、非磁性金属合金。电机组装后定子屏蔽套和转子屏蔽套之间的间隙为 4.83mm。屏蔽套只提供密封功能，屏蔽套的背部支撑用来承担机械强度，背部支撑由中段铁心及两端支撑筒组成。

为增加主泵转动惯量，延长惰转时间，在主泵电机上下两侧各设置 1 个飞轮。上部飞轮组件位于电机和泵壳的叶轮之间，下部飞轮组件采用与推力盘组合的结构。飞轮重金属材料采用钨合金。飞轮组件采用热套装的预应力方法，用外套环将 12 块扇形钨合金固定在不锈钢推力盘外围，其外部有屏蔽套防止应力腐蚀，最后将飞轮固定在主轴上。

AP1000 主泵的主要设计参数见表 2-8。

表 2-8　　　　　　　　　　　　　AP1000 主泵设计参数

名　称		数　值
设计寿命/年		60
设计压力/MPa（表压）		17.17
设计温度/℃		343.3
压力边界等级	安全级别	AP1000 A 级
	抗震类别	Ⅰ类
	规范等级	ASME
机组总高/m		6.69
设备冷却水流量/(m³/h)		136.3
设备冷却水最高入口温度/℃		35
机组总干重/kg		89 730
泵	设计流量/(m³/h)	17 886
	设计扬程/m	111.3
	泵出口管内径/cm	55.9
	泵入口管内径/cm	66.0
	同步转速/(r/min)	1800
电动机	型式	鼠笼感应式
	功率（热态设计点）/kW	5444
	电压/V	6900
	相数	3
	频率/Hz	60
	绝缘等级	H 或 N 级
	启动电源	可变电流
	额定输入、冷态电流	可变电流
要求的最小转动惯量/kg·m²		959

2. 主要部件

（1）定子绕组及冷却。由于屏蔽电机的损耗高，发热量大，定子屏蔽套使定子成为一个封闭区域，造成定子铁芯和绕组的冷却只能靠温度梯度产生的热传导散热。绕组端部由于散热困难，是温度场中的热点。可见，AP1000 屏蔽电机的冷却措施及温升控制是保证正常运行的关键。

为了控制电机内温度，保证电机正常运行，一方面，AP1000 电机绕组采用较高的绝缘

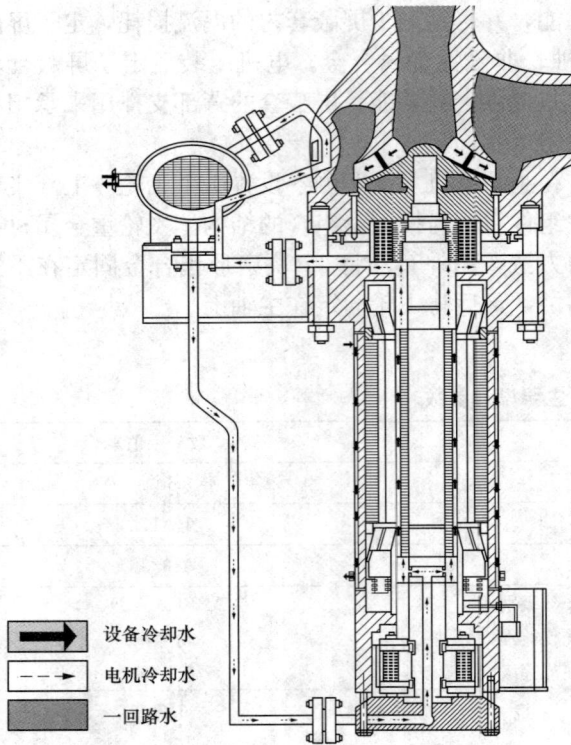

图 2-59　AP1000 屏蔽电机冷却工作原理

等级（N 级，200℃）；另一方面，通过有效的冷却来降低电机各部分的温度，其工作原理如图 2-59 所示。

除了电机顶部由流经主泵热屏的设备冷却水冷却，迷宫式密封（在转子与热屏之间位置）阻隔泵壳腔室内的高温冷却剂和电机腔室内的低温冷却剂进行热交换之外，电机冷却功能还通过 2 个冷却回路来实现：

1）外置热交换器冷却回路。流经外置热交换器壳侧的为电机腔内的反应堆冷却剂，流经管侧的为设备冷却水。由外置热交换器冷却后的一回路冷却剂由电机转子下部进入，在辅助叶轮驱动下循环，冷却剂轴向流经电机腔室，带出转子和定子的热量，通过外置热交换器后得到冷却。

2）电机定子冷却外套的设备冷却回路。来自设备冷却水系统的较低温度的水从冷却外套内流过，带出电机定子绕组发出的热量。

定子的制造工艺与一般电机定子的制造类似，定子铁芯主要由定子上端盖指板、下端盖指板、定子叠片、支承棒组装而成。在定子叠片叠装后由上下两块端盖指板夹住，然后将支承棒焊接在指板两端，这样就制成了定子铁芯，然后进行定子线圈绕组的绕线、屏蔽套支承棒的安装等工序，最后安装定子屏蔽套和两端装焊。

（2）屏蔽套。为将电机的定子绕组和转子与一回路冷却剂介质完全隔绝开，AP1000 设置两个屏蔽套，即定子屏蔽套和转子屏蔽套。屏蔽套材料 Hastelloy C276 合金，这是一种超低碳型 Ni、Mo、Cr 系列镍基，非磁性、耐腐蚀、耐高温、抗氧化材料，厚度约 0.46mm、幅宽约 2m 的精制板材。电机组装后，定子屏蔽套和转子屏蔽套之间的间隙为 4.83mm。定子屏蔽套的直径为 559mm，其公差控制在 ±0.076mm；屏蔽套只承担密封功能，屏蔽套的背部支承承担其机械力；屏蔽套的背部支承由中段铁芯以及两端支承筒三部分组成。

定子、转子屏蔽套焊接后均经过水压实验及氦检漏实验。定子屏蔽套的水压实验利用定子本身外加两端堵板形成定子屏蔽套水压实验腔。AP1000 反应堆冷却剂泵屏蔽套的加工、安装和检验是屏蔽电机制造过程中最关键的环节，它也是反应堆冷却剂实现国产化的难点之一。

（3）水润滑轴承。AP1000 屏蔽电机泵装有三个轴承，两个径向轴承和一个双向推力轴承，都在电机一侧。两个径向轴承，一个在转子轴底部，而另一个在上部飞轮和电机之间。轴承采用水膜润滑设计。转子转动时，在轴径和衬垫间形成一层薄水膜提供润滑。双向推力轴承组件位于转子轴底部。在任何工况下自调节的水力水膜润滑轴承提供了转动组件的相对向上轴向定位。双向推力轴承的动盘（镜板）为下飞轮的上下两个端面，而静盘的摩擦副为推力瓦。

在转速达到一定值（20r/min）时，轴和轴承（摩擦副）之间就会形成稳定的水膜，由于水膜的存在，轴和轴承（摩擦副）不会受到磨损。

从承载条件来看，关键在于推力轴承。AP1000屏蔽电机泵轴系重量约12 700kg，静态时轴系重量作用于双向推力轴承的下表面，运行条件下水力作用于轴上的力是向上的，此时，轴系自重成为平衡载荷，通过改变叶轮平衡孔的尺寸可以调节转子的轴向力。推力轴承的比压控制在≤50psi（334.5kPa），设计最小水膜厚度约为0.0127mm。只要保证水膜厚度及冷却水温度，就可保证轴承正常运行，推力轴承的动盘及轴套为不锈钢，表面等离子喷焊硬质合金，推力瓦及径向轴承的轴瓦均为碳—石墨材料，即轴承采用石墨—硬质合金摩擦副。

在泵启停过程中和正常运行时，通过冷却系统使轴承冷却剂温度保持在80℃以下，可以保证或延长轴承的寿命，水润滑轴承设计寿命为60年。

（4）飞轮。AP1000屏蔽泵飞轮分成上、下飞轮两部分，每个飞轮组件为重金属钨合金块和403型不锈钢轮毂组成的双金属设计，在有限体积条件下实现高转动惯量，以保证反应堆冷却剂泵惰转特性。上飞轮组件位于电机和泵叶轮之间，下飞轮与推力轴承的推力盘合为一体，高惯量飞轮在水中高速旋转，并且上下表面作为推力轴承的双向推力盘。

飞轮的制造是将12块钨合金组装在一个实心的403型不锈钢轮毂的外径上，并且用厚壁不锈钢套管，套管通过钨合金块的过盈配合来保证在所有的运行条件下及热瞬态期间固定钨合金块，即采用预应力结构。这样，钨合金块处于受压状态，避免了其承受拉伸载荷。钨合金块通过焊接的Ni/Fe/Cr合金Inconel-600外壳（屏蔽套）与主冷却剂隔离，以防止应力腐蚀，最后将飞轮固定在屏蔽电机泵的主轴上。

3. 技术特点

与M310主泵采用的轴封泵相比，AP1000屏蔽泵具有全封闭、安全性高、结构紧凑占地少、运行平稳、噪声低、不需润滑油等优点，其主要技术特点如下：

（1）屏蔽式主泵由于没有旋转轴的外伸部分，不存在输送液体外泄问题，消除了因轴密封失效或全厂断电事故工况下冷却剂泄漏的潜在风险，大大提高了核电厂的安全性。

（2）去掉了轴密封及相关辅助系统，简化了机组运行，减少了泵的维修工作量，例如因为没有联轴器，也就不存在机组对中问题。

（3）消除了飞轮破裂引起的飞射物损坏安全壳，简化主泵支撑系统内其他设备的可能性。

（4）采用水润滑轴承（不采用油润滑），消除了油润滑带来的火灾隐患，提高了核电厂的安全性。

（5）主泵直接与蒸发器下封头连接，取消了主泵与蒸发器之间的冷却剂主管道，降低了环路压降，简化了主泵的支承。

（6）主泵轴向力主要由转子重量与叶轮水推力产生。对于泵在上、电机在下的布置，两种轴向力方向相反，静止时推力轴承受转子全部重量，当运转时叶轮水推力抵消一部分转子重量。

然而，AP1000屏蔽电机泵也存在如下缺点：屏蔽泵效率低、飞轮惯量偏小、无防逆转

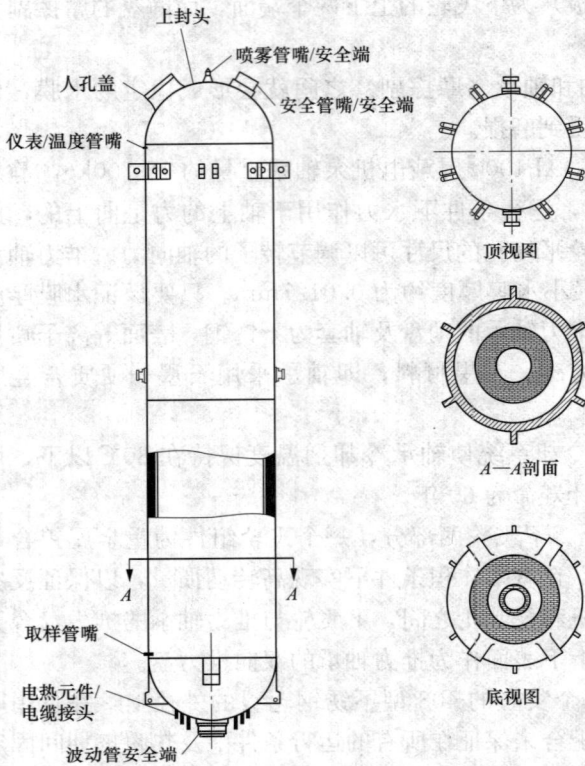

图 2-60 AP1000 稳压器结构

装置、电机冷却问题等。

五、稳压器

AP1000 稳压器作为 RCS 的主要设备之一，通过波动管与环路 1 的热管段主管道相连，其结构和功能与 M310 稳压器基本相同。

1. 结构描述

AP1000 稳压器主要由承压容器、电加热器、喷淋阀、安全阀、自动卸压阀以及其他附属设备、仪表等组成，其结构如图 2-60 所示。

承压容器采用立式、圆筒形设计，筒体上、下各有 1 个半球形封头，筒体材料为低合金钢，内壁面堆焊奥氏体不锈钢。上封头设有 1 个喷雾接嘴和 2 个安全阀/自动卸压接嘴，另开有 1 个人孔，作为内部喷雾管嘴维修的通道；下封头设置了 5 组直插式电加热器（1 个用于控制、4 个后备），中央为波动管接管，波动管进口处设置有滤网，防止稳压器内杂物进入主系统，同时可改善由波动管流入水与稳压器水的混合。

AP1000 稳压器的主要设计参数见表 2-9。

表 2-9   AP1000 稳压器的主要设计参数

参　　数		数　　值
设计压力（表压）/MPa		17.1
设计温度/℃		360.0
波动管管嘴名义直径/mm		457.2
喷雾管管嘴名义直径/mm		101.6
安全阀管嘴名义直径/mm		355.6
内径/m		2.29
总高/m		15.42
内部容积/m³		59.47
电加热元件	电压/V	380
	频率/Hz	50
	总功率/kW	1600
	控制组电功率	370
	备用组 A	245
	备用组 B	245
	备用组 C	370
	备用组 D	370

2. 技术特点

AP1000 稳压器是在二代压水堆成熟设计基础上进行了改进，其技术特点包括：

（1）AP1000 采用了大容器稳压器设计。通过加大稳压器的高度和内径，其体积比相同容量的核电厂稳压器容量增大了 40%，并取消了传统的操作卸压阀，由稳压器的足够体积和喷雾能力来缓解超压瞬态，卸压阀的取消也提高了电厂运行安全性，降低一回路冷却剂泄漏风险。

（2）AP1000 取消了传统的卸压箱，由稳压器安全阀将蒸汽直接排入安全壳大气。同时，这些安全阀前取消了水封段，以减少卸压管线发生水锤可能性。

（3）在稳压器的顶部增设了两列 1～3 级自动卸压阀组，用于 LOCA 事故后确保 RCS 能够快速卸压。在正常启停堆过程中 ADS 阀门还可以手动排气。这些排放直接通过管线进入到安全壳内置换料水箱（IRWST）。

第三节　华龙一号一回路系统与设备

华龙一号（HPR1000）是我国自主研发的三代核电技术，是我国占领核电技术制高点的重要标志性工程，肩负着带动核电相关领域关键技术提升、实现工程化应用、实现核电"走出去"目标的重要使命。华龙一号充分借鉴了国际三代核电技术的先进理念，吸收了福岛核事故的经验反馈，满足了国家核安全局已颁发的现行有效的核安全法规和核安全要求，以及国际原子能机构所颁发的最新安全标准的要求。

一、一回路系统与设备

（一）功能

华龙一号压水堆核电厂的反应堆冷却剂系统，具有与 M310 的反应堆冷却剂系统（RCP）相同的功能。

（二）系统描述

1. 系统组成

HPR1000 的 RCS 系统与 M310 的 RCP 系统类似，由并联到反应堆压力容器的三条相同的传热环路组成，每条环路有一台蒸汽发生器、一台轴密封式反应堆冷却剂泵，以及互相连接的反应堆冷却剂管道和控制仪表等。此外，三条并联环路与一个共用的压力安全系统相连，该压力安全系统包括一台稳压器、一台卸压箱，以及用于压力控制、超压保护和严重事故下快速卸压的阀门、仪表和相应的连接管道等，反应堆冷却剂系统流程如图 2-61 所示。

与 M310 核电厂类似，HPR1000 的化学和容积控制系统（RCV）、余热排出系统（RHR）、安全注入系统（RSI）等辅助系统和安全系统与 RCS 系统相连。此外，RCS 系统还在不同的位置与核岛疏水排气系统（RVD）及核取样系统（REN）连接。

2. 系统的参数

HPR1000 核电厂的反应堆冷却剂系统特性参数见表 2-10。

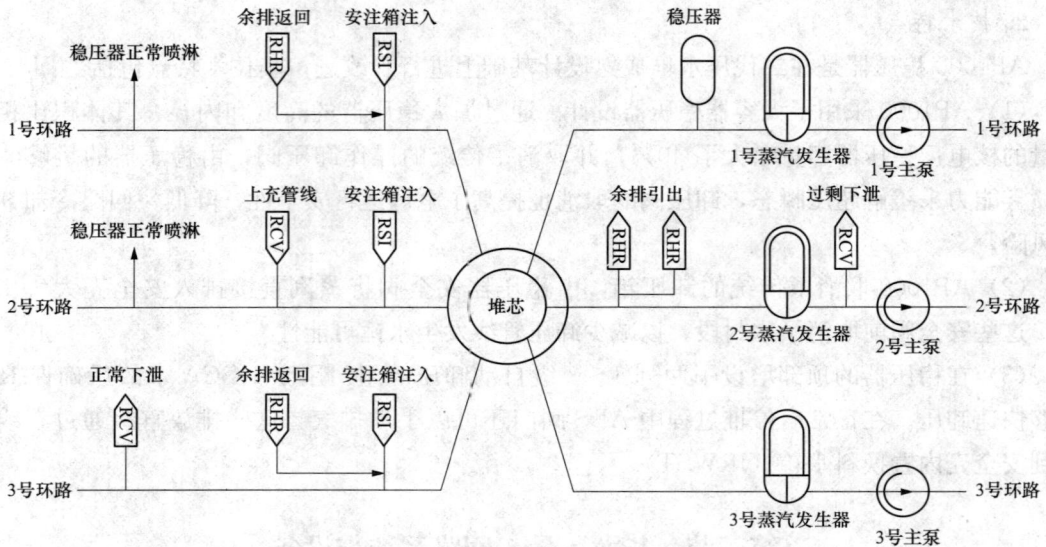

图 2-61　反应堆冷却剂系统流程

表 2-10　　　　　　　　　　　　反应堆冷却剂系统特性参数

主要参数	数　　值		
堆芯额定输出热功率/MW	3050		
稳压器运行压力/MPa	15.5		
满功率时总水体积（包括稳压器）/m³	约 319.6		
热工设计流量（每条环路）/(m³/h)	22 840		
最佳估算/名义流量（每条环路）/(m³/h)	23 790		
机械设计流量（每条环路）/(m³/h)	24 740		
温度（额定工况）	热工设计	名义	机械设计
堆芯入口/℃	291.5	292.2	292.8
堆芯出口/℃	330.8	330.1	329.3
压力容器入口/℃	291.5	292.2	292.8
压力容器出口/℃	328.5	327.8	327.2
压力容器平均/℃	310.0	310.0	310.0
堆芯平均/℃	311.15	311.15	311.05
温度（热态零负荷下）/℃	291.7		

二、反应堆本体

（一）堆芯

区别于 M310 采用的"157 堆芯"技术，HPR1000 堆芯采用由 177 组燃料组件组成的"177 堆芯"，HPR1000 的设计变化可以将核电厂的发电功率提高 5%～10%，不仅降低了堆芯的密度，还增加了堆芯的安全裕量。HPR1000 堆芯也装有和 M310 相同类型的其他功能组件，但各功能组件的组成和数量与 M310 有差异。

HPR1000 反应堆首循环堆芯燃料组件分三区装载，对应的三种富集度分别为 1.8%、

2.4%、3.1%，因为堆芯沿径向中子注量率的分布是中间高外侧低，为了提高堆芯平均功率密度和充分使用核燃料，采取按富集度不同分区装料和局部倒料的燃料循环方式，即最高富集度的组件置于堆芯外区，较低富集度的两种组件按棋盘格式排列在堆芯内区。

从第二循环开始，使用载钆燃料棒的燃料组件，堆芯采用部分低泄漏（IN-OUT）换料方式，装入 68 个新燃料组件，同时卸除 68 个燃耗较深或富集度较低的燃料组件。第二循环为提高燃料组件富集度的过渡循环，换料燃料组件富集度为 3.9%，从第三循环开始使用富集度为 4.45% 的载钆新燃料组件。平衡循环堆芯燃料组件富集度为 4.45%，合理地选择数目及组件载钆数量，使平衡循环达到 18 个月换料循环长度，相应电站的可利用率不小于 0.87。华龙一号堆芯主要参数见表 2-11。

表 2-11　　　　　　　　　　　　　HPR1000 堆芯主要参数

参数	参数值
堆芯热功率/MW	3050
设计寿命/a	60
换料周期/月	18
热工裕量/%	$\geqslant 15$
电厂运行方式	负荷跟踪模式
极限地震 SL-2/g	0.3
堆芯损坏概率（CDF）/(堆·年)$^{-1}$	$<1 \times 10^{-6}$
大量放射性释放概率（LRF）/(堆·年)$^{-1}$	$<1 \times 10^{-7}$

1. 燃料组件

HPR1000 反应堆中的燃料组件与 M310 的燃料组件结构类似。

燃料组件主要性能指标：燃耗深度设计目标 55 000MW·d/tU，可满足 18 个月循环长度要求，破损率小于 1/100 000，满足三代核电 SL-2 为 0.3g 的要求，具有优良的热工水力性能和机械性能。

下面分别介绍燃料组件各部分的结构。

（1）燃料元件棒。HPR1000 的燃料元件棒与 M310 的燃料元件棒结构类似，由燃料芯块、燃料包壳、螺旋弹簧、上端塞和下端塞等组成。

HPR1000 燃料元件棒的包壳采用新型锆合金材料 N36 合金，不但具有低的热中子吸收截面，而且具有合适的力学性能、良好的耐腐蚀性能和辐照稳定性能等。N36 合金是 Zr-Sn-Nb 系合金，基于对 N36 合金开展的大量堆内外试验证明，N36 合金具有较低的辐照生长、优良的耐腐蚀性能和抗蠕变性能。

采用该型号锆合金包壳材料的燃料棒可以满足 HPR1000 反应堆的燃耗设计要求，能适应 HPR1000 反应堆堆芯功率变化特征，在 HPR1000 的反应堆冷却剂水化学环境下具有良好的耐腐蚀性能。

（2）定位格架。为了提高安全性和经济性，在燃料组件阻力特性与现役燃料相容条件下，通过开发新型定位格架，达到提高燃料组件临界热流密度的目标。

定位格架由 Zr 合金条带配插并在交叉点焊接而成。条带上有刚性凸起和因科镍弹簧，用于夹持燃料棒。条带上部还设有搅混翼，用于改善组件的热工性能。

　　根据运行经验反馈，燃料组件在堆芯装卸过程中容易出现相邻组件之间的定位格架勾挂现象。严重的勾挂现象使燃料组件不能再次装入反应堆，将带来很大的经济损失。HPR1000 的燃料组件定位格架外条带采用了防勾挂设计，降低装卸料期间格架钩挂损伤的风险。外条带上下端导向翼连续布置。上端高矮交替布置导向翼，下端连续布置导向翼。

　　（3）上、下管座。燃料组件的上管座是燃料组件的上部结构件，与 M310 的上管座结构类似，由带流水孔的连接板、框板及围板组成。

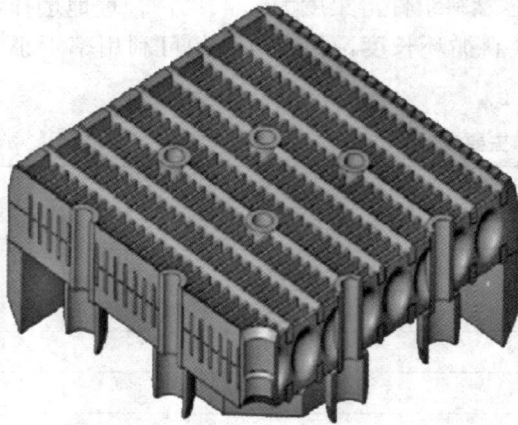

图 2-62　空间曲面下管座结构

　　燃料组件的下管座为方凳形结构，是燃料组件的下部结构件。为了减小由于异物磨蚀引起的燃料破损，HPR1000 的燃料组件创造性地采用空间曲面的结构形式，如图 2-62 所示。整个下管座由下管座结构件、筋条、叶片、导向管座和仪表管座针焊构成。空间曲面下管座利用流道本身的几何形状进行异物的过滤，不需要额外的防异物板，具备过滤较小尺寸异物的能力。

　　（4）控制棒导向管。HPR1000 的控制棒导向管为控制棒、中子源棒、可燃毒物棒和阻流塞棒提供通道，其结构与 M310 的控制棒导向管相似。

　　HPR1000 堆芯燃料管理采用更为先进的策略，燃料组件通常需经历长燃料循环以及更高燃耗深度，这对燃料组件的结构强度要求更高。导向管部件及定位格架对燃料组件的结构强度起着关键作用。HPR1000 燃料组件有针对性地对导向管及定位格架进行了结构强化设计。在导向管内适当的轴向位置插入一定长度的内套管。导向管采用 0.6mm 的厚壁设计，相对通常 0.5mm 壁厚增加了 20%。该方案加强了燃料组件的整体刚度，使其即使在承受较大轴向压缩载荷、长期高燃耗辐照情况下仍然具有较好的尺寸稳定性，增强了抗弯曲性能，能避免出现控制棒不完全插入现象。

　　（5）仪表管。燃料组件骨架中的仪表管位于燃料组件中心，为堆芯测量仪器提供通道。其由 Zr 合金制成，直径不变。为了提高反应堆的安全性，HPR1000 核电厂采用先进堆芯测量系统。堆芯测量仪表从堆芯上部插入，从燃料组件的上管座进入仪表管。上管座连接板中心设有通孔，与仪表管相连形成连续的通道，便于堆芯测量仪表插入。

　　总体而言，为达到优良的综合性能，保证燃料组件的高可靠性与良好的经济性，结合燃料运行领域的反馈，在设计过程中开展了大量创新设计。HPR1000 的燃料组件主要技术特征包括：采用 N36 锆合金包壳、厚壁导向管、热工性能优良且具有防勾挂功能的定位格架，以及具有异物过滤功能的空间曲面流道下管座等。

　　2. 控制棒组件

　　控制棒组件是反应堆控制部件，是实现反应堆启动、停堆、调节功率和保护反应堆的核心装置。控制棒组件的整体结构与 M310 类似，由星形架和连接在其上的 24 根控制棒组成。

　　HPR1000 的控制棒是将 Ag-In-Cd 吸收体（或不锈钢棒）及压紧弹簧装入包壳管内充 N_2 后密封焊接而成。为改善包壳耐磨性，对包壳外表面及下端塞进行渗氮处理。

根据控制棒的吸收能力和吸收体的种类不同，控制棒组件分为黑体控制棒组件和灰体控制棒组件。黑体控制棒组件由 24 根含 Ag-In-Cd 的控制棒组成，相对于灰体控制棒组件而言有更强的热中子吸收能力；灰体控制棒组件由 12 根含 Ag-In-Cd 的控制棒和 12 根含不锈钢的控制棒组成，其热中子吸收能力相对较低。

HPR1000 反应堆初始及后续循环堆芯中共含有 49 组黑体控制棒组件和 12 组灰体控制棒组件。

3. 可燃毒物组件

HPR1000 可燃毒物组件的作用和结构与 M310 类似。

HPR1000 反应堆初始堆芯中共布置 78 组可燃毒物组件，分为 4 种：含 8 根可燃毒物棒和 16 根阻流塞棒的组件 4 组；含 12 根可燃毒物棒和 12 根阻流塞棒的组件 2 组；含 16 根可燃毒物棒和 8 根阻流塞棒的组件 68 组；含 20 根可燃毒物棒和 4 根阻流塞棒的组件 4 组。此外，还有一个次级中子源组件也含有可燃毒物棒。

在后续循环采用长周期低泄漏的堆芯装载布置时，HPR1000 反应堆内装载一体化含钆可燃毒物进行反应性控制和堆芯功率展平控制。

4. 中子源组件

在装料和反应堆启动时，中子源组件可以将堆芯的中子通量提高至一定水平，使核测仪器能以较好的统计特性测出启动时中子通量的迅速变化，以保证反应堆的安全装料和启动。不同燃料循环，HPR1000 反应堆堆芯中的中子源组件数量及作用与 M310 相同。

HPR1000 反应堆的中子源组件由压紧系统及连接在其上的 24 根相关组件棒组成。一次中子源组件含有 1 根一次中子源棒、1 根二次中子源棒、12 根可燃毒物棒和 10 根阻流塞棒。二次中子源组件的组成与 M310 的次级中子源组件相同。一次中子源棒和二次中子源棒也与 M310 的初级中子源棒和次级中子源棒类似。

5. 阻流塞组件

HPR1000 反应堆堆芯中阻流塞组件的结构和作用与 M310 的阻力塞组件相同。初始堆芯中含 34 组阻流塞组件，后续循环堆芯含 114 组阻流塞组件。

（二）堆内构件

HPR1000 反应堆的堆内构件由上部堆内构件、下部堆内构件，压紧弹簧和 U 形嵌入件等组成。

HPR1000 反应堆堆内构件的主要功能如下：①盛装燃料组件及相关组件，并为其提供定位和压紧；②为控制棒组件提供保护和可靠的导向；③和压力容器一起为冷却剂提供流道；④合理分配流量，控制旁流，减少冷却剂无效漏流；⑤屏蔽中子和 γ 射线，减少反应堆压力容器的照损伤和热应力；⑥为堆芯测量探测器组件和水位探测器提供支承和导向；⑦为反应堆压力容器辐照监督管提供安装位置。

堆内构件的安装和固定与 M310 类似。堆内构件通过吊篮法兰吊挂在反应堆压力容器法兰支承台阶上。通过 4 个对中销对上支承法兰和吊篮法兰的定位，保证了上、下部堆内构件、压力容器组件及顶盖组件的对中。压紧弹簧放置在两个法兰之间，通过反应堆压力容器顶盖的作用压紧堆内构件。U 型嵌入件一共有 4 对，用螺栓连接到已焊在压力容器壁上的径向支承块上并构成键槽，与吊篮组件下端的四个径向支承键相配，以限制吊篮组件的周向位移，由热膨胀造成的径向和轴向伸展不受约束。在现场安装时，通过调节 U 型嵌入件的尺寸来满足径向支承键与径向支承块之间的配合间隙要求。U 型嵌入件与径向支承键的配合表面堆焊有耐磨合金。

1. 下部堆内构件

HPR1000 的下部堆内构件包括：吊篮组件、下堆芯板组件、堆芯支承柱组件、围板-成形板组件、热屏蔽板、辐照样品架组件、二次支承及流量分配组件和辐照样品孔塞等。

（1）吊篮组件。吊篮组件内径为 3630mm，壁厚 60mm，结构与 M310 类似。吊篮法兰上设有 3 个起吊旋入件，其与堆内构件吊具连接，用于下部堆内构件的整体吊装。吊篮组件底部的堆芯支承板是一个由不锈钢锻件加工成的厚孔板，起支承整个堆芯和进入堆芯前的流体分配作用，其厚度为 410mm。堆芯支承板设有 4 个径向支承键，径向支承键与压力容器上的 U 型嵌入件相配合，用于限制下部堆内构件的转动或平移运动，同时也作为下部堆内构件安装就位到压力容器的导向装置。

（2）下堆芯板组件。堆芯支承下堆芯板相当于 M310 的堆芯下栅格板，其上设有 354 个燃料组件定位销和 708 个 70mm 的流水孔。

（3）围板-成形板组件。围板-成形板组件类似于 M310 的围板和辐板。在吊篮和堆芯之间，装有围板和固定在吊篮上的成形板。围板包围着堆芯，确定了燃料组件的矩阵边界，防止反应堆冷却剂绕过堆芯而旁路，围板从下堆芯板一直延伸到燃料组件上部，引导冷却剂流过堆芯；成形板则为围板提供横向支撑。

（4）热屏蔽板。堆芯吊篮为压力容器壁提供对堆芯快中子的防护，而借助热屏板可在辐照最大区域（距压力容器壁最近堆芯四角）加强这种防护。热屏蔽板是四组不锈钢板，固定在靠近堆芯四角（即 45°、135°、225°和 315°）的吊篮外壁上，用于屏蔽由堆芯射出来的中子和 γ 射线，以减小反应堆压力容器的辐照损伤。

（5）辐照样品架组件。为测试压力容器材料受辐射后机械性能的变化，确保压力容器不会发生脆性断裂，在其中 3 块热屏蔽板（45°、225°和 315°）的外侧各装有一个辐照样品架。与 M310 相同，每个样品架有两个孔道，可放置 2 支辐照样品监管。管内装有反应堆压力容器材料和焊接材料的试样，样品可借助特殊工具通过吊篮法兰上相应的孔道取出。

（6）二次支承及流量分配组件。在堆芯支承板下表面，设有二次支承及流量分配组件。其结构与作用与 M310 类似。与 M310 不同的是，二次支承组件的支承柱不再兼作仪表导向柱。

2. 上部堆内构件

上部堆内构件为倒帽结构形式，由上支承组件、上支承柱组件、上堆芯板组件、上部构件起吊旋入件、控制棒导向筒组件以及堆内测量导向结构等组成。

（1）上支承组件。上支承组件类似于 M310 的导向筒支承板，是一块带裙式圆筒的多孔板，由法兰、裙筒和上支承板焊接而成。法兰上设有流水孔，以便部分冷却剂流进压力容器顶盖，冷却上部构件；法兰面上还有 3 个起吊旋入件与 4 个定位键槽，起吊旋入件与堆内构件吊具连接，用于上部堆内构件的整体吊装，定位键槽通过与下部构件中吊篮法兰的对中销配合，用于上部构件在堆内的径向定位。上支承板为 304.8mm 厚的锻件。

（2）上支承柱组件。上部堆内构件中设有 44 组上支承柱组件和 4 根水位测量支承柱。在上支承柱和水位测量支承柱内部有堆内导向结构的双层仪表管组件。上支承柱组件把上支承组件与上堆芯板组件连成一个整体，上支承板和上堆芯板之间的空间构成了堆芯出口冷却剂腔室，支承柱为中空结构，周边有流水孔，冷却剂可流通。

（3）上堆芯板组件。上堆芯板组件是一块圆形板，包括厚度为 76.2mm 的上堆芯板、354 个燃料组件定位销和 8 个嵌入件。

在上堆芯板上设有三种流水孔：61 个 168.15mm × 168.15mm 方孔、44 个直径为 157.23mm 圆孔和 72 个直径为 146.05mm 圆孔。

方孔是对应每个控制棒导向筒位置的定位销孔，用于控制棒导向筒的准确定位。在对应每个燃料组件位置上有流水孔，下表面设有销钉，在堆芯燃料装载后为燃料组件提供可靠的定位。上堆芯板的边缘开有 4 个定位键槽，与下部构件的上堆芯板导向销配合定位。

（4）控制棒导向筒组件。上部堆内构件中设有 61 组控制棒导向筒组件，为控制棒组件提供定位和导向，控制棒组件（包括星形架和吸收棒）可在导向筒内上下运动。导向筒分上部导向组件和下部导向组件两部分，二者的法兰背靠在一起，用螺钉固定在上支承板上，底部定位销插在上堆芯板的对应定位销孔中。

（5）堆内测量导向结构。堆内测量导向结构主要由 1 块格架板，以及安装在格架板上的 12 根堆芯测量支承柱、48 根双层仪表管组件、4 根吊装筒、48 根导向管、一些支承架、支承管和紧固件等组成。

堆芯中子注量率测量探测器组件由燃料组件上方插入燃料组件，从反应堆压力容器顶盖上方贯穿件引出，从而取消了堆内构件位于反应堆压力容器底部的仪表套管，增加了位于上部堆内构件的堆内测量导向结构。

与 M310 对比，HPR1000 堆内构件结构设计进行了如下改进和优化：①吊篮壁厚增大，堆芯支承板变薄；②堆芯围板和辐板改进成整体的围板-成形板组件；③二次支承组件的支承柱不再兼作仪表导向柱；④增加了上支承柱数量，以及用于水位测量的水位测量支承柱组件；⑤在压力容器底封头采用流量分配板加连接板的流量分配结构，简化反应堆下封头腔结构；⑥堆芯中子注量率测量探测器组件从反应堆压力容器顶部贯穿件引出，由此在上部堆内构件增加堆内测量导向结构。

（三）压力容器

HPR1000 反应堆压力容器是反应堆冷却剂系统压力边界的重要组成部分，用于支承和包容反应堆堆芯，并与支承和固定堆芯的堆内构件一起为冷却剂提供流道，设计必须保证反应堆压力边界的完整性和安全可靠性。

HPR1000 反应堆压力容器的结构与 M310 类似。HPR1000 反应堆压力容器是一个总重为 418t 的圆柱形容器，由顶盖组件、容器组件和紧固密封件三部分构成的高压设备。

1. 顶盖组件

顶盖组件包括顶盖法兰、半球形上封头、通风罩支承、61 个控制棒驱动机构管座、12 个堆芯测量管座、1 个排气管、3 个吊耳等。

控制棒驱动机构管座与上部控制棒驱动机构的压力外罩连接；测量堆内中子注量率的导线从堆芯测量管座导出堆外；排气管的作用是在冷却剂系统充水时排出压力容器顶部积聚的不凝结气体；吊耳用于顶盖吊具的安装和顶盖起吊。

2. 容器组件

容器组件包括 1 个容器法兰接管段筒体、3 个进口接管、3 个出口接管、1 个堆芯段筒体，1 个下封头过渡段和 1 个下封头。

容器法兰和顶盖法兰通过 60 个主螺栓进行连接紧固，并用内、外两道配置在顶盖法兰密封槽中的自紧式镀银 C 形密封环密封，防止放射性冷却剂外泄。在两道 C 形环外侧均设有泄漏检测管，在发生泄漏时发出报警。

容器的主要零件为整体锻造成形，整个容器上无纵向焊缝，正对堆芯的高中子注量率区无环形焊缝，提高了反应堆压力容器的安全可靠性，缩短了在役检查周期。

容器各部件与冷却剂接触的内表面堆焊了厚度为 7mm 的耐蚀层，以避免压力容器内表面的腐蚀。反应堆压力容器材料为 16MND5，堆焊层材料为 309L＋308L。

容器下封头为半球形，下封头上没有贯穿件，消除了因下封头贯穿件泄漏而引起 LOCA 事故导致堆芯裸露的可能性。

3. 紧固密封件

反应堆压力容器紧固密封件包括主螺栓、主螺母、球面垫圈和 C 形密封环及其附件。

在反应堆压力容器外侧设置了保温层，能够包容整个反应堆压力容器。保温层的功能是减少反应堆的热损失，减小反应堆压力容器壁面温差，降低反应堆压力容器壁面的热应力和保证反应堆压力容器的环境条件。

保温层为空气腔型金属反射式，其应满足的设计要求：①应达到良好的绝热效果，能有效地减少反应堆压力容器的热损失；②在正常运行工况下应保证结构的完整性，在使用寿期内，其绝热性能应满足设计规定的要求；③其设计应尽可能满足被保温设备的在役检查要求，可拆装的保温层要求拆装方便。

保温层的热性能要求：①经由保温层的额定热损失应不大于 $175W/m^2$；②整个保温层平均热损失应不大于 $235W/m^2$（不包括无保温部分的热损失，但包括保温层接头泄热和紧固件的热损失，并考虑材料老化影响的裕量）。

保温层的机械性能要求：①在正常运行条件下的保温层（包括附件）自重、热载荷、振动载荷、在役检查中承受的载荷（包括检查工具）作用下应能可靠地执行其功能；②应进行计算和（或）试验，以证实相邻的部件（容器和贯穿件等）即使在安全地震时也不受影响。

反应堆压力容器支承是反应堆冷却剂系统主设备支承之一，它在反应堆堆坑内缘支承反应堆压力容器：承受反应堆本体及其相关设备和介质的重量，以及所支承的设备在各类工况下产生的载荷，并将这些载荷传递给反应堆堆坑混凝土基座。

反应堆压力容器支承是一个环形梁式支承，它由上下两个环形法兰，内外两层圆形腹板和若干筋板焊接而成。支承环中间是空腔，外腹板开有 6 个通风口，3 进 3 出，运行时通风冷却以满足混凝土基础的温度限制，在每个通风口的方位设置有调整垫板，反应堆压力容器的 6 个进出口接管支垫分别支承在调整垫板上，调整垫板允许径向移动以补偿压力容器热冷缩产生的径向伸缩。反应堆压力容器支承主要结构材料为 16MND5 钢锻件、16Mn 钢锻件和 15MnNi 钢板材。

HPR1000 与 M310 压力容器与堆内构件的主要参数对比见表 2-12。

表 2-12　　　　　　HPR1000 与 M310 压力容器与堆内构件的主要参数对比

主要参数	HPR1000	M310
设计温度/℃	343	343
设计压力/MPa	17.23	17.23

续表

主要参数	HPR1000	M310
运行压力/MPa	15.5	15.5
环路数/型式	三环路	三环路
CRDM 管座数量/个	61	61
水压试验压力/MPa（绝对压力）	24.6	22.9
水压试验温度/℃	$T_{ndt}+30$	$T_{ndt}+30$
堆芯段筒体内径/mm	4340	3989
筒体外径/mm	4794	4389
压力容器总高度（不含堆芯测量管座等）/mm	12 567	12 323
满负荷下入口冷却剂温度（名义）/℃	292.2	292.7
满负荷下出口冷却剂温度（名义）/℃	327.8	327.3
压力容器堆焊层厚度/mm	7	5
燃料组件数量	177	157
控制棒导向筒组件数量	61	61
堆芯活性段高度（冷态）/mm	3657.6	3660
上支承板厚度/mm	304.8	100
上堆芯板厚度/mm	76.2	50
上支承柱组件数量/根	44	40

（四）HPR1000 反应堆与 M310 堆顶结构的区别

HPR1000 采用一体化堆顶结构，M310 为非一体化的堆顶结构，两者的区别见表 2-13。

表 2-13　　　　　　　　　　HPR1000 反应堆与 M310 堆顶结构

反应堆	顶盖吊具	通风组件	抗震组件
M310	通过起吊杆连接吊具与顶盖	由上风罩、下风罩和风管组成单独的通风组件	由抗震拉杆、抗震板、抗震支承环组成，通过抗震拉杆与土建连接
HPR1000	通过围筒连接吊具与顶盖	将冷却风板、冷却风管组件安装至围筒组件	由围筒、抗震板、抗震环组成，设置防飞射物屏蔽板
HPR1000 优点	避免起吊杆穿过通风组件，同时强度增加	刚度和强度增加，稳定性提高	刚度和强度增加，稳定性提高

三、蒸汽发生器

蒸汽发生器（SG）作为电厂连接一回路和二回路的主要热交换设备，将一回路冷却剂中的热量传给二回路给水，使其产生饱和蒸汽供给二回路动力装置。反应堆冷却剂系统有三个环路，每个环路上装有一台蒸汽发生器，每台蒸汽发生器的容量按满功率运行时传递三分之一的反应堆功率设计。由于一回路冷却剂流经堆芯而带有放射性，而压水堆核电厂二回路设备不应受到放射性污染，蒸汽发生器的下封头、管板和倒置 U 形管作为反应堆冷却剂压力边界组成部分，与压力容器和一回路管道共同构成防止放射性外泄的第二道屏障。

HPR1000 的蒸汽发生器是我国独立自主研发的新型立式倒 U 形管式自然循环 ZH-65 型蒸汽发生器。蒸汽发生器二回路侧流体流动依靠自然循环驱动。

HPR1000 核电厂蒸汽发生器主要设计参数见表 2-14。

表 2-14　　　　　　　　　HPR1000 核电厂蒸汽发生器主要设计参数

名　称		数　值
管侧	设计压力/MPa	17.23
	设计温度/℃	343
	运行压力/MPa	15.5
反应堆冷却剂温度（最佳估算流量）	进口/℃	327.8
	出口/℃	292.1
反应堆冷却剂流量（最佳估算流量）/(m³/h)		23 790
压降（最佳估算流量）/MPa		0.314
反应堆冷却剂体积	冷态/m³	约 33.1
	热态/m³	约 33.5
热负荷/MW		1/3×3060
壳侧	设计压力/MPa	8.6
	设计温度/℃	316
蒸汽：（反应堆冷却剂热工设计流量，100%FP）	压力（蒸汽发生器出口、零堵管、污垢系数 1.34×10⁻⁵W·m²/℃）/MPa	6.80
	温度/℃	284
	流量率（零排污）/(t/h)	约 2040
	湿度	≤0.25%
给水（最佳估算流量，100%FP）	压力（蒸汽发生器入口）/MPa	7.11
	温度/℃	226
总的传热面积/m²		6494

（一）蒸汽发生器结构

蒸汽发生器由两大部分组成。下部分为立式倒 U 形管蒸发部分，用于给水加热及汽化，主要由下封头、管板、倒 U 形传热管及管束组件等组成。上部是汽水分离和干燥部分，用于将产生的汽水混合物进行分离、干燥，使蒸汽品质达到要求值，主要由汽水分离器、干燥器、流量限流器、给水环管、筒体组件和上封头等组成。蒸汽发生器结构如图 2-63 所示。

（1）下封头。下封头为 18MND5 低合金钢锻件，在冷却剂接触表面堆焊奥氏体不锈钢层，下封头与管板焊接。下封头锻件整体锻造成型了一次侧进、出口接管嘴。一次侧进、出口接管嘴端部焊接了 Z2CND18.12（控氮）不锈钢安全端，便于蒸汽发生器与反应堆冷却剂管道的焊接。

下封头内由隔板将其分成进、出口两个腔室，内表面堆焊超低碳不锈钢。下封头外表面有四个凸台，构成蒸汽发生器的下部垂直支承平面。下封头的进、出口腔室分别设有进、出口接管和密封环座。

（2）管板。管板为材料与下封头相同的锻件，在冷却剂接触表面上堆焊 Inconel-690，管板上钻有 11 670 个管孔，U 型传热管插入孔内，两端与堆焊层焊接。管板一次侧直径为 φ3463mm，二次侧直径为 φ3496mm，厚度为 600mm（不含堆焊层）。管板一、二次侧分别设有凸缘，以便管板与下封头和二次侧筒体焊接。

　　在管板上方二次侧设置了一块流量分配板，其中心开有一个大孔，迫使二次侧大部分流体从中心通过，用以提高在管板上方的流体横向流速，使得腐蚀产物等杂质处于悬浮状态而不易淤积在管板上。在管板上方、流量分配板下方的管巷内设置了挡块，其作用之一是防止来自下降通道的再循环水大量地经管巷旁流进入管束内，而迫使再循环水从管束四周流到管束中心部位。在管板上方管巷内设置了连续排污装置，可有效地把各种可能沉淀在管板上，特别是位于管板中心部位的杂质排出，这样可较好地避免因在管板上方形成淤泥堆积而造成管子腐蚀破损。

　　（3）U 形传热管及管束组件。蒸汽发生器内共有 5835 根以正三角形排列的倒 U 形传热管，总换热面积约 6494m²。传热管规格为 $\phi 17.48mm \times 1.02mm$，为保证最小弯曲半径传热管弯管区壁厚满足要

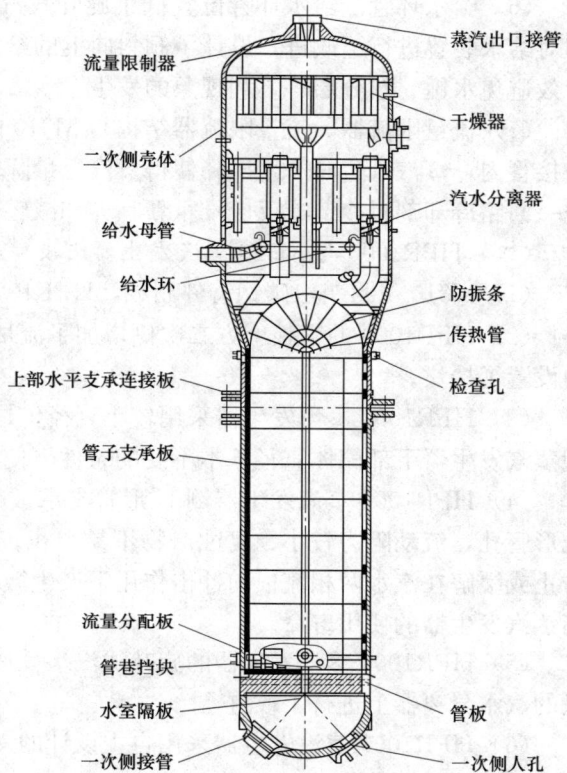

图 2-63　蒸汽发生器结构

求，最小弯曲半径、次小弯曲半径的两排传热管规格为 $\phi 17.48mm \times 1.04mm$。传热管最小弯管半径为 82.55mm，最大弯管半径为 1520mm。

　　传热管采用具有良好机械性能、导热系数较高、良好抗应力腐蚀的 Inconel-690 合金制成。传热管与管板的连接采用定位胀＋密封焊＋全深度液压胀管，降低了传热管在管板二次侧附近的缝隙腐蚀破损风险。

　　传热管由 9 块支承板支承，支承板的管孔为三叶梅花形，使得支撑板只有一小部分与管子靠近，围绕管子有更大的流量，腐蚀产物和化学物质不易在支承板和传热管之间聚集。传热管弯管部分安装 4 组防振条，在减少传热管振动的同时，不限制传热管的自由膨胀。

　　管束套筒底部设置了支承，在管束套筒直段的上部有防转动键，这样限制了套筒沿垂直方向的窜动位移和横向转动。

　　（4）汽水分离器。汽水分离器是位于倒 U 形管束套筒上方，其上端与干燥器相连的 16 个旋叶式分离器，作用是对蒸发部分的汽水混合物进行初步分离，每个分离器内装有固定的螺旋叶片，使汽水混合物向上流过时进行螺旋运动，不同密度的汽水混合物在离心力的作用下进行分离，分离后的蒸汽向上进入干燥器进行二次分离，被分离出的大部分水分往下与给水环管进来的给水混合。

　　（5）干燥器。干燥器采用自主研发的六角形双钩波形板分离器，携带小水滴的蒸汽经过双钩波形板分离器再一次分离，将小水滴除去，水进入中压集管往下流，干燥的蒸汽进入主蒸汽管道。

（6）给水环管。给水环管位置低于旋叶式汽水分离器，结构与 M310 的给水环管类似，但对给水装置进行了改进，设计了倾斜向上的给水母管，给水环支承结构也进行了改进，能有效避免水锤、热分层等不利现象的发生。

（7）流量限流器。流量限流器结构与 M310 的限流器类似，位于蒸汽发生器顶部蒸汽出口接管内，蒸汽流过时产生压降使得蒸汽流量降低。当蒸汽管道破裂时限制蒸汽流量，以防止一回路冷却剂过冷造成反应堆重新临界和减轻对安全壳压力。

（二）HPR1000 与 M310 蒸汽发生器比较

（1）M310 下封头由碳钢铸件制成，HPR1000 下封头由低合金钢锻件制成。

（2）HPR1000 的管板上方二次侧增加了流量分配板，在管板和流量分配板之间的管巷内设置了挡块。

（3）HPR1000 蒸汽发生器采用较小直径传热管，并采用三角形布管，在相对于 55/19B 型蒸汽发生器下部筒体直径基本不变的条件下使总传热面积增大了近 20%，结构更紧凑。

（4）HPR1000 蒸汽发生器倒 U 形管支承板（TSP）的管孔采用完全自主设计的三叶梅花形管孔，流动阻力较小、腐蚀产物不易聚积；加强了传热管 U 形弯曲段的管子支撑，能防止或缓解在汽水两相流横向冲击作用下产生微振磨损，提高传热管的使用可靠性、进而提高蒸汽发生器的使用寿命。

（5）HPR1000 蒸汽发生器的旋叶式汽水分离器在国内有成熟使用经验、有良好运行记录的汽水分离器上进行了改进。

（6）HPR1000 蒸汽发生器采用自主设计的六角形双钩型波形板干燥器，使汽水分离性能有了较大的提升。

（7）HPR1000 蒸汽发生器对内部给水装置进行了改进，设计了倾斜向上的给水母管、改进了给水环支承结构。能有效避免水锤、热分层等不利现象的发生。

四、主泵

HPR1000 的主泵是核岛内唯一高速旋转的核一级转动设备，每个环路有一台主泵，用于驱动高温高压、具有放射性的冷却剂在 RCS 系统内循环流动，使冷却剂以很大流量通过反应堆堆芯，连续不断把堆芯中产生的热量传送给蒸汽发生器。

主泵按输送足以满足堆芯冷却的流量设计，泵的总压头取决于反应堆冷却剂环路（反应堆压力容器、蒸汽发生器和管道）内的压降。

主泵的主要设计参数见表 2-15。

表 2-15　　　　　　　　　　　　HPR1000 主泵主要设计参数

名　称		数　值
设计压力/MPa		17.23（绝对压力）
设计温度/℃		343
名义流量/(m³/h)		23 790
名义流量下的压头/mH₂O		约 95.5
轴功率（名义流量和压头下）	冷态运行（$\rho = 1000 kg/m^3$）/kW	7591
	热态运行（$\rho = 742 kg/m^3$）/kW	5650
泵效率		≥83%

续表

名　　　称		数　　值
吸入口压力/MPa		15.5（绝对压力）
吸入口温度/℃		292.1
最小入口压力/MPa		2.5（绝对压力）
电机电压/V		6600
电机吸入功率 （名义流量和压头下）	冷态运行（$\rho=1000kg/m^3$）/kW	7907
	热态运行（$\rho=742kg/m^3$）/kW	5885
电机效率	冷态	96%
	热态	96%
同步转速/(r/min)		1500
泵机组	总的惯性矩/(kg·m²)	3896.5
	电机惯性矩/(kg·m²)	3810
	泵惯性矩/(kg·m²)	86.5

（一）结构

主泵是由空气冷却的三相感应式电动机驱动的立式、单级、轴密封式轴流泵机组。主泵主要由泵的水力部件、轴密封系统、轴承箱部分、电动机和辅助系统构成，主泵机组结构如图 2-64 所示。

1. 水力部件

水力部件包括吸入口接管、排出口接管、泵壳、密封壳、泵盖、叶轮、导叶、泵轴、下导轴承（水润滑下部径向轴承）等部件，其结构如图 2-65 所示。

（1）泵壳和泵盖。泵壳和泵盖由耐热钢制成，其与反应堆冷却剂接触的部分堆焊耐腐蚀的奥氏体不锈钢。泵壳进出口接管与反应堆冷却剂管路通过奥氏体不锈钢安全段焊接连接。泵壳的顶部由泵盖来封闭，泵盖与泵壳通过液压紧固螺钉连接。

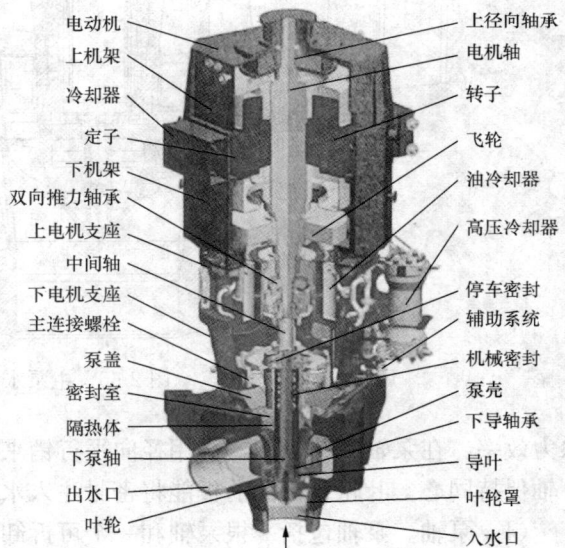

图 2-64　主泵机组结构

（2）导叶组件。导叶组件由导叶、叶轮罩、隔热体和密封壳等部件整锻加工而成。导叶主要是用于恢复压力并使液流偏离轴向。依靠叶轮罩上安装有自胀紧式活塞环，封闭泵壳内高压侧向低压侧的泄漏。隔热体由锻造不锈钢加工而成，其主要作用是在充满冷却剂的高温区域通过厚实的钢体可较好地使泵轴、轴密封和下导轴承保持较低温度，防止用于下导轴承的润滑水在向下流动时接受过多的热量。密封壳主要是用于密封件的安装，所有的密封注入水、每级密封的渗漏水和氮气接口均通过密封室上的钻孔引入和排出。

（3）叶轮。叶轮设计为轴流式，叶片外观型线由一锻件精确数控加工而成，具有很高的

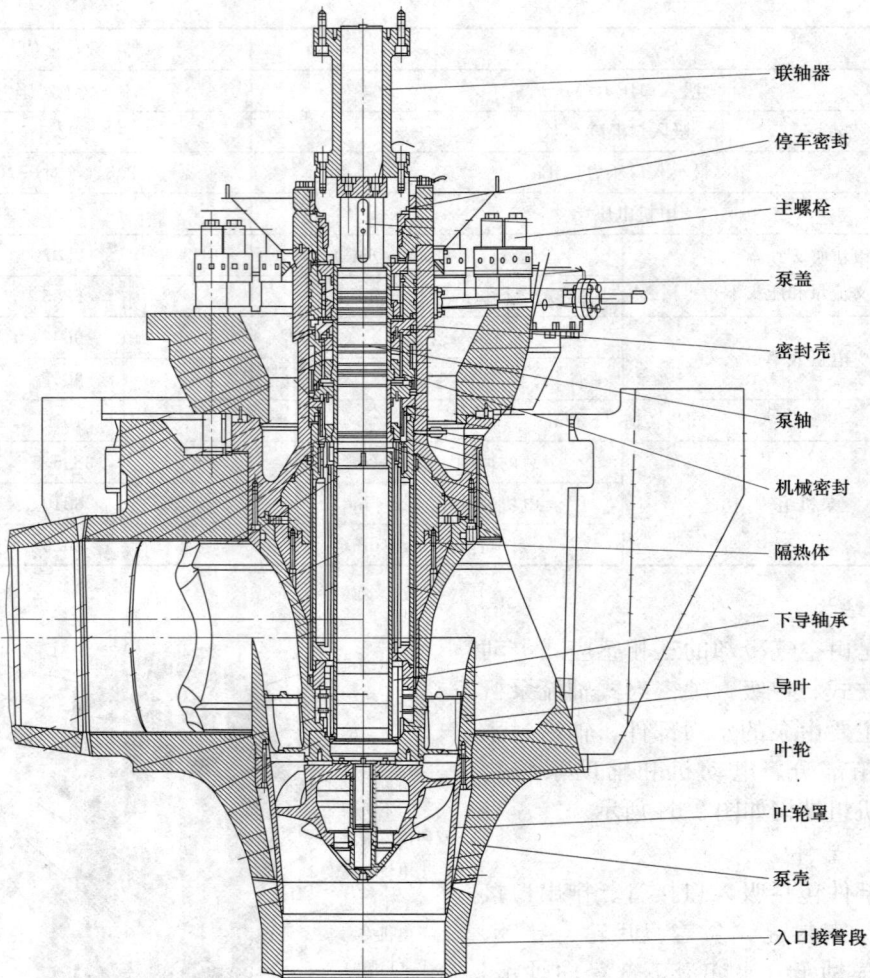

图 2-65　主泵水力部件结构

水力效率。在泵轴和叶轮间，利用径向平行销来传递力矩，并保证在不同的温度下，叶轮与泵轴保持同心，叶轮背部的筋板能将密封注入水进行增压。

（4）泵轴。泵轴包括一根泵轴和一个可拆卸轴段，作为泵与电机的联轴器，该结构形式可以保证在进行轴密封更换中，不需要拆卸主泵的电机、管路或仪表。泵轴与水润滑下导轴承相配合位置，设置了一个轴套，方便磨损面损坏时进行更换。

（5）密封室。密封室里面安装轴封，以防止一回路水泄漏。另外密封室和泵壳之间安装缠绕垫片，能够很好地防止泄漏。密封室盖安装在轴封上部，在密封室上有很多管线，通过这些管线供给密封水和氮气。

（6）下导轴承。下导轴承是一个液体动压式水润滑的滑动轴承。轴承本体材质为一种特别的碳素材料，该碳素材料被装压入轴承壳体内，整体的轴承体利用 8 只定心块定心在轴承导环中，轴承导环与轴承一起安装在导叶内，利用支承管固定下导轴承的轴向位置。

润滑水通过密封水注入管路供应，通过支承管引导其沿着泵轴流动，水从轴承顶端进入轴承与轴套之间，然后经过轴承间隙流出汇入到主泵叶轮和导叶之间的主冷却剂中。

2. 轴密封系统

正常运行时，主泵在15.5MPa下工作，为防止高温、高压、带放射性的冷却剂泄漏到安全壳内，设置了轴密封系统。

主泵的轴密封系统由三级机械密封、上部停车密封和下部检修密封共同组成。

（1）三级机械密封。三级机械密封为流体动压型密封，各级密封结构基本相同，承受相近或相同压差，且在事故工况下均具备承受系统全压的能力。主泵在正常情况下，高压是依靠三套设计完全一样的液体动压密封来实现的，各级密封承受33%的压力，但是在每个密封设计时按照100%的承压能力进行，如果任何一级密封失效，其他两级密封能够承受整个压力（每级承压50%），如果两级密封失效，另外一级密封能100%承受其压力。反应堆冷却剂三级机械密封剖面如图2-66所示。

主泵三级机械密封自驱动端至下分别为第三级密封、第二级密封和第一级密封。每一级密封与泵轴之间均通过密封套定位，三级机械

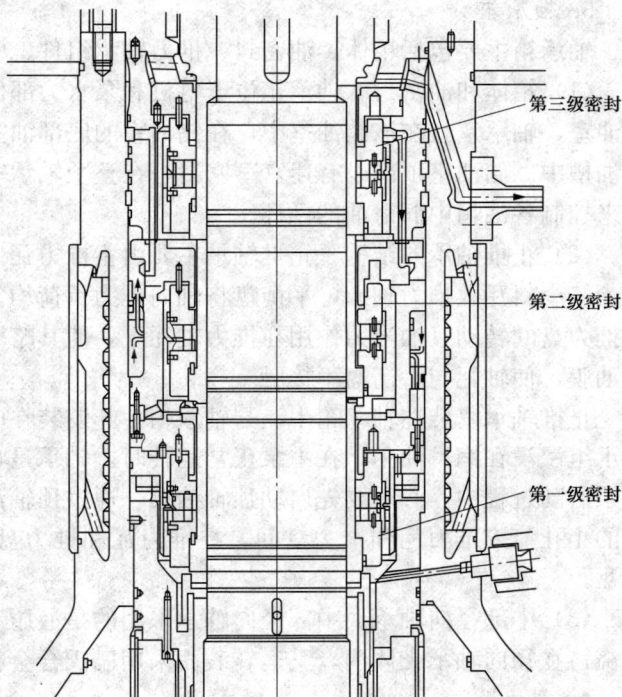

图 2-66 反应堆冷却剂三级机械密封剖面

密封为串联结构，第一级、第二级密封通过紧固螺栓连接成第一、二级组件，与第三级密封一起安装在密封室内，每级机械密封与密封套及密封室内表面之间设置若干密封元件（O形密封圈），每级机械密封主体结构主要包含动密封环、静密封环、基环、密封套和端环。

在主泵运行中，三级机械密封均处于工作状态，其工作原理通过在动、静密封面处形成一定厚度和刚度的水膜，再通过水膜的良好密封效果保证动、静密封面始终处于密封状态。

（2）停车密封。停车密封是主泵的一回路压力边界，可以在停泵后投用，如果机械密封损坏，停车密封将承受一回路压力。停车密封主要作用是如果发生密封损坏或轴封注入水系统出现故障，停车密封可作为最后的屏障，起到防止冷却剂泄漏的作用。在正常运行时，停车密封由设置的弹簧来保持开启位置。

停车密封位于三级机械密封上部，在主泵停运时，充氮气到停车密封，将可移动环向上顶起，可移动环上O形密封圈与泵轴联轴器密封，保持一回路密封性。在氮气释放后，依靠停车密封弹簧以及可移动环重力复位，避免运转时磨坏。停车密封与高压泄漏管路、低压泄漏管路以及注入水管路中的电动阀相配合操控。如果第三级密封发生严重的故障，低压泄漏升至一定数值，这样就不可能通过低压泄漏管路来排出。在反应堆冷却剂泵的转子停转后，在上述的三条管路中的电动阀关闭，内部水压往关闭方向作用于停车密封上，停车密封

的活塞向上移动，直到活塞中的 O 形环压住泵转子联轴器的下半部，这样就能避免冷却剂流出主泵。停车密封也可以用于一回路压力测试时使用。

（3）检修密封。在泵轴下部和叶轮上部设有一个检修密封，用于中间轴段（联轴器）移走后进行主轴密封的检查或更换时防止大量的冷却剂泄漏，最大允许泄漏量 4 L/min 时承受 10.1m 水柱压力。

3. 轴承箱

轴承箱主要包括箱体、油密封、推力轴承组件、中部径向轴承等部件。

（1）箱体和油密封。轴承箱位于电机和泵水力部件的中间位置，其包括一段圆柱区域为储油室，轴承室就在该储油室中，在储油室的底部油室有一个油机械密封，其泄漏被收集到集油槽中。储油室顶部设有迷宫型密封，在整个轴承室中安装了 1 台顶轴油泵和 2 台泄漏油泵来控制各油箱中润滑油的循环。

（2）止推轴承的结构。止推轴承主要由主推力瓦、推力盘、下推力瓦组成。推力轴承设计为一个斜瓦式推力轴承，平衡盘将轴向推力负荷均匀地分配到各推力瓦上。随着电机转子和推力盘的转动，油液力作用在推力轴瓦上，使其略微倾斜，并在轴瓦和推力盘中间建立一层油膜，使轴瓦与平衡盘不接触。

止推轴承安装在轴承箱中，与轴承箱一起安装在电机飞轮下部与中间联轴器之间。整个轴承组浸没在润滑油中，在主泵正常运转时，轴承是自润滑的，不需要外部的油泵。但是在主泵启动过程中，必须要先启动顶轴油泵，通过顶轴油泵将润滑油注入推力瓦，经过推力瓦上的小孔流入推力瓦和推力盘间，在推力瓦和推力盘建立强制润滑油膜，以保护轴承和推力盘。

（3）中部径向轴承。中部径向轴承采用的是液压动压式油润滑轴承，其利用立式铸造工艺浇铸在径向轴承壳体内，其运转表面采用巴氏合金材料。

4. 电动机

电动机主要是由上机架、定子、转子、下机架、惰转飞轮、止逆机构、上导轴承、冷却器等部分组成。

（1）定子。定子铁芯由涂有绝缘层的定子冲片叠压而成，被紧固在定子机座外壳的两块端压板之间，铁芯上分布有通风沟。为了保护绕组及改善气流分布，在绕组的两端均装有一个玻璃钢绕组端罩。焊在定子外壳上的起吊柱具有足够的强度和刚度，允许吊绳拴在起吊柱上吊装整台电机。

（2）转子。转子部件由轴、转子铁芯、鼠笼绕组、轴向风扇及飞轮所组成，在驱动端的双向推力-导轴承组件和上机架内的上导轴承支撑着整个电机转子。

（3）惰转飞轮。在主泵的电动机下部安装一个飞轮以增加泵的转动惯量，在断电时可延长泵的惰转时间，以带出堆芯剩余热量。飞轮与反应堆保护系统配合，保证在紧急停堆和泵断电时有充分的排热能力。飞轮由整体锻件制成，并通过飞轮内套套装到电机轴上，飞轮内套与轴是过盈配合。正常运行时，飞轮产生的通风损耗由基座上的 4 个排气窗散逸。在断电事故时飞轮能促使堆芯自然循环建立，保证反应堆堆芯的冷却。

（4）止逆机构。上导轴承上方装有一个防逆转的止逆机构。止逆机构由外圈及带有止动块的内圈组成，外圈用螺栓固定在外壳上，内圈装在电动机轴上，内圈上沿圆周分布一定数目形状特殊的止动块，这些止动块可绕各自的轴心转动，止动块均带有扭转弹簧，在内圈不转时，由于扭转弹簧力的作用，各止动块均顶住外圈，形成止逆转作用。设置这个装置是为了防止当一台主泵断电而其余主泵仍在运行时，停运主泵所在环路中将发生流体逆向流动。这一逆向流动绕过了堆芯而旁路，对冷却堆芯不利，同时逆流还会引起泵的反转，若再次启动该主泵，就会产生过大的电流，从而使电动机过热或引起其他损坏。

（5）上导轴承。在电机顶部上油箱内装有一件上导轴承，与下方的推力-导轴承共同支撑着整个泵组。上导轴承确保电机转子在不同转速下都能运转在中心线上，承受转子残余不平衡引起的径向力和磁拉力。

5. 辅助系统

主泵辅助系统包括轴封注入水系统、设备冷却水系统和氮气供应系统等。

（1）轴封注入水系统。在主泵正常运行期间，必须引一股高压水，通过轴封注入水经密封室上的开孔接入主泵，其中一部分作为轴承润滑水引至下导轴承然后流入系统，其余注入水作为密封注入水用于密封系统，流经每级密封后各自的渗漏水都经控制通道排出。其主要作用一是高压的轴封注入水经过泵下导轴承，在叶轮后面（即叶轮和导叶之间）汇入冷却剂，抑制冷却剂向上流动；二是提供主泵下导轴承的润滑；三是流过轴封逐步降压，提供轴封的冷却水流。为保证冷却剂的正常运行，设置有两路轴封注水，分别是正常轴封注入水和应急轴封注入水。

正常轴封注入水：正常轴封注入水从化学和容积控制系统（RCV）的上充泵出口经过过滤器，一直连接在泵的高压冷却器前，只要 RCS 系统没有完全降压就要维持轴封注水，以防止 RCS 冷却剂通过轴封向上流动。当 RCS 系统降压后，上充泵停运而下泄流经 RCV-RHR 连接管线返回 RCS 系统。此时由容积控制箱依靠重力供给轴封水，容积控制箱的压力维持在 0.3MPa，提供最小的轴封注入流量，并且应手动隔离轴封水回水管线。在全厂断电的事故情况下，由水压试验泵向主泵注入轴封水，防止 1 号轴封由于同时失去轴封注入水和高压冷却器冷却水后过热损坏，形成一回路小破口。

应急轴封注入水：当轴封注入水故障时，应急密封注入水系统中的电动阀自动开启。主泵叶轮出口的水由支路引入应急密封注入水回路，并在此净化、冷却后再供给反应堆冷却剂泵密封系统。回路中的旋液过滤器可防止系统中的较大颗粒接近密封。在正常运行中，轴封注入水以 1920L/h 流量经过密封壳的管接头进入主泵，在密封室内，注入水流分成三个主要支流，注入水的一部分流程以 1120L/h 的流量向下流经 1 号轴密封组件外壳和下导轴承，与叶轮排出的反应堆冷却剂汇合。这部分流程的作用除了冷却和润滑泵径向轴承外，同时阻止冷却剂向上流动，以防止高温的、可能含有杂质的冷却剂流进泵轴承和高精度的轴封导致损坏。注入水的第二部分通过一条节流管路，压力从大约 15.9MPa 降低到 10.6MPa，以 400L/h 的流量进入第二级的密封腔冷却第二级密封，然后再次通过一条节流管路，压力从 10.6MPa 降低到 0.2～0.3MPa，成为高压泄漏流的一部分后离开主泵。注入水的第三部分通过一条节流管路，压力从大约 15.9MPa 降低到 5.3MPa，以 400L/h 的流量进入第三级的密封腔冷却第三级，之后再次通过一条节流管路，压力从 5.3MPa 降低到 0.2～0.3MPa，与第二部分注入水一样，成为高压泄漏流的一部分后离开主泵返回 RCV 系统。除了这三条主要支流外，每级密封的泄漏是非常小的。在正常运行工况下，每级密封的泄漏大约为 5～10L/h。第一级密封的泄漏水与第二级密封的冷却水流汇合，因此，经过第一级密封后，其压力从 15.9MPa 降低到 10.6MPa，同样，第二级密封的泄漏水与第三级密封的冷却水流汇合。因此，经过第二级密封后，其压力从 10.6MPa 降低到 5.3MPa。第三级密封的泄漏水单独离开密封室，称为低压泄漏流，经过第三级密封后，其压力从 5.3MPa 降低到 0.1MPa。

（2）设备冷却水系统。设备冷却水系统（WCC）的水分别接到高压冷却器和一体化的润滑油冷却器，若主泵的注入水温度高于 50℃时，必须打开 WCC 接管阀门，利用其对注入水进行冷却。

（3）氮气供应系统。氮气供应系统是向停车密封提供动力气源，以关闭停车密封。此系统通过电磁阀和电动排空阀来进行控制。在正常运行期间，电磁阀关闭和电动排空阀打开，保证停车密封不会误动作。在需要关闭停车密封时，电磁阀打开和电动阀关闭，0.3～0.6MPa 的氮气压力作用使停车密封关闭。

（二）HPR1000 与 M310 主泵比较

HRP1000 主泵对水力性能进行了重新设计优化，通过模型优化、取消叶轮平衡盘、改进密封环等措施，提高了水力效率。

HRP1000 主泵三级机械密封的各级密封结构基本相同，承受相近或相同压差，且在事故工况下均具备承受系统全压的能力。M310 三级机械密封结构并不相同，且各级密封承受的压力也不相同，其中 1 号和 2 号轴封能够承受高压，3 号轴封不能承受高压。

HRP1000 在应急柴油发电机供电丧失后，主泵轴密封及其辅助系统可保证至少 72h 内冷却剂不会通过轴密封泄漏出一回路。

五、稳压器

HRP1000 的稳压器功能、工作原理与 M310 相同，结构基本与 M310 类似，并在 M310 的基础上做了改进。HRP1000 与 M310 稳压器的不同主要体现在以下几点：

（1）电加热器数量和组成不同。①M310 共有 60 根电加热器，HRP1000 有 84 根，其中 6 根备用；②M310 有两组比例式电加热器，每组 9 根，HRP1000 也有两组比例式电加热器，每组 12 根；③M310 有 4 组通断电式的电加热器，其中两组为 9 根，另两组为 12 根，HRP1000 也有 4 组通断电式的电加热器，其中两组为 12 根，另两组为 15 根。

（2）HRP1000 的稳压器上封头比 M310 多了 1 个快速卸压阀接管嘴。HRP1000 的稳压器快速卸压系统与稳压器顶部相连，由两个快速卸压系列组成，提供严重事故工况下 RCS 系统的快速卸压，每个系列包括一台电动闸阀和一台电动截止阀。快速卸压阀排放管接入稳压器安全阀排放管，通往卸压箱。正常运行时阀门关闭，严重事故发生时由操纵员在控制室或远程停堆站手动开启快速卸压阀为 RCS 系统卸压。快速卸压阀主要设计参数见表 2-16。

表 2-16　　　　　　　　　　　　　　快速卸压阀主要设计参数

主要设计参数	数　值
设计压力/MPa	17.23（绝对压力）
设计温度/℃	360
最小流量（一组阀），17.23MPa（绝对压力）/(t/h)	525

（3）HPR1000 稳压器设计参数与 M310 不同，HPR1000 稳压器的主要设计参数见表 2-17。

表 2-17   **HPR1000 稳压器主要设计参数**

主要参数	数值
设计压力/MPa	17.23（绝对压力）
设计温度/℃	360
运行压力/MPa	15.5（绝对压力）
运行温度/℃	约 345
额定功率下蒸汽体积/m³	20.67
额定功率下水体积/m³	31
淹没加热器要求的水体积/m³	7.21
冷态下最小总体积/m³	51
喷淋速率/(m³/h)	151～200
连续喷淋流量（关阀）/(l/h/阀)	230
辅助喷淋流量/(m³/h)	约 11

    HPR1000 的稳压器结构如图 2-67 所示。HPR1000 稳压器泄压箱的功能和结构与 M310 相同。

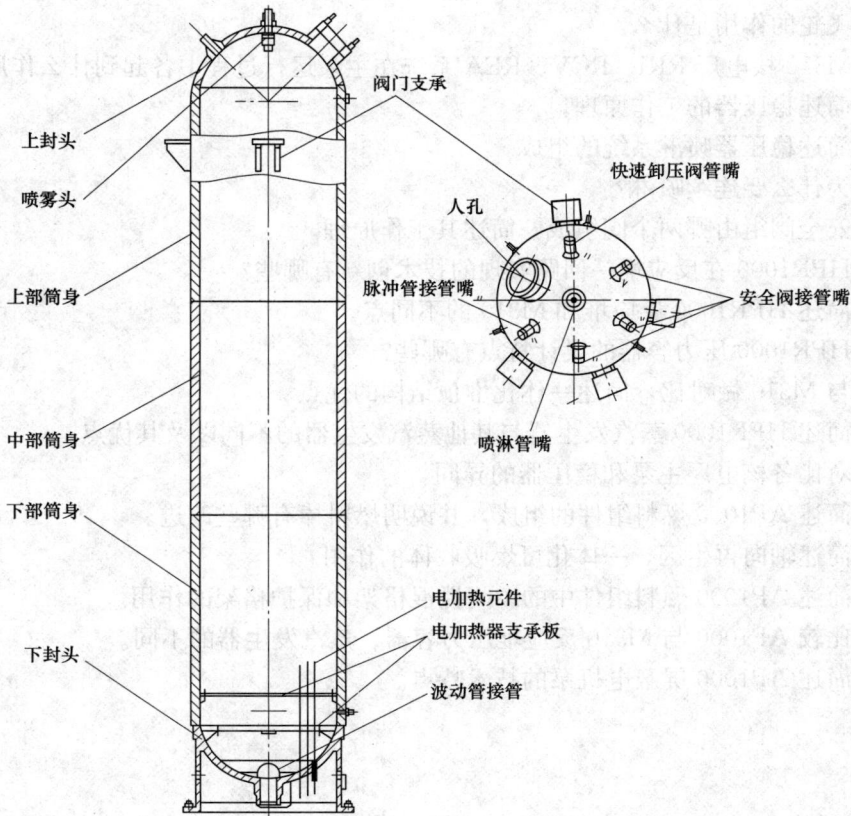

图 2-67   HPR1000 的稳压器结构

复 习 题

2-1   简述一回路系统主要功能。

2-2   简述 M310 核电厂反应堆冷却剂系统的构成和流程。

2-3   简述 M310 核电厂 RCP 回路温度、压力、流量和水位的测量方法。

2-4   M310 核电厂堆芯有多少燃料组件？简述燃料组件的构成。

2-5   简述燃料芯块在辐照后可能发生的情况及对应的处理方法。

2-6   简述第一循环各核电厂堆芯内有哪些功能组件。

2-7   控制棒的功能是什么？按照材料和功能分为哪几类？

2-8   可燃毒物组件、中子源组件和阻力塞（或阻流塞）组件的功能是什么？

2-9   简述堆内构件的主要功能。

2-10   控制棒驱动机构由哪些部分组成？

2-11   简述控制棒提升的工作顺序。

2-12   简述蒸汽发生器内二次侧工质的流程。

2-13   M310 核电厂主泵中热屏的作用是什么？

2-14   简述 M310 核电厂主泵轴封水的流程。

2-15   飞轮的作用是什么？

2-16   M310 核电厂 RRI、RCV、REA 系统在主泵运行过程中各起到什么作用？

2-17   简述稳压器的工作原理。

2-18   简述稳压器喷淋系统的组成。

2-19   为什么要连续喷淋？

2-20   安全阀组由哪两个阀组成？简述其工作原理。

2-21   HPR1000 在反应堆一回路实现的技术创新有哪些？

2-22   简述 HPR1000 反应堆和 M310 的不同点。

2-23   HPR1000 压力容器的设计特点有哪些？

2-24   与 M310 做对比，简述一体化堆顶结构的优点。

2-25   简述 HPR1000 蒸汽发生器与其他蒸汽发生器的不同以及其优点。

2-26   对比各核电厂主泵和稳压器的异同。

2-27   简述 AP1000 燃料组件的组成，并说明燃料棒有哪些改进。

2-28   简述轴向再生区、一体化可燃吸收体的作用。

2-29   简述 AP1000 燃料组件中的中间搅混格架和保护格架的作用。

2-30   比较 AP1000 与 M310 反应堆压力容器、蒸汽发生器的不同。

2-31   简述 AP1000 屏蔽电机泵的技术特点。

第三章　一回路辅助系统

　　压水堆核电厂辅助系统包括一回路辅助系统、辅助冷却水系统、三废处理系统、核岛通风空调系统及核燃料装卸储存和工艺运输系统。本章仅介绍一回路辅助系统。

第一节　M310 一回路辅助系统

　　一回路辅助系统包括化学和容积控制系统、反应堆硼和水补给系统、余热排出系统和核取样系统。

　　化学和容积控制系统（RCV）是与核安全有关的系统之一。尤其是上充泵，在正常运行工况下，它作为上充用；在一回路小破口失水事故及主蒸汽管道破裂的事故情况下，它又作为高压安注泵使用。因此，在事故情况下，上充泵实际上属于安全设施。

　　反应堆硼和水补给系统（REA）的调硼和加硼部分与核安全有关，其他水系统部分与安全无关。

　　余热排出系统（RRA）在美国的设计中属于专设安全设施系统，这是因为在其设计中，余热排出泵兼作低压安注泵。在法国的设计中，是将余热排出和低压安注分成两个系统。尽管如此，余热排出系统仍然是与核安全密切相关的系统之一，且完全按专设安全设施的要求来设计。

　　核取样系统（REN）与核安全无直接的关系，但在监督一回路水质、保证一回路系统正常运行、减少厂房内剂量及延长设备使用寿命等方面起着重要的作用。

　　本节只介绍前三个系统。

慕课 7-化学和容积系统

一、化学和容积控制系统

（一）系统的功能

1. 系统的主要功能

　　化学和容积控制系统（RCV，以下简称化容系统）保证一回路必须的三种功能，即容积控制、化学控制和反应性控制。

（1）容积控制。

1）水容积[1]变化的原因。

　　从热工学的角度来看，当一回路水温变化时，由于水的比体积的改变，回路中水的容积也在随之变化。水的比体积随温度的变化曲线如图 3-1 所示。图中可以看出，当一

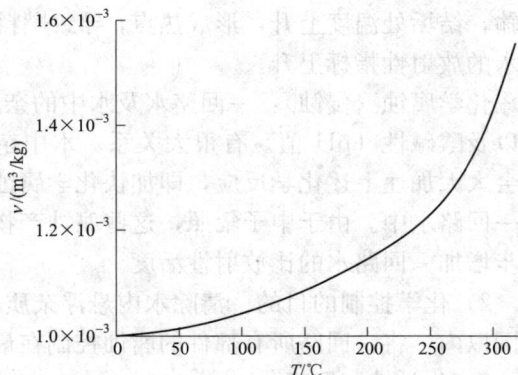

图 3-1　水的比体积随温度的变化曲线

---

[1] 核工程领域习惯称为容积。

回路的水从冷态（60℃）升到热态（291.4℃）时，水的比体积约增加 40%，在正常运行时，一回路的平均温度也随功率的变化而改变。水容积的变化必将导致稳压器水位的波动。

从水力学的角度来看，在正常运行时，一回路处在 15.5MPa 压力下，边界内会不可避免地向外产生泄漏。这主要是指一号密封的泄漏、主泵 2 号轴封的泄漏和一些大的阀门与阀杆的泄漏。这些泄漏也会引起稳压器水位的波动。

2）容积控制的目的。吸收稳压器不能全部吸收的一回路水容积的变化，从而将稳压器的液位维持在整定值上。

3）水容积控制原理。简单来说，就是通过上充、下泄来吸收稳压器吸收不了的一回路水的容积变化，将稳压器的水位维持在程控液位。具体讲，化容系统作为一回路的缓冲箱，当一回路水容积增大时，通过下泄回路将膨胀的水引向容积控制箱（以下简称容控箱）。由于容控箱的容积有限，在一回路加热升温或其他瞬态，水容积增加较多时，容控箱就不足以容纳其膨胀的水。此时则要靠与硼回收系统连接的管线将容控箱吸收不了的水排向硼回收系统的前置储存箱。当一回路水容积收缩或产生泄漏时，则由反应堆硼和水补给系统供水，通过上充泵给一回路补充与一回路当前硼浓度相同的硼水，使稳压器水位稳定在程控液位。容积控制原理如图 3-2 所示。

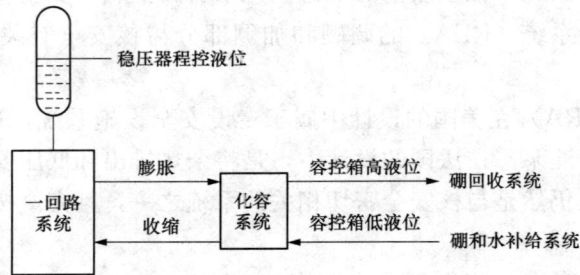

图 3-2　容积控制原理

（2）化学控制。

1）一回路水化学变化的原因。物理腐蚀：水中杂质沉积在燃料包壳上结垢，影响热量传输，结垢处温度上升，形成热点，导致燃料包壳破损，裂变产物逸入一回路水中，使一回路水的放射性指标上升。

化学腐蚀（侵蚀）：一回路水及水中的杂质与金属的化学反应速率与水质、温度、氧含量以及酸碱性（pH 值）有很大关系。水中杂质多、温度高、氧含量增加以及 pH 值降低，将会大大加速上述化学反应，即加快化学腐蚀的后果。大流量的水冲刷则将这些腐蚀产物带入一回路水中。由于中子辐照，这些腐蚀产物部分被活化，成为具有放射性的活化产物，进一步增加一回路水的比放射性活度。

2）化学控制的目的。清除水内悬浮杂质，维持一回路水的化学及放射性指标在规定的范围以内，将一回路所有部件的腐蚀控制在最低限度。

3）化学控制原理。

注入氢氧化锂以中和硼酸，保持一回路冷却剂为偏碱性。300℃时的 pH 值控制在 7.0（现经国家核安全局认可已修改为 7.2）。氢氧化锂是一种强碱，相对而言，其溶解度不太大，所以限制了局部浓缩现象的发生，引起腐蚀的风险较小。

自然界中锂有两种同位素，即^{6}Li 和 ^{7}Li。由于^{6}Li 与中子反应生成^{3}T，它是放射性核素，会增加工作场所的剂量率，同时也增加对环境的放射性排放量，所以核电厂采用纯度为99.9％的^{7}Li 的氢氧化锂。使用^{7}Li 没有中子活化产生放射性核素的问题，而且硼和中子反应也生成^{7}Li，所以也简化了化学处置工艺。

机组启动时向一回路冷却剂中注入联氨以除去水中的氧，其化学反应式为

$$N_2H_4 + O_2 \longrightarrow 2H_2O + N_2 \uparrow$$

在正常运行时，通过向容控箱充入氢气的办法，使水中的氢达到一定的浓度，以抑制水辐照分解生成氧。

使一回路冷却剂流经净化回路，过滤以除去水中的悬浮物、以离子交换树脂除去离子态杂质（除盐），控制一回路冷却剂的放射性指标。

化学控制原理如图 3-3 所示。

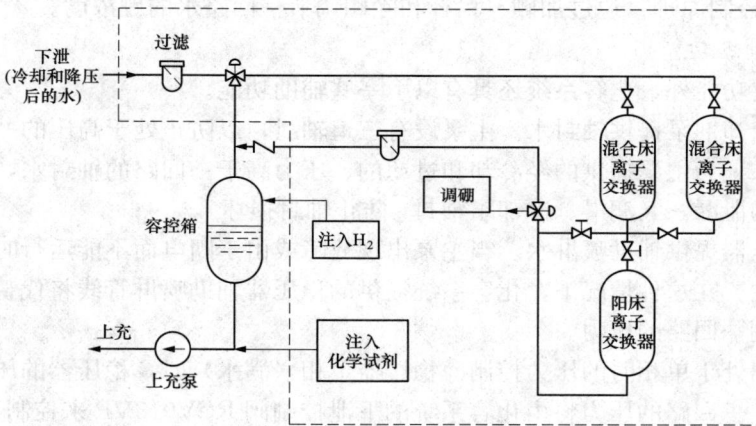

图 3-3 化学控制原理

4）化学控制的温度和压力问题。

离子交换器中的离子交换树脂不能承受60℃以上的温度。因此，下泄流经两次降温后，要求降至 46℃。另外，当下泄流水温超过57℃时，三通阀 RCV017VP 可以控制下泄流经旁路管线直泄容控箱，而不流经净化系统。

由于与化容系统相联系的一回路以外的其他系统都处于低压，所以必须将下泄流的压力从 15.5MPa 降至 0.2～0.5MPa。

为避免汽化，降压只能在冷却之后进行。如同降温冷却分两次一样，降压也分两级进行。即在每个冷却阶段之后进行一次降压。RCV 系统的冷却和降压如图 3-4 所示。

（3）反应性控制。这里讲的反应性控制是指硼浓度的控制。化容系统调节一回路水的硼

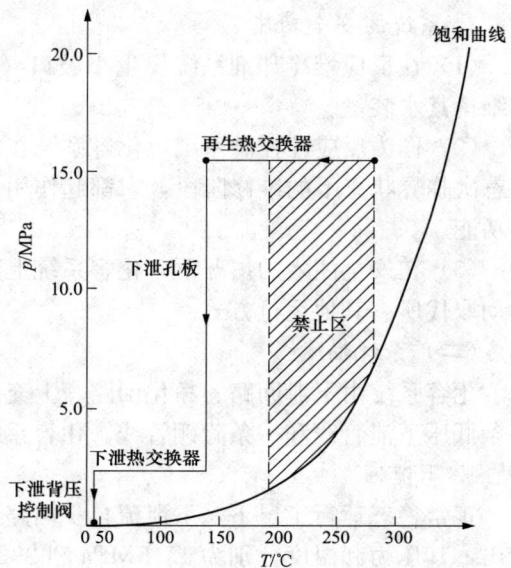

图 3-4 RCV 系统的冷却和降压

浓度，以补偿堆芯反应性的缓慢变化。

1）反应性变化的原因。

反应堆从冷停堆到热态零功率的过程中，燃料的多普勒效应和慢化剂的温度效应将导致反应性的变化：温度上升时，^{238}U 共振吸收增加以及水的密度降低，因此反应性减少；反之，温度下降时，则反应性增大。

带功率运行时，由于毒物的产生（^{135}Xe、^{149}Sm 等）、裂变产物的积累和燃耗等物理因素导致的反应性减少。

工况改变导致的过渡中的反应性变化。

2）反应性控制的目的。通过调整一回路冷却剂的硼浓度来补偿由于燃耗和毒物（^{135}Xe 和 ^{149}Sm）带来的负反应性，并且控制轴向功率偏差 ΔI，控制 R 棒（温度调节棒）棒位在调节带内及保证停堆深度。

3）反应性控制原理：通过加硼、稀释和除硼调节一回路水的硼浓度。

2. 系统的辅助功能

除上述主要功能外，化容系统还具有以下一些辅助功能。

（1）为主冷却剂泵提供轴封水。主泵设有三道轴封，以防止处于高压的一回路水沿轴向外泄漏。化容系统为主泵提供的经冷却和过滤的、压力高于一回路的轴封水，既抑制了一回路水沿轴向外的泄漏，又润滑、冷却了轴封，防止轴封损坏。

（2）为稳压器提供辅助喷淋水。当主泵出现故障或由于断电而不能运行时，就会造成主喷淋管线不可用。在这种情况下，化容系统提供的稳压器辅助喷淋管线将代替主喷淋管线功能，调节和控制一回路的压力。

（3）一回路处于单相时的压力控制。稳压器单相（满水）时，稳压器的压力控制系统不起作用。此时，一回路的压力将由化容系统的下泄控制阀 RCV013VP 来控制。

（4）对一回路进行充水、排气和水压试验。化容系统提供一回路的充水、参与一回路的排气和水压试验。进行水压试验时，用上充泵使一回路系统由常压升至 17.2MPa。

3. 系统的安全功能

（1）在反应堆冷却剂系统发生小破口（当量直径 $D < 9.5$mm）的情况下，化容系统能够维持其水装量。

（2）作为反应性控制系统，化容系统在反应堆停堆，或在诸如弹棒、卡棒事故的反应堆热态次临界状态下的维修阶段，它都起作用。化容系统与反应堆硼和水补给系统共同保证这种功能。

（3）在安全注入的情况下，化容系统上充泵作为高压安注泵运行。此时，安注运行方式自动取代所有其他运行方式。

（二）系统描述

化容系统由下泄回路、净化回路、上充回路和轴封水及过剩下泄回路组成。另外，还有一条低压下泄管线和一条除硼管线。化容系统流程如图 3-5 所示。

1. 下泄回路

正常稳态运行工况下，下泄流自一回路 3 环路（1 号机组）或 2 环路（2 号机组）冷段引出，其压力和温度分别为 15.5MPa 和 292.4℃，正常流量为 13.6m³/h，经过 RCV002VP 和 RCV003VP 两个气动隔离阀进入再生式热交换器 RCV001EX 壳侧，使下泄流的温度降至

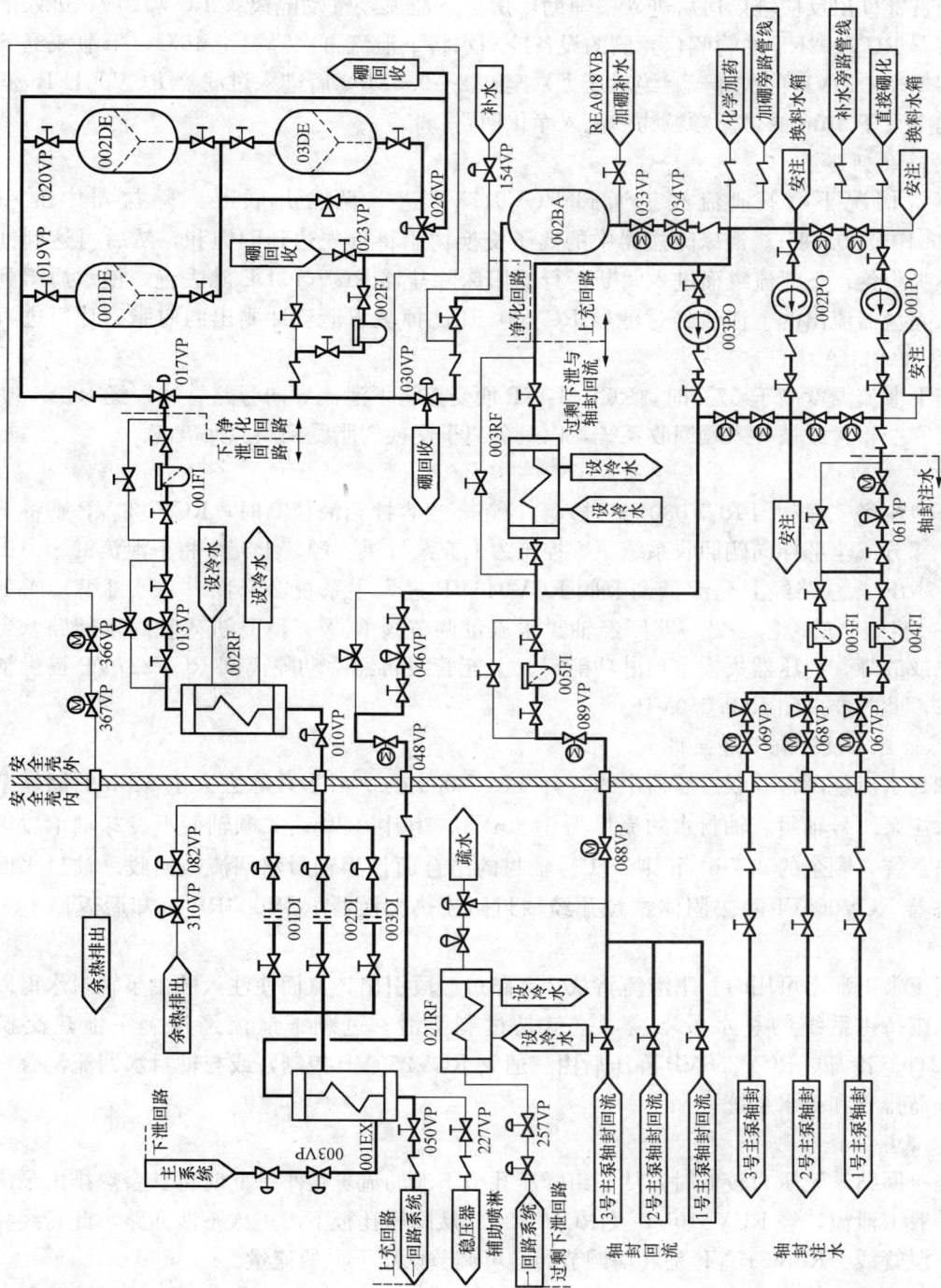

图 3-5 化学和容积控制系统流程

140℃，与此同时，管侧内的上充流的温度从 54℃升至 266℃。下泄流再经三组并联的降压孔板 RCV001、002 和 003DI（正常运行时只开一组），使下泄流的压力降至 2.4MPa。下泄管线经贯穿件出反应堆厂房后进入核辅助厂房。下泄流经气动隔离阀 RCV010VP 进入下泄热交换器 RCV002RF 的管侧，壳侧的设备冷却水将下泄流再次降温至 46℃。下泄流经下泄控制阀 RCV013VP 再次降压（绝对压力）至 0.2～0.5MPa 后进入过滤器 RCV001FI，滤去冷却剂中大于 5μm 的悬浮颗粒物后流入净化回路。

2. 净化回路

正常情况下，下泄流经三通阀 RCV017VP 进入两台并联混床除盐器中的一台（RCV001 或 002DE）。混床除盐器中的离子交换树脂将首先达到硼饱和，然后再达到锂饱和，不吸附铯。下泄流继而进入间断运行的阳床除盐器 RCV003DE 除去铯，使水质得到净化。从除盐器流出的下泄流经过滤器 RCV002FI 滤掉被下泄流冲刷出的树脂碎片后进入容控箱 RCV002BA。

当下泄流温度高于 57℃时，RCV017VP 便受控将下泄流导向旁路管线，经 RCV030VP 或进入容控箱，或被导入硼回收系统，以避免离子交换树脂受到高温而破坏。

3. 上充回路

下泄流经三通阀门 RCV030VP 进入容控箱。当容控箱液位高时，RCV030VP 则将下泄流的一部分或全部导向硼回收系统。容控箱为上充泵提供水源。上充泵将下泄流的压力提高至 17.7MPa，一路经上充流量调节阀 RCV046VP 进入主系统 2 环路（1 号机组）或 1 环路（2 号机组）的冷段，另一路则经轴封水流量调节阀 RCV061VP 进入轴封水回路。当主泵断电或故障，稳压器失去主喷淋功能时，上充管线将经手动隔离阀 RCV227VP 提供辅助喷淋水，此时要关闭 RCV050VP。

4. 轴封水及过剩下泄回路

轴封水流经两台并联过滤器中的一台（RCV003 或 004FI），除去大于 5μm 的固体杂质后进入主泵 1 号轴封。轴封水的流量为 1.8m³/h，其中 1.1m³/h 顺轴而下冷却轴承后进入一回路系统，剩余的 0.7m³/h 则经 1 号轴封的结合面作为轴封水回流被回收。轴封水回流经过滤器 RCV005FI 除去固体颗粒并经轴封回流热交换器 RCV003RF 冷却后返回上充泵入口。

当正常下泄不可用时，下泄流将从 2 环路过渡段引出，从而使注入的主泵轴封水得以流出，以维持主系统的总水量不变，这就是过剩下泄。过剩下泄流经过剩下泄热交换器 RCV021RF 冷却、RCV258VP 降压后由三通阀 RCV259VP 控制，或与轴封水回流汇合，或流入核岛排气和疏水系统。

5. 低压下泄管线

当一回路系统压力较低时，从三组降压孔板下泄的流量很小。此时将从余热排出泵出口引出一股下泄流，经 RCV310VP 及 RCV082VP 从降压孔板下游进入下泄回路，此管线称为低压下泄管线。RCV310VP 是气动调节阀，可调节低压下泄的流量。

在反应堆处于换料或维修冷停堆时，下泄流经净化回路处理后，不经过容控箱和上充泵，而通过 RCV366VP 及 RCV367VP 所在的净化回水管线直接返回余热排出系统泵的入口。

6. 除硼管线

如果一回路系统硼浓度太高，则要进行除硼操作。此时，由三通阀 RCV026VP 把下泄流引向硼回收系统的除硼单元，经处理后，再经 RCV027 及 028VP 返回容控箱。

（三）主要设备特性

化容系统主要设备的功能和运行参数介绍如下：

1. 再生式热交换器 RCV001EX

该热交换器以上充流为冷源进行热量回收，完成下泄流一次降压前的一次降温，以防汽化。其运行参数见表 3-1。

表 3-1　　　　　　　　　　　再生式热交换器 RCV001EX 运行参数

参数	正常下泄		最大下泄	
	管侧	壳侧	管侧	壳侧
流量/(kg/h)	10 150	13 530	23 760	27 060
进口温度/℃	54	292	54	292
出口温度/℃	266	140	233	145
工作压力/MPa	16.7	16.6	16.7	16.5

2. 下泄降压孔板 RCV001-003DI

降压孔板使下泄流的压力降至下泄热交换器的工作压力以下。三个并联的孔板通常只需一个投运。每个孔板额定流量为 13 600kg/h，额定流量下压降为 13.1MPa。

3. 下泄热交换器 RCV002RF

下泄热交换器完成下泄流的二次降温，使其低于净化系统的工作温度并防止二次降压的汽化。RCV002RF 的冷源是设备冷却水，出口温度由设备冷却水流量调节阀 RRI155VN 调节。其运行参数见表 3-2。

表 3-2　　　　　　　　　　　下泄热交换器 RCV002RF 运行参数

参数	正常下泄		最大下泄	
	管侧	壳侧	管侧	壳侧
流量/(kg/h)	13 530	28 000	27 060	135 000
进口温度/℃	140	<35	145	<35
出口温度/℃	46	78.5	46	55
工作压力/MPa	2.8	0.8	2.8	0.8

4. 下泄控制阀 RCV013VP

稳压器为双相时，RCV013VP 调节孔板下游的压力，实现下泄流的二次降压，使其低于净化系统的工作压力；稳压器为水实体时，RCV013VP 用来控制一回路系统的压力。

最大流量 27.3m³/h，最大流量下压差 1.87MPa，最大压差 4.3MPa。调节特性为等百分比。

5. 除盐器前过滤器 RCV001FI

该过滤器用来吸附尺寸大于 5μm 的固体颗粒，以保护离子交换树脂不受污染和堵塞。

6. 除盐器前旁路阀 RCV017VP

离子交换树脂的工作温度是 46～62.5℃。当下泄流温度高于 57℃ 时，该阀将自动切换，使下泄流通过旁路，不经除盐器，直接流入容控箱。

7. 混床除盐器 RCV001 和 002DE

按比例混合装入阳离子、阴离子两种交换树脂，使在硼饱和后达到锂饱和，同时吸附一回路冷却剂中的放射性离子。其运行参数见表 3-3。

表 3-3　　　　　　　　　　　混床除盐器 RCV001 和 002DE 运行参数

项　目	数　值	项　目	数　值
设计压力/MPa	1.48	树脂容积/m³	0.93
设计温度/℃	110	树脂工作温度/℃	46～62.5
工作压力/MPa	1.13	正常流量/最大流量/(m³/h)	13.6/27.2
容器容积/m³	1.4		

8. 阳床除盐器 RCV003DE

它被安装在混床除盐器之后，主要用来除去放射性铯，净化一回路水质。其运行参数见表 3-4。

表 3-4　　　　　　　　　　　阳床除盐器 RCV003DE 运行参数

项　目	数　值	项　目	数　值
设计压力/MPa	1.48	树脂容积/m³	0.46
设计温度/℃	110	树脂工作温度/℃	46～62.5
工作压力/MPa	1.13	最大流量/(m³/h)	13.6
容器容积/m³	0.7		

9. 三通阀 RCV026VP

当需要减少一回路水中硼的含量时，用此阀将水导向硼回收系统，用它的阴床除盐器除去水中的硼。

10. 除盐器后过滤器 RCV002FI

它被安装在除盐器之后，用来除去树脂碎粒。

11. 容控箱 RCV002BA

容控箱的作用，一是用来吸收稳压器不能吸收的一回路水容积的变化；二是作为除气塔，使一回路放射性气体从这里释放出来，定期排往废气处理系统；三是作为上充泵的高位给水箱，为上充泵提供水源。其运行参数见表 3-5。

表 3-5　　　　　　　　　　　容控箱 RCV002BA 运行参数

项　目	数　值	项　目	数　值
设计压力/MPa	0.62	水容积/m³	3.6
设计温度/℃	110	正常压力/MPa	0.22
箱体容积/m³	8.9	正常温度/℃	46

12. 上充泵 RCV001-003PO

三台并联的上充泵是多级卧式离心泵，它把容控箱的来水升压（绝对压力）到 17.7MPa 后送入一回路。

每台上充泵装有一台齿轮增速器驱动油泵 RCV007-009PO 和一台电动辅助油泵 RCV004-006PO。正常运行时，用齿轮油泵润滑，启动时则用电动油泵提供顶轴油压。

上充泵作高压安注泵使用时，要求立即启动。设计上允许在此情况下，即使电动油泵不可用和在齿轮油泵给出有效油流量之前也能启动上充泵。

其运行参数见表 3-6。

表 3-6 上充泵 RCV001-003PO 运行参数

项　　目	数　　值	项　　目	数　　值
设计压力/MPa	21.2	额定流量/(m³/h)	34
设计温度/℃	120	额定压头/m	1767
转速/(r/min)	1830		

13. 上充流量调节阀 RCV046VP

此阀调节上充流量，使稳压器水位处于程控液位。最小流量为 6m³/h，以保证下泄流得到充分冷却；最大流量为 25.6m³/h，以保证轴封水的供给。

14. 过剩下泄热交换器 RCV021RF

它被用来冷却过剩下泄流，冷源为设备冷却水。其运行参数见表 3-7。

表 3-7 过剩下泄热交换器 RCV021RF 运行参数

项　　目	管　　侧	壳　　侧
流量/(kg/h)	3380	5000
进口温度/℃	292	35
出口温度/℃	54	52
工作压力/MPa	16.0	0.8

15. 轴封回流热交换器 RCV003RF

它被用来冷却轴封回流水和上充泵的最小流量线。

16. 卸压阀 RCV201、203、214、114、384、252 和 224VP

RCV201VP 位于下泄降压孔板下游，用来保护降压孔板和低压下泄阀之间的下泄管线，其额定压力为 4.4MPa。

RCV203VP 位于低压下泄阀下游，用来保护低压下泄阀和容控箱之间的下泄管线，其额定压力为 1.48MPa。

RCV214 和 114VP 用来防止容控箱超压，其额定压力分别为 0.483MPa 和 0.502MPa。

RCV384VP 保护 RCV 系统到 RRA 系统的返回管线，其额定压力为 1.1MPa。

RCV252VP 保护安全壳内的轴封水回水管线，其额定压力为 1.03MPa。

RCV224VP 保护安全壳外的轴封水回水管线，其额定压力为 1.13MPa。

（四）运行特点

化容系统的运行状态与反应堆冷却剂系统的运行状态直接相关，化容系统的操作将随反应堆冷却剂系统运行状态的变化而改变。

1. 正常运行工况

（1）稳态运行时，化容系统通过上充下泄保证稳压器水位处于程控液位，完成反应堆冷却剂系统的容积控制、化学控制和轴封水的供应。此时，过剩下泄、低压下泄和辅助喷淋等管线均被隔离。只有低压下泄的回水管线处于开通状态，以使余热排出系统充满水。

（2）负荷变化时，一回路水容积变化较大。此情况下，首先是稳压器吸收其水容积的变化。当一回路水容积变化量增加，以致稳压器不能完全吸收其变化时，稳压器不能吸收的部分则由容控箱吸收。而容控箱水容积是有限的，在一回路水扩容，使容控箱水位升至高液位时，RCV030VP 受容控箱液位控制，将下泄流的一部分，甚至全部导入硼回收系统。在一回路水容积收缩而使容控箱水位降至低液位时，反应堆硼和水补给系统则根据容控箱液位指示自动启、停自动补给操作，为一回路补入与其硼浓度相同的硼水，使容控箱水位维持正常。

（3）如果反应堆在一个新的功率水平下运行较长时间，则必须对一回路冷却剂的硼浓度作相应的调整，以补偿由于燃耗等引进的反应性变化。

2. 冷停堆和热停堆工况

（1）正常冷停堆时，一回路水通过低压下泄管线实现净化。为避免一回路系统超压，正常下泄管线仍旧开启。只要一回路水超过主管道中心线，就应保证轴封水的供应。

（2）换料或维修冷停堆时，净化后的水从低压下泄回水管线返回一回路系统。当一回路系统完全卸压后，轴封水由容控箱靠重力提供，轴封回流管线隔离。

（3）热停堆时，化容系统的运行和反应堆正常运行时相同，应根据停堆时间长短来调整硼浓度。

3. 机组启动

在机组启动过程中，化容系统的运行主要包括：

（1）对一回路进行充水、静排气、升压和动排气，使机组进入正常冷停堆工况。

（2）对一回路进行升温、净化和加药。

加热过程中必须控制一回路升温速率在 28℃/h 以下；一回路水的净化是利用化容系统和余热排出系统联接的回水管线经化容系统的净化单元来完成的；当一回路温度升高到 80℃时，开始注入氢氧化锂和联氨，用联氨除氧必须在一回路温度达到 120℃之前完成，将容控箱上部供气由氮气切换为氢气，以抑制一回路水的辐照分解生成氧。

（3）继续升温和稳压器建立汽腔。

一回路平均温度大于 120℃时，稳压器就可以开始建立汽腔。汽腔形成以后，一回路的压力即由稳压器来控制。

（4）余热排出系统的隔离，继续升温升压至热停堆

在此其间，冷却剂由化容系统净化单元来进行净化，升功率之前，必须对冷却剂进行稀释，以补偿氙毒的积累。

4. 机组停堆

一回路系统降温降压之前必须使一回路水达到所需要的冷停堆硼浓度。在机组停堆过程

中，化容系统的运行主要包括以下几项：

（1）降温、降压和除气。在要求的冷停堆硼浓度达到之后，开始一回路的降温降压，降温速率可以由汽机旁路系统控制，不允许超过 28℃/h；对一回路的除气，实际上在停堆前对容控箱的氮气吹扫就已开始进行。对换料大修，则在降温过程中可利用硼回收系统给一回路除气，以降低一回路的氢浓度和放射性水平；在降温降压过程中，要保证压力与温度在 RCP 标准工况（p-T）图限制线内。

（2）余热排出系统投入运行。当一回路温度下降到 180℃，压力降至 2.8MPa 时，即可投运余热排出系统（RRA）。只有余热排出系统的温度、压力和硼浓度与一回路一致时，该系统才可以与一回路接通。

（3）稳压器汽腔淹没。减小下泄流量，增加上充流量，使稳压器淹没汽腔。汽腔淹没后，即用 RCV013VP 控制一回路压力。

（4）一回路氧化。在一回路水温降到 80℃时，通过反应堆硼和水补给系统向一回路注入双氧水，同时对容控箱进行空气吹扫，使一回路冷却剂快速氧化，可阻止大修时一回路放射性水平的增加。

（5）由余热排出系统冷却至冷停堆。当一回路压力（表压）降到 0.3MPa 时，停运上充泵。若此时仍有一台主泵在运行，其轴封水将由 RCV002BA 继续供给。开通化容系统和余热排出系统的联管，净化回路继续净化一回路水质。

5. 事故情况

（1）下泄管线破裂。如果降压孔板上游的管道破裂，则泄漏流量会很大，稳压器的水位会迅速下降而导致下泄管线自动隔离。如果降压孔板下游的管道破裂，由于有降压孔板的节流，泄漏流量就没有上述情况那样大，稳压器水位下降缓慢，不会导致下泄管线的自动隔离，这时需手动隔离下泄管线。下泄管线被隔离后，应立即隔离上充管线，开通过剩下泄管线。此时上充泵继续运行，为主泵提供轴封水。

（2）上充管线破裂。可以根据下列情况判断上充管线是否破裂：①上充泵出口压力低，下泄管线自动隔离；②上充流量不足；③容控箱水位低，引起连续补水。

如果上充管破裂，应隔离管线破坏部分，投入过剩下泄，维持轴封水供应，根据情况决定机组进入热停堆或冷停堆。

（3）轴封注水管线破裂。可根据"轴封水流量低"和"轴封注水过滤器压差高"的报警信号来判断轴封注水管是否破裂。轴封注水管破裂，应立即隔离轴封水管线，机组进入冷停堆。

（4）轴封回流管线破裂。如果轴封回流管破裂，容控箱水位会立即下降，连续补水已不能维持容控箱正常液位，上充泵将切换从换料水箱 PTR001BA 吸水。

事故出现后，应立即隔离轴封回流管线和上充泵最小流量管线，机组进入冷停堆。

二、反应堆硼和水补给系统

（一）系统的功能

1. 系统的主要功能

反应堆硼和水补给系统（REA）为化容系统储存并供给其容积控制、化学控制和反应性控制所需的各种流体。

（1）提供除盐除氧硼水，以保证化容系统的容积控制功能。

慕课 8-反应堆硼和水补给系统

（2）注入联氨和氢氧化锂等化学药品，以保证化容系统的化学控制功能。

（3）提供硼酸溶液和除盐除氧水，以保证化容系统的反应性控制功能。

2．系统的辅助功能

（1）向稳压器卸压箱提供喷淋冷却水。

（2）为主泵密封水立管（RCP011、C21、031BA）供水，以冲洗 3 号轴封❶。

（3）向换料水箱（PTR001BA）提供硼浓度为（2200±100）μg/g 的硼酸溶液，为其初始充水及补水；广东大亚湾核电站实施 18 个月换料循环方式后，PTR001BA 硼浓度调整为（2400±100）μg/g❷；

（4）向安全注入系统硼酸注入箱（RIS021BA）提供硼浓度为 7000μg/g 的硼酸溶液，为其初始充水和补水。

（5）向容控箱提供与一回路当前硼浓度一致的硼酸溶液，为其进行排气操作。

（6）为稳压器和余热排出系统的先导式卸压阀充水。

（二）系统描述

系统由水部分和硼酸部分组成，只有硼酸部分与安全相关。REA 系统流程如图 3-6 所示。

水部分包括：两个除盐除氧水储存箱（9REA001 和 002BA），为两个机组共用；四台除盐除氧水泵（1-2REA001 和 002PO），每个机组两台；两个化学药品混合罐（1-2REA006BA），每个机组一个。

硼酸部分包括：一个硼酸溶液配制箱（9REA005BA），供两个机组共用；三个硼酸溶液储存箱，每个机组分别使用一个（1-2REA004BA），第三个（9REA003BA）为两个机组共用；四台硼酸溶液输送泵（1-2REA003 和 004PO），每个机组两台。

9REA001 和 002BA 的水源主要是硼回收系统回收的经过净化、除气和蒸馏的一回路水。当水箱初次充水或硼回收系统供水不足时，可由核岛除盐水分配系统（SED）经蒸汽发生器辅助给水系统（ASG）的除氧器除氧后供给。

REA001 和 002PO 将水箱中的水通过两条管线送入上充泵入口。一条是除盐除氧水经 REA016VD 进入混合流道，最后通过 REA018VB 被送到上充泵入口的正常补给管线。一条是除盐除氧水在正常补水管线不可用时，通过隔离阀 REA120VD 被送到上充泵入口的补水旁路管线。此外，REA001 和 002PO 还可以将除盐除氧水送到 REA006BA（化学药品制备）、一回路系统（主泵轴封水立管、卸压箱及卸压阀）和余热排出系统卸压阀。

化学药品混合罐（1-2REA006BA）中的化学药品由除盐除氧水经 REA122VD 送到上充泵入口。

9REA003BA 和 1-2REA004BA 所储 7000μg/g 的硼酸溶液也主要来源于硼回收系统，不足时可由 REA005BA 制备的硼酸溶液来补充。REA005BA 制备的 7000μg/g 的硼酸溶液还供给安注系统硼注入箱（RIS021BA）。

REA003 和 004PO 将储存箱中 7000μg/g 的硼酸溶液通过 3 条管线送入上充泵入口。一条是硼酸溶液经 REA065VB 和 REA018VB 被送到上充泵入口的正常补给管线；一条是硼酸溶液经 REA210VB 被送到上充泵入口的直接硼化管线；一条是在正常硼化管线和直接硼化管线都不可用的事故情况下，通过打开 REA205VB，将硼酸溶液送到上充泵入口的应急硼化管线。

---

❶对于二代改进型 M310 机组，部分主泵供应商不再采用 REA 系统冷却 3 号轴封。

❷对于部分二代改进型 M310 机组，不再将 PTERC01BA 硼浓度调整为 2400±100μg/g。

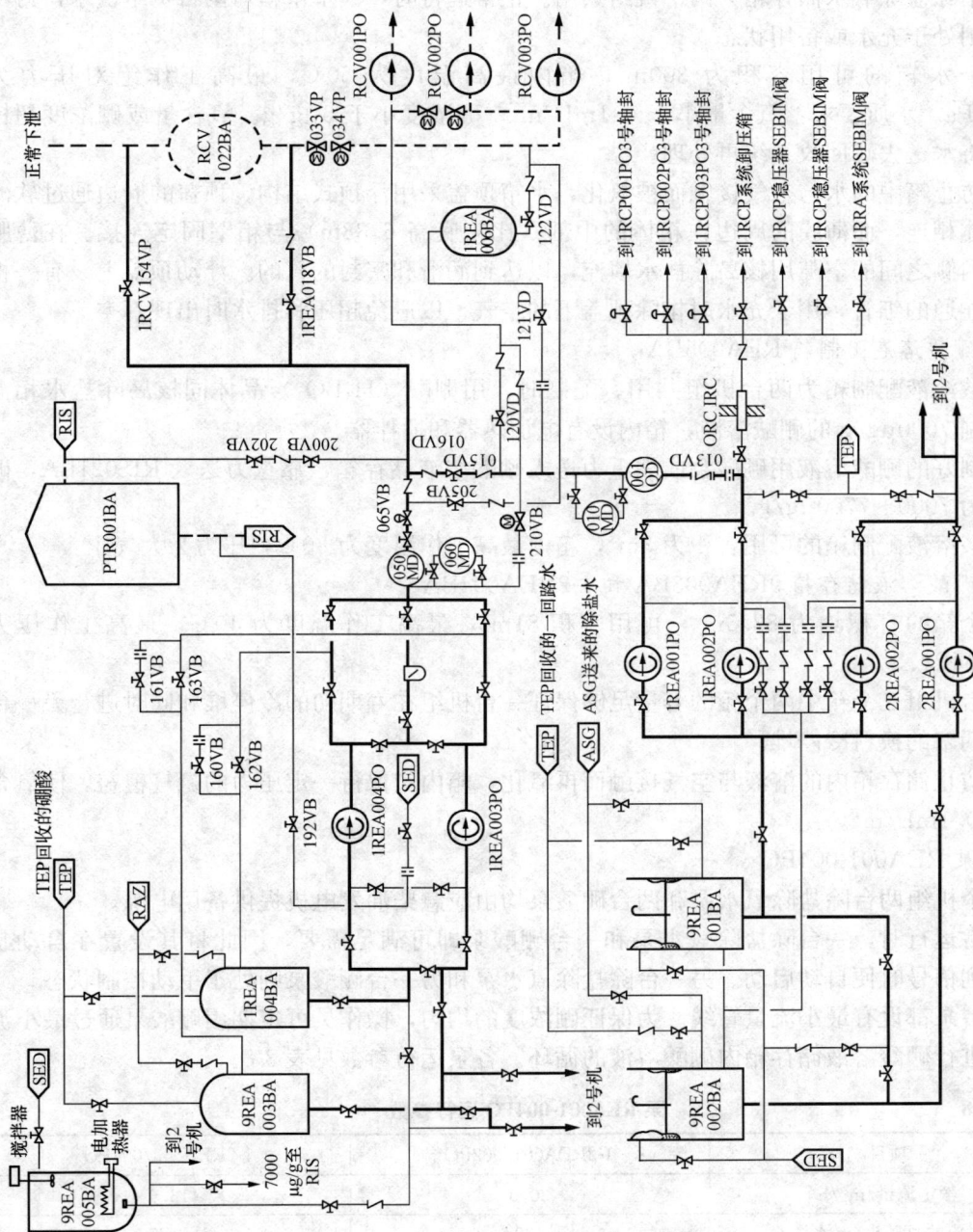

图 3-6 REA 系统流程简图

此外，反应堆硼和水补给系统还有与换料水箱（PTR001BA）相连的两条管线。

（三）系统的主要设备特性

1. 除盐除氧水储存箱 REA001 和 002BA

两个除盐除氧水储存箱为两个机组共用。正常运行时，一个水箱对两台机组供水，另一个水箱则处于充水或备用状态。

每个水箱的可用容积为 300m³，箱内最高温度为 50℃，最高工作绝对压力为 0.105MPa。水质要求：氧含量小于 0.1mL/m³，硼浓度小于 5μg/g。氧含量或硼浓度超标时，需将水送去硼回收系统再处理。

为防止箱中的水与空气接触而被氧化，水箱顶盖采用浮顶式结构。顶盖的周边通过软薄膜与箱体相连，而薄膜的周边在箱体的中部（比箱底高 6.38m）与箱壁固定连接。在薄膜与箱壁内侧之间的空隙用核岛除盐水填充，以达到润滑和密封的目的。浮动顶盖上设有一根与大气连通的细管，用于充水时排除顶盖下的空气，以避免超压和排水时出现真空。

2. 硼酸溶液配制箱 REA005BA

硼酸溶液配制箱为两台机组共用。配制时，用硼酸（H_3BO_3）晶体同核岛除盐水相混合，配制 7000μg/g 的硼酸溶液，箱内设有电加热器和搅拌器。

配制好的硼酸溶液用硼酸泵或靠重力送入硼酸溶液储存箱，靠重力送入 RIS021BA，硼浓度均为 7000～7700μg/g。

硼酸溶液配制箱的可用容积为 3m³，箱内最高工作温度为 80℃，压力为大气压。

3. 硼酸溶液储存箱 9REA003BA 和 1-2REA004BA

每个箱的容积均为 82.5m³，可用容积 81m³，最高工作温度为 40℃，最高工作压力为 0.17MPa。

两台机组三个箱中两个箱的容量足够保证一台机组在寿期初的冷停堆和同时进行另一台机组寿期末的换料冷停堆。

为防止储存箱内的溶液与空气接触而再氧化，箱内应保持一定压力的氮气覆盖，使氧含量小于 0.1mL/m³。

4. 泵 REA001-004PO

每个机组两台除盐除氧水泵和两台硼酸泵均由应急柴油发电机提供备用电源。

正常运行时，一台除盐除氧水泵和一台硼酸泵即可满足需要，因此将其设置在自动状态，接到信号时便自动启动。另一台除盐除氧水泵和另一台硼酸泵则处于手动控制状态。

每台泵都设有最小流量管线。为保证硼浓度的均匀，操作员可定期用硼酸泵通过最小流量管线进行硼酸溶液储存箱内硼酸溶液的循环。各泵运行参数见表 3-8。

表 3-8　　　　　　　　　　泵 REA001-004PO 运行参数

项目	1-2REA001/002PO	1-2REA003/004PO
额定流量/m³/h	30.0	16.6
对应的总压头/m 水柱	129	≥85
最高温度/℃	50	40

5. 化学药品混合罐 REA006BA

每台机组有一个化学药品混合罐，用于配制联氨溶液和氢氧化锂溶液。

配制时，先将化学药品从投料孔倒入罐内，与除盐除氧水混合，并借助于除盐除氧水泵注入上充泵入口。

化学药品混合罐的可用容积为 $0.02m^3$，箱内最高工作温度为 $45℃$，最高工作压力为 $1.1MPa$。

6. 硼酸溶液过滤器 REA011FI

每台机组设有一个过滤器，安装在两台硼酸泵的出口管线上，用来过滤硼酸溶液中直径大于 $5\mu m$ 的颗粒，正常流量为 $27.2m^3/h$，过滤效率大于 98%。

7. 管线和阀门

(1) 正常补给管线。稀释、硼化、自动补给和手动补给等正常补给操作时，硼酸溶液经 REA065VB，除盐除氧水经 REA016VD 单流或者合流进入混合流道，最后通过 REA018VB 被送到上充泵入口，这就是正常补给管线。

稀释操作时，REA065VB 置于关闭，除盐除氧水单流进入混合流道；硼化操作时，REA016VD 置于关闭，硼酸溶液单流进入混合流道；自动补给和手动补给操作时，REA065VB 和 016VD 都置于开启，除盐除氧水和硼酸溶液按计算的流量比合流进入混合流道。

REA018VB 和 RCV154VP 都是气动隔离阀。原设计中，补给流体可通过这两个阀门，或通过其中的一个阀门进入化容系统，现已更改为 RCV154VP 永久性处于手动隔离状态。更改设计的目的是为了防止管道中遗存的除盐除氧水引起意外稀释。

(2) 补水旁路管线。在正常补水管线不可用（如 REA015VD 打不开）时，可以利用补水旁路管线将除盐除氧水送到上充泵入口，即就地打开手动隔离阀 REA120VD。

(3) 直接硼化管线。在下列事故情况下，可以使用由电动隔离阀 REA210VB 控制的直接硼化管线，以增加硼水的流量，将硼酸溶液直接送到上充泵入口：

1) 控制棒插入过深，引起严重的轴向通量畸变；

2) 发生紧急停堆信号，但控制棒没有落下；

3) 反应性失控地增加；

4) 紧急停堆后发生失控的冷却，使停堆安全裕度减小；

5) 正常硼化管线失效；

6) 在安全注入时，硼量不够；

7) 厂外电源丧失和汽轮机跳闸后停堆；

8) 给水丧失后停堆。

REA210VB 由主控室遥控操作，由柴油发电机提供应急备用电源。

(4) 紧急硼化管线。在正常硼化管线和直接硼化管线都不可用的事故情况下（如 REA210VB 和 RCV034VP 打不开），可以就地打开 REA205VB，利用紧急硼化管线将硼酸溶液送到上充泵入口。

(5) 与换料水箱（PTR001BA）的连接管线。反应堆硼和水补给系统通过装有两个手动隔离阀 REA200VB 和 REA202VB 的管线与换料水箱相连，向其输送 $(2200\pm100)\mu g/g$ 的硼酸溶液。

另外，从换料水箱到硼酸泵入口也有一条管线，在上充泵、低压安注泵都停运，或硼酸溶液储量不足，又需要向一回路注硼时，允许打开 REA192VB，硼酸泵将换料水箱的硼水注入一回路。

慕课9-余热
排出系统

三、余热排出系统

核安全的主要问题之一就是要在任何情况下保证核燃料释热的疏导。在正常运行的工况下，核裂变和裂变产物衰变产生的热量是由一回路通过蒸汽发生器向二回路传递来释放的；当反应堆停堆时，虽然以裂变为机制的核功率很快就消失了，但由裂变而生成的裂变碎片及它们的衰变物在放射性衰变过程中释放的热量还存在，这就是剩余功率（见图3-7）。

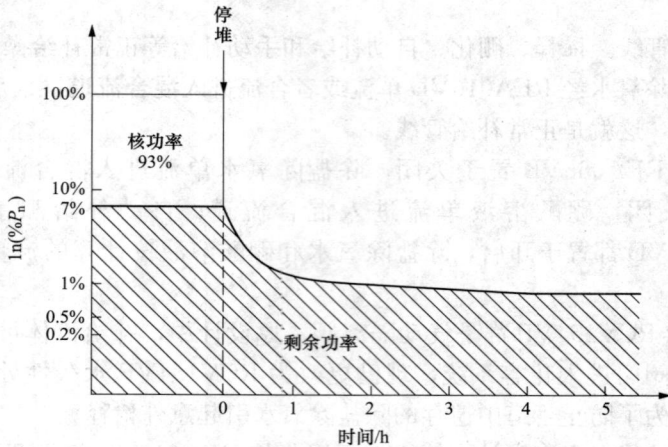

图 3-7　反应堆停堆后的剩余功率

余热排出系统（RRA）又称为反应堆停堆冷却系统。当反应堆停堆时，最初仍由蒸汽发生器将剩余功率这部分热量导出，当二回路带热能力不足时，即由余热排出系统继续带热，保证反应堆的冷却。

（一）系统描述

1. 系统的主要功能

在反应堆正常停堆过程中，当一回路温度降到180℃及以下，绝对压力降到3.0MPa以下时，用余热排出系统排出堆芯余热、一回路水和设备的显热以及运行的主泵在一回路中产生的热量，使反应堆进入冷停堆状态。除了失水事故（LOCA）引起安全注入系统投入运行的情况以外，在其他事故引起的停堆事故中，余热排出系统也被用来排出上述三部分热量。

2. 系统的辅助功能

（1）在余热排出系统投入运行时，一回路绝对压力小于3.0MPa。由于降压孔板两端压差太小，妨碍了正常下泄管线的使用。余热排出系统和化容系统的之间设置了一条低压下泄管线（见图3-8）。利用这条管线，使得一回路处于单相状态时的压力调节和水质净化成为可能，此时一回路的超压保护也由余热排出系统的卸压阀来实现。

（2）在一回路主泵全部停运，或主泵不可用时，余热排出泵还可以在一定程度上保证一回路水的循环，使一回路水温和硼浓度得以均匀。

（3）在换料操作后，余热排出泵还参与换料水传输，将反应堆换料腔中的水送回换料水箱。

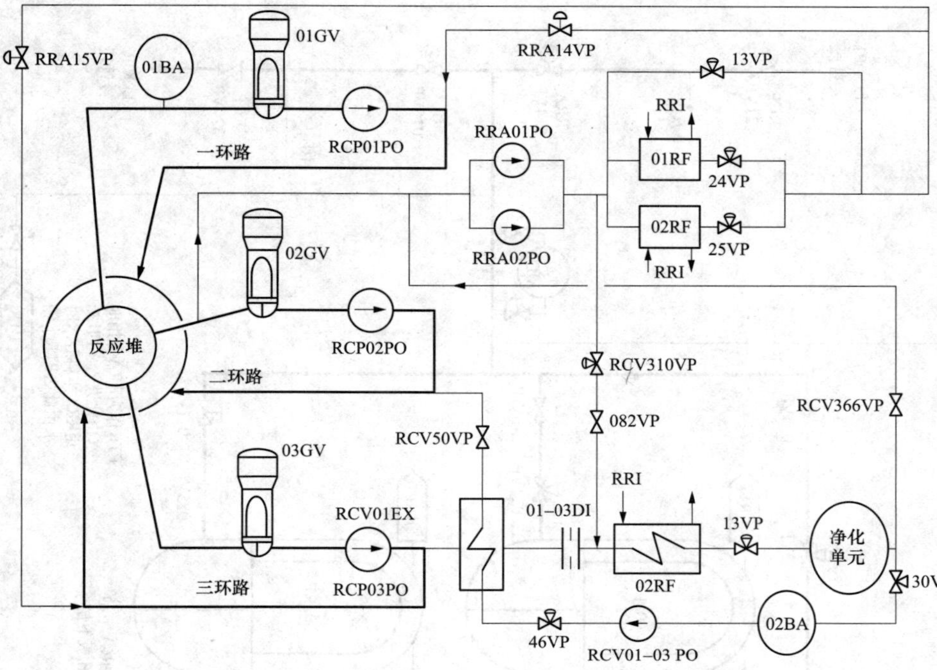

图 3-8　RCP-RCV-RRA 连接管线

（二）系统的组成

余热排出系统由两台余热排出泵、两台热交换器和相关的阀门、管道组成，其系统流程如图 3-9 所示。余热排出泵 RRA001 和 002PO 从一回路 2 环路的热段吸水，送入一段母管。母管上设有卸压阀，用以避免一回路和余热排出系统的超压。母管的水分向两个热交换器 RRA001 和 002RF 及一个旁路管线后汇合。在两个热交换器入口管线上引出一条到化容系统降压孔板下游的低压下泄管线。在出口总管线上引出一条泵的最小流量循环管线到泵的入口、一条与 PTR 系统的连接管线，然后通过中压安注的注入管线分别回到一回路 1、3 环路的冷段。

余热排出泵的入口处有一条管线与 PTR 系统相连，还有一条从化容系统除盐装置下游来的回水管线。在余热排出泵的出口处有一条到化容系统降压孔板下游的低压下泄管线。

（三）系统主要设备特性

1. 余热排出泵 RRA001 和 002PO

余热排出泵是卧式、单级离心泵，由一回路水提供机械密封的润滑。每台泵都配备一个热屏（水室）和一个用来冷却机械密封水的热交换器，它们的冷源都是设备冷却水。余热排出泵 RRA001 和 002PO 运行参数见表 3-9。

表 3-9　　　　　　　　余热排出泵 RRA001 和 002PO 运行参数

项目	数值	项目	数值
设计压力/MPa	4.75	额定流量/m³/h	910
设计温度/℃	180	额定流量下总压头/m	（水柱）77
最大入口温度/℃	180	最大流量下轴吸收功率/kW	320
最大运行入口压力/MPa	3.0		

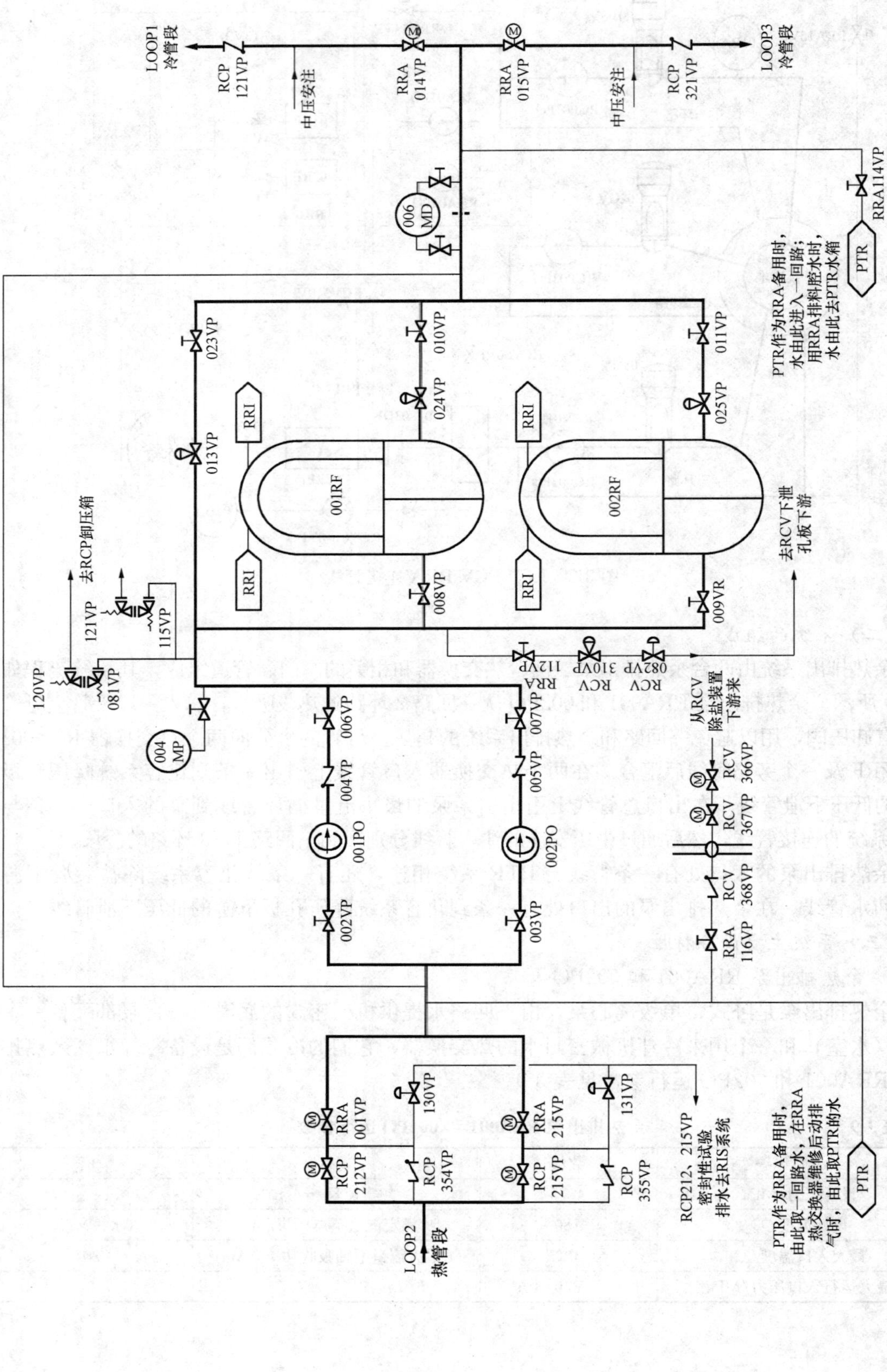

图 3-9　余热排出系统流程

2. 余热排出热交换器 RRA001 和 002RF

两台热交换器并联布置，以保证在一台热交换器不可用时，余热排出系统仍具有部分热量排出的能力。

两台热交换器是立式、倒置 U 型管壳式热交换器。反应堆冷却剂流经管侧，设备冷却水流经壳侧。热交换器下封头内装有一个隔板，两边是反应堆冷却剂的进出水室。热交换器总高度为 9.65m。在设计工况下余热排出热交换器 RRA001 和 002RF 运行参数见表 3-10。

表 3-10　　　　　　　　　余热排出热交换器 RRA001 和 002RF 运行参数

项　　目	管　　侧	壳　　侧
设计绝对压力/MPa	4.75	1.15
设计温度/℃	180	93
最高入口温度/℃	180	40
最大运行绝对压力/MPa	3.75	0.8
名义流量/m³/h	910	1000
名义入口温度/℃	60	35
名义出口温度/℃	50	44
名义热负荷/kW	10 600	10 600

3. 阀门和管道

（1）调节阀 RRA013、024VP 和 025VP。RRA024 和 025VP 用于控制通过相应热交换器的反应堆冷却剂的流量。操纵员根据一回路温度及升降温速率的需要，手动给出开度整定值。RRA013VP 可置于自动或手动，用来维持通过的总流量在预定值，以保证泵的输出流量恒定。

RRA013VP 的设计能保证在其"故障全开"的情况下，仍有相当的流量流经热交换器，从而保证余热的排出。

（2）卸压阀 RRA018、115、120VP 和 121VP。RRA018VP 和 120VP 串联，RRA115VP 和 121VP 串联。上游阀门 RRA018 和 115VP 起安全卸压作用，称为"保护阀"，下游阀门 RRA120 和 121VP 起隔离作用，称为"隔离阀"。两组阀门用以避免一回路和余热排出系统的超压。在余热排出系统正常运行时，"保护阀"关闭，"隔离阀"开启。在"保护阀"动作后不能重新关闭的故障情况下，为防止使一回路过度减压，相应的"隔离阀"在压力降到其阈值时将自动关闭。

卸压阀 RRA018、115、120VP 和 121VP 运行参数主要参数见表 3-11。

表 3-11　　　　　　　　卸压阀 RRA018、115、120VP 和 121VP 运行参数

项目	018VP	115VP	120VP 或 121VP
开启压力/MPa	4.5±0.1	4.0±0.1	3.8±0.1
关闭压力/MPa	4.2±0.1	3.7±0.1	2.5±0.1
额定流量/m³/h	300(4.5MPa)	284(4.0MPa)	300(4.5MPa)

（3）泵的入口管线。一回路 2 环路热管段与余热排出泵之间并列布置两条管线，每条管线设置两个隔离阀。

为避免 RCP212VP 和 RRA001VP 之间及 RCP215VP 和 RRA021VP 之间的管段由于一回路温度升高而超压，也为了一回路降温降压时这两个管段的压力很快下降，以便阀门的开启，在这两个管段上分别引出装有止回阀（RCP354、355VP）的管线返回一回路 2 环路热管段。

气动隔离阀 RRA130VP 和 131VP 进行 RCP212VP、215VP 的密封性试验，排水管线与安全注入系统有关阀门的密封试验排水管线汇合。

（4）余热排出系统的排水管线。系统的两条排水管线分别与中压安注箱 RIS001、003BA 的两条注入管线相连接。RRA014 和 015VP 是电动隔离阀，保证与一回路系统的隔离。止回阀 RCP121、321VP 保护余热排出系统免受来自一回路的压力冲击。在连接点上游的中压安注管线上设有隔离阀 RIS004 和 009VP，它们在余热排出系统运行时是关闭的。

（5）与化容系统的连接管线。在热交换器出口总线上有一条连接到化容系统降压孔板下游的管线，称为低压下泄管线。这条低压下泄管线主要用于在一回路处于单相时的压力调节及反应堆冷却剂的净化。此外，在余热排出系统启动之前，还借助这条管线使余热排出系统的压力升高到化容系统降压孔板下游的压力。

余热排出泵的入口连接着一条来自化容系统除盐装置下游的管线，这就是低压下泄的回水管线。这条管线主要用于化容系统上充泵停运时将净化后的反应堆冷却剂送回一回路。另外，在余热排出系统停运后，还借助这条管线使 RRA 系统充满水，避免由于系统的继续冷却而出现真空。

（6）与 PTR 系统的连接管线如图 3-10 所示。余热排出泵入口与 PTR001、002PO 入口间的联络管线用于：①在 PTR 系统作为 RRA 系统应急备用时，PTR002PO 通过该管线吸入一回路的水，进行冷却和处理；②在余热排出热交换器维修后进行动态排气操作时（此时余热排出系统已经和一回路及化容系统隔离），余热排出泵将通过这条管线从换料水箱吸水。

余热排出热交换器的出口总线与 PTR001、002RF 出口之间相连的管线用于：①在 PTR 系统作为 RRA 系统应急备用，由 PTR 系统代为冷却和处理反应堆冷却剂时，冷却剂由该管线送回一回路；②换料后，余热排出泵通过该管线将反应堆换料腔的水送回换料水箱。

（四）运行特点

1. 系统的备用状态

在电站正常运行时，余热排出系统处于隔离、备用状态。主要配置如下：

（1）余热排出泵停运。

（2）四个入口阀（RRA001、021VP 和 RCV212、215VP）、两个排水阀（RRA014VP 和 015VP）、两个密封性试验阀（RRA130 和 131VP）和与 PTR 系统连接管线的 RRA114VP 关闭。

（3）低压下泄管线被隔离（RCV082 和 310VP 关闭）。

（4）低压下泄回水管线开通（RCV366、367VP 和 RRA116VP 打开），使 RRA 系统充满水。

（5）RRA024 和 025VP 的开度被调定在 30%，RRA013VP 全开。

（6）设备冷却水处于备用状态，但与 RRA 系统隔离。

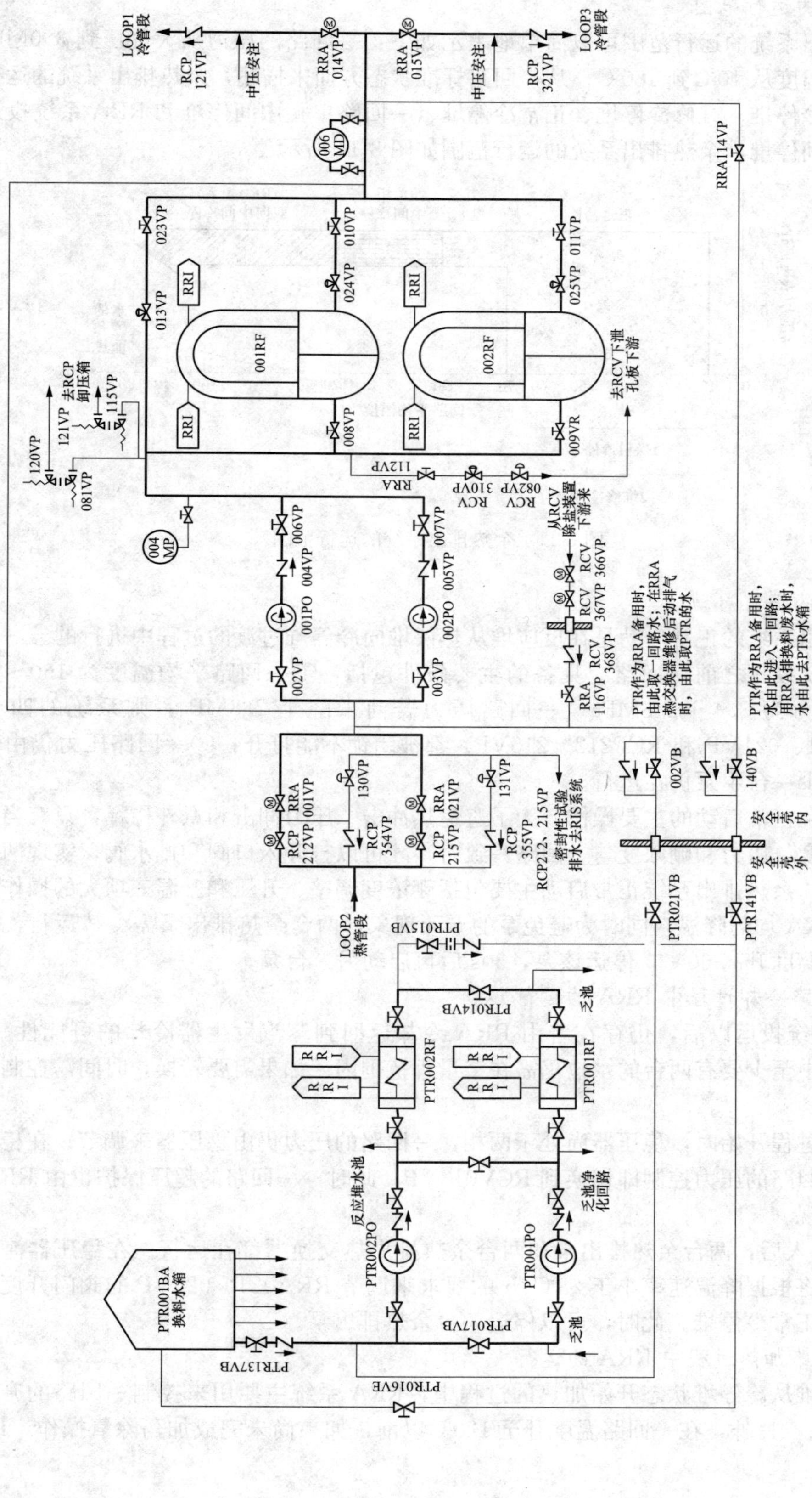

图 3-10 RRA-PTR 连接管线

2. 系统的运行范围

余热排出系统的运行范围可以简单地表示如下：一回路的压力从大气压到 3.0MPa，一回路的平均温度从 10℃ 到 180℃。从一回路标准状态方面来描述，余热排出系统的运行区域包括：换料冷停堆、维修冷停堆、正常冷停堆、一回路单相中间停堆和 RRA 系统投运的一回路两相中间停堆，余热排出系统的运行范围如图 3-11 所示。

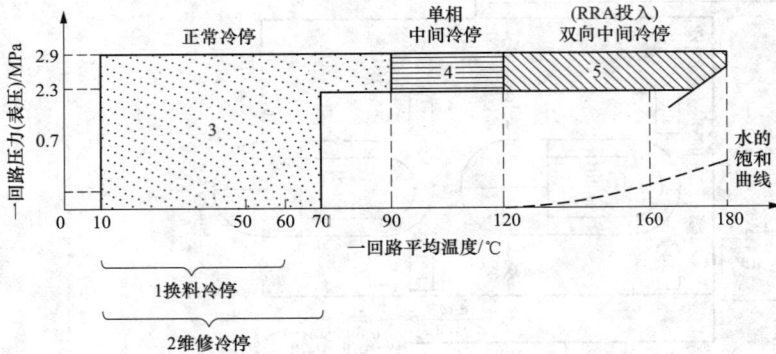

图 3-11　余热排出系统的运行范围

3. 系统的正常启动

余热排出系统的正常启动是在反应堆从热停堆向冷停堆过渡的过程中进行的。

（1）系统投入之前一回路应具备的主要条件包括：①一回路平均温度为 160～180℃；②一回路压力为 2.4～2.8MPa。一回路压力若尚未降至 2.8MPa，则系统的四个入口阀（RRA001、021VP 和 RCP212、215VP）都被闭锁不能打开；③一回路压力仍由稳压器控制；④至少一台主泵仍在运行。

（2）系统正常启动的主要操作。为了避免热冲击、压力冲击和意外稀释，只有当余热排出系统的温度、压力和硼浓度与一回路一致时，才可以打开入口阀和排水阀，实现两个系统的完全连接。余热排出系统正常启动主要包括硼浓度调整、升压和升温三项大的操作。

为使 RRA 均匀降温，同时为避免泵的卡死现象，两台余热排出泵需交替运行，即启动一台泵，使温度升高 60℃，停运该泵，30s 后再启动另一台泵。

4. 一回路冷却过程中 RRA 的运行

RRA 系统投运以后，仍存在着由 RRA 冷却返回到蒸汽发生器冷却的可能性。因此，三台蒸发器中至少要有两台的水位仍需在窄量程范围内。如果需要转换，时间需控制在一个小时以内。

在冷却过程开始时，稳压器尚处于两相，一回路的压力仍由稳压器来调节；在稳压器满水以后，一回路的压力控制即切换到 RCV013VP，此时，一回路的超压保护也由 RRA 系统卸压阀来实现。

RRA 投入后，两台余热排出泵和两台余热排出热交换器都在运行。在稳压器淹没汽腔后，操纵员将根据降温速率小于 28℃/h 的要求来调节 RRA024、025VP 的阀门开度，将反应堆冷却到正常冷停堆。此时，可以停运一台余热排出泵。

5. 一回路加热过程中 RRA 的运行

在反应堆从冷停堆状态开始加热的过程中，RRA 系统主要用来控制一回路的升温速率在 28℃/h 内。另外，在一回路温度升至 120℃ 以前，如果尚未完成加药除氧操作，RRA 系统需冷却一回路，阻止其温度的升高。

稳压器建立汽腔后，一回路压力控制从 RCV013VP 切换到稳压器控制方式。

6. 系统的正常停运

余热排出系统的正常停运是在反应堆从冷停堆过渡到热停堆的过程中进行的。

（1）系统停运时外部先决条件包括：①一回路平均温度为 160～180℃；②一回路绝对压力范围在 2.4～2.8MPa，绝对压力≥3.0MPa 时有报警；③一回路的压力用稳压器控制（包括安全阀可用）；④至少有两台主泵在运行；⑤蒸汽发生器可用；⑥应急柴油机可用，安全注入系统和安全壳喷淋系统可用。

（2）系统正常停运的主要操作。RRA 系统停运过程中主要包括系统的降温、降压和压力监测等项操作。

为避免泵的卡死现象，两台余热排出泵交替运行，即当热交换器上游的温度下降 60℃ 便停下运行中的泵，30s 后启动另一台泵。

7. 其他运行

（1）用余热排出泵排换料腔的水。反应堆换料操作结束后，余热排出泵可从两条并列进水管吸水，沿 RRA114VP 所在管线将水送回 PTR001BA。此时 RRA 排水阀 RRA014、015VP 是关闭的。

（2）RRA 系统维修后的充水。RRA 系统维修后，可以有两条途径为其充水：①当反应堆压力容器封头移开和冷却剂水位在环路管道中心面以上时，RRA 系统可靠重力通过 RRA 进水口和排水口充水；②RRA 系统还可以为（与 PTR 系统连接的）两条联络管线充水。水来自换料水箱，但此操作只能在一回路已打开，一回路压力等于大气压时才能进行。

（3）RRA 泵或热交换器维修后的动态排气。为了排出泵壳或倒置 U 形管上部的气体，在泵或热交换器排空维修后，充水准备投运时，需要进行动态排气。

RRA 泵体或热交换器管侧的维修一般只在卸料后的安全工况下进行。

1）RRA 泵的动态排气只需开通 RRA 进水管线和低压下泄管线（打开 RCP212、215VP 和 RCV082、310VP），并打开所维修的泵的前后隔离阀，在充水和静排气后，启动该泵，即可完成。

2）RRA 热交换器倒置 U 形管的动态排气有两种方式：①开通 RRA 的进水、排水管线，启动 RRA 泵，将气体排入一回路；②开通 RRA 系统与 PTR 系统的联络管线，启动 RRA 泵，将气体排入 PTR001BA。

第二节　AP1000 一回路辅助系统

一、化学和容积控制系统

与 M310 核电厂相比，AP1000 化学和容积控制系统（chemical and volume control system，CVS）[❶] 被大大地简化了。其特点如下：①AP1000 的反应堆冷却剂泵（RCP）不需要轴封水（seal injection），也不需要一个连续运行的上充泵（charging pump）向 RCS 系统补水，而是利用 RCP 的扬程为反应堆冷却剂系统的净化提供驱动力；②AP1000 的反应堆在负荷跟踪运行时，堆芯不需要调整硼浓度。这就明显地降低了堆芯的下泄流量并且消除了对

[❶] AP1000 机组的化容系统代号为 CVS，M310 机组化容系统代号为 RCV。

其进行硼和水再循环的需求。

　　与 M310 核电厂相比，AP1000 的化学和容积控制系统的设计简化还表现在：①远距离操纵阀门的数量以近 3 倍的因子下降（46 对 17）；②取消了设置在安全壳内的卸压阀；③高压补给泵的数量由 3 台（1 台运行、1 台备用，另外 1 台允许进行维护）降低为 2 台（1 台备用，另外 1 台允许进行维护），并且基本上消除了高压上充功能的电源消耗；④取消了容积控制箱（volume control tank，VCT）；⑤取消了硼再循环蒸发器（boron recycle evaporator，BRE）；⑥取消了反应堆补水系统，这个系统通常需要 1 个大型的封闭式水箱、2 台泵、1 个净化系统以及相应的管道、阀门和仪表；⑦2 台硼酸驳运泵也被取消。

　　由于简化所带来的利益还包括：节约了投资，有助于减少操作人员，并降低职业照射剂量。

　　（一）系统的功能

　　化学和容积化容系统具有以下功能：

　　（1）净化。保持反应堆冷却剂系统流体的洁净度和放射性水平在允许限值内。

　　（2）反应堆冷却剂系统水装量控制和补水。保持反应堆冷却剂系统中要求的冷却剂装量，在电厂正常运行期间维持稳压器程控水位。

　　（3）化学补偿和化学控制。通过控制冷却剂中硼浓度的方法来保持反应堆冷却剂系统的化学条件，以适应电厂启动、补偿燃料燃耗的正常稀释和停堆硼化等工况，并且通过保持氢氧化锂的合适浓度来控制反应堆冷却剂系统的 pH 值。

　　（4）氧含量控制。在功率运行时，保持反应堆冷却剂系统中溶解氢的含量在一合适的水平；在每一次反应堆停堆到下一次启动前，反应堆冷却剂系统中氧的实际含量要保持在一合适的水平。

　　（5）为反应堆冷却剂系统的充水和压力试验提供手段。为反应堆冷却剂系统提供充水和压力试验的接口。化容系统不执行反应堆冷却剂系统水压试验，水压试验仅在首次启动前和重大的非常规维修之后才要求进行，但化容系统提供临时水压试验泵的接口。

　　（6）向辅助设备提供硼化补水。为需要反应堆等级硼化水的一次侧系统提供硼化补水。

　　（7）稳压器辅助喷淋。为降低 RCS 的压力，提供稳压器辅助喷淋。

　　化容系统从反应堆冷却剂系统中去除放射性腐蚀产物、离子型裂变产物和裂变气体，从而将反应堆冷却剂系统维持在较低的放射性水平。化容系统的净化能力考虑了职业辐照（ORE），有助于 ALARA 目标的实现。

　　在正常运行设计基准燃料破损条件下，化容系统能够维持反应堆冷却剂系统放射性水平低于技术规格书限值。在特定的时间内允许反应堆冷却剂系统放射性水平超出技术规格书限值。

　　化容系统的净化流量基于使职业辐照尽量小的原则，化容系统有与反应堆冷却剂系统相连的设备。化容系统提供的 RCS 净化流至少每 16 个小时净化一次反应堆冷却剂系统的冷却剂。

　　化容系统给反应堆冷却剂系统提供足够的净化和除气能力（协同液体废物系统）以允许在停堆换料期间及时地打开反应堆压力容器顶盖。另外，停堆期间的净化能对停役期间降低工作人员所受的职业辐照产生积极影响。化容系统的停堆净化功能有利于电厂 ALARA 目标的实现。

化容系统按照要求注入或排出 RCS 系统的冷却剂，以维持电厂正常运行期间的水装量。化容系统能够调节电厂启动、停堆、负荷阶跃变化和负荷线性变化时 RCS 系统水装量的变化。

化容系统能在电厂处于升温或冷却时，保持 RCS 系统体积不变。电厂升温阶段，由于反应堆冷却剂系统体积膨胀，有必要排出一部分反应堆冷却剂。RCS 系统最大净膨胀率出现在升温末期，因此极限工况就是基于控制这一时期的稳压器水位，膨胀的反应堆冷却剂由正常下泄通道排出。电厂冷却阶段，由于反应堆冷却剂系统体积收缩，有必要向反应堆冷却剂系统补水。在电厂从热态零功率冷却到冷停堆期间，能够通过化容系统向 RCS 系统的补水来维持稳压器的最低水位，同时保证 RCS 系统的正常净化流量。线性和阶跃负荷变化以及甩负荷都是通过反应堆冷却剂系统中的稳压器水位控制系统来解决。化容系统能够满足正常稳压器水位控制系统的补水和下泄功能。

化容系统的补给能力能够满足包括当量直径 3/8in（9.52mm）以下的破口泄漏和预期的蒸汽发生器传热管泄漏，并可以不启动安全有关的补给系统而使电厂达到冷停堆状态。

化容系统提供了改变反应堆冷却剂系统中硼浓度的手段。系统同时控制反应堆冷却剂系统的水化学成分以限制腐蚀和提高堆芯换热能力。

化容系统能够以不同的硼浓度向非能动堆芯冷却系统安注箱、堆芯补水箱、安全壳内置换料水箱以及乏燃料池进行补给。

化容系统提供的安全功能仅限于如下情况：①化容系统贯穿安全壳管线的安全壳隔离；②反应堆冷却剂系统意外硼稀释的终止；③蒸汽发生器或稳压器高水位信号时补水隔离；④维持反应堆冷却剂系统压力边界，包括正常化容系统中的下泄系统与反应堆冷却剂系统的隔离。

（二）系统描述

化学和容积控制系统由再生热交换器、下泄热交换器、树脂床、过滤器、补给泵、水箱和相关阀门、管道以及仪表组成。AP1000 化学和容积控制系统流程如图 3-12 所示。

1. 离子净化

化容系统的正常净化回路位于安全壳内，并且在反应堆冷却剂系统压力下运行，利用反应堆冷却剂泵扬程作为净化流体的动力。功率运行期间，流体从一台反应堆冷却剂泵的出口通过化容系统连续地循环。流体通过再生热交换器时被返回的化容系统流体冷却。在下泄热交换器处进一步由设备冷却水冷却到除盐树脂的运行温度。下泄流通过一个混合型树脂床，需要时通过一个阳树脂床然后通过一个过滤器。在再生热交换器中被加热后返回到反应堆冷却剂泵的入口。

由于净化回路的动力是由反应堆冷却剂系统闭合回路上的反应堆冷却剂泵扬程提供，因此连续净化时不需要化容系统补给泵运行。

净化回路中提供的混合型树脂床能够除去离子腐蚀产物和一些离子裂变产物。树脂床本身也作为过滤器。正常情况下一台混床运行而另一台混床备用，以防在一个运行周期内，正常运行的混床耗尽。每一套树脂床和过滤器的设计容量至少能够满足一个燃料循环而无需更换。发生燃料破损事故时，除了运行的混床外还可以间歇使用阳离子床，以提供更多的净化。在这种情况下，阳离子树脂去除绝大部分的锂和铯同位素。阳离子床有足够的容量在发生设计基准燃料破损事故时，维持反应堆冷却剂中的铯-136（^{136}Cs）的浓度低于 1.0mCi/cm^3。每一台混合树脂床和阳离子床都能够满足最大净化流量。过滤器设置在树脂床的下游以收集颗粒物和树脂碎片。

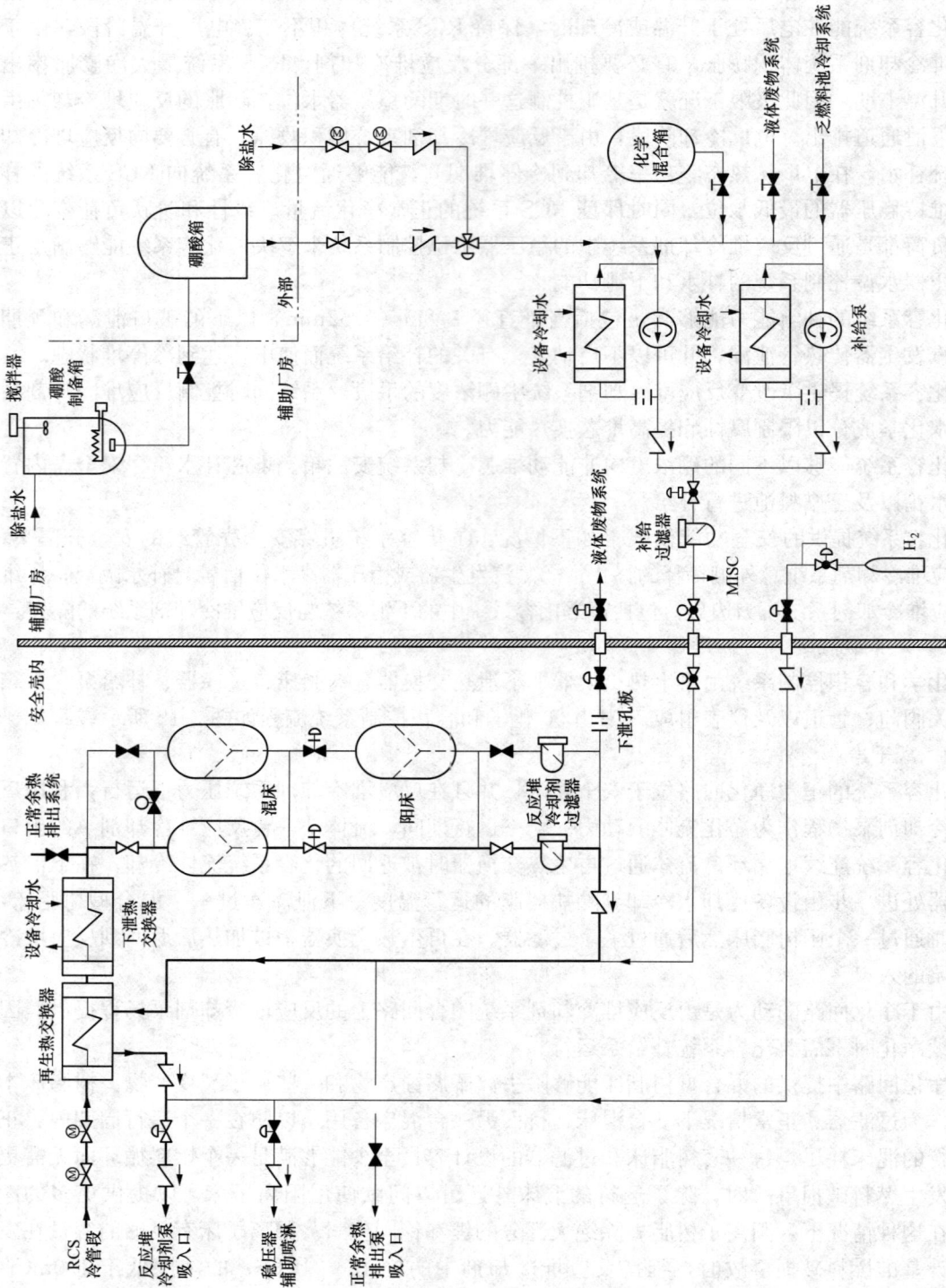

图 3-12 AP1000 化学和容积控制系统流程

电厂停堆期间当反应堆冷却剂泵停运时，正常余热排出系统（RNS）提供化容系统净化的动力。来自正常余热排出系统热交换器的净化流直接流过化容系统正常的净化回路。通过化容系统半封闭回路上布置的设备仍然可以调节硼的浓度和控制溶解气体。

2. 气体净化

正常情况下不必从反应堆冷却剂系统中除去放射性气体，因为当燃料破损在预期的正常范围内时，放射性气体不会积聚到不可接受的程度。如果发生很高的燃料破损而需要去除放射性气体时，化容系统就将流体排向废液系统除气器。在这个过程中，下泄流流过下泄节流孔板而被降压。下泄流穿出安全壳外流过废液系统除气器到达废液系统的一个暂存箱，然后通过化容系统补给泵返回到反应堆冷却剂系统。这样就可以有效地去除气体。

停堆运行期间为了避免延长维护和换料停堆的时间，有必要去除放射性气体和氢气。直至气体浓度降低到较低水平时才可以向安全壳大气环境打开反应堆冷却剂系统压力边界。停堆除气过程由化容系统以开环回路的运行方式来实现。另外，设置了一条管道可以手动旁路下泄节流孔板，这样就在反应堆冷却剂系统降压后仍可继续进行除气。

3. 反应堆冷却剂系统水装量控制和补水

正常功率变化时，反应堆冷却剂系统容积的变化由稳压器水位的程序控制系统来承担。这包括从热备用到满负荷运行再回到热备用时反应堆冷却剂系统容积的变化。另外，稳压器有足够的容积来容纳在其水位控制程序的死区一段时间内反应堆冷却剂系统的小泄漏。化容系统能够对 RCS 的水装量进行控制，以承担反应堆冷却剂的小泄漏、膨胀和收缩。该水装量的控制由连接到化容系统净化回路的下泄和补给管路来实现。

4. 化学补偿和容积控制

化容系统为了满足反应堆冷却剂系统所需的水化学特性要求以及化学补偿要求，具有以下功能：①在电厂正常运行和启动期间，除去和添加控制 pH 值的化学物质；②在电厂正常运行期间，除去和添加可溶性的化学中子吸收剂（硼）以及提供与电厂正常运行浓度和流率相匹配的补给水。

反应堆冷却剂系统的化学物质变化是通过化容系统的补给和排放运行来实现的。下泄和补给管路同时运行，并且在补给泵的吸入口处加入适当的化学物质。

反应堆冷却剂系统中硼浓度的变化主要是为了补偿燃耗、反应堆启动、停堆和换料时反应性的变化。

为了给反应堆冷却剂系统注硼，操纵员将补给控制系统设定到自动状态，将泵入口的三通阀完全切换到硼酸箱，以补给泵出口测量的流量，并将预设数量的硼酸自动加入。稀释操作与此类似。另一种情况下，如果稳压器水位超过它的控制点，通向废液系统暂存箱的下泄通道自动打开。

用于控制 pH 值的化学物质是氢氧化锂（$^{7}LiOH$）。选择$^{7}LiOH$ 是考虑到它与系统中含硼水、不锈钢和锆合金材料以及水化学成分的相容性。另外，考虑到冷却剂中溶解的硼能够在堆芯区域因辐照而产生^{7}Li。在补给泵入口处设置一个化学混合箱以加入$^{7}LiOH$ 溶液，并按照要求维持反应堆冷却剂系统中适当的$^{7}LiOH$ 浓度。

$^{7}LiOH$ 溶液被注入化学混合箱中，然后用除盐水冲入补给泵的进口支管。在除盐水入口管道安装有一个节流孔板，以确保流体按照允许的浓度进入反应堆冷却剂系统。

和反应堆冷却剂系统硼酸浓度与 pH 值存在对应关系一样，反应堆冷却剂系统中的^{7}Li

浓度值也随着 pH 值控制曲线而改变。当在堆芯寿期初（所谓"堆芯寿期"是指核电厂一个燃料循环的周期），RCS 的冷却剂中硼浓度较高，这时堆芯中 ^{7}Li 产生速率相对较高，当 ^{7}Li 浓度超过合适值时，在下泄通道上将阳离子床与混合树脂床串联以降低 ^{7}Li 的浓度。由于锂的积累很慢，因而阳离子床只是间断运行。当下泄流切换到废液系统时，下泄流会通过阳离子床以除去尽可能多的 ^{7}Li 和铯。

化容系统提供反应堆冷却剂系统氧含量的控制，包括在启堆期间加入除氧剂以及在电厂运行期间，注入氢气以平衡堆芯中辐射分解产生的氧气，使氧含量接近于零。

在电厂从冷态启堆期间，采用除氧剂进行除氧。与 ^{7}Li 的添加采用同样的方法，通过补给流量和化学混合箱将除氧剂溶液加入反应堆冷却剂系统。只有在从冷停堆状态启堆时才使用除氧剂进行氧气控制。

正常功率运行期间，采用在冷却剂中溶解氢气来控制和除去堆芯区域由于辐射使水分解产生的氧气。通过直接注入高压气态氢气的方式向反应堆冷却剂系统补氢。氢气来自安全壳外的一个氢气罐，经过一个安全壳贯穿件在化容系统净化回路中进行混合。由于氢气将在堆芯中被耗，因而反应堆冷却剂系统在运行期间不需要进行除氢。

锌以醋酸锌的形式，将会被连续少量地加入冷却剂中，以维持锌在冷却剂中的浓度在 $(5\sim40)\times10^{-12}$ 之间。溶解的锌用来改变在反应堆冷却剂系统部件的表面上形成的氧化。由于锌的作用，可以形成一个更薄的，有着改良结构和形态的氧化层薄膜。这种薄膜的可溶性更小，因此不容易被迁移和活化，这将大大降低电厂的辐射场，对降低职业辐照有很大的好处。另外，由于硼沉积导致的功率偏移（crud-induced power shift，CIPS）的长期风险也被大大降低。到 2006 年为止，在美国和欧洲超过 20 个压水堆都采用了加锌的措施。

5. 反应堆冷却剂系统充水和压力试验

通过使用化容系统补给泵来完成反应堆冷却剂系统充水。补给泵同时从硼酸箱和除盐水箱吸水提供适当硼浓度（换料）的流体。通过接通从暂存箱到补给泵的管道，补给泵还可从一台清洁的废液系统暂存箱吸水。

化容系统补给泵能够产生反应堆冷却剂系统在维修和换料之后进行的压力试验所需的扬程。

由于首次水压试验压力高于补给泵所能达到的压力，因此需要一个临时的水压试验泵，而系统的设计提供了连接临时水压试验泵的接口。

6. 含硼水的补充

补给泵用于向非能动堆芯冷却系统安注箱、堆芯补给箱、安全壳内换料水箱和乏燃料池提供硼浓度为 $0\sim4375\mu g/g$ 的硼酸溶液，为其进行补水。

（三）系统主要设备特性

1. 化容系统补给泵

系统设有两台离心补给泵。这些泵由交流电机驱动并且通过布置在泵出口母管上的控制阀来控制流量。出口母管上的文丘里管限制补给流量并提供泵的超流量保护。每台泵都有一个热交换器和流量孔板的再循环（回流）管路，以提供适当的最小流量从而保护泵。最小流量热交换器由设备冷却水冷却。

两台补给泵并列布置，设置进口母管和出口母管。每台泵都有足够的能力满足正常补给，因此正常运行期间补给泵是多重的。正常补给泵的入口流来自硼酸箱和除盐水管路。通过调节进口母管上的三通阀，提供各种浓度的溶液。

2. 下泄热交换器

设有一台单壳的 U 型管下泄热交换器（letdown heat exchanger）。该热交换器将来自再生热交换器出口的净化回路流体的温度冷却到要求的下泄温度。这使得下泄流可以用树脂床进行处理并同时得到化容系统最大的热利用效率。

操作人员通过远距离操作冷却剂系统流量控制阀的阀位来控制下泄热交换器的出口温度。

净化回路中的反应堆冷却剂流过下泄热交换器不锈钢传热管的管侧，设备冷却水流过壳侧，壳侧材料为碳钢。

3. 小流量热交换器

系统设有两台小流量热交换器（miniflow heat exchangers），每台补给泵小流量回流管路上设置一台小流量热交换器。每台热交换器都用来冷却化容系统补给泵的小流量回流，将流体温度冷却到保护泵所要求的温度。补给水流过的管侧材料为不锈钢，设备冷却水流经的壳侧材料为碳钢。

4. 再生热交换器

系统设有一台再生热交换器（regenerative heat exchanger）。该热交换器用于通过加热进入 RCS 系统的流体，回收流出反应堆冷却剂系统的净化流的热量。这能提高热利用效率并降低反应堆冷却剂系统热应力。

该热交换器的设计是以电厂升温末期的温度为基准，这时 RCS 由于冷却剂的膨胀而产生的多余流体需要全部排出。在这种工况下，再生热交换器出口温度必须与下泄热交换器的冷却能力相适应，以保证下泄热交换器的下泄流温度在一适当的范围，从而使离子床能够正常工作。

离开 RCS 的反应堆冷却剂从再生热交换器的管侧流过，而回流则从壳侧流过。这种布置使得清洁流体流过壳侧而水质较差的流体流过管侧，通常管侧不容易因沉积杂质而引发裂缝。

5. 硼酸箱

系统设有一个硼酸箱（boric acid tank）。该箱的设计容量能满足一次燃料循环末期冷停堆后进行换料所需的硼量，该箱体通向大气。由于使用灰棒完成负荷跟踪而不需要反应堆冷却剂系统进行调硼，因此功率运行期间需要使用的硼酸相对较少。所以，注入的硼酸对反应堆冷却剂系统游离氧水平的影响可以忽略不计。

硼酸箱为独立的不锈钢筒体，布置在厂房外，只需要正常的防冻以维持质量分数为 2.5% 的硼酸溶解度。

6. 硼酸制备箱

硼酸制备箱（boric acid batching tank）是一个圆柱形箱体，带有一个用于制备质量分数为 2.5% 硼酸的浸入式加热器。箱体还带有一个搅拌器。箱体由奥氏体不锈钢制成并且带有充水、排气和疏水的接口。

7. 化学混合箱

化学混合箱（chemicalmixing tank）是一个小型立式筒体，其设计容量足以为冷却的反应堆冷却剂系统提供 $10\mu g/g$ 除氧剂溶液以除氧。

各种将要加入主系统的化学物在箱体中混合。需注入的溶液置于混合箱内，然后用除盐水冲到补给泵的入口。

箱体由奥氏体不锈钢制成并带有充水、排气和疏水接口。

8. 阳离子树脂床

在混床的下游设有一台阳离子树脂床（cation bed demineralizer），该树脂床间歇运行以控制反应堆冷却剂系统中 ^7Li 的浓度（pH 值控制）。运行时，该树脂床设计通过最大净化流，这足以控制反应堆冷却剂中的 ^7Li 和（或）铯浓度。

树脂床容器设计承受反应堆冷却剂系统压力并由奥氏体不锈钢材料制成，还带有树脂添加、更换、冲洗和疏水接口。该容器设有一个隔离网、一个入口网和出接管上的栅格网。这些网设计以最小的压降来保留树脂。入口网能够阻止树脂通过树脂床入口误冲入净化回路并且可保持流体平稳地进入树脂床。

9. 混床

净化回路中设有两台混床（mixed bed demineralizers）以维持反应堆冷却剂的纯度。树脂床内混合有锂化的阳树脂与阴树脂。两种树脂都用于去除裂变和腐蚀产物。每台树脂床能够承担电厂正常运行期间的全部净化流，其设计寿命至少为堆芯的一个燃料循环周期。

10. 补给过滤器

系统提供一台补给过滤器（makeup filter）以收集补给流体中的微粒，例如硼酸箱的沉淀物。这个过滤器能够通过最大补给流量。过滤器材料为奥氏体不锈钢，其内为可更换的合成滤芯，设计压力为反应堆冷却剂系统水压试验压力。

11. 反应堆冷却剂过滤器

系统设有两台反应堆冷却剂过滤器（reactor coolant filters）。过滤器用来收集来自净化流的树脂碎片和颗粒状物质。每台过滤器的设计都能够通过最大的净化流量。

过滤器由奥氏体不锈钢制成，其内为可更换的合成滤芯，设计压力为反应堆冷却剂系统压力。

12. 化容系统下泄孔板

在下泄管道上设有一个下泄孔板（letdown orifice），流体从高压净化回路出来，经过下泄孔板，再穿出安全壳。下泄孔板将下泄流量限制在化容系统设备、电厂升温和稀释要求的范围内。

下泄孔板由一套组件构成，提供固定的压降。孔板由奥氏体不锈钢制成。

下泄孔板旁设有一根手动旁通管线，以便进行停堆净化和在反应堆冷却剂系统压力较低时脱气。

13. 净化截止阀

这些常开电动阀设置在安全壳内，在接到保护和安全监测系统的稳压器低水位信号时自动关闭，以保持反应堆冷却剂压力边界，防止稳压器中电加热元件裸露。阀门断电保持原位，并可在主控室或远程停堆工作站进行手动操作。

14. 安全壳内下泄流隔离阀

该阀门是一个常关且失效关闭的气动球阀，位于安全壳内，用以隔离下泄流与废液系统。根据稳压器水位控制信号或保护和安全监测系统安全壳隔离信号，自动打开或关闭该阀门。稳压器高水位时阀门自动打开，稳压器回到正常水位时关闭。在废液系统脱气器高-高水位或安全壳隔离信号时阀门关闭。该阀门的执行机构在排气管上有一个流量限制节流孔板，因此该阀门的关闭要比安全壳外的下泄流隔离阀慢很多，这是为了限制安全壳内隔离阀的阀座磨损。在主控室和远程停堆工作站也可以手动操作该阀门。

15. 安全壳外下泄流隔离阀

该阀门是一个常关且失效关闭的气动球阀，位于安全壳外，用以隔离下泄流与废液系统。根据稳压器水位控制信号或保护和安全监测系统的安全壳隔离信号，自动打开或关闭。该阀门的运行方式与下泄流安全壳内隔离阀运行方式相同。当核电厂处于短暂停堆时，反应堆冷却剂系统充满液态的水，该阀门节流以维持反应堆冷却剂系统压力。在主控室和远程停堆工作站也可以手动操作该阀门。

16. 补给截止阀

该阀门是一个常开的气动截止阀，位于安全壳内，用于隔离上充管线与反应堆冷却剂系统。它能够在主控室或远程停堆工作站关闭，以隔离再生热交换器下游的上充流。关闭该阀门则可以支持辅助喷淋功能。当断电或仪表用压缩空气压力丧失时，阀门失效开启，从而使反应堆冷却剂系统的上充管道保持可用。

17. 辅助喷淋管线隔离阀

辅助喷淋管线隔离阀（auxiliary spray line isolation valve）是一个常关的气动球阀，它位于安全壳内再生热交换器的下游，用以隔离辅助喷淋管道和反应堆冷却剂系统的稳压器。在升温或冷却期间该阀门开启，通过辅助喷淋管道向稳压器喷淋，以加入化学物质或消除汽腔。在断电或丧失仪表用压缩空气时该阀门关闭，以维持反应堆冷却剂压力边界的完整性。当接收到来自保护和安全监测系统的稳压器低水位信号时，该阀门自动关闭以维持反应堆冷却剂压力边界的完整性。在主控室和远程停堆工作站可对此阀门进行操作。

18. 补给管道安全壳隔离阀

补给管道安全壳隔离阀（makeup line containment isolation valves）是常开的电动球阀，用以隔离化容系统补给管道和安全壳。在保护和安全监测系统发出稳压器高 2 水位信号、蒸汽发生器高水位信号或安全壳高 2 放射性信号时阀门自动关闭。当出现稳压器高 1 水位信号与安全设施触发信号时，阀门也自动关闭。如果出现安全设施触发信号后补给泵仍在运行，化容系统将继续向反应堆冷却剂系统补水。这些阀门也受反应堆补给控制系统的控制，当向其他系统提供补水时则关闭这些阀门。在主控室和远程停堆工作站也可对其进行手动控制。

19. 注氢安全壳隔离阀

注氢安全壳隔离阀（hydrogen addition containment isolation valve）是一个失效关闭的常关气动球阀，位于安全壳外的注氢管道上。当接到保护和安全监测系统的安全壳隔离信号时阀门自动关闭。在主控室和远程停堆工作站也可对其进行手动控制。

20. 除盐水系统隔离阀

除盐水系统隔离阀（demineralized water system isolation valves）为常开的气动蝶阀，位于安全壳外的除盐水储存和输送系统的管道上。当反应堆停堆信号、源量程中子注量率倍增信号、IE 级直流低输入电压（失去交流电）和不间断电源供电系统电池充电信号或安注信号中的任意一个信号触发保护和安全监测系统时，这些阀门将自动关闭来隔离除盐水源以防止意外的硼稀释事故。在主控室和远程停堆工作站也可以对这些阀门进行手动控制。

21. 补给泵入口阀

补给泵入口阀（makeup pump suction header valve）是一个气动三通阀，由补给控制系统自动控制，向反应堆冷却剂系统提供所需浓度的硼酸补给水（提供硼酸、除盐水或符合反应堆冷却剂系统硼浓度的混合物）。当丧失仪表用气体时，阀门自动将泵入口连接到硼酸箱上。当阀门接到保护和安全监测系统的反应堆停堆信号、源量程中子注量率倍增信号、IE级直流低电压输入（丧失交流电）和不间断电源系统电池充电信号或安注信号中的任意一个信号时，也会将泵入口连接到硼酸箱。当除盐水供应管道出现低压时，该阀门也会将补给泵入口连接到硼酸箱以防止泵入口断流。在主控室和远程停堆工作站也可手动控制该阀门。

此外在化容系统的补给泵入口、下泄管以及树脂冲洗管路上都设有卸压阀以对化容系统起到保护的作用。

（四）与 M310 比较

相对于大亚湾核电厂（M310），AP1000 化学和容积控制系统的主要特点如下：

（1）M310 化学和容积控制系统是与核安全有关的系统之一。其上充泵，在正常运行工况下，作为上充用；在小破口失水事故及主蒸汽管道破裂的事故情况下，它又作为高压安注泵使用。而 AP1000 化学和容积控制系统是非安全相关系统，不参与事故预防和事故缓解。

（2）M310 的反应堆冷却剂泵是轴封泵，而 AP1000 的反应堆冷却剂泵是屏蔽泵，不需要轴封水。因而，AP1000 不包含轴封水及过剩下泄回路。

（3）M310 在下泄回路进行两次降温降压，而 AP1000 不对下泄流进行降压，在反应堆冷却剂系统压力下运行并利用反应堆冷却剂泵扬程作为净化流体的动力，不需要一个连续运行的上充泵向 RCS 系统补水。在功率运行期间，流体从一台反应堆冷却剂泵的出口通过化容系统连续地循环。AP1000 的 CVS 系统不具备在稳压器满水时，控制反应堆冷却剂压力的功能。

（4）M310 净化等回路位于安全壳外，而 AP1000 化容系统的正常净化回路位于安全壳内，并不设置容积控制箱。

（5）M310 化容系统参与一回路的水压试验。进行水压试验时，用上充泵使一回路系统由常压升至 17.2MPa。而 AP1000 化容系统不执行反应堆冷却剂系统水压试验，水压试验仅在首次启动前和重大的非常规维修之后才要求进行，但化容系统提供临时水压试验泵的接口。

（6）M310 有 3 台上充泵，而 AP1000 高压补给泵的数量由 3 台降低为 2 台，并且基本上消除了高压上充功能的电源消耗。

（7）AP1000 的反应堆在负荷跟踪运行时，堆芯不需要调整硼浓度，这就明显地降低了堆芯的下泄流量并且消除了对其进行硼和水再循环的需求。

（8）AP1000 在 CVS 系统设置了硼酸制备箱、硼酸箱和化学药品混合箱，具有反应堆硼和水补给系统的功能，能够储存并供给其容积控制、化学控制和反应性控制所需的各种流体。因此，AP1000 没有独立的反应堆硼和水补给系统，简化了辅助系统。

（9）AP1000 化容系统能够以不同的硼浓度向非能动堆芯冷却系统安注箱、堆芯补水箱、安全壳内置换料水箱以及乏燃料池进行补给。

（10）AP1000 化容系统共有两台小流量热交换器，分别设置在每台补给泵小流量回流管路上。每台热交换器都用来冷却化容系统补给泵的小流量回流，将流体温度冷却到保护泵所要求的温度。

二、正常余热排出系统

AP1000 的正常余热排出系统（normal residual heat removal system，RNS）与 M310 的反应堆停堆冷却系统相比，简化了设计，降低了核电厂的建造成本和运行成本。RNS 的运行支持系统是非安全级的，而 M310 的运行支持系统则必须是安全级的。

（一）系统的功能

正常余热排出系统的主要功能如下：

（1）停堆冷却。在核电厂停闭过程中的第二阶段，从堆芯和反应堆冷却剂系统带出热量。

（2）停堆净化。在换料过程中，将反应堆冷却剂系统和换料空间的冷却剂送往化学和容积控制系统净化。

（3）冷却安全壳内置换料水箱。冷却安全壳内置换料水箱的水。

（4）反应堆冷却剂系统补水。给反应堆冷却剂系统提供低压补水。

（5）事故后恢复。非能动堆芯冷却系统缓解事故成功后，正常余热排出系统从反应堆堆芯及反应堆冷却剂系统中带出热量。

（6）低温超压保护（LTOP）。在换料、启动和停堆过程中，为反应堆冷却剂系统提供低温超压保护。

（7）事故后长期补水流道。为安全壳非能动冷却水箱（PCCWST）提供事故后长时间的补水流道。

（8）乏燃料水池冷却。为乏燃料水池提供备用的冷却手段。

（二）系统描述

RNS 由两个并联系列的设备组成，每个系列各有一台正常余热排出泵和一台正常余热排出热交换器。两个系列共用一根连接到 RCS 的吸入母管和一根排放母管。RNS 还包括系统运行所必需的管道、阀门和仪表。

正常 RNS 系统的流程简图和接口简图分别如图 3-13 和图 3-14 所示。

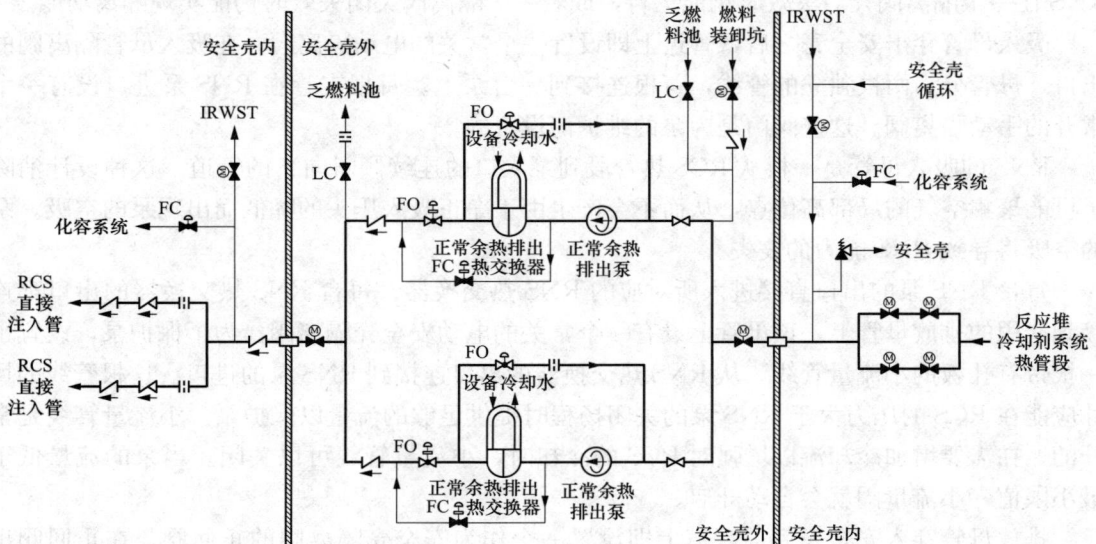

图 3-13　AP1000 正常余热排出系统的流程简图

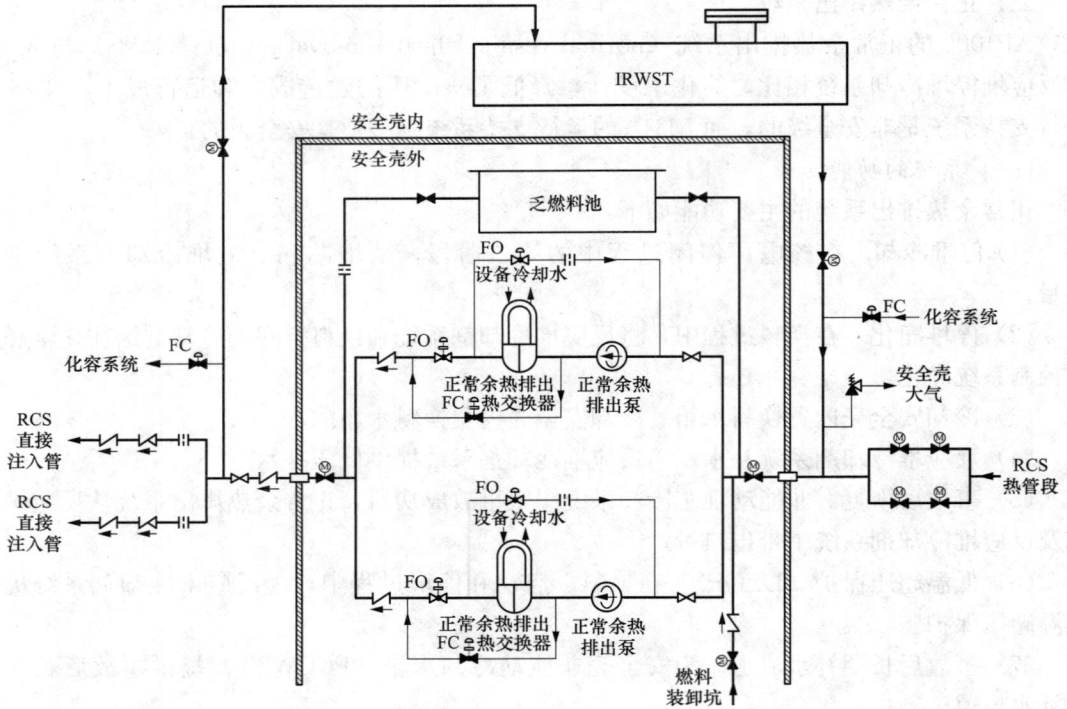

图 3-14　AP1000 正常余热排出系统接口简图

正常余热排出泵从 RCS 的热段吸水，送入一段吸入母管。吸入母管通过一个梯级变径管嘴与 RCS 的一根热管段相连接，将 RCS 半管运行期间余热排出泵吸入空气的可能性降到最低。随后，吸入母管分为平行的两列，每列上装有两个串联的常关电动隔离阀以保证 RNS 在一个隔离阀开启失效时仍能运行，或者一个隔离阀关闭失效时仍能实现隔离功能。

吸入母管穿出安全壳之后，管道上即设置一个常关的电动隔离阀。在吸入母管隔离阀的出口，母管分为两根独立的管线，每根连接到一台泵上。每根支管在 RNS 泵进口设有一个常开的手动隔离阀。这些阀门是为泵的维护而设置的。

RNS 的吸入母管是一根从 RCS 热管段到泵入口的连续倾斜向下的管道。这种设计消除了可能聚集空气的局部高位点，从而不会产生由于净正吸入压头的降低而出现泵的空吸。泵的空吸将导致 RNS 能力的丧失。

每台 RNS 泵的出口直接进入所对应的 RNS 热交换器。每台 RNS 热交换器的出口都连接到共用的排放母管上，该母管上设有一个常关的电动安全壳隔离阀。为了保护泵，设置了一根带有孔板的小流量管线，从 RNS 热交换器的出口连接到 RNS 泵的进口。这根管线的尺寸应能在 RCS 的压力大于 RNS 泵的关闭扬程时提供足够的流量以保护泵。小流量管线是常开的，在需要增加冷却流以增强对 RCS 的冷却时，小流量管线可以关闭。当泵的流量低于最小限值，小流量阀就会自动开启。

排放母管穿入安全壳后，管道上即设置一个作为安全壳隔离阀的止回阀。在止回阀出口，排放母管分为两根支管，分别连接到压力容器的两根直接注入管线上。每根支管上都串联一只截止止回阀和一只止回阀作为 RCS 的压力边界。其中一根直接注入管线上有一个分支连接到化容系统的树脂床支管上，这根管线用于 RCS 的停堆净化。另一根直接注入管线上有一个分支连接到安全壳内置换料水箱上，用于冷却安全壳内置换料水箱。

安全壳内 RNS 的吸入母管上设有一个安全卸压阀，为 RCS 提供低温超压（LTOP）保护。阀门设定的压力整定值基于反应堆压力容器的低温压力限值，另一个安全卸压阀安装在安全壳外泵的出口母管上，此阀门在 RNS 与 RCS 隔离时为 RNS 管道和部件提供超压保护，此阀门在图 3-13 和图 3-14 中未表示。

当 RNS 运行时，系统的水化学成分与反应堆冷却剂相同。可以用 RNS 热交换器封头疏水管进行取样，停堆时也可以用这些接管对 RCS 取样，在电厂正常运行期间同样可以用这些接管对内置换料水箱进行取样。

（三）系统主要设备特性

1. RNS 泵

系统设置两台 RNS 泵（normal residual heat removal pumps）。这些泵是单级、立式、底部吸入的离心泵。泵由交流电源供电的感应电动机驱动。

每台泵都能提供足够的流量来满足导出其设计基准热负荷。如果一个子系列失效，另一台泵和热交换器能提供足够的冷却以防止 RCS 沸腾。一个常开的小流量管线用来在泵低流量运行时为泵提供保护。如果需要缩短电厂冷却时间，可以关闭小流量管线以提供更多流量。

2. RNS 热交换器

本系统设置有两台 RNS 热交换器（normal residual heat removal heat exchangers）以提供多重的余热排出能力。这些热交换器为立式管壳式热交换器。反应堆冷却剂流经不锈钢管侧，设备冷却水流经碳钢壳侧，传热管是焊接到管板上的。

3. RNS 阀门

RNS 用于防止放射性泄漏的填料阀都带有阀杆填料，这些阀门向环境的泄漏基本为零。手动阀和电动阀都有阀杆后座，便于重新填料并能在阀门开启时限制阀杆泄漏。这些阀门的基本结构材料是不锈钢。

4. RCS 的内外隔离阀

系统设有两个并联的系列，每个系列上都有两个串联的阀门，共 4 个隔离阀。这些阀门是常关的电动阀，位于安全壳内。这些阀门构成了反应堆冷却剂的压力边界。他们只在电厂正常停堆至 RCS 降压到 450psig（3.10MPa，表压）之后才开启。这些阀门由主控室控制，失效时保持原位。在 RCS 压力高于 450psig（3.10MPa，表压）时这些阀门有联锁控制以防止阀门误开。在电厂功率运行期间，这些阀门的电源被管理员切断。

5. 安全壳内置换料水箱吸入管线隔离阀

安全壳内从内置换料水箱连接到泵吸入口的管线上设有一个电动隔离阀。这个阀门按 RCS 的全压设计，并作为安全壳隔离阀。

6. RNS 隔离阀

泵的出口母管上设有一个位于安全壳外的电动阀，这个阀门按 RCS 的全压设计，并作为安全壳隔离阀。

7. 安全壳内置换料水箱返回隔离阀

内置换料水箱返回管线上设有一个位于安全壳内的常关电动阀。这个阀门可用来进行 RNS 泵的全流量试验或者用于安全壳内置换料水箱的冷却。

8. 燃料装卸坑隔离阀

在燃料装卸坑和 RNS 泵吸入管之间的管线上设有一个常关电动阀。操纵员可以在事故工况下打开这个阀门，以便从装料池向 RCS 提供低压注入。

9. RNS 泵小流量隔离阀

每一根 RNS 泵的小流量管线上都设有一个常开的气动阀。在电厂冷却期间，操纵员可以关闭这些阀门以提高流经 RNS 热交换器的反应堆冷却剂循环流量，从而减少 RCS 的冷却时间。在 RNS 热交换器出口低流量时，阀门自动开启，为 RNS 泵提供保护。

10. RNS 设备/部件的控制

RNS 的泵和阀门及其驱动机构都在主控室控制，仪表读数也被送到主控室和远程停堆工作站。

厂内柴油发电机为 RNS 泵提供备用电源。RNS 设有卸压阀，1E 级蓄电池作为备用电源为这些阀门供电。

（四）与 M310 比较

相对于大亚湾核电厂（M310），AP1000 正常余热排出系统的主要特点如下：

（1）AP1000 正常余热排出系统是非安全相关系统，不参与事故预防和事故缓解。

（2）M310 余热排出系统是在安全壳内，而 AP1000 正常余热排出系统的正常余热排出泵及正常余热排出热交换器是在安全壳外，通过吸水母管和排水母管进出安全壳。

（3）M310 余热排出系统的两条排水管线分别与中压安注箱 RIS001、003BA 的两条注入管线相连接，将冷却剂分别送回到一回路 1、3 环路的冷段。而 AP1000 正常余热排出系统直接将冷却剂分别送回到压力容器的直接注入管。

（4）M310 的保护阀 RRA018VP 和隔离阀 120VP 串联，保护阀 RRA115VP 和隔离阀 121VP 串联设置在余热排出泵与余热排出热交换器间的母线上，用以避免一回路和余热排出系统的超压。而 AP1000 安全壳内 RNS 的吸入母管上设有一个安全卸压阀，为 RCS 提供低温超压（LTOP）保护。另一个安全卸压阀安装在安全壳外泵的出口母管上，此阀门在 RNS 与 RCS 隔离时为 RNS 管道和部件提供超压保护。

（5）M310 余热排出系统的 2 台余热排出热交换器共用一条旁路管线。而 AP1000 余热排出系统的 2 台正常余热排出热交换器各有一条旁路管线。

（6）M310 与 PTR 系统有两条连接管线。一条是余热排出泵入口与 PTR001、002PO 入口间的联络管线，另一条是余热排出热交换器出口总线与 PTR001、002RF 出口之间相连的管线。而 AP1000 分别在正常余热排出泵入口及正常余热排出热交换器出口处与安全壳内置换料水箱 IRWST 相连。另外，在安全壳外侧，AP1000 在正常余热排出泵入口及正常余热排出热交换器出口处增设了 2 条与乏燃料池连接的管线，在正常余热排出泵入口增设了 1 条与燃料装卸坑连接的管线。

（7）AP1000 RNS 自 RCS 引出的接管嘴为梯级变径管嘴，将 RCS 半管运行期间余热排出泵吸入空气的可能性降到最低。

第三节　华龙一号一回路辅助系统

一、化学和容积控制系统

（一）系统的功能

1. 系统的主要功能

（1）容积控制。通过上充与下泄，将稳压器水位维持在程控液位。

（2）化学控制。与反应堆硼和水补给系统（RBM）一起完成对反应堆冷却剂系统的硼浓度控制，以补偿慢的反应性变化；通过去除反应堆冷却剂中的裂变产物和腐蚀产物，控制反应堆冷却剂放射性水平；控制反应堆冷却剂的 pH 值、氧含量及其他溶解气体含量，以防止腐蚀、裂变气体积聚和爆炸。

（3）密封水注入。维持反应堆冷却剂泵的密封水注入流量，收集反应堆冷却剂泵密封的引漏水。

2. 系统的辅助功能

（1）在反应堆冷却期间，提供稳压器的辅助喷淋。

（2）提供 RCS 系统的充水、排水和水压试验。

（3）当稳压器满水时，控制反应堆冷却剂压力。

（4）为余热排出系统（RHR）投入做准备工作（连接到 RCS 系统之前控制硼浓度、加热和加压）。

（5）在换料或维修停堆期间通过与 RHR 之间的连接管线对冷却剂进行净化。

3. 系统的安全功能

（1）反应堆冷却剂系统发生极小破口情况下 RCV 系统能够维持 RCS 系统的水装量。

（2）与 RBM 系统共同作为反应性控制系统，在发生操作事故（如弹棒和卡棒），仍能使反应堆停堆并维持在热态次临界状态。

（二）系统描述

华龙一号化学和容积控制系统（RCV）流程如图 3-15 所示。

正常运行期间，反应堆冷却剂从三环路冷段引出排至 RCV 系统，流过再生热交换器的壳侧被上充流冷却，通过其中一个下泄孔板进行减压，接着离开反应堆厂房流过下泄热交换器的管侧进一步降温，到达低压下泄阀进行第二次降压，随后反应堆冷却剂经过过滤，流过一台混合床除盐器，再过滤并喷入容积控制箱。

通常上充泵从容积控制箱吸水，并以高于 RCS 系统的压力输送反应堆冷却剂，为保护离心式上充泵，设置了一根最小流量管线，流经此管线的流体通过密封水热交换器返回到泵的吸入端集水管。

大部分上充流进入反应堆厂房，通过上充流量调节阀（该阀门控制上充流以满足稳压器水位要求）流过再生热交换器的管侧，在被加热到接近反应堆冷却剂温度后注入 RCS 系统二环路冷端。从再生热交换器出口到稳压器喷淋设有一条管线，一旦反应堆冷却剂泵不能用时，该管线提供辅助喷淋能力。

上充流的一部分流到反应堆冷却剂泵轴密封，以防止轴封温度达到反应堆冷却剂的温度。它在泵轴承和密封之间进入泵体，并在此分为两股。一股冷却剂流（称为泄漏流）润滑

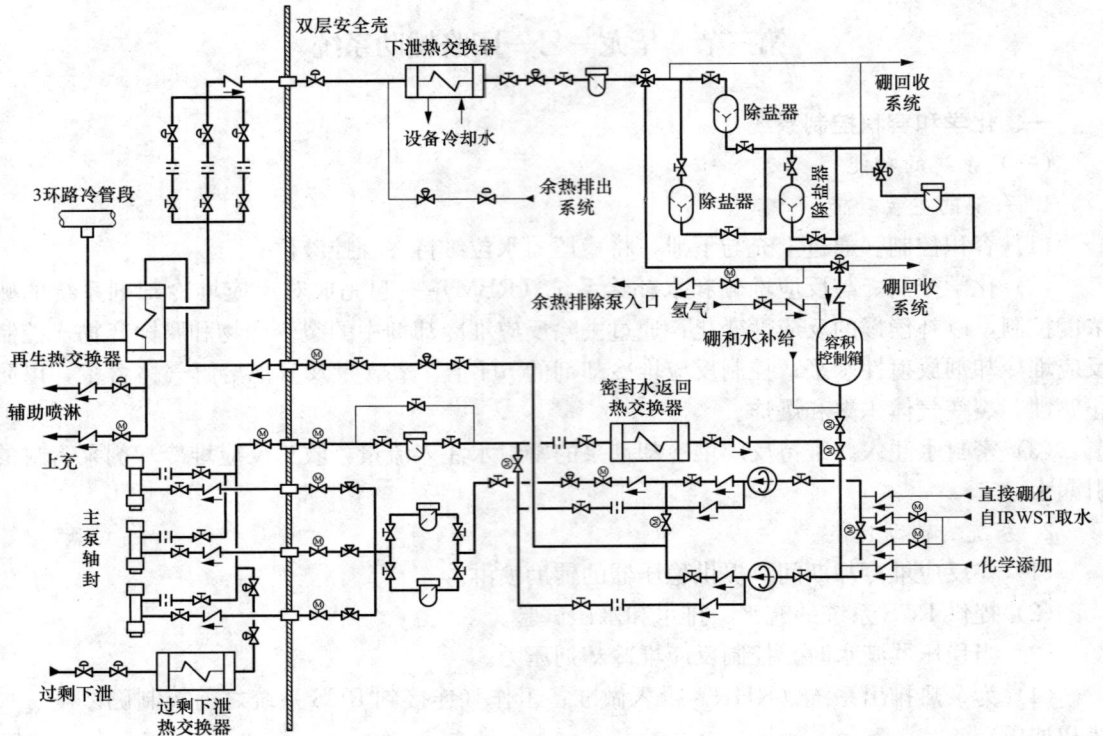

图 3-15　华龙一号化学和容积控制系统流程

泵轴，通过高压、低压密封引漏离开泵体，接着通过密封水热交换器到上充泵吸入端集水管。另一股冷却剂流冷却泵的轴承，最后进入 RCS 系统，作为下泄流的一部分通过正常或过剩下泄流道从 RCS 系统排出。

过剩下泄管线是在正常下泄通道不能运行的情况下，提供一条备用的下泄通道。反应堆冷却剂从二环路过渡段排出，流经过剩下泄热交换器的管侧并被冷却，然后进入反应堆冷却剂泵密封泄漏返回总管，并通过密封水热交换器到上充泵吸入端集水管。

本系统还设计了 RHR-RCV 下泄及 RCV-RHR 低压返回管线。

系统的化学控制是通过净化、pH 控制、氧的控制、除气、硼浓度的控制和补水等实现的。

（三）系统主要设备特性

1. 再生热交换器

再生热交换器的设计是为了回收下泄流的热量以预热上充，所考虑的下泄流量是最大下泄流。下泄出口温度必须受到限制，以避免下泄孔板下游发生闪蒸，为此在热交换器管内必须保持有最小上充流量。

再生热交换器是一个双单元串联连接的热交换器。每个单元都是管壳式 U 形热交换器，有一个带分程隔板的水室封头。

2. 下泄孔板

为了使冷却剂压力降低并不超过下泄热交换器的设计压力值，设置了三个相同的孔板。

每个下泄孔板都按正常下泄流量设计，正常下泄流量是在 RCS 的正常压力下最大下泄流量的 50%。在反应堆正常运行期间，一个或最多两个下泄孔板投入运行。当 RCS 系统降压时，三个下泄孔板需要全部投入运行。

3. 下泄热交换器

下泄热交换器用设备冷却水系统（WCC）将下泄流的温度降到适于除盐装置运行的温度，设计中考虑的下泄流量是最大下泄流量。下泄热交换器是一个带有焊接封头的 U 形管热交换器。

4. 混床除盐器

为了维持反应堆冷却剂的持续净化，设置了两台相同的并联布置的混床除盐器。混床除盐器应用锂型阳树脂和氢氧型阴树脂，使大部分裂变产物（铯、镱、钼除外）的浓度至少降低 10 倍。每台混床除盐器均可接受最大下泄流量，并有足够的交换容量净化下泄冷却剂。正常运行时，一台除盐装置运行，另一台备用。

5. 阳床除盐器

阳床除盐器装有 H 型阳树脂，间断运行以控制 ^{7}Li 浓度。反应堆冷却剂中 ^{7}Li 浓度的增长来自 $^{10}B+(n, \alpha) \longrightarrow ^7Li$ 反应。在燃料破损工况下，它有足够的交换能力，维持反应堆冷却剂中铯-137 浓度低于 $3.7 \times 10^4 Bq/cm^3$。阳床除盐器的设计要满足正常的下泄流量。

6. 反应堆冷却剂过滤器

除盐器上下游的反应堆冷却剂过滤器是为了收集大于 $0.45\mu m$ 的颗粒（颗粒状腐蚀产物和树脂碎块），捕集效率要大于 98%。反应堆冷却剂过滤器的设计要满足最大下泄流量。

7. 容积控制箱

当负荷发生瞬态时，容积控制箱可以接收稳压器不能接纳的那部分反应堆冷却剂的波动容积。停堆期间它还用于反应堆冷却剂脱气，并作为上充泵的高位水箱。此外容控箱还提供以下功能：①作为一种向反应堆冷却剂中加氢的途径，将维持冷却剂中的氧浓度降低到要求值；②在需要的情况下，向容控箱注入氮气来除去冷却剂中溶解的氢气；③在过渡到冷停堆时，氮气已经置换出氢气之后，利用空气吹扫排气；④使用一个能够轴向旋转的弯头在氮气与空气接管之间进行切换，在反应堆压力容器开盖的时候，空气吹扫能够降低因一回路腐蚀产物产生的放射性。

8. 上充泵

反应堆正常运行期间，上充泵提供上充功能和反应堆冷却剂泵密封水的注入。上充泵运行时，每台泵必须能供给最大上充流、正常密封水注入和最小流量管线的流量总和。

上充泵为卧式多级离心泵，装有两个内置式静压轴承和一个外轴径止推轴承。总压头等于反应堆冷却剂系统压力最大值加上流过上充管道的阀门、管道和其他设备的压降减去容积控制箱的压力。两台相同的上充泵并联布置，分别由两列母线供电。正常运行时，一台泵投入运行而另一台泵备用。

每台泵装有一个润滑油增速器，正常运行时用来驱动油泵。泵启动之前，用电动辅助油泵提供油压。上充泵装有由所输送液体进行润滑的密封。上充泵电动绕组装有加热器，防止停泵时受潮。

9. 过剩下泄热交换器

当正常下泄不可用时，将使用过剩下泄通道。过剩下泄热交换器利用 WCC 系统将下泄流从冷段温度冷却到 55℃ 左右。设计流量等于额定密封注入流量进入 RCS 系统的那一部分，以维持反应堆冷却剂的总装量。

10. 密封水热交换器

密封水热交换器利用 WCC 系统将以下流体冷却到容积控制箱正常温度：①反应堆冷却剂泵高压密封引漏水；②从过剩下泄热交换器排出的反应堆冷却剂；③上充泵最小流量。

设计流量应大于上述流量的总和。密封水热交换器是一个 U 形管壳式热交换器，管子焊到管板上，水室封头有分程隔板。

11. 密封水注入过滤器

在反应堆冷却剂泵密封水注入的共用管线上，并联设置了两台密封水注入过滤器。它们收集大于 5μm 的颗粒。每台过滤器按最大密封水流量设计。

12. 密封水返回过滤器

密封水返回过滤器收集从反应堆冷却剂泵密封返回和来自过剩下泄通道来的大于 5μm 的颗粒。它的处理能力为过剩下泄流及来自所有反应堆冷却剂泵的高压密封泄漏的总和。

（四）与 M310 比较

相对于大亚湾核电厂，华龙一号化学和容积控制系统的主要特点如下：

（1）上充泵的数量由 3 台（1 台运行、1 台备用，另外 1 台允许进行维护）降低为 2 台（1 台备用，另外 1 台允许进行维护）。

（2）M310 化学和容积控制系统（RCV）是与核安全有关的系统之一。尤其是上充泵，在正常运行工况下，它作为上充用；在小破口失水事故及主蒸汽管道破裂的事故情况下，它又作为高压安注泵使用。华龙一号化学和容积控制系统取消了与安注系统相连的管线，上充泵不再作为高压安注泵使用。同时，在上充泵入口处有两条管线可从 IRWST 取水。

二、反应堆硼和水补给系统

（一）系统的功能

1. 系统的主要功能

（1）制备并储存重量比 4%～4.57%（7000～8000μg/g）的硼酸溶液。

（2）制备重量比 4%～4.4%（7000～7700μg/g）的硼酸溶液。

（3）经由 RCV 系统，调节 RCS 系统的硼浓度来控制反应性。

（4）提供除氧除盐水和硼酸溶液。补偿反应堆冷却剂系统的泄漏，补偿瞬态冷引起的反应堆冷却剂体积的收缩。

（5）为 RCS 系统制备并注入下列两种化学试剂：联氨溶液（控制反应堆冷却剂的氧含量）和氢氧化锂溶液（控制反应堆冷却剂的 pH）。

2. 系统的辅助功能

（1）配合 WCC 系统（设备冷却水系统）的正常冷却，向稳压器卸压箱提供辅助喷淋水。

（2）为下列储水箱提供初始注入水和补给水：向 IRWST 注入 1.37%（2400μg/g±100μg/g）的硼酸溶液，将 4%～4.57%（7000～8000μg/g）的硼酸溶液注入 REB 系统的硼酸注入箱。

（3）向 RCV 系统的容积控制箱注水，以排出该箱中的气体。

（4）向稳压器、RHR 系统和 RCV 系统的先导式卸压阀提供注入水。

3. 系统的安全功能

（1）配合 RCV 系统为 RCS 系统补给硼酸和除盐水。

（2）在所有预计的运行事故期间保证安全停堆，并维持反应堆在次临界状态。

（二）系统描述

反应堆硼和水补给系统由除盐除氧水储存和输送系统、硼酸溶液制备系统、化学添加系统和 4％硼酸溶液储存和输送系统组成。反应堆硼和水补给系统流程如图 3-16 所示。

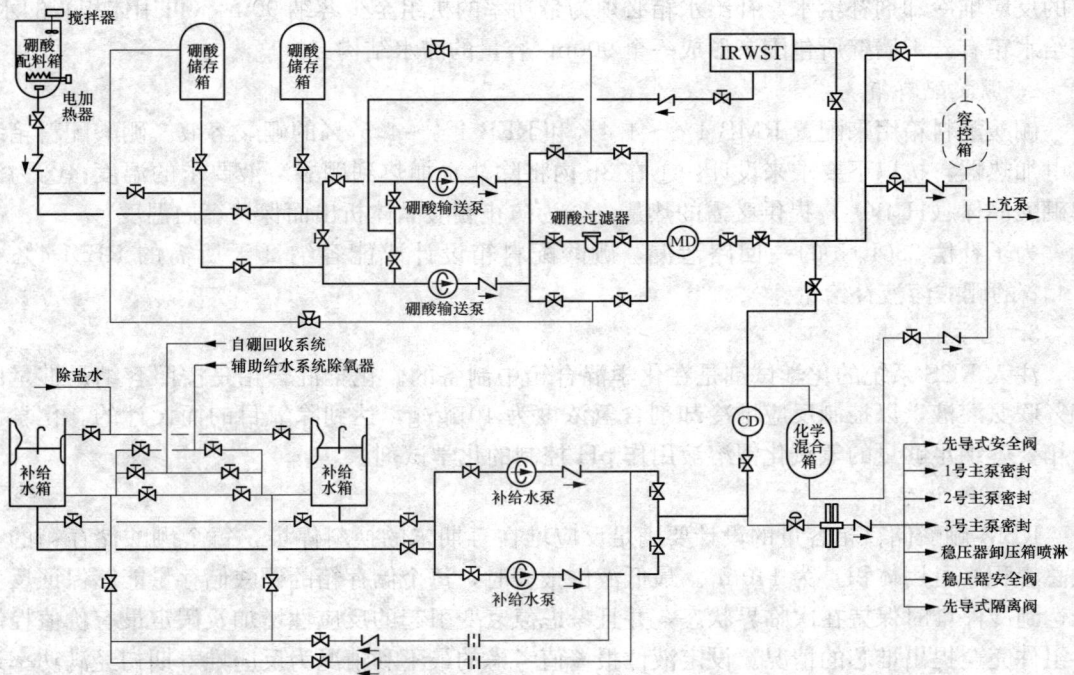

图 3-16　反应堆硼和水补给系统的流程

（1）除氧除盐水储存和输送系统。本系统设置两个补给水箱来储存除盐除氧水，当一个箱正在充水或备用时，另一个箱可向机组供水。补给水箱的首次充水或快速补水均用来自核岛除盐水分配系统（WND）经辅助给水系统（TFA）除氧器除氧后的水，充水流量 $60m^3/h$，正常补水则取自硼回收系统（ZBR）处理后的冷凝水，补水流量为 $31.4m^3/h$。每台机组设置两台补给水泵，采用间断运行。

（2）硼酸溶液制备系统。用硼酸配料箱配置 RBM 系统 4％～4.4％的硼酸溶液和 REB 系统 4％～4.57％的硼酸溶液。

（3）化学添加系统。本系统配有一个化学混合箱，用于配置控制反应堆冷却剂水中含氧量的联氨溶液和控制反应堆冷却剂 pH 的氢氧化锂溶液两种化学试剂。

（4）4％硼酸溶液储存和运输系统。RBM4％～4.4％硼酸溶液来自 ZBR 系统，或预先在硼酸配料箱中配好，在使用前平均储存在 2 个硼酸储存箱内。为防止硼酸储存箱内溶液复氧或复二氧化碳，两个箱都采用氮气覆盖密封。机组设置两台硼酸输送泵用于输送 4％硼酸溶液，泵不要求连续运行。泵电机的应急电源由柴油发电机组供应。硼酸溶液通过泵出口的共用过滤器进行过滤。其他中间浓度的硼酸溶液可通过除盐除氧水同 4％硼酸溶液相混合得到。

（三）系统主要设备特性

1. 补给水箱

两台补给水箱的总有效容积（$2 \times 410m^3$）足够保证在燃料循环末期（含硼$50\mu g/g$）机组从冷停堆状态启动至额定功率时所需的稀释量，也足够保证提供机组热停堆并随后在最大氙浓度重新启堆所需要的容量。为了保证提供过渡到冷停堆期间反应堆冷却剂液体收缩所要求的反应堆冷却剂补给水，补给水箱必须为带功率的机组至少容纳$90m^3$（可用体积）的水。补给水箱有若干墙壁所包围，形成一个$900m^3$容量的滞水结构。

2. 硼酸配料箱

硼酸配料箱用来配置RMB $4\% \sim 4.4\%$和REB $4\% \sim 4.57\%$的硼酸溶液。硼酸配料箱装有电加热器，按以下要求来设计：①在3h内将除盐水加热到硼酸溶液要求的温度；②为溶解硼酸晶体（H_2BO_3）提供必需的热量；③为防止硼酸晶体析出而保持箱内温度。

为了补偿230L/h的一回路泄漏，硼酸配料箱设计成能容纳2天所需的RBM $4\% \sim 4.4\%$的硼酸溶液补给量。

3. 化学混合箱

注入RCS系统的化学试剂是在化学混合箱中制备的。化学混合箱是按照容纳足够量的35%联氨溶液，以控制反应堆冷却剂含氢浓度为$10\mu g/g$，达到除氧目的而设计的。化学混合箱要容纳足够量的氢氧化锂溶液用作pH控制的化学试剂。

4. 硼酸储存箱

RBM硼酸储存箱容量的设计要满足反应堆在寿期末的换料停堆，每个硼酸储存箱的有效总容积（可用体积）为$140m^3$。最低液位报警时，每个储存箱的硼酸储存量能够保证反应堆达到冷停堆时保持在次临界状态，并且考虑氙衰变引起的反应性增加及假定最有价值控制棒组件完全提出堆芯的情况。设定液位报警值考虑的最不利情况为反应堆寿期初经满功率运行，热备用（氙峰）后的冷停堆，相应液位报警值的最小体积是$64.67m^3$。

5. 补给水泵

本系统设置两台补给水泵。每台补给水泵的额定流量是$36.1m^3/h$（其中包括小流量$4.7m^3/h$），足以满足反应堆需要并按预先设定投入运行。由于除盐水的需求是不连续的，所以泵预调为间断使用，在正常情况下作为备用。两台补给水泵由两个系列的应急柴油发电机提供备用电源。

6. 硼酸输送泵

本系统设置两台硼酸输送泵。在机组正常运行时，一台泵足以满足反应堆需要，并按预先设定的程序投入运行。在失去给水后从热停堆到冷停堆，每台泵持续运行1.5h，提供$24m^3/h$的硼酸流量（通过直接硼化管线）。两台硼酸输送泵由两个系列的应急柴油发电机提供备用电源。

7. 硼酸过滤器

注入反应堆冷却剂系统前，硼酸溶液须经硼酸过滤器过滤。硼酸过滤器位于硼酸输送泵的出口管上，设计提供最大流量$31.4m^3/h$，过滤效率98%，滞留颗粒$\geqslant 5\mu m$。

（四）与M310比较

相对于大亚湾核电厂，华龙一号反应堆硼和水补给系统变化不大。其主要特点如下：

（1）M310 的反应堆硼和水补给系统向换料水箱提供（2200μg/g±100μg/g）的硼酸溶液，18 个月后调为（2400μg/g±100μg/g）。而华龙一号反应堆硼和水补给系统向 IRWST 注入 1.37%（2400μg/g±100μg/g）的硼酸溶液。

（2）M310 的反应堆硼和水补给系统由于 RCV154VP 已变更为永久性行政隔离，因此，慢稀释的操作方式已被取消。而华龙一号反应堆硼和水补给系统有缓慢稀释方式。

三、余热排出系统

（一）系统的功能

1. 系统的主要功能

在电厂停堆期间，在反应堆冷却的第二阶段（即经蒸汽发生器初步冷却和降压后），导出堆芯余热和反应堆冷却剂系统的热量，具体包括以下三个方面：

（1）降低反应堆冷却剂温度。通过排出反应堆冷却剂的热量，将反应堆冷却剂的温度从 180℃降至 60℃。

（2）维持冷停堆温度。在达到冷停堆工况时，RHR 系统能将反应堆冷却剂温度维持在冷停堆工况，并可满足换料和维修操作所需要的持续时间。

（3）循环反应堆冷却剂。在停堆和启堆期间，当主泵均未投入使用时，RHR 泵能使反应堆冷却剂通过 RCS 系统和堆芯进行循环。

2. 系统的辅助功能

（1）当压力下降到正常下泄系统无法运行时，利用 RCV 系统间的接管进行反应堆冷却剂的下泄。

（2）在下列阶段也可进行冷却剂的净化：RCS 系统充水和静态排气；RCS 系统升压和动态排气；RCS 系统加热升温；蒸汽发生器维修停堆；换料停堆。

（3）当 RCV-RHR 返回管线开通时，即使不使用 RCV 上充泵也能完成反应堆冷却剂的净化。

3. 系统的安全功能

（1）在 SGTR 事故下，冷却反应堆。

（2）在小破口事故下，如果 RCV 系统能维持稳压器水位，使用该系统来排出余热。

（3）在冷停堆期间，通过 RHR 系统的卸压阀对 RCS 系统提供一定程度的超压保护，但该系统并不是一个专设安全系统。

（二）系统描述

华龙一号余热排出系统（RHR）的流程简图如图 3-17 所示。余热排出系统从 RCS 系统 2 环路热段引出，通过两条安注箱注射管注入反应堆压力容器。RCS 系统环路 2 热段和 RHR 泵之间并联设置两条管线，每条管线设置两个电动隔离阀。

两台余热排出泵并联布置，各设置一个入口隔离阀，一个出口止回阀和一个出口隔离阀。泵的出口管线经一段母管再并联布置到两台余热排出热交换器上，同时从母管上引出一条管线，管线上布置三组卸压阀，每组各由两个阀门串联而成，卸压阀的排放管接到稳压器卸压箱。在热交换器的进出口处各设置一个隔离阀。

RHR 系统的排出管分别接到环路 1 和环路 3 冷段上的安注箱注入管线上，在接管处上游的安注箱注入管线上，分别设置一止回阀和一电动阀。为了保护余热排出泵，在热交换器下游的母管上设置一条最小流量回流管线。

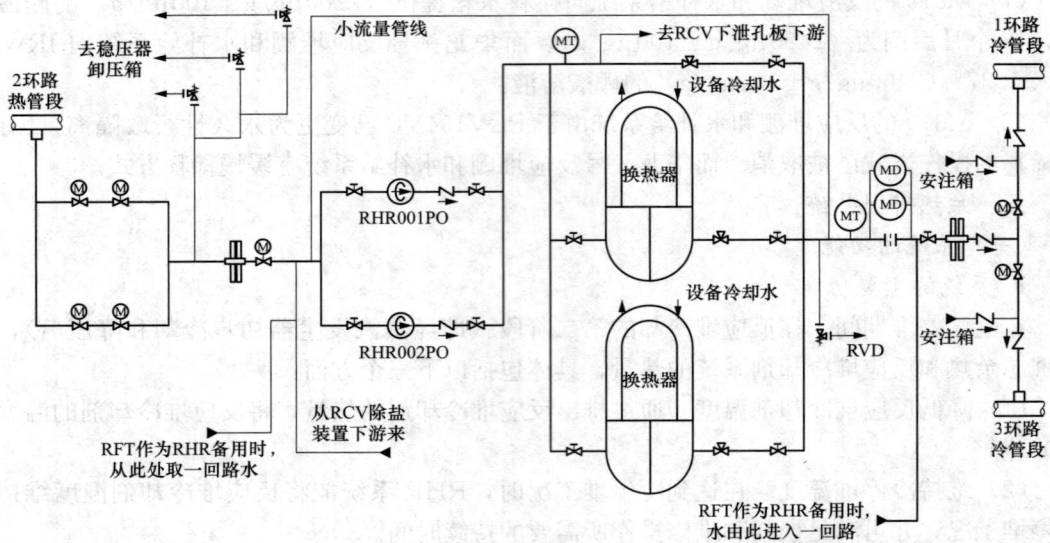

图 3-17　华龙一号余热排出系统（RHR）的流程简图

RHR 系统与 RCV 系统的下泄管路相连，用于进行 RCS 系统的化学与容积控制，流体经上充管线返回。一旦上充泵不能运行，可通过余热排出泵代替其运行，在余热排出泵上游有一连接管线与 RFT 系统相连，使 RFT 系统处于备用状态。一旦 RHR 系统不能运行或在检修时，且反应堆顶盖开启的情况下，RFT 系统可代替 RHR 系统对堆芯进行冷却。

（三）系统主要设备特性

1. 热交换器

RHR 热交换器可以在反应堆停堆后 20h 内，通过两台泵和两台热交换器的运行使反应堆达到冷停堆状态（$t=60℃$）。热交换器进行热工设计时对应的运行条件如下：①反应堆冷却剂侧的进口温度为 60℃；②设备冷却水侧的进口温度为 35℃；③反应堆冷却剂侧的出口温度为 50℃。

RHR 系统设有两台并联的热交换器，以保证一台热交换器不能运行时仍具有部分导出热量的能力。

2. 余热排出泵

RHR 系统设有两台完全一样的泵。每台泵的容量为系统总流量的一半以满足电厂停堆的需要。有效净正吸入压头（NPSHa）根据下列条件计算：最小压头；2 号环路热管段中的最小压力为 0.1MPa（绝对压力）；吸入管道的压降；60℃时水的汽化压力。

计算总扬程时，假定一台反应堆冷却剂泵运行，而且返回到冷段的循环管路没有发生故障，并考虑经过 RCS 和 RHR 系统的压力损失。

（四）与 M310 比较

相对于大亚湾核电厂，华龙一号余热排出系统的主要特点如下：

（1）M310 余热排出系统是在安全壳内，而华龙一号余热排出系统的余热排出泵及余热排出热交换器是在安全壳外，通过吸水母管和排水母管进出安全壳。

（2）M310 的保护阀 RRA018VP 和隔离阀 120VP 串联，保护阀 RRA115VP 和隔离阀 121VP 串联设置在余热排出泵与余热排出热交换器间的母线上，用以避免一回路和余热排出系统的超压。而华龙一号保护阀和隔离阀设置在安全壳内泵入口母线上。

复 习 题

3-1　试述一回路水容积变化的原因。怎样才能维持稳压器的水位在程控液位上？

3-2　为什么要进行一回路水化学控制？主要包括哪些方面？又是如何控制的？

3-3　为什么要用调节硼浓度的方法来控制反应性？

3-4　化容系统有哪些辅助功能？

3-5　化容系统包括有哪几条主要管线？

3-6　试述正常下泄的降温降压过程及其主要设备的运行参数。

3-7　RCV013VP 的作用是什么？

3-8　化容系统的净化管线中有哪些主要设备？各设备的主要作用是什么？

3-9　简述 RCV017VP、026VP、030VP 及 RCV201VP 等七个泄压阀的作用各是什么？

3-10　RCV002BA 的作用是什么？其液位是如何控制的？

3-11　试述 RCV001-003PO、004-006PO 及 007-009PO 的作用。

3-12　RCV046VP 的作用是什么？其最大和最小流量限值及限值的目的是什么？

3-13　何时需开通稳压器辅助喷淋管线？开通该管线时有哪些注意事项？

3-14　试述轴封水回路的流程。

3-15　何时需投入过剩下泄？试述其流程。

3-16　试述反应堆硼和水补给系统（REA）的作用（包括主要作用和辅助作用）。

3-17　试述 REA 系统的组成。

3-18　试述 REA001-004BA 的设备特性。

3-19　试述 REA 系统的备用状态。

3-20　在"自动"方式下的除盐水泵和硼酸泵在什么信号作用下将自动启动？

3-21　请描述 REA 正常补给的稀释、硼化、自动补给和手动补给操作方式。

3-22　在 REA 系统流程图中指出正常补给管线、补水旁路管线、直接硼化管线和应急硼化管线。

3-23　REA 系统与换料水箱之间有哪几条连接管线？每条管线的作用各是什么？

3-24　在各类工况下，核燃料的释热都是通过什么途径导出的？

3-25　简述余热排出系统（RRA）的作用（包括主要作用和辅助作用）。

3-26　简单图示 RRA 系统的流程（包括与 RCV 系统和 PTR 系统的联络管线）。

3-27　试述 RRA013、024VP 和 025VP 的作用。

3-28　试述 RRA018、115、120VP 和 121VP 的功能及其压力整定值。

3-29　设置 RCP354 和 355VP 的管线的设计目的是什么？

3-30　试述 RRA 系统的备用状态。

3-31　请绘图表示 RRA 系统的运行范围。

3-32　试述 RRA 系统正常启动和正常停运的外部条件及主要操作项目。

3-33　试述 AP1000 与大亚湾核电厂在化学与容积控制系统上的区别。

3-34　试述 AP1000 与大亚湾核电厂在余热排出系统上的区别。

3-35　试述华龙一号与大亚湾核电厂在化学与容积控制系统上的区别。

3-36　试述华龙一号与大亚湾核电厂在反应堆硼和水补给系统上的区别。

3-37　试述华龙一号与大亚湾核电厂在余热排出系统上的区别。

第四章 专设安全系统

第一节 M310 的安全系统

一、概述

当 RCP 系统发生失水事故或二回路的汽水回路发生破裂或失效时，必须确保堆芯热量的排出和安全壳的完整性，限制事故的发展和减轻事故的后果，为此核电厂设置了专设安全设施。

1. 专设安全设施包括：安全注入系统（RIS），安全壳喷淋系统（EAS），辅助给水系统（ASG），安全壳隔离系统（EIE），安全壳内大气监测系统（ETY）的混合、取样和复合子系统。

还有以下一些系统虽然不属于专设安全设施，但也具有安全功能，它们协助完成专设安全设施功能，或者为保证专设安全设施的良好运行提供必要的条件：

（1）通风。①为专设安全设施的良好运行提供必要的条件；②使事故工况下的放射性后果限制在可接受的范围；③保持控制室在事故工况下的可居留性。

（2）供给冷却水。RRI 和 SEC 排出由专设安全设施排出的热量。

（3）排出余热。在某些事故工况下，由汽轮机旁路系统（GCT）排向大气部分与 ASG 一起来保证这一功能。

（4）给能动部件提供动力源，包括电源和压缩空气。

2. 设计准则

（1）屏障的独立性。在任何情况下，三道屏障中任何一道屏障的破坏，不应该引起其他屏障的破坏。例如，一回路的破裂不应导致燃料包壳的熔化和安全壳的损坏。

（2）多重性原则。每一系统内的重要设备都是冗余的，其支持系统（如电源）分属不同系列，每一套设备能保证其整体功能的完成，满足单一故障准则。

（3）设备的可靠性。关键装置都有应急电源，并在失电时处于安全状态，需要冷却的设备（泵、热交换器等）应有备用水回路。另外，回路设计成即使在反应堆正常运行时也能进行试验。

（4）按设计基准事故（即最大的预想事故）确定设备能力，保证：①燃料元件包壳的峰值温度低于 1200℃；②由水或蒸汽与包壳反应产生氢气量不超过假设所有包壳都与水或蒸汽起化学反应所产生氢气量的 1%；③安全壳内的压力低于设计（绝对）压力（0.52MPa）；④可允许失去正常电源。

3. 专设安全设施的作用

下面列举了专设安全设施在一些典型事故中所起的作用。

（1）一回路小破口事故（破口当量直径 9.5～25mm）。当一回路的泄漏量很小时，通过增加 RCV 的上充流量就可以补偿泄漏的流量。但是，当泄漏量较大时，就必须投入安注系统以补偿泄漏，限制稳压器水位和压力的降低。

　　为了减少泄漏量和增大安注流量，以避免造成堆芯裸露，需要尽快使一回路降温降压。但是，由于泄漏量较小，在开始时泄漏可能不足以带出堆芯的余热，必须及时投入 ASG，保证排出堆芯余热。蒸汽发生器的蒸汽通过 GCT 排入凝汽器或者排向大气。

　　（2）一回路大破口事故（破口当量直径大于 345mm）。一回路的主管道突然产生脆性断裂是典型的大破口失水事故。这是专设安全系统的设计基准事故之一。这时专设安全设施的作用体现在以下几个方面：①投入安注系统（包括高压安注、中压安注和低压安注）向堆芯注水，防止或限制堆芯的裸露，保证燃料元件的完整性；②进行安全壳隔离，以防放射性物质通过安全壳的贯穿件泄漏到安全壳以外；③投入安全壳喷淋系统，使安全壳内大气降温降压，保证安全壳（第三道屏障）的完整性。

　　（3）二回路大破口事故。

　　1）主给水管道大破口事故。如果主给水管道断裂（主给水设备失效后果相同），则需要及时投入辅助给水系统，以排出堆芯的余热。

　　2）蒸汽管道断裂事故。这时为了限制事故的扩大需要采取以下措施：①启动安注系统向一回路注入高浓度硼酸溶液，防止由于蒸汽流量突然增大使一回路冷却剂温度过冷而引入正反应性，使堆芯重返临界；②启动辅助给水系统，保证蒸汽发生器的给水，以导出堆芯的余热，一直到 RRA 投入为止；③如果蒸汽管道的破口出现在安全壳内，则需要启动安全壳喷淋系统，以保证安全壳的完整性；④为了避免三台蒸汽发生器排空，需要进行蒸汽管道隔离。

二、安全注入系统

　　安全注入系统（RIS）由高压安全注入（HHSI）、中压安全注入（MHSI）和低压安全注入（LHSI）三个子系统组成。它们根据事故引起 RCP 系统的降压情况，在不同的压力下分别投运。

　　（1）安全注入系统的功能如下：

　　1）在一回路小破口失水事故时或在二回路蒸汽管道破裂造成一回路平均温度降低而引起冷却剂收缩时，RIS 用来向一回路补水，以重新建立稳压器水位；

　　2）在一回路大破口失水事故时，RIS 向堆芯注水，以重新淹没并冷却堆芯，限制燃料元件温度的上升；

　　3）在二回路蒸汽管道破裂时，向一回路注入高浓度硼酸溶液，以补偿由于一回路冷却剂连续过冷而引起的正反应性，防止堆芯重返临界。

　　（2）安全注入系统的辅助功能。

　　1）在换料停堆期间，低压安注泵可用来为反应堆水池充水；

　　2）用 9RIS011PO 进行 RCP 系统的水压试验；

　　3）在失去全部电源时为主泵提供轴封水（利用水压试验泵 9RISl1PO，该泵由应急汽轮发电机组 LLS 供电）；

　　4）在再循环注入阶段，低压安注泵从安全壳地坑吸水，RIS 在安全壳外的管段成为第三道屏障的一部分。

　　（一）系统描述

　　高压安注和低压安注系统流程如图 4-1 所示。

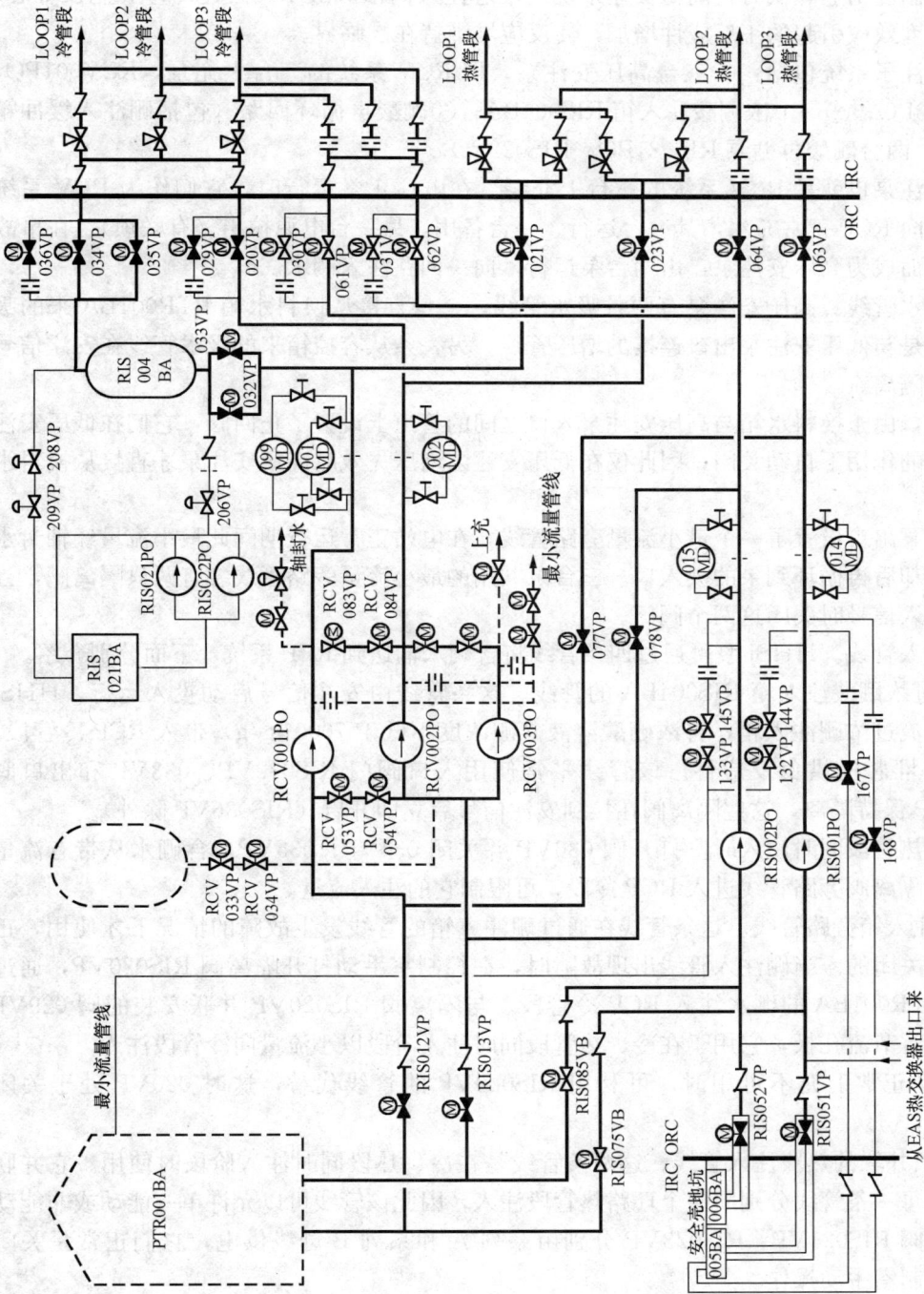

图 4-1 高压安注和低压安注系统流程

图中阀门状态对应RIS系统的备用状态。表示阀门在开启状态，表示阀门在关闭状态

1. 高压安注系统

当 RCP 系统发生的破口已使其（绝对）压力下降到 11.9MPa，或主蒸汽管道发生破裂引起一回路温度明显降低时，高压安注系统向堆芯注入高浓硼酸水，迅速冷却和淹没堆芯，并抵消因温度效应引起的正反应性增加，使反应堆维持在次临界。

高压安注子系统包括：①三台高压安注泵，即 RCV 系统的三台上充泵，RCV001PO、002PO、003PO；②一个浓硼酸注入箱 RIS004BA；③硼酸再循环回路（包括硼注入缓冲箱 RIS021BA，两台硼酸再循泵 RIS021PO、RIS022PO）。

高压安注泵也就是 RCV 系统的三台上充泵。在电厂正常运行时，它们作为 RCV 系统上充泵用于向 RCP 正常充水，其一台运行、一台备用，另一台电源拉出（有联锁）。在事故工况下，转而成为高压安注泵，由两台泵运行，向一回路注入硼水。

（1）吸水管线。高压安注泵有两条吸水管线，一是直接从换料水箱 PTR001BA 来的吸水管线，二是与低压安注泵出口连接的增压管线。另一条从容控箱来的吸水管线在安注信号出现时即被隔离。

实际上，由于换料水箱与高压安注泵入口之间的管道上设置了止回阀，它们在低压安注泵出口压力的作用下自动关闭，因此仅在低压安注泵增压失效时高压安注泵才直接从换料水箱吸水。

在每台泵出口设置了一个最小流量旁路管线，在电站正常运行期间此最小流量经轴封水热交换器冷却后再循环到泵的吸入口。三台泵共用的最小流量旁路管线装有两只隔离阀，当接到安全注入信号时关闭这两个阀门。

（2）注入管线。HHSI 泵可通过四条管线将含硼水输送到 RCP 系统，下面分别介绍。

1）通过浓硼酸注入箱 RIS004BA 的管线。这条管线由安注信号启动投入运行，HHSI泵出口的水流过浓硼注入箱，将浓硼酸溶液（硼浓度不低于 $7000\mu g/g$）带入 RCP 冷管段，以便迅速向堆芯提供负反应性。该管线平常使用入口阀门 RIS032VP、033VP 和出口阀034～036VP 保持隔离，这些隔离阀在接到安注信号后立即开启（RIS036VP 除外）。

在冷、热管段同时注入时，打开阀 036VP 并关闭 034VP、035VP，含硼水从带有流量孔板的出口隔离阀旁路管线进入 RCP 冷段，可限制它的注入流量。

2）硼注入箱旁路管线。这条管线在通过硼注入箱的管线发生故障的情况下才使用，正常情况下是关闭的。当硼注入管线出现故障时，在控制室手动打开隔离阀 RIS020VP，通过此管线将 PTR001BA 的硼水注入 RCP 冷管段。与隔离阀 RIS020VP 并联安装的阀 029VP的管线上带有节流孔板，它用于在冷、热管段同时注入阶段以小流量向冷管段注入。

在 RCV 正常上充不可用时，可利用 RIS029VP 的管线代替，这时 020VP 处于关闭状态。

3）两条并联的热段注入管线。这两条管线是在冷、热段同时注入阶段时使用。它并联配置，并且每一条管线分别向两个环路热管段注入，因此该管线可以允许单一能动或非能动故障。隔离阀 RIS021VP、RIS023VP 分别由系列 A 和系列 B 母线供电，它们正常是关闭的，并由控制室手动操作。

4）硼酸再循环回路。为防止硼注入箱 RIS004BA 中的硼酸结晶，在高压安注泵的排管设置了硼酸再循环回路，将浓硼酸不断地再循环。

两台并联的硼注入箱再循环泵 RIS021PO、RIS022PO 由两条独立和冗余的电源系列供电，它们将浓硼酸（硼浓度不低于 $7000\,\mu g/g$）在装有电加热管道中再循环。硼酸经由气动阀 RIS206VP 排放到硼注入箱 RIS004BA 的入口，通过 RIS004BA 后再经由串联设置的气动阀 RIS208VP、RIS209VP 返回到缓冲箱。正常运行时，一台连续运行而另一台备用。

当安全注入启动时，再循环回路被隔离（关闭 RIS206VP、RIS208VP、RIS209VP）。

2. 低压安注系统

低压安注系统由两条独立流道组成，每条流道有一台低压安注泵（RIS001PO 和 002PO）。低压安注泵的出口通过隔离阀接到高压安注泵吸入联箱上，为高压安注泵增压。低压安注泵与 RCP 的冷、热段也有连管（与高压安注管线共用），其中两台低压安注泵分别连到第二和第三环路的热管段。当 RCP 系统压力低于低压安注泵压头时，低压安注泵也直接向 RCP 系统冷段或冷、热段注入。在冷、热段同时注入时，冷段注入流量改走装有节流孔板的旁路管线（RIS03VP、RIS031VP）。

低压安注泵有以下两条吸水管线：直接注入阶段，两台低压安注泵通过两条独立管线从换料水箱抽水；再循环阶段，两台低压安注泵通过两条独立管线从安全壳地坑抽水。

在反应堆正常运行时，两台低压安注泵是不工作的，此时热段注入管线的隔离阀处于关闭状态，而冷段注入管线的隔离阀处于打开状态，泵的进口隔离阀也处于打开状态，相应管线由止回阀隔离，以便低压安注泵接到安注信号能迅速启动，从换料水箱抽水，并且在 RCP 压力迅速下降时能尽快直接向其大量注入。

在安全壳内侧，所有冷管段和热管段注入管线，都装有手动调节阀或节流孔板，以便进行流量平衡调节。所有冷管段注入管线与一回路冷管段之间都装有三个串联的止回阀，所有热管段注入管线与一回路热管段之间都装有两个串联的止回阀，而且这些阀门都尽可能靠近反应堆冷却剂管道，以实现安注管线在安全壳内侧的隔离和减少由于安注系统管道破裂而引起 LOCA 的可能性。

3. 中压安注系统

中压安注系统主要由三个安注箱组成（RIS001BA~RIS003BA），分别接到 RCP 三个环路的冷管段上，如图 4-2 所示。安注箱内存硼浓度不低于 $2100\,\mu g/g$ 的含硼水，用绝对压力约为 4.2MPa 的氮气覆盖。当 RCP 压力降到安注箱压力以下时，由氮气压将含硼水注入 RCP 冷段，能在短时间内淹没堆芯，避免燃料棒熔化。每个安注箱能提供淹没堆芯所需容积的 50%。

安注箱的隔离由每条注入管线上的两个串联的止回阀来保证，为了对止回阀的泄漏进行试验，还设置了试验管线。每条管线上还设有一个电动隔离阀（RIS001VP、RIS002VP、RIS003VP），正常运行时是打开的。在正常停堆期间，当一回路绝对压力低于 7.0MPa 时，关闭此隔离阀，防止安注箱向 RCP 注入硼水。

两机组共用的水压试验泵（9RIS011PO）除用于一回路水压试验外，也用来从换料水箱向安注箱充水。此外，在全厂断电的事故情况下，试验泵还用于提供主泵的轴封水。

气动隔离阀 RIS136VP、RIS138VP、RIS139VB 和 140VB 在用水压试验泵给中压安注箱充水时才打开，RIS014、015VZ 和 016VZ 也仅在向中压安注箱充氮气加压时才打开。

（二）主要设备

1. 高压安注泵（RCV001PO~RCV003PO）

高压安注泵即 RCV 的上充泵。

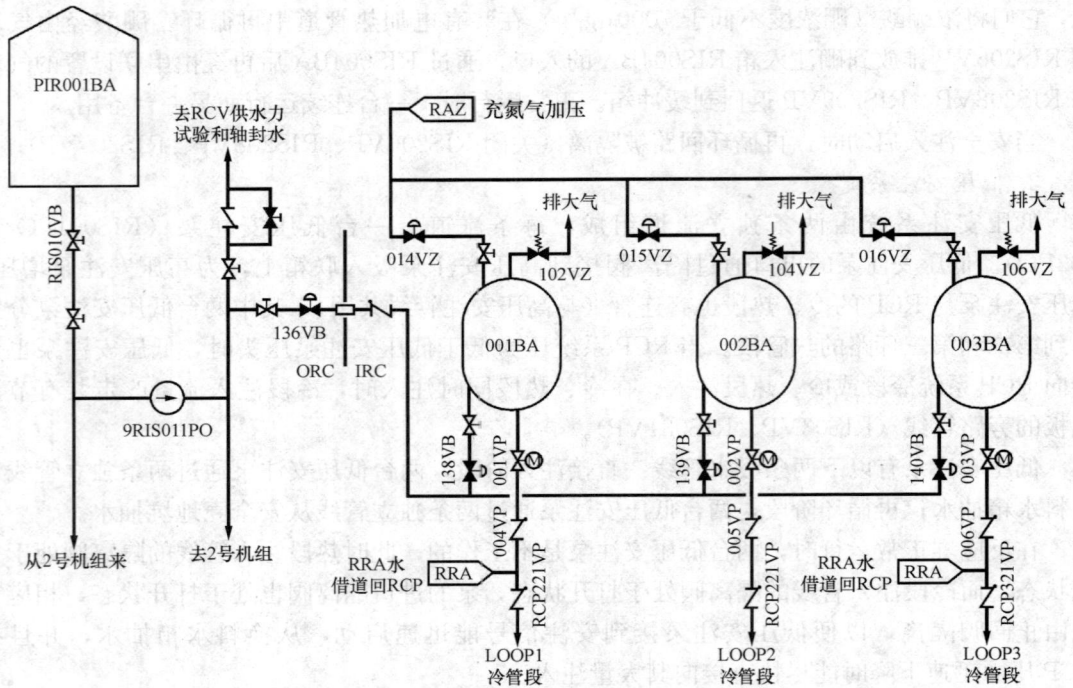

图中阀门状态对应RIS系统的备用状态，▷◁ 表示阀门在开启状态，▶◀ 表示阀门在关闭状态

图 4-2　中压安注系统

2. 低压安注泵（RIS001PO、RIS002PO）

LHSI 泵为立式单级离心水泵，每台泵装在一个竖井内。电机的热交换器由 RRI 冷却。为了保证 LHSI 泵的电源，RIS001PO 和 RIS002PO 分别由 6.6kV 的 LHA 和 LHB 供电，当失去外电源且厂用电不可用时，由应急柴油发电机供电。主要参数见表 4-1。

表 4-1　　　　　　　　　　　　　　低压安注泵主要参数

设计绝对压力/MPa	2.2	进口绝对压力（最大）/MPa	0.56
进口温度（最大）/℃	120	最小流量/(m³/h)	100
在最小流量下压头（水柱）/m	150～180	额定流量/(m³/h)	850
额定流量下压头（水柱）/m	最小 92，最大 102	轴功率/kW	355

3. 硼酸注入箱（RIS004BA）

该箱为两端带有半球形封头的圆筒形压力容器，封头上设有一个人孔。此箱内入口装有一个喷雾器，它使硼酸以 360°的扇形进入注入箱。为了防止硼酸结晶，设置了冗余的加热器。高浓度硼酸溶液由 REA 配置供给。主要参数见表 4-2。

表 4-2　　　　　　　　　　　　　　硼酸注入箱主要参数

箱的容积/m³	3.4	额定温度/℃	60
额定绝对压力/MPa	0.9	硼浓度/(μg/g)	约 7000
箱内液体容积/m³	3.4		

4. 硼注入缓冲箱（RIS021BA）

硼注入缓冲箱为硼注入箱的再循环回路提供缓冲能力，容器容积 0.55m³。为防止硼酸析出，该箱装有两套电加热器、一个搅拌器和一个带粗滤器的漏斗，使得在再循环回路稀释后能补给硼。这个箱与大气相通，与缓冲箱相连的所有管道都装有电加热装置。在电站正常运行期间，该箱具有与硼注入箱同样的硼酸浓度。

5. 安注箱（RIS001BA～RIS003BA）

该箱为两端带有半球形的圆筒形压力容器，箱体设有一个人孔。箱内装有用加压氮气覆盖的含硼水，在 RCP 压力降到安注箱压力以下时，利用氮气压力将箱内的硼水（2400μg/g）压入 RCP 冷管段。每个安注箱上端装有一只安全阀。主要参数见表 4-3。

表 4-3　　　　　　　　　　　　　　　安注箱主要参数

正常温度/℃	40	正常绝对压力/MPa	4.235～4.270
容器容积/m³	47.7	正常容器液体容积/m³	33.2
硼浓度/（μg/g）	2200±100		

6. 硼酸注入箱再循环泵（RIS021PO、RIS022PO）

此泵是全密封、离心式泵，泵轴承由泵送的流体润滑。每台泵安装在一个隔间内。为了使泵保持在高于硼溶解度限值的温度，隔间环境用冗余的电加热器加热。为了在需要时能迅速启动，备用泵用除盐水充满并连续加热。

7. 水压试验泵（9RISO11PO）

水压试验泵为两个机组共用，是双缸、液动、往复式泵。它由两台泵（9RIS111PO 和 9RIS112PO）组成，其中一台泵是增压泵。它在水压试验中使 RCP 升压，也用于安注箱充硼水。主要参数见表 4-4。

表 4-4　　　　　　　　　　　　　　　水压试验泵主要参数

设计绝对压力/MPa	26.0	入口绝对压力（最大）/MPa	0.2
出口绝对压力（可调）/MPa	4.7～24.0	入口温度（最大）/℃	40
最小流量/（m³/h）	0	最大流量/（m³/h）	6
轴功率（最大）/kW	66		

8. 设备布置

RIS 设备安装地点如下：安注箱布置在反应堆厂房；LHSI 泵布置在燃料厂房；HHSI 泵、硼注入箱、硼注入再循环泵、硼注入缓冲箱和水压试验泵布置在核辅助厂房。

（三）安注过程

在接到安注信号后，开始启动下述安注过程。

1. 冷段直接注入阶段

这一阶段是利用一回路冷却剂正常运行时的流向，使换料水（PTR00IBA）箱的硼酸溶液尽快地注入堆芯。

一旦接到"安注"信号，立即自动执行以下动作：

（1）启动第二台高压安注泵。

（2）打开高压安注泵与换料水箱之间的隔离阀，然后关闭与容控箱之间的隔离阀。

（3）打开硼酸注入箱前后的隔离阀，并隔离硼酸注入箱的再循环回路。

（4）隔离上充管路及上充泵最小流量管线。

（5）确认中压安注箱隔离阀的开启，确认低压去注泵与换料水箱之间的隔离阀及低压安注泵最小流量管线上的阀门已开启，打开低压安注泵出口通往高压安注泵入口的连接阀。

（6）启动两台低压安注泵，确认低压安注泵与安全壳地坑之间管线上吸口阀关闭。

当低压安注泵出口流量大于 300m³/h 时，自动关闭最小流量管线（关闭 RISI32VP/RIS145VP），以增加注入一回路的流量。

当一回路压力低于安注箱绝对压力（约 4.2MPa）时，中压安注系统开始注入。

当一回路绝对压力降到 1.0MPa 以下时，低压安注流量开始进入一回路冷段。在直接注入阶段换料水箱中的水位不断下降，其水位与储水量的对应关系见表 4-5。

表 4-5   水位与储水量的对应关系

项目	MIN1（正常水位）	MIN2（低水位）	MIN3（低-低水位）
水位（距箱底）/m	15.3	5.9	2.1
储水量/m³	1600	580	200

当出现低水位信号（MIN2）时，进入再循环过渡阶段，这时如果低压安注泵流量小于 300m³/h（由 RIS014MN/RIS015MN 测量），自动打开低压安注泵通往地坑的最小流量管线，隔离通往换料水箱的最小流量管线，以防止在再循环阶段地坑的高放射性液体污染换料水箱。但这时安注的情况没有变化，仍然是高压安注泵通过硼注入箱将硼水注入主管道冷段，低压安注泵作为高压安注泵的增压泵运行。待一回路绝对压力降到 1.0MPa 左右，低压安注泵也向冷段注入流量。

2. 再循环阶段

当换料水箱出现低-低水位信号（MIN3）而且安注信号继续存在时，安注自动转入再循环阶段。切换动作如下：低压安注泵吸入端接地坑的阀门开启，在证实接地坑的两个阀门开启后隔离换料水箱，开始从地坑取水进行再循环。

3. 冷、热段同时注入

由于蒸汽带走硼酸的能力很小，长期停留在冷段注入再循环阶段会使压力容器内硼浓度不断增大，导致燃料元件表面出现硼酸结晶，将影响燃料元件的传热。如果改用主流从热管段注入，使通过堆芯的流体反向流动，那么从破口流出的就有相当一部分是水，而不是纯蒸汽，从而可将压力容器中的浓硼酸带走。

把安注从冷段注入切换到冷段和热段同时注入的时间是在事故后 12.5h（大亚湾核电厂 18 个月换料循环模式要求的切换时间是 7h）。由操纵员在主控室进行。冷、热段同时注入时，以热段注入流量为主，而冷段注入只通过旁路阀门进行，主阀门关闭。

切换过程如下：

（1）关闭低压安注向冷段注入的主通道阀门 RIS061VP、RIS062VP。

（2）开低压安注通向一回路热段注入管道的阀门（RIS063VP、RIS064VP）。

（3）打开高压安注向冷段注入的旁路管与阀门，关闭主阀门（打开 RIS029VP、RIS036VP、RIS034VP 和 RIS035VP）。

（4）打开高压安注向热段注入的阀门 RIS021VP、RIS023VP。

（5）关闭 RCV083VP、RCV084VP。

（6）关闭 RCP 泵轴封水注入管线。

在发生 LOCA 后 24h，关闭 RCV053VP、RCV054VP，使 HHSI 泵的两个系列相互隔离，进入长期再循环阶段。

（四）安注启动信号

高压和低压安注系统由反应堆保护系统（RPR）响应冷却剂丧失和蒸汽管道破裂事故所产生的信号发出安注信号启动。如果自动控制电路故障，可由控制室手动启动。如果厂外电源丧失，所有设备（水压试验泵除外）由柴油发电机应急供电。

中压安注系统不需要外电源或启动信号就能快速响应。当反应堆冷却剂压力降到低于安注箱的压力时就开始向 RCP 系统的冷段注水，保证快速冷却堆芯。

（1）安注信号可由下面任一信号触发：

1）稳压器压力低（11.9MPa）；

2）两台蒸汽发生器蒸汽流量高且蒸汽管道压力低；

3）两台蒸汽发生器蒸汽流量高且冷却剂平均温度低（P12）；

4）蒸汽管道间主蒸汽压差高（$\Delta p = 0.7$MPa）；

5）安全壳内压力高（0.13MPa）；

6）手动启动。

（2）安注信号除立即启动 RIS 系统执行安注过程外，还触发其他一些系统的保护动作，包括：

1）反应堆紧急停堆（实际上应已停堆，这里是为了确认）。

2）启动应急柴油发电机。

3）隔离主给水系统（ARE），并停运主给水泵。

4）启动电动辅助给水泵。

5）启动设备冷却水泵（RRI）和重要厂用水泵（SEC）。

6）启动上充泵房应急通风系统（DVH）。

7）以小流量启动安全壳换气通风系统（EBA）。并将核燃料厂房通风系统（DVK）切换到碘过滤器。

8）将安全壳环廊房间通风系统（DVW）切换到碘过滤器。

9）触发安全壳隔离（阶段 A）。

安注信号出现后，RIS 立即启动，关闭锁停运信号，5min 后联锁才解除，操纵员方可根据具体情况手动复位安注信号，再停运 RIS 的有关设备。

三、安全壳喷淋系统

安全壳对核电厂安全具有特别重要的意义，它是阻挡来自燃料的裂变产物及一回路放射性物质进入环境的最后一道屏障。在发生 LOCA 或安全壳内蒸汽管道破裂事故情况下，高温、高压的蒸汽喷放出来，使安全壳内压力和温度升高。安全壳喷淋系统（EAS）的功能就是通过喷淋冷凝蒸汽，使安全壳内压力和温度降低到可接受的水平，确保安全壳的完整性。它是专设安全设施中唯一有冷源的系统。

慕课 11-安全壳喷淋系统

辅助功能：

（1）带走随一回路失水所散布在安全壳内大气空间当中的气载裂变产物，尤其是^{131}I。

（2）限制喷淋的硼酸对金属设备的腐蚀。

（3）当反应堆厂房发生火灾时，可手动喷淋灭火。

（4）在冷停堆工况下，EAS 也可用于冷却 PTR001BA 内的水。

（5）在 LOCA 后 15 天，EAS 泵可作为 RlS 低压安注泵的备用。

（6）在再循环喷淋阶段，EAS 泵从安全壳地坑吸水，EAS 在安全壳外的管段成为第三道屏障的一部分。

（一）系统描述

1. 系统组成

为保证喷淋的可靠性，每台机组的喷淋系统由两条相同的管线（系列 A 和系 B）组成，每个系列能保证 100% 的喷淋功能。两个系列分别由 LHA 和 LHB 供电。

每条管线由下列设备组成：一台喷淋水泵（EAS001PO、EAS002PO）、一个化学添加剂喷射器（EAS001EJ/002EJ）、一个热交换器（EAS001RF、EAS002RF）、两条位于安全壳顶部不同标高的喷淋集管以及共同的化学剂回路。

两条管线共用的化学剂回路包括一个化学添加剂箱 EAS001BA 和一台搅混泵 EAS003PO。此外，还有两条管线共用的连接 PTR001BA 的喷淋泵试验管线。系统流程如图 4-3 所示。

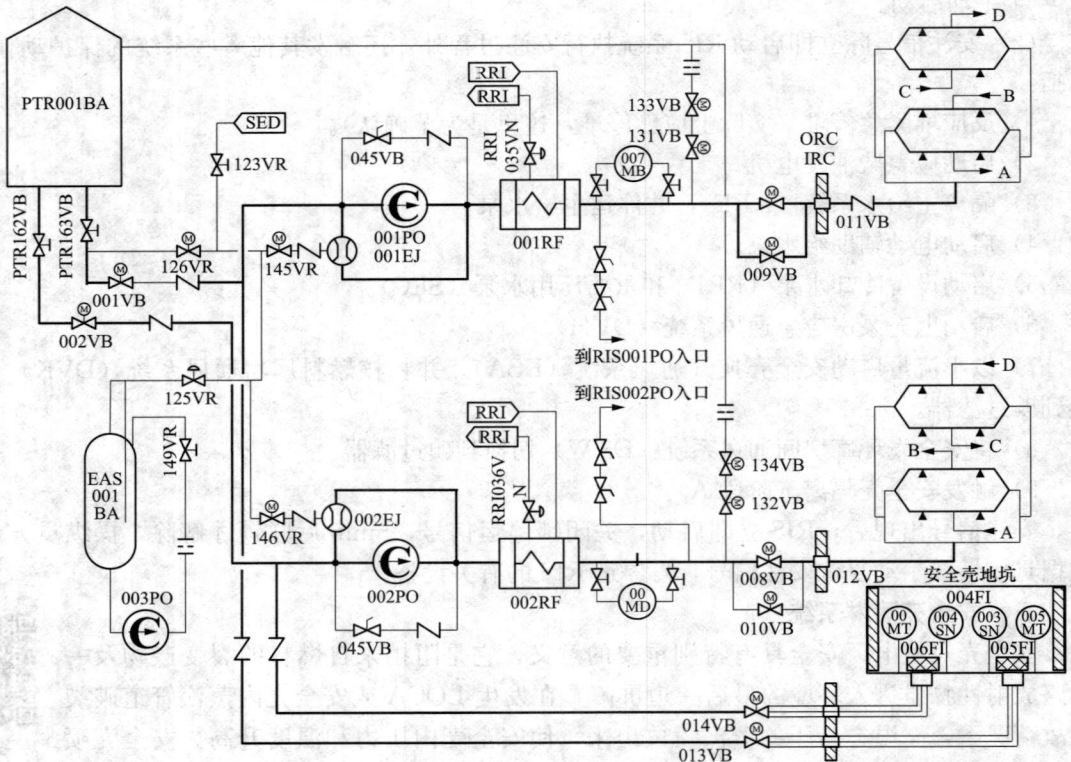

图 4-3　EAS 系统流程

与 RIS 类似，EAS 供水分两个阶段，第一阶段（直接喷淋）从换料水箱 PTR001BA 取水，第二阶段（再循环喷淋）从安全壳地坑取水。

2. 化学添加剂注入回路

化学添加剂箱 EAS001BA 内装有质量分数为 30％的 NaOH 溶液 10m³，水箱由溢流管与大气相通。水箱装有水位传感器，当水位低时发出报警信号，并停运搅混 EAS003PO 泵。

搅混泵 EAS003PO 额定流量为 15m/h³，额定流量下的压头为 30m 水柱，每隔 8h 启动搅混泵运行 20min。此泵也可作为化学添加剂箱疏水使用。

搅拌泵的部分输出被送入浸没在 NaOH 溶液内的管道中，以防止该管段被堵塞。输出流量由通/断式敏感元件 010SD 指示。

化学添加剂的喷射器 0lEJ、02EJ，以喷淋泵的部分出口流量为动力流体，从 EAS001BA 吸入 NaOH 溶液与主水流混合，进入喷淋集管。每台喷射器动力液体流量为 36t/h，进口流体流量为 14t/h。

喷淋水中的 NaOH 能吸附空气中的挥发性碘，由下式反应将放射性碘带到地坑中，最后送往 TEU 系统处理，反应式为

$$2NaOH + I_2 = NaI + NaIO + H_2O$$

注入 NaOH 也可以提高喷淋水的 pH 值，以避免结构材料的腐蚀。化学添加剂箱内的液体约在 30min 内排空。

3. 喷淋泵 001PO 和 002PO

喷淋泵为立式电动离心泵，安装在核燃料厂房地下室的竖井中，每台泵可保证 100％喷淋功能。每台泵设有最小流量循环管线，在定期试验时用于将泵出口流体送回到 PTR001BA。喷淋启动时每台泵的两个并列的出口隔离阀同时打开，因此不需要使用最小流量循环管线。

每台喷淋泵有一条旁路管线，在该泵故障时，由低压安注泵从地坑 EAS 的过滤器取水，经过旁路管线和该系列的热交换器，注入一回路。

EAS 主要特性见表 4-6（一个系列运行时）。

表 4-6　　　　EAS 主要特性（一个系列运行时）

参数	直接喷淋	再循环喷淋
额定流量/(m³/h)	850	1050
额定压头（水柱）/m	131	115
NPSH（水柱）/m		0.5
最高进口水温/℃	7～40	120
最高进口压力（泵停运）/MPa	0.92	0.92
转速/(r/min)	1500	1500
最大耗用功率/kW	490	

4. 喷淋水热交换器

在再循环喷淋时，为降低来自安全壳地坑水的温度，使用喷淋水热交换器 EAS001RF、EAS002RF 冷却。它们是卧式、水平直通管式热交换器，管侧为热水（喷淋水），壳侧为冷水。

5. 喷淋管

有四个环形喷淋集管（每个系列有两个），固定在安全壳的顶部，中心位于反应堆厂房中轴线上，以保证每条管线的喷淋皆可覆盖整个安全壳。喷淋集管上共有 506 只喷嘴，两个系列分别为 252 和 254 只，其中四条喷淋管的喷嘴数分别为 186、66、186 和 68 只。喷嘴直径 9.5mm，水滴平均直径为 0.27mm，水滴最大直径为 1.4mm。

6. 试验管线

喷淋试验管线上装有两组串联的电动阀 131VB、133VB（A 列管线）和 132VB、134VB（B 列管线），以便对 PTR001BA 实行隔离。

7. 安全壳地坑

安全壳地坑的作用是收集安全壳内的泄漏水和喷淋水，以便再循环使用。

地坑位于反应堆厂房环廊区域内，标高 −3.5m。地坑内设置一套过滤系统，用于拦截事故工况下进入地坑的杂质，以免安注泵和安喷泵发生汽蚀，防止喷头堵塞，以及堵塞堆芯流道。

8. EAS 到 RIS 的连接管线

EAS001RF 出口到 RIS001PO 入口的连接管线上装有两只手动隔离阀 041VB、043VB，EAS002RF 出口到 RIS002PO 入口的连接管线上装有两只手动隔离阀 042VB、044VB，当需要用 EAS 泵代替 RIS 泵或用 RIS 泵帮助 EAS 完成其冷却功能时，所用系列的阀才打开。

9. 设备布置

EAS 系统设备中除喷淋集管和部分管道位于反应堆厂房外，其他均位于核燃料厂房。

（二）系统运行

1. 待命状态

机组正常运行时，EAS 系统处于待命状态，除搅拌泵 EAS003PO 间断投运外，其余设备均停运备用。通往换料水箱管线上的电动阀 01VB、02VB 开启，以便在一旦需要投入 EAS 喷淋时，能迅速从 PTR001BA 吸水。

从安全壳地坑到安全壳隔离阀 007～010VB 之间的管道内是长期充满水的，目的是防止在喷淋泵入口管道内形成空气腔，但安全壳隔离阀是关闭的，以防止由于喷淋泵事故启动造成误喷淋。地坑吸水管线的隔离阀 013VB、014VB 正常关闭。

阀门 145VR、146VR、125VR 和 126VR 关闭，使 NaOH 储存箱与喷淋回路隔离。

2. 安全壳喷淋信号

安全壳压力由安全壳内大气监测系统 ETY 的四个压力探测器测量，用四取二逻辑。当一回路管道或安全壳内二回路管道破裂后，由于大量蒸汽涌入安全壳，安全壳压力将上升。当测得绝对压力达到阈值 0.24MPa（安全壳压力高 4）时，由反应堆保护系统（RPR）触发安全壳喷淋系统启动。

安全壳内各压力阈值所触发的保护动作见表 4-7。

表 4-7　　　　　　　　　　　安全壳内各压力阈值所触发的保护动作

信号	安全壳内压力(绝对)/MPa	触发动作
MAX1（高1）	0.11	ETY 隔离
MAX2（高2）	0.13	反应堆紧急停堆 汽轮机脱扣 备用柴油机启动 安全注入 安全壳隔离阶段 A 主给水泵跳阀 主给水隔离 辅助给水系统（ASG）启动
MAX3（高3）	0.19	主蒸汽管隔离
MAX4（高4）	0.24	反应堆紧急停堆 安全壳隔离阶段 B EAS 系统启动 柴油机启动

操纵员也可以手动启动 EAS。安全壳喷淋启动后，如果没有操纵员手动复位信号，10min 后自动复位。

3. 直接喷淋阶段

喷淋信号启动后，以下操作同时自动进行：

（1）打开 PTR001VB、PTR002VB（正常已经开启），以便从 PTR001BA 吸水。

（2）关闭阀 0013VB、0014VB（正常已经关闭）。

（3）启动 001PO 和 002PO。

（4）关闭 131VB、132VB 和 133VB、134VB（除了试验期间，正常情况下这些阀门都是关闭的）。

（5）打开安全壳隔离阀 007VB、008VB、009VB 和 010VB。

（6）关闭阀 126VB，接着打开阀 125VR。

（7）关闭阀 145VR、146VR（正常已经关闭），并禁止开启。

（8）停止搅拌泵 003PO。

（9）打开喷淋热交换器冷却水阀 RRI035VN 和 RRI036VN。

（10）5min 后，打开阀 145VR 和 146VR，注入氢氧化钠溶液。推迟 5min 是为了使操纵员能够进行事故分析，在误喷淋时避免注入氢氧化钠。

来自 PTR001BA 的含硼水以 814m³/h（一个系列）喷入安全壳内，每一系列以 14t/h 流量将 NaOH 溶液注入喷淋水内。

当 EAS001BA 到达低液位时，125VR、145VR 和 146VR 关闭。

4. 再循环喷淋

直接喷淋持续约 20min，当 PTR001BA 水位到达 MIN3 水位时，出现黄色报警信号，如果安全壳喷淋信号存在，转向再循环喷淋过渡。

（1）自动转换到再循环喷淋。确认喷淋水热交换器冷却水阀 RRI035VN、RRI036VN

已被打开；打开安全壳地坑吸水管线上的阀 013VB、014VB；关闭从 PTR001BA 吸水的阀 001VB、002VB。

（2）手动转换到再循环喷淋。只有在异常情况下才使用手动转换，其操作如下：

1）当两个系列都在运行时，先转换一个系列，手动复位该系列喷淋信号，再停运相应的喷淋泵，等泵完全停转后，关闭相应的 PTR001BA 出口阀 001VB（或 002VB），并开启地坑隔离阀 013VB（或 014VB）。当此阀已全开后，再启动泵，然后进行另一系列的转换。

2）当只有一个系列运行时，让泵继续运行，开启相应的地坑隔离阀，并关闭 PTR001BA 出口阀。

事故后再循环喷淋阶段可能延续几个月，以便将一回路释放到安全壳内的热量通过喷淋水热交换器导出，由于两个系列是冗余的，一定时间后留下一个系列运行便足够用了。

由于锆水反应产生氢气，当安全壳内氢浓度达到 1%～3% 时，启动 ETY 系统的氢复合装置进行消氢。

（三）其他运行

1. EAS 系统可作为 RIS 系统应急备用

在发生 LOCA 事故 15 天后，如果低压安注泵失效，可用 EAS 喷淋泵提供安注水。此时，EAS 和 RIS 都处在再循环阶段，高压安注泵已停运。主要操作如下（以系列 A 为例）：隔离低压安注泵与地坑和高压安注泵之间的管线；关闭 EAS 喷淋管线（EAS007VB、EAS009VB）；打开 EAS 与 RIS 的连接管线（EAS041VB、043VB）；此后喷淋泵从地坑吸水，经过热交换器 EAS001RF、EAS002RF 冷却后，通过 RIS 低压安注管线注入一回路冷段。

2. RIS 系统也可作为 EAS 系统应急备用

在发生 LOCA 事故 15 天后，如果喷淋泵失效，可用 RIS 低压安注泵帮助 EAS 系统完成其冷却的使命。此时 EAS 和 RIS 都处在再循环阶段，高压安注泵已停运。

主要操作如下（以系列 A 为例）：将低压安注管线转向冷段注入后，确认 EAS013VB 开启；关闭 EAS 喷淋管线（EAS007VB、009VB）；打开喷淋泵旁路管线 EAS045VB，以减少压力损失；打开 EAS 与 RIS 的连接管线（EAS041VB、043VB）；此后低压安注泵从地坑的 EAS 吸水口吸水，经过热交换器 EAS001RF、EAS002RF 冷却后，从 RIS 低压安注管线注入一回路冷段。

3. 喷淋泵试验

主要操作如下：先确认喷淋泵与 NaOH 箱、地坑和安全壳之间的隔离阀已关闭，热交换器冷却水已隔离然后打开 EAS 试验管线上的隔离阀，启动喷淋泵，从 PTR001BA 吸水，经热交换器和试验管线，将水送回 PTR 水箱。

在上述操作完成后，进行喷射器试验。在验证 125VR 已关闭后，打开 126VR，再打开 145VR，喷射器从 PTR001BA 吸水，与喷淋泵主水流混合，经热交换器和试验管线，将水送回 PTR 水箱。

4. 用 EAS 冷却 PTR001BA

在冷停堆工况下，如果 PTR01BA 内水温超过 40℃，可用 EAS 系统冷却，其主要操作与喷淋泵试验相似，只是热交换器冷却水阀 RRI035VN、RRI036VN 要打开。

四、辅助给水系统

辅助给水系统（ASG）属于专设安全设施之一，其安全作用是在主给水系统的任何一个环节（CVI、ABP、APP、APA、ARE）发生故障时，作为应急手段向蒸汽发生器二次侧供水，使一回路维持一个冷源，排出堆芯剩余功率，直到 RRA 系统允许投入运行为止。在此阶段，堆芯导出的热量通过蒸汽发生器产生蒸汽，蒸汽排入冷凝器或向大气排放（GCT-a）。

慕课 12-辅助给水系统

此外，在下列情况，ASG 代替主给水系统向蒸汽发生器供水：蒸汽发生器投入前的充水；机组启动（RRA 退出至热备用阶段）；机组停堆后的热停堆（如果 ARE 不可用）；从热停堆至 RRA 投运前的 RCP 冷却阶段。ASG 另一功能是其除氧装置为 REA 水箱提供除盐除氧水。

（一）系统描述

1. 系统组成和流程

ASG 系统流程简图如图 4-4 所示（以大亚湾机组为例）。它分为两大部分：分属各机组的部分（1ASG 或 2ASG）和两个机组共用的部分（9ASG）。

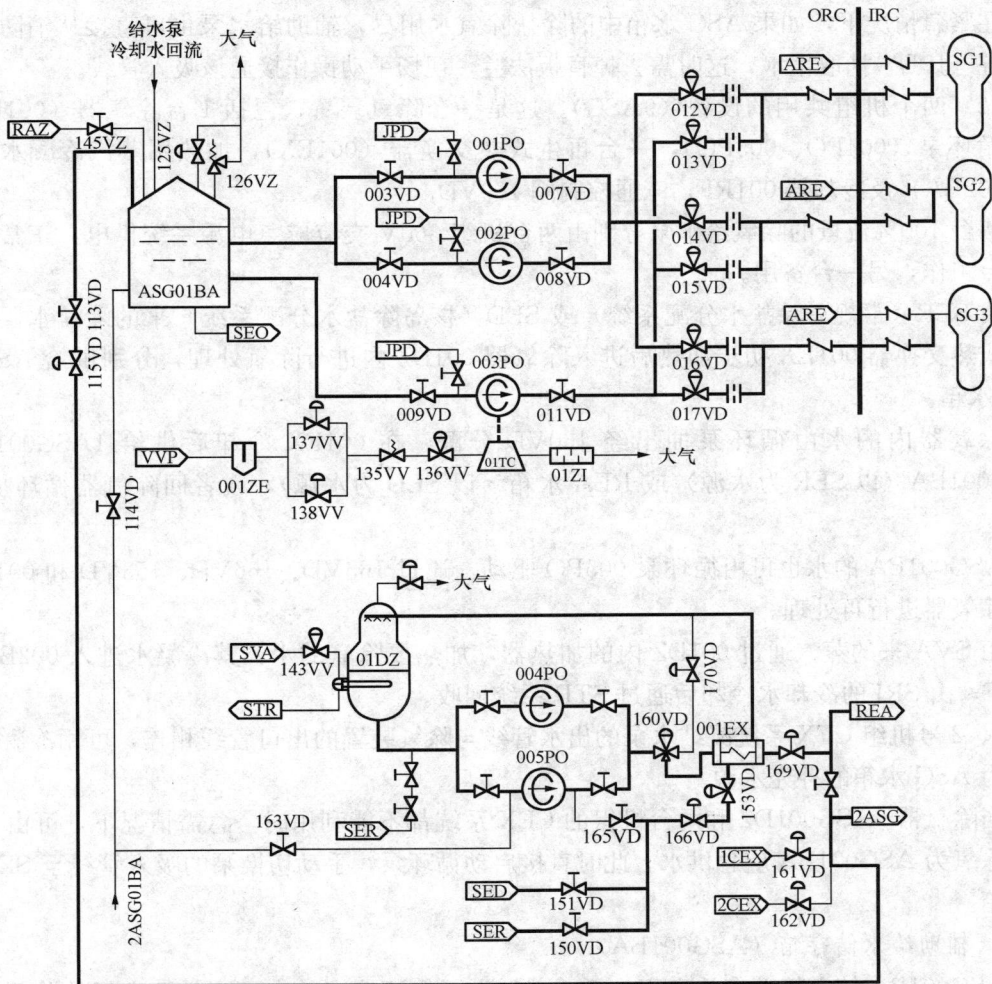

图 4-4　ASG 系统流程简图

（1）属于每个机组的部分（1ASG 或 2ASG）。它包括一个辅助给水储存箱（ASG001BA），两台电动辅助给水泵（ASG001PO、ASG002PO），一台汽动给水泵（ASG003PO）及其驱动汽轮机 ASG001TC，以及与三台蒸汽发生器相连的给水管线（装有流量调节阀 ASG012VD～ASG017VD）。

为满足单一故障准则，辅助给水泵设计成两个独立的系列，各有100％容量。A 系列：两台电动泵（2×50％容量），可由应急电源供电。B 系列：一台汽动泵（1×100％容量）由主蒸汽系统（VVP）旁路供汽。

辅助给水泵从 ASG001BA 水箱（内装除盐除氧水）吸水。电动给水泵 001PO、002PO 的出口管道相接后分成三路，经过流量调节阀 012、014、016VD 及限流孔板，分别与汽动给水泵 003PO 出口经流量调节阀 013、015、017VD 后的三条分流管线相连接，然后分别接入三台蒸汽发生器的主给水管道（靠近入口处），进入蒸汽发生器。

ASG001BA 可由两个机组共用部分的除氧装置补水，经过除氧处理的水通过 115VD、113VD 进入水箱。水箱内储存的水也可通过 114VD 去除氧器进行再除氧处理或加热。

在紧急情况下，如果 ASG 水箱中的除盐除氧水用尽，辅助给水泵也可直接从消防水分配系统（JPD）抽取生水，这时需去掉盲板法兰，现场手动操作接通该吸入管线。

（2）两个机组共用的设备（9ASG）。这是一套除氧装置，包括 1 台除氧器（001DZ），两台循环泵（004PO、005PO），一台再生式热交换器（001EX），加热用蒸汽冷凝水储存罐（002BA）及冷却器 001RF，三通控制阀 160VD。

两台100％流量的除氧给水泵分别由两台机组 360V 交流应急电源系统供电，正常情况下一台工作，另一台备用。

由 SER（常规岛除盐水分配系统）或 SED（核岛除盐水分配系统）来的除盐水，通过再生式热交换器 001EX 初步加热后进入除氧器 001DZ 内进行除氧处理，分别供给 ASG 和 REA 水箱。

除氧器内的水由循环泵抽出经 160VD 分配，在 001EX 冷却后供给 1ASG001BA、2ASG001BA（以 SER 为水源）或 REA 水箱（以 SED 为水源），或者回除氧器循环加热、除氧。

ASG001BA 的水也可由循环泵 005PO 驱动，通过 165VD、166VD、153VD 和 001EX，进入除氧器进行再处理。

由 SVA 来的蒸汽通过 001DZ 内的加热器，加热要除氧的水，其冷凝水进入 002BA 及 001RF，由 SRI 的冷却水冷却后通过 STR 系统回收。

1、2号机组 CEX 系统凝结水泵的出水管线与除氧装置的出口管线相连，可用冷凝器的水作为 ASG 水箱的补充水源。

当除氧器 9ASG001DZ 和两台机组的 CEX 系统都不能利用时，急需情况下，可由 SER 不经除氧为 ASG001BA 应急供水。此时直接启动循环泵，手动切换泵的吸入管线至 SER 储存水箱。

2. 辅助给水储存箱（ASG001BA）

ASG001BA 储存箱总有效容积为 790m³，为了保证箱内的水一直处于良好的除氧和除盐状态，水箱上部空间用氮气覆盖，氮气绝对压力为 0.11～0.112MPa，由 RAZ 系统供应氮气。箱内压力过高时，通过泄压阀 125VZ 排放，整定值为 0.1112MPa。另外由阀 126VZ 作超压保护及负压保护。水温由除氧器保持在 7℃以上，高于 50℃时报警。

如前所述，ASG001BA 补充水的来源有三个途径：两台机组的 CEX、9ASG 除氧器、SER（生水）。

应优先利用 CEX 补水，这样比较快，而且留下除氧器可供 REA 的供水需要。SER 作为最后一个水源，仅用于应急。

ASG 水箱的水量（790m³）足够维持热停堆 2h 及冷却至允许 RRA 投入（厂外电源可用时需 4h，否则需 8h）以及 RRA 准备时间 1h15min 所需的水量，另外加上主给水管道破裂事故时在开始 30min 内经破口流失的水量。如果热停堆超过 2h 或在反应堆启动过程中，应启动除氧装置，给 ASG001BA 补水。

水箱的水位是不受控的，可以在高－高水位和低－低水位之间变化。当水箱充水达到高水位时，115VD 自动关闭。如果两台机组的 115VD 都关闭，将引起除氧装置自动停运，或使 161VD、162VD 关闭，隔离 CEX。

3. 辅助给水泵

辅助给水泵的设计原则：在一台蒸汽发生器的给水管线破裂，另两台蒸汽发生器二回路侧处于设计绝对压力（8.6MPa）的情况下，要求供应两台完好的蒸汽发生器中每一台的流量至少为 45m³/h。为此，破口处的流量要用孔板限制在小于 250m³/h。

（1）电动给水泵 ASG001PO、ASG002PO。两台 50％额定流量的电动给水泵分别由 6.6kV 应急电源母线 LHA、LHB 供电。每台泵额定流量为 100m³/h，压头为 1100m 水柱。电动给水泵可用于为蒸汽发生器初始充水，因此它们能在绝对压力为 0.1～8.6MPa 的背压范围内运行。

电动给水泵是 11 级卧式离心泵，异步电动机通过变速齿轮（1485/5074r/min）驱动水泵。泵是自润滑的，通过位于推力轴承内的一个油腔和一个黏性泵对泵轴承进行润滑。变速器利用与变速器底板做成一体的一只油箱和两台油泵（一台电动泵 012PO/022PO，一台轴联泵 011PO/021PO）进行润滑，通常由轴联泵提供润滑油压，电动油泵则用于手动启动给水泵之前建立油压。泵和变速器润滑油系统以及电动机的冷却是利用从第一级叶片出口侧抽出的水通过热交换器冷却的，冷却水再返回 ASG001BA。

（2）汽动给水泵 ASG003PO。汽动给水泵额定流量为 200m³/h，总压头为 1100m 水柱。汽轮机在 8.6～0.76MPa 的蒸汽压力范围内运行（0.76MPa 蒸汽压力相应于一回路允许 RRA 投入的温度），对应的给水泵流量分别为 200m³/h 和 75m³/h。

泵为 8 级卧式离心泵，由冲动式汽轮机驱动，汽轮机由主蒸汽管道的主隔离阀前引出的 3 个分管供汽，只要一个分管就能满供汽量（在预运行试验时由 SVA 系统供汽），蒸汽经汽水分离器 01ZE、隔离阀、调节阀，进入汽机 01TC，乏汽经过一个消音器直接排向大气。汽轮机的转速通过操作控制阀 136VV 的一个机械式调节器 01RG 进行控制，正常运行范围从 2200r/min 至额定转速 5968r/min。通过开启或关闭 137VV/138VV 实现汽动泵的启动或停运。

汽动泵的润滑系统与电动泵相似。

4. 除氧装置

除氧装置是两个机组共用的设备，主要用于：①对来自 SER 的除盐水进行除氧，供 ASG 储水箱充水和补水；②对来自 SED 的除盐水进行除氧，供 REA 系统储水箱 REA01BA、REA02BA 补水；③需要时对 ASG001BA 内的水进行再除氧或加热。

除氧器 9ASG001DZ（也称脱气器）采用热力除氧法，除气因子（输入含氧量/输出含氧量）为 800。SER 或 SED 的除盐水首先进入再生热交换器预热，离开热交换器时温度为 88.5～96℃，水从除氧器顶部喷出雾化。由除氧器水位信号控制流量调节阀 153VD 开度，以维持除氧器内的水位。通过调节加热蒸汽的流量（143VV）来保持除氧器的工作压力为 0.12MPa。不凝结性气体从除氧器顶部排出，排气量为 60kg/h。经过除氧后的水约 105℃，由循环泵经再生热交换器 01EX 排向相应的水箱，其水温在 50℃ 以下。

5. 设备布置

ASG 系统设备中，两机组共用的 9ASG 部分位于汽轮机厂房 MX，其他位于连接厂房 WX。

（二）系统运行

1. 备用状态

机组正常运行时，ASG 系统停运并保持备用状态，或者进行不影响系统最小供水能力的短期试验。下面介绍各设备的状态。

（1）ASG001BA。通常充水到高水位和高-高水位之间，以保证可供使用的最小容积为 790m³；水质要达到蒸汽发生器给水的化学标准；由氮气覆盖，保持绝对压力为 0.11～0.112MPa；水温降至 7℃ 以下时，由除氧器再循环重新加热。

（2）电动泵 001PO、002PO。两台电机泵停运，保持备用状态，等待启动信号。

（3）汽动泵 003PO。汽动泵也保持备用状态，等待启动信号：供汽管线在 137VV 及 138VV 阀前保持热备用，而 VVP127、VVP128 和 VVP129VV 正常处于开启位置；进汽入口快速隔离阀 135VV 正常开启。调节阀 136VV 由控制器 001RG 调节，预先整定到汽机额定转速（5968r/min），亦即使 136VV 处于完全回座的开启位置，待给水泵启动后通过它调节泵转速。

（4）给水流量调节阀 012VD～017VD。调节阀 012VD～017VD 置于全开位置。

（5）除氧装置。如果 ASG 水箱的水符合化学标准，则除氧装置停运，或为了 REA 系统补水而投入运行；与两个机组 CEX 的连接管线都隔离。

2. 系统启动

（1）启动信号。ASG 系统的电动给水泵或汽动给水泵可以自动启动或手动启动，除氧装置由就地操作柜投入工作。

辅助给水泵启动信号如图 4-5 所示。

说明：

1）一台蒸汽发生器出现低-低水位信号（2/4），延时 8min 后同时启动电动和汽动辅助给水泵；若同时出现给水流量低（$<6\%Q_n$）信号，则不延时。

2）失去厂外电源时，将引起主泵转速降低，这时需要用汽动辅助给水泵为蒸汽发生器供水，以带出堆芯余热。因此在两台主泵转速降低到 2365r/min 且存在 P7 信号（机组功率

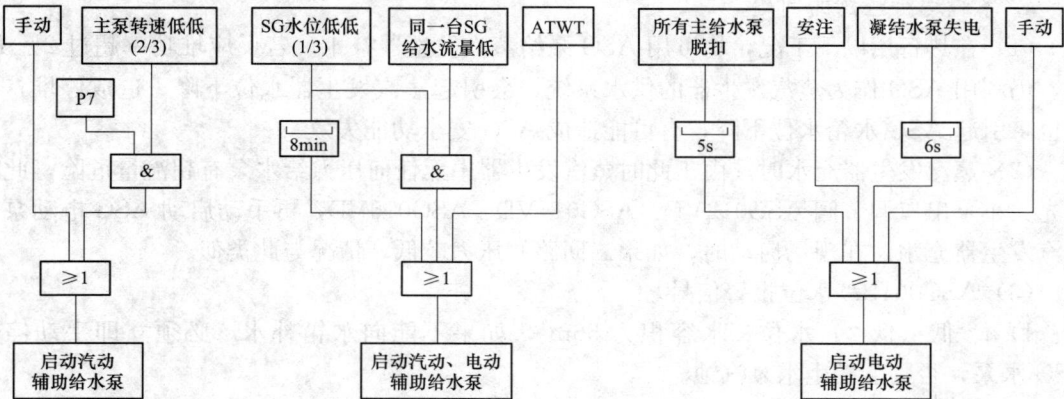

图 4-5　辅助给水泵启动信号

大于 10%）时，启动汽动辅助给水泵。

3）当凝结水泵供电母线失电（$U < 0.7U_n$）时，延时 6s 后启动电动辅助给水泵。

4）安注信号启动两台电动辅助给水泵。

5）如果汽动主给水泵（APP）和电动主给水泵（APA）都脱扣，延迟 5s 后启动两台电动辅助给水泵（延迟 5s 是为检验是否电源继电器故障）。

6）两台蒸汽发生器给水流量小于 $6\% Q_n$ 且反应堆功率大于 $30\% P_n$ 时，产生 ATWT 信号（停堆保护系统拒动时增设的一个信号），启动电动和汽动辅助给水泵。

（2）启动操作。ASG 泵自动启动后，给水流量调节阀 012VD、014VD、016VD 和 013VD、015VD、017VD 全部相应开启至全开位置，随后操纵员按下复位按钮，将这些阀门置于遥控，把控制阀开度调整到能保证合适的给水流量，以保持蒸汽发生器内正常水位。

手动启动 ASG 泵时应首先启动相应的电动油泵以保证合适的润滑油压，如果油压（绝对压力）未达规定值（0.13MPa），则连锁泵启动。ASG 泵达到额定转速以后应停运电动油泵，由联轴油泵保持润滑油压，但油压偏低时电动油泵能自动启动。

ASG 泵自动启动时无须事先润滑。

3. 其他运行工况

（1）为蒸汽发生器充水（首次充水或停堆连续充水）。两台电动泵运行，水箱水位由除氧器或凝结水泵充水维持对蒸汽发生器一台一台地充水，由给水化学取样系统（SIT）取样分析。

（2）电厂启动。两台电动泵运行，维持蒸汽发生器水位于零负荷水位±5%，除氧器装置运行。

（3）延长热停堆。ASG 水箱可由另一机组的 CEX 补水，除氧器可用于 REA 补水，流量减小（控制阀减小 30%开度）。

（4）ASG 水箱补水（或充水）。手动控制 161VD 或 162VD，由 CEX 补水，也可由除氧器补水。

（5）REA 水箱补水。由 SED 系统 pH 值为 7 的水送至 9ASG001DZ 除氧，然后给 9REA001BA、9REA02BA 补水。除氧器控制盘上有报警信号，防止 pH＝9 的水对 REA 的污染。

4. 系统运行注意的问题

（1）在热备用以下工况，均可用 ASG 泵给蒸汽发生器补水。若反应堆功率超过 2% P_n 时，仍利用 ASG 作为蒸汽发生器的供水系统，会引起蒸汽发生器水位下降，造成停堆，同时也将引起 ASG 水箱水位下降，有可能造成 ASG 安全功能失效。

（2）蒸汽发生器充水时，由于此时蒸汽发生器中无任何压力给水泵有超流量危险，此时应先关小泵出口调节阀 ASG012VD、ASG014VD、ASG016VD，再手动启动 ASG 电动泵向蒸汽发生器充水。在现场启动时，如果二回路侧压力较低，情况与此类似。

（3）ASG001BA 水位报警信号。

1）低-低（低 2）水位：水容积为 56m³，如果不能向水箱补水，必须立即手动停运 ASG 水泵，否则会发生水泵汽蚀。

2）低水位：水容积为 525m³，对应于从热停堆过渡到冷停堆（RRA 投入条件）所需的水量。

3）高水位：水容积为 790m³/h，小于此值应补水。

4）高-高（高 2）水位：立即停止补水操作，关闭补水管线上的所有隔离阀。

（4）失去厂外电源时，电动辅助给水泵可由应急柴油发电机供电，但如果 RRA 泵在运行，应急电源优先为 RRA 泵供电，ASG 泵无电源。

五、安全壳隔离系统

为了保证安全壳作为第三道安全屏障的功能不受到损害，贯穿安全壳壳体的管道系统必须有适当设施，以便在发生事故时接到安全壳隔离信号后能将安全壳隔离，这些设施组成了安全壳隔离系统（EIE）。安全壳隔离系统不是一个独立的系统，而是分散地布置在各有关系统中，涉及几乎所有的核岛系统和主蒸汽系统等约 26 个系统。

（一）功能

在发生 LOCA 事故时，安全壳隔离系统使除专设安全设施以外的穿过安全壳的管道及时隔离，从而减少放射性物质的对外释放；在主蒸汽管道发生破裂时，它及时隔离蒸汽发生器，以防反应堆冷却剂系统过冷和安全壳超压。

（二）系统描述

安全壳隔离主要由各种贯穿件、隔离阀和相应管道组成。管道在穿过安全壳处都设有密封的贯穿件，将管道封闭在预埋在安全壳壁内的套管内。套管和安全壳衬里板相焊接，在安全壳内侧经套管封头与管道焊接，以防放射性气体外漏。不同的工艺管道根据其功能采用不同的隔离阀。

凡属主回路一部分或直接与安全壳内大气相通的贯穿管路，或者在安全壳内未形成封闭系统的，一般都采取在安全壳内外各设一个隔离阀。隔离阀的设置方式有下列几种：

（1）安全壳内、外侧各一只手动隔离阀。

（2）安全壳一侧一只自动隔离阀，另一侧一只手动隔离阀。

（3）安全壳内、外侧各一只自动隔离阀。

（4）在事故后要运行而在安全壳内无法动作的阀门，可在安全壳外侧设两只自动隔离阀。

（5）满足下列条件的，可在安全壳外侧只设一只隔离阀：系统在安全壳外是个封闭系统；系统属于专设安全系统；系统中由安全壳贯穿件至阀门的一段置于一个封闭套管和围封中的非主回路一部分，又不直接与安全壳内大气相通的贯穿管路，则至少在安全壳外侧设一只隔离阀。

安全壳隔离系统典型设计方式如图 4-6 所示。

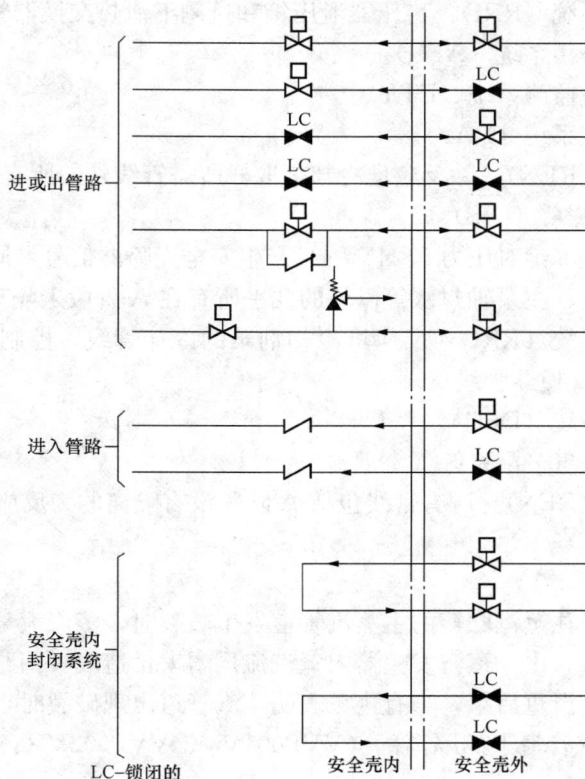

图 4-6 安全壳隔离系统典型设计方式

对于各隔离阀之间的管段，当阀门关闭时，由于留在其中的液体热膨胀可能会形成超压，一般是在绕过安全壳内侧隔离阀的反向管线上设置止回阀或泄压阀进行超压保护。

一般来讲，由反应堆保护系统自动启动的隔离阀中，凡位于安全壳内侧的阀门由 A 系列保护信号触发关闭，外侧的阀门由 B 系列保护信号触发关闭。

（三）系统运行

反应堆正常运行和停堆工况下，隔离阀的状态取决于各系统运行要求。当失水或其他事故发生后，阀门的状态取决于事故后各管道系统的要求，一般来说专设安全设施系统的隔离阀应当打开或保持开启状态，其他隔离阀应该关闭。

安全壳隔离系统由安全壳隔离信号或手动启动，根据事故发展的进程隔离不同的管路，可分为两个阶段：安全壳隔离 A 阶段（第一阶段）和安全壳隔离 B 阶段（第二阶段）。

1. 安全壳隔离 A 阶段（CIA）

安注信号产生的同时触发安全壳隔离 A 阶段信号，隔离以下管线。

（1）安注系统（RIS）：试验管线。

（2）化学和容积控制系统（RCV）：下泄管线，轴封水回流管线和上充管线。

（3）硼和水补给系统（REA）：补充水分配管线。

（4）核岛排气及疏排水系统（RPE）：反应堆冷却剂排放管线、工艺排水管线、地面排水管线、含氢排放管线。

（5）设备冷却水系统（RRI）：稳压器泄压箱和过剩下泄热交换器管线。

（6）蒸汽发生器排污系统（APG）。

（7）安全壳内大气监测系统（ETY）。

（8）核岛氮气分配系统（RAZ）。

（9）核取样系统（REN）：除反应堆冷却剂取样所需管线外的所有管线。

2. 安全壳隔离 B 阶段（CIB）

安全壳压力高 4 值（绝对压力 0.24MPa）产生安全壳喷淋信号，同时启动安全壳隔离 B 阶段把除专设安全设施、主泵轴封水等以外的几乎所有在 A 阶段未隔离的管路进行隔离。

（1）设备冷却水系统（RRI）：反应堆冷却剂泵的冷却管线，控制棒驱动机构通风冷却器管线，RRA 系统热交换器管线。

（2）核岛冷冻水系统（DEG）。

（3）仪表用压缩空气分配系统（SAR）。

（4）核取样系统（REN）：所有管线包括 A 阶段没有隔离的为反应堆冷却剂取样所需的那些管线。

3. 主蒸汽隔离

蒸汽发生器出口通往蒸汽联箱的主蒸汽管道发生破裂时，蒸汽大量失控排放，将导致安全壳内压力上升。同时，由于蒸汽发生器内蒸汽流量增大，造成一回路过冷，使得堆芯引入正反应性。为避免这些严重后果，当有迹象表明蒸汽管道出现破裂时，立即发出主蒸汽隔离信号，关闭三条主蒸汽管道上的隔离阀（VVP001VV、VVP002VV、VVP003VV）及其旁路阀。

主蒸汽隔离的启动信号：

（1）两台蒸汽发生器蒸汽流量高且蒸汽管道压力低。

（2）两台蒸汽发生器蒸汽流量高且冷却剂平均温度低（P12）；两台蒸汽发生器蒸汽管道压力低-低。

（3）安全壳压力高 3 值（绝对压力 0.19MPa）。

（4）手动。

六、氢气控制系统

可燃气体控制系统用来监测控制安全壳气空间的氢气体积分数，防止失水事故后安全壳内氢气积累到超过燃烧或爆炸限值水平。在发生失水事故后，造成安全壳内氢气积累的原因如下：①由燃料包壳材料 Zr 与水发生化学反应。②冷却剂中溶解氢的释放。③水在堆芯内的辐射分解。④水在安全壳地坑内的辐射分解。⑤喷淋溶液与安全壳内材料（与喷淋液不相容的材料在安全壳设计要求中是有限制的）化学反应产生的氢气。

为了满足失水事故后对安全壳内可燃气体的监测和控制要求，压水堆核电厂设计中采用了氢气取样系统、事故后安全壳气体混合系统、氢气复合系统和氢气排放系统。

1. 事故后氢气取样系统

事故后氢气取样系统，用来提供安全壳气体样品，通过取样分析监测安全壳内氢气的体积分数，确保氢复合器的及时投入。该系统由若干台风机、管路和一个样品容器组成，管路应保证可从安全壳内若干有代表性的点采集样品。

2. 安全壳气体混合系统

该系统用来混合安全壳大气，防止局部空间氢气体积分数增高；该系统由若干风机和配气管路组成，管路的布置应防止出现氢气体积分数可能增高的滞流区；该系统事故后投入运行，搅拌安全壳大气。

3. 内部热力氢复合器

氢复合器用来使氢气和氧气在受控的速率下合成水，从而去除安全壳大气中的氢气。

电热式热力氢复合器示意如图 4-7 所示。这种装置由一个入口预热段、一个加热复合段和一个混合室组成。空气靠自然对流通过入口百叶窗被吸入并进入预热段，预热段由直管护套型电加热元件组成预热，提高了系统的效率并能蒸发可能被空气夹带的微小水滴。预热的热空气经一个孔板向上流入加热段。孔板用来控制进入整个装置的空气流量。在加热段，空气温度升高到 $620\sim760\,^{\circ}\text{C}$，导致氢和氧的复合，复合温度大约为 $613\,^{\circ}\text{C}$。空气离开加热段后进入设在装置顶部的混合室，在这里热空气与较冷的安全壳空气混合后，以较低的温度排回安全壳。电加热器由 1E 级配电系统供电。

该装置是完全封闭的，内部构件是防安全壳喷淋水冲击的。除底座用碳钢，加热器套管用 Incoloy 合金之外，其主要结构部件都是用不锈钢和因科镍 600 合金制造的。

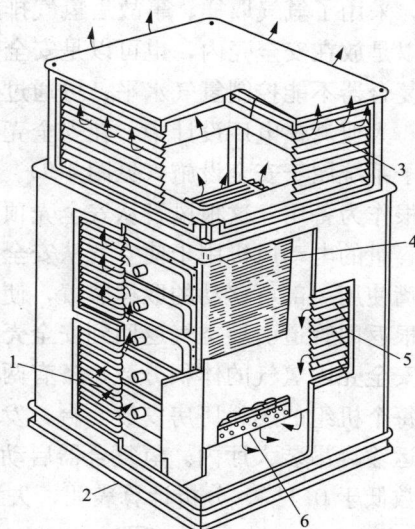

图 4-7 电热式热力氢复合器示意
1—冷却空气；2—滑撬；3—排气；
4—电加热器；5—吸入口；6—流量孔板

4. 外部氢复合系统

法国设计的 900MW 压水堆核电厂氢复合系统原理如图 4-8 所示。该系统由一台空气压缩机、一台气体加热器、一个反应室、一台冷却器和相应的管道阀门仪表组成。安全壳空气由空气压缩机抽出加热至 $320\,^{\circ}\text{C}$ 左右，进入催化床，在钯催化剂的作用下氢与氧复合成水，除氢后的空气经冷却、除湿后返回安全壳内。两台轻便式氢复合器平时放置在燃料厂房，失水事故后接入系统。

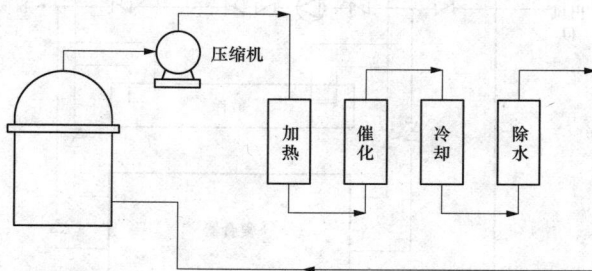

图 4-8 法国设计的 900MW 压水堆核电厂氢复合系统原理

5. 事故后氢气排放系统

该系统用来在发生失水事故后从安全壳内排出足够数量的气体，使安全壳内氢的体积分数在假定无其他除氢设施存在的条件下保持低于 4% 的容许限值。该系统是冗余氢复合器系统的后备系统，它包括排气系统和供气系统，供气系统向安全壳提供外部空气，它由若干风机和管路、阀门组成；排气系统由若干台风机与管路、一个前置过滤器、一个高效微粒空气过滤器和一个活性炭过滤器组成，排气的过滤部分是必需的，借以将事故后剂量控制在规定的限值以内。

上面所述各种可燃气体控制系统，并非在一个设计中全部采用。西屋公司压水堆的设计中，采用了氢气取样、事故后氢气排放、事故后安全壳大气混合和氢复合等措施。氢复合器可以是放在安全壳内，也可以是安全壳外的。事故后氢复合系统是氢复合器的冗余备用。如果复合器不能控制氢气水平，可通过事故后氢气排放系统进行排气。

大亚湾核电厂设计中，在安全壳内大气监测系统中设有一个混合、取样和复合子系统，该子系统属于安全设施（见图 4-9）。这个子系统由两根平行的管线组成，一根供正常使用，一根作为备用。这根风管从安全壳顶部抽风，经位于安全壳外侧的两个密封的蝶阀，百分之百容量的电动风机用于使空气从安全壳顶部到下部的再循环，在每台风机的进出口侧有一个管嘴使用一部可移动的取样装置，使之通过两个管嘴之间循环的空气小流量取得空气样品。一根返回管道引导空气返回到安全壳的下部，这样进行了安全壳大气的混合和取样。为了降低安全壳内氢气的体积分数，备有两台可移动氢复合器供两个机组使用。正常情况下，分别在每个机组的燃料厂房安放一台，发生失水事故后，两台氢复合器全部移到出故障机组的燃料运输罐吊装大厅内。氢复合器启动后不超过 2h 的时间内，返回安全壳的气体中氢的体积分数低于 0.1%。分析计算表明，失水事故后 11～22d 之间，有必要将氢复合器投入运行。

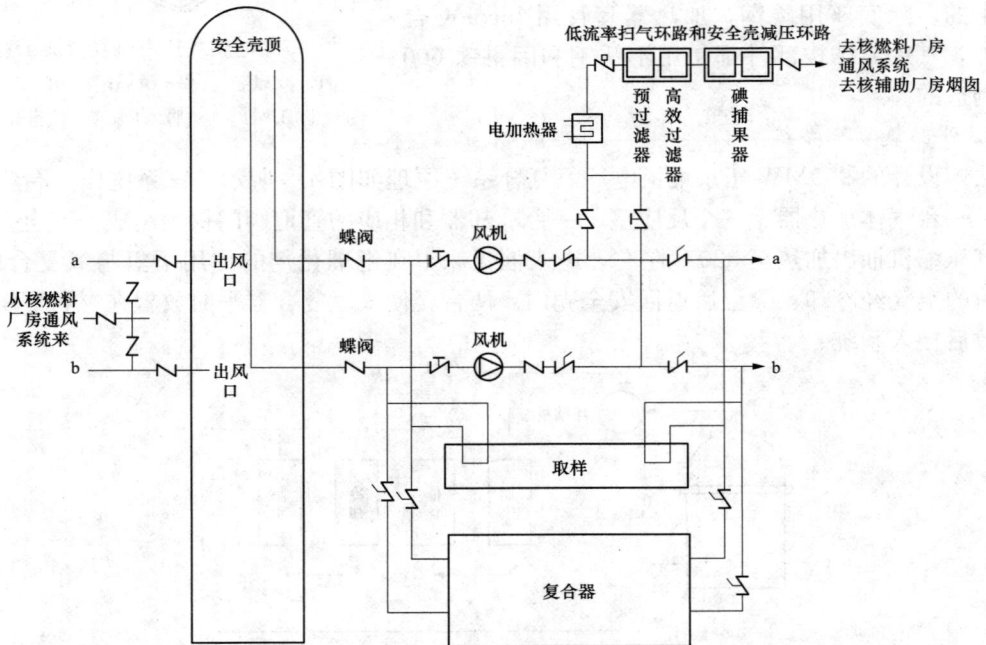

图 4-9　安全壳大气混合、取样和复合子系统

第二节　AP1000 的安全系统

AP1000 的专设安全系统摒弃了原有的能动安全技术，而是全面采用非能动原理，不但可以简化专设安全系统，而且可以大大提高系统运行的可靠性。所谓非能动安全系统，就是依靠重力、温差和压缩空气等自然力来驱动的安全系统，通过蒸发、冷凝、对流、自然循环等这些自然过程来带走堆芯余热和安全壳的热量，无需外部能源。

AP1000 的安全系统主要包括：非能动堆芯冷却系统、非能动安全壳冷却系统、非能动主控室应急可居留系统、安全壳隔离系统、安全壳氢气控制系统、堆芯熔融物滞留系统。

AP1000 非能动安全系统具有如下优点：

（1）极大程度上降低了人因失误发生的可能性。非能动安全系统不需要操纵员的行动来缓解设计基准事故，减少了事故发生后，由于人为操作错误而导致事件升级的可能性。AP1000 在事故条件下允许操纵员的不干预时间高达 72h，而对于已运行的第二代或二代＋核电厂，此不干预时间仅为 10～ 30min。

（2）大大提高了系统运行的可靠性。非能动安全系统利用自然力驱动，提高了系统运行的可靠性，而不需要采用泵、风机、柴油机、冷冻水机或其他能动机器，减少了因电源故障或者机械故障而引起的系统运行失效。由于非能动安全系统只需少量的阀门连接，并能自动触发，同时这些阀门遵循"失效安全"的准则，因而在失去电源或接收到安全保护启动信号时这些阀门仍能开启。

（3）取消了安全级的交流应急电源。非能动安全系统的启动和运行无需交流（AC）电源，AP1000 的设计取消了安全级的应急柴油发电机组，在失去交流电源的同时发生假设的单一故障情况下，1E 级的直流电源和 UPS 提供保证供电保障。

一、非能动堆芯冷却系统

（一）概述

非能动堆芯冷却系统（passive core cooling system，PXS）包括非能动余热排出系统、非能动安全注入系统和自动卸压系统。PXS 的主要作用就是在假想的设计基准事故下提供应急堆芯冷却，当启动给水系统的排热能力或化容系统的补给能力不足或丧失时，PXS 提供安全相关的 RCS 余热排出及堆芯安注功能。PXS 还包括管路阀门以及相应的仪表，以此来支持该系统的运行。

慕课 13-非能动堆芯冷却系统

PXS 的主要功能包括：

（1）应急堆芯余热排出。当正常余热排出系统故障或反应堆发生瞬态事故时，PXS 可以为反应堆排出余热。至于换料情况下，来自 IRWST 的水会淹没堆腔室，此时会使用其他非能动方式及系统来排出余热。

（2）反应堆冷却剂系统应急补水和硼化。在瞬态事故情况下，当化学和容积控制系统（CVS）不能为 RCS 提供补水或注硼时，将为 RCS 系统提供应急补水和硼化。

（3）安全注入。在反应堆发生丧失冷却剂事故时，PXS 能够为堆芯提供充分冷却。

（4）安全壳内 pH 值控制。在反应堆发生事故后，PXS 通过 pH 值控制可以建立淹没状态下恰当的化学条件，以便在核素滞留在安全壳内并造成安全壳内部具有较高放射性的条件下，能够控制安全壳内的化学条件，从而保证其不会腐蚀安全壳内的设备。

AP1000 非能动堆芯冷却系统（PXS）流程如图 4-10 所示。

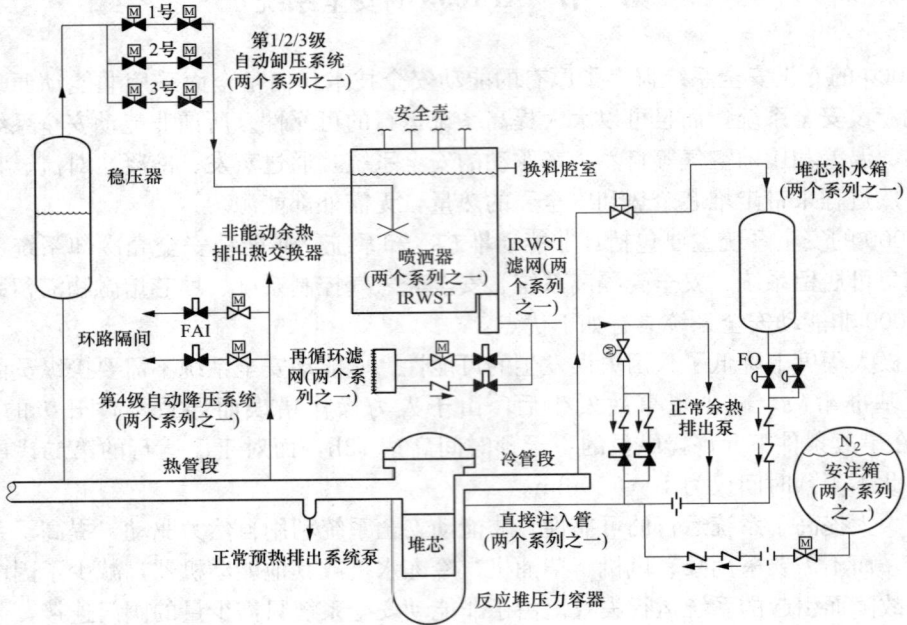

图 4-10　AP1000 非能动堆芯冷却系统（PXS）流程

（二）非能动安全注入系统

非能动安全注入系统（PSIS）主要用于核电设计基准下对核反应堆进行应急冷却和硼化。即在非 LOCA 事故情况下，可对 RCS 进行补水和硼化；在 LOCA 事故下可对 RCS 进行安全注入。具体功能如下：

（1）RCS 应急补水和硼化。

对于发生的非 LOCA 事故，当正常补给系统不可用或补水不足时，堆芯补水箱对 RCS 提供补水和硼化。两个堆芯补水箱都位于安全壳内稍高于 RCS 环路标高的位置。当蒸汽管线破裂后，堆芯补水箱中的硼水能够为堆芯提供足够的停堆裕度。每个堆芯补水箱都储有 70.8m³ 浓度为 0.34%～0.37% 的浓硼水。

堆芯补水箱（CMT）通过一根注入出口管线和一根连接到冷管段的压力平衡入口管线分别与 RCS 相连。出口管线由两只常关的并联气动隔离阀来隔离，这些阀门采用 FO 设计，即在失压、失电或者控制信号触发开启。来自冷管段的压力平衡管线是常开的，从而维持 CMT 处于 RCS 的压力，以防止 CMT 开始注水时发生水锤现象。

压力平衡管线与冷管段的顶部连接并且一直向上延伸至 CMT 入口的高点。通常，压力平衡管线中水温比 CMT 出口管线中的水温高。CMT 底部的出口管线连接到压力容器直接注入（DVI）管线以完成向反应堆堆芯的安全注入，DVI 连到反应堆压力容器的下降段环腔。安全触发信号打开 CMT 上的两个并联阀门，使 CMT 与 RCS 接头。

CMT 有两种运行方式：水循环模式和蒸汽替代（补偿）模式。在水循环模式下，来自冷管段的热水进入 CMT，箱中的冷水注入 RCS。这将使 RCS 硼化并增加其水装量。在蒸汽替代模式下，蒸汽通过压力管线进入堆芯补水箱，补偿注入 RCS 的水。如果冷管段排空，

则冷管段只有蒸汽流。

堆芯补水箱的运行模式取决于 RCS 的条件，主要是冷管段是否排空。当冷管段充满水后，其压力平衡管线也就充满水，这时以水循环模式来进行安注。如果 RCS 的水装量减少以致冷管段排空，则蒸汽通过冷管段压力平衡管线进入 CMT，开始蒸汽替代循环模式。

应急补水和硼化运行示意如图 4-11 所示。

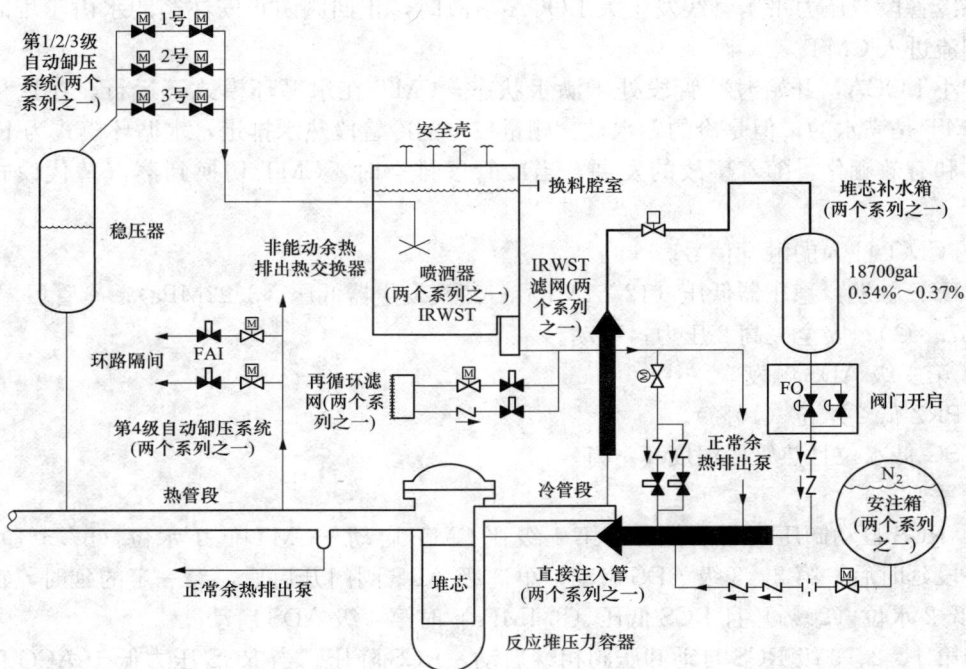

图 4-11　应急补水和硼化运行示意

在发生诸如蒸汽管道破裂后，由于破裂导致二回路系统带走的能量增加，RCS 温度和压力降低，负慢化剂温度系数效应将导致堆芯停堆裕度的减少，当假设反应性最大的一束控制棒组件处于完全提出位置时，反应堆有可能重返功率。在该事件后，CMT 动作，并通过水循环注入硼水，缓解反应性瞬变并提供要求的停堆裕度。

在蒸汽发生器传热管破裂时，CMT 安注和蒸汽发生器满溢保护逻辑一起，通过平衡 RCS 和蒸汽发生器（SG）二次侧之间的压力来中止 RCS 向蒸汽发生器泄漏，这个过程不需要 ADS 的动作和操作员的干预，在蒸汽发生器传热管破裂时，CMT 以水循环模式运行，提供硼水来补偿 RCS 装量的损失并使其硼化，在泄漏率达到 2.27m³/h，PXS 向 RCS 提供补水从而使 ADS 动作至少延迟 10h，在 ADS 动作后，PXS 能提供足够的硼水来补充 RCS 的收缩并使其硼化。

（2）LOCA 事故下非能动安全注入。

在 LOCA 事故发生时，PSIS 会使用四种不同水源进行分阶段自动安注，包括：①两个堆芯补水箱提供的较长时间、较大的注射流；②两个安注箱在数分钟内提供的、非常高的注射流；③IRWST 后期提供的很长时间、较低的注射流；④在上述三个水源安注结束，从一回路破口喷出的反应堆冷却剂和注射水汇集于安全壳底部，作为提供堆芯长期冷却的再循环水源。

在 LOCA 期间，它们提供和事故严重程度相匹配的安注流量，在更大 LOCA 中，ADS 动作后，冷管段将被排空，在这种情况下，CMT 在最大安注流量下运行，蒸汽通过压力平衡管线进入 CMT，CMT 的出口管线上设有并联的出口隔离阀，其下游是两只串联的止回阀，不管管线内有无补水，它们保持常开。

在冷管段或压力平衡管线发生大 LOCA 事故时，止回阀防止安注箱的水由于堆芯被旁路而倒流进入 CMT。

对小 LOCA，开始时冷管段处于满水状态，CMT 在水循环模式下运行，在这种模式下，CMT 是满水的，但是冷的硼水被含硼量较少的冷管段热水排走，水循环模式为 RCS 提供补水和有效硼化，随着事故的发展，当冷管段排空时，CMT 切换到蒸汽替代模式继续安注。

1）CMT 注入的触发信号。

a. ESF 触发：稳压器低压（12.57MPa）；蒸汽发生器低压（3.92MPa）；冷管段温度 T_c 低（287.8℃）；安全壳高 2 压力；手动。

b. 第 1 级 ADS 触发。

c. PRZ 低 2 水位（10%）。

d. SG 低水位且热管段温度 T_H 高。

e. 手动。

2）RCS 自动卸压阀启动信号。第 1 级在 CMT 启动＋CMT 低-1 水位（67.5%）时启动；一段延时后，第 2、3 级 ADS 启动；第 3 级 ADS 阀门开启后，经一定的延时，在达到 CMT 低-2 水位（20%）且 RCS 低压（8.4MPa）时第 4 级 ADS 启动。

当第 1、2、3 级 RCS 自动卸压阀相继启动，RCS 降压。当 RCS 压力低于 ACC 顶部氮气压力 4.9MPa 时，两个 ACC 内储存的硼水由 4.9MPa 的压缩氮气提供了快速安注。它们放置于反应堆安全壳内，出口分别连接到直接注入管线。DVI 管线接到压力容器的 RPV 下降段环腔。环向的反射结构使水流向下，从而使得堆芯旁路流量保持最小化。在大 LOCA 中，由于水和气体体积的限制，以及出口管线的阻力，ACC 只能提供几分钟的安注。

安注箱 ACC 向反应堆堆芯注水的示意如图 4-12 所示。

IRWST 位于安全壳内稍高于 RCS 环路管线的高度。只有在第 4 级 ADS 启动或 LOCA 使得 RCS 降压，其压力与安全壳内压平衡后，对 RCS 的安注才能进行。IRWST 安注管线中的爆破阀在收到第 4 级自动卸压信号后自动打开，和爆破阀串联的止回阀在反应堆压力降到低于 IRWST 压头时打开。IRWST 向反应堆堆芯注水的示意如图 4-13 所示。

在 ACC、CMT 以及 IRWST 注入后，安全壳被淹，其水位高度足以满足依靠重力通过安注管线重新返回到 RCS 以实现再循环冷却。

当 IRWST 的水位降到一个低水位时，安全壳再循环爆破阀自动打开，建立从安全壳到反应堆的另一水流通道。当安全壳再循环管线阀门打开并且安全壳淹没水位足够高时，安全壳再循环开始。

安全壳地坑水再循环的开始时间由于事故的不同而变化较大。在 DVI 管线破裂时，破损安注管线使 IRWST 的储水通过破口而喷出，而另一完好的 DVI 管线则向 RCS 安注，在这种情况下 IRWST 的排水更快，再循环可以在几小时后建立。在其他管线没有破裂、系统

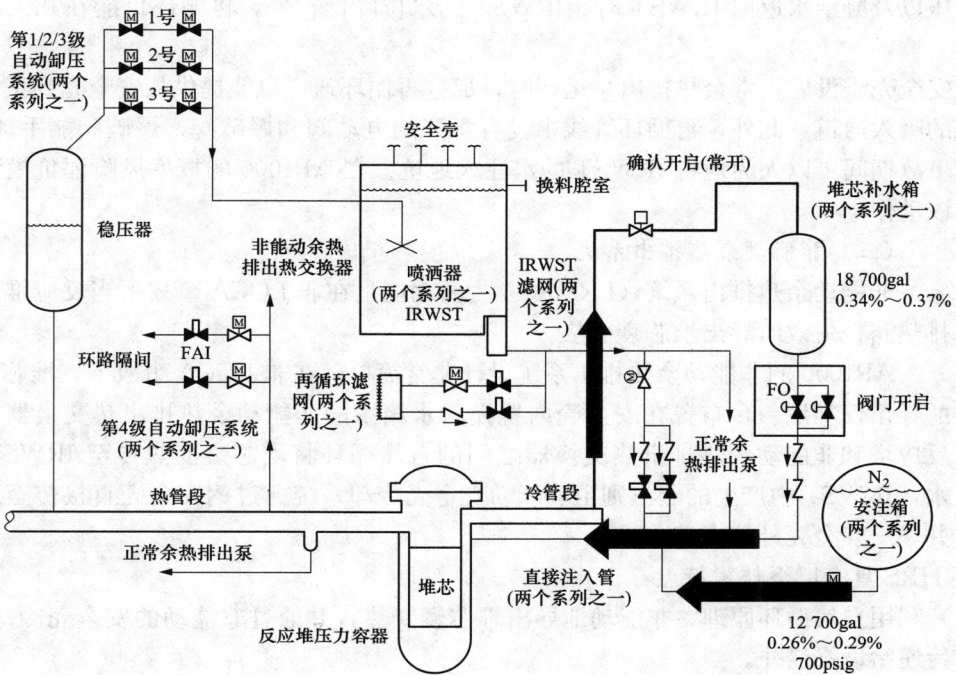

图 4-12 安注箱 ACC 向反应堆堆芯注水示意

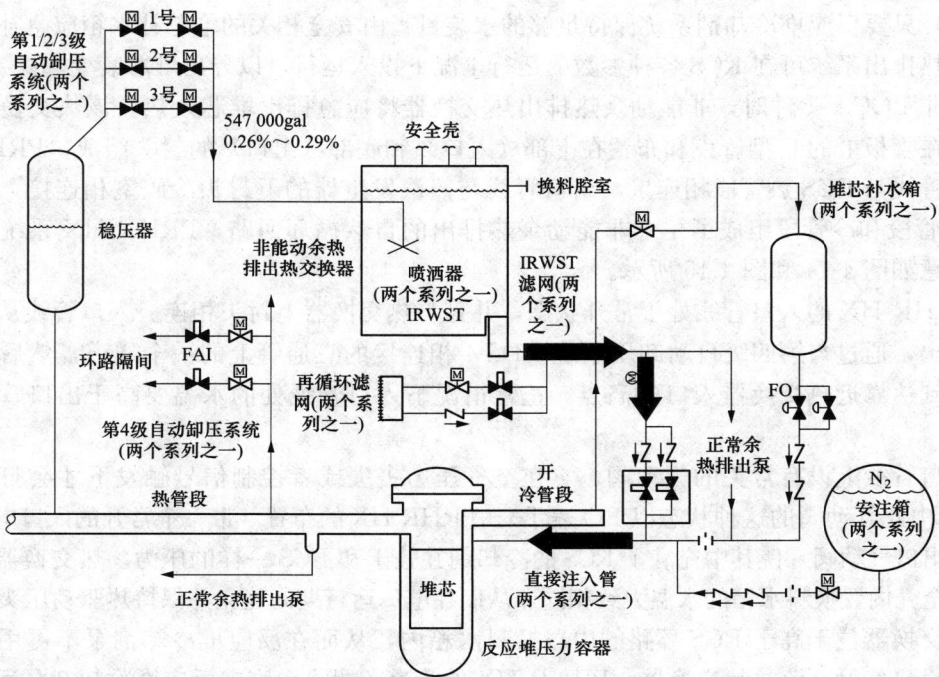

图 4-13 IRWST 向反应堆堆芯注水示意

自动降压以及凝结水返回 IRWST 时，IRWST 的水位降低很慢，再循环可能在几天后才会开始。

当安全壳淹没后正常余热排出泵运行时，那些再循环通道也能提供从安全壳到正常余热排出泵的吸入通道。此外，再循环管线中设有常开的电动阀和爆破阀，爆破阀能手动开启，在严重事故期间可以人为地将 IRWST 的水注入地坑。在 AP1000 的概率风险评价模型中已经考虑该动作。

（三）非能动余热排出系统

视频和图片 1-PRHR HX 及 ADS 系统图文

非能动余热排出系统（PRHRS）主要功能是在非 LOCA 事故下当反应堆的正常排热路径失效时导出堆芯衰变热。

AP1000 的非能动余热排出系统设计非常简单，在非 LOCA 事故下，堆芯衰变热的导出仅利用一台布置在安全壳内置换料水箱中的非能动余热排出热交换器，通过反应堆和非能动余热排出热交换器之间的自然循环将堆芯衰变热传至 IRWST 中的水，IRWST 中产生的蒸汽则由非能动安全壳冷却系统通过钢安全壳直接传至最终热井——安全壳外的大气。

PRHRS 具有以下技术特点：

（1）利用自然循环原理，非能动地导出堆芯衰变热，并通过非能动的安全壳冷却系统，将热量传递给最终热井。

（2）只需开启非能动余热排出热交换器出口的两个并联气动隔离阀的任一个，同时关闭两个串联的安全壳凝水回流槽疏水气动隔离阀的任一个即可使系统投入运行。4 个隔离阀均由压缩气体、蓄电池作为动力源。

（3）只要反应堆冷却剂系统保持足够的水装量，由安全相关的堆芯补水箱应急补水，非能动余热排出系统可在 RCS 各种参数的运行工况下投入运行，以导出堆芯衰变热。

在非 LOCA 事件时，非能动余热排出热交换器将应急排出堆芯余热。该热交换器由一组连接在管板上的 C 型管束和布置在上部（入口）和底部（出口）的封头组成。PRHR HX 的入口管线与 RCS 热管段相连接，出口管线与蒸汽发生器的下封头冷腔室相连接，它们与 RCS 热管段和冷管段组成了一个非能动余热排出的自然循环回路，PRHR HX 系统流程与运行示意如图 4-14 和图 4-15 所示。

PRHR HX 的入口管线处于常开状态，并且与热交换器上封头相连。入口管线从热管段顶部引出，通过与第四级自动卸压系统 ADS-4 相连接的三通管上的一个通道，然后管路一直向上到达靠近热交换器入口的高点。正常情况下入口管线处的水温要高于出口管线处的水温。

出口管线上设有常关的气动阀，它在空气压力丧失或者控制信号触发下才会打开（在图 4-14 中此气动阀的这种状态以 FO 表示）。PRHR HX 的布置（带一个常开的入口电动阀和常关的出口气动阀）使其中充满了 RCS 的冷却剂并处于和 RCS 一样的压力。热交换器中的水温和安全壳内置换料水箱的水温大致相同，从而在电厂运行期间建立并保持热驱动压头。

热交换器位于高于 RCS 环路的内置换料水箱内，从而在反应堆冷却剂泵不可用时使冷却剂依靠自然循环流过热交换器。PRHR HX 的管道布置也允许在反应堆冷却剂泵运行时运行热交换器。反应堆冷却剂泵的运行可以使冷却剂以自然循环的方向强制循环流动。内置换料水箱为热交换器提供热井。

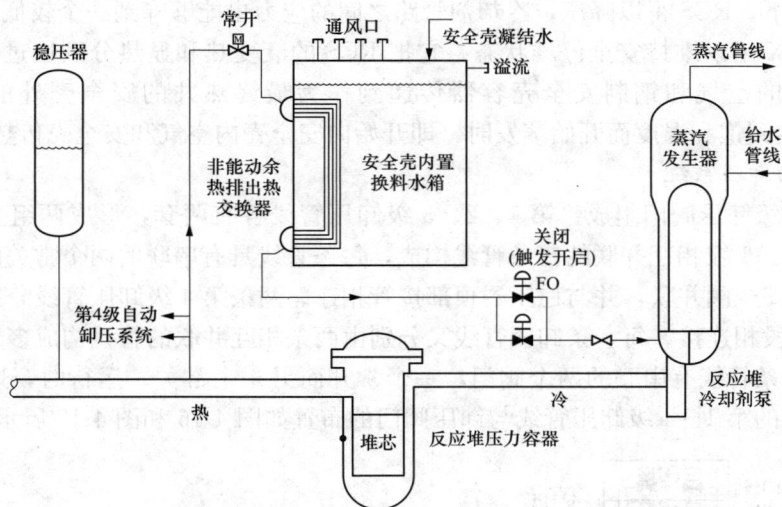

图 4-14　非能动余热排出系统（PRHR）流程

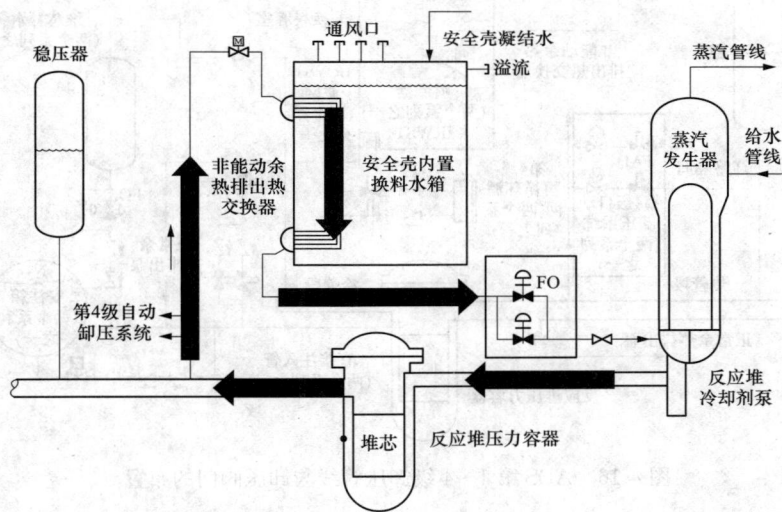

图 4-15　非能动余热排出系统（PRHR）运行示意

　　尽管在热交换器管道内不太可能积聚气体，但是在入口管道上部还是设有竖直的短管用作气体收集室。当气体在这个区域中收集到一定程度后，位置传感器会向主控室发出指示信号。操纵员打开手动阀将气体释放到安全壳内置换料水箱内。非能动安全壳冷却系统（PCS）和 PRHR HX 一起为堆芯提供长期冷却。当内置换料水箱内的水温到达饱和温度（大约两小时内）后，水箱内的水开始向安全壳内蒸发。PCS 将蒸汽冷凝，冷凝下来的水由一个布置在运行平台标高处的安全相关的水槽收集。水槽内的水通常排向安全壳地坑，但是当 PRHR HX 启动后，水槽排水口排向地坑的隔离阀将关闭，水槽中的水将溢出而直接返回到 IRWST。凝结水的回收能长期维持非能动余热排出热交换器的热井。无论反应堆冷却泵运行与否，PRHR HX 设计为在 36h 内将冷却剂的温度冷却到 420℉下（215.6℃）。

在这样的条件下，RCS 得以降压，冷却剂管路之间的应力也能够降到一个较低的水平。

PRHR HX 用以维持安全停堆状态。它把 RCS 的衰变热和显热分别通过 IRWST 中的水、安全壳内的空气和钢制安全壳容器传递到作为最终热井的安全壳外的大气中。当 IRWST 的水达到饱和温度而开始蒸发时，即开始向安全壳内空气和安全壳传热。

（四）自动卸压系统

ADS 由四级卸压阀门组成。第 1、2、3 级卸压管线各有两套，形成两组多重布置，每一组由第 1、2、3 级相互并联的三条管线构成，每条管线具有串联的两个常关的阀门。每一组均与稳压器安全阀并联，并与稳压器顶部接管相连。两条第 4 级卸压管线分别与反应堆两个环路的热管段相连接。每一条卸压管线又分别由两条相互并联的管线构成多重布置（共有 4 条管线），每条管线有串联的两个阀门，一个常开而另一个常关。运行时，这 4 级阀门依次开启。ADS 的第 1～4 级卸压管线与卸压阀门的布置如图 4-16 和图 4-17 所示。

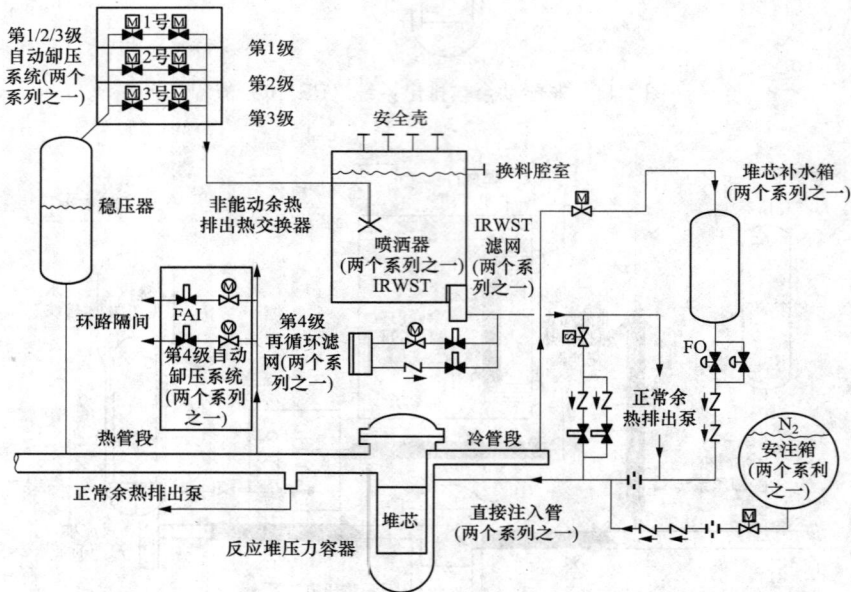

图 4-16　ADS 第 1～4 级卸压管线与卸压阀门的布置

当发生假想事故工况后，为了运行非能动堆芯冷却系统需要开启自动卸压系统的阀门，从而为反应堆堆芯提供应急冷却。第 1 级卸压阀也可被用来排出稳压器蒸汽空间中的非冷凝气体。

1、2、3 级 ADS 阀门分成两组，每组阀门分别位于不同的标高并且由一块钢板分隔开来。在排放管道上备有真空断路器用以防止 ADS 阀门开启后水锤现象的发生。真空断路器限制了由于排放管道上蒸汽冷凝造成的减压，从而限制了当 ADS 阀门开启后流体从安全壳内置换料箱回流的可能性。

第 1 级 ADS 为 10.16cm 的电动阀，第 2 级和第 3 级 ADS 为 20.32cm 的电动阀，1、2 级和 3 级 ADS 阀门均为直流电驱动的球阀。隔离阀是常关的闸板阀。第 4 级 ADS 为 35.6cm 的爆破阀和常开直流电动阀，爆破阀与常开直流电动阀按串联的方式布置。每一个排放通道有两个串联的阀门，阀门串联的布置使任何一个 ADS 阀门误动作而导致 RCS 误降

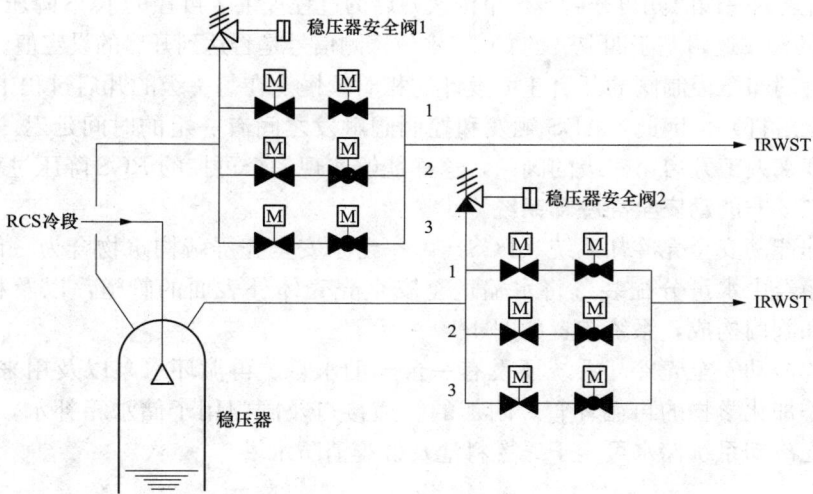

图 4-17 ADS 第 1、2、3 级卸压的多重布置

压的可能性降到最低。第 4 级阀门采用互锁的设计，以确保反应堆冷却剂系统压力降低到一定水平后才能够开启。

从第 1～3 级的管线出口通过一个共同的卸压管线与位于 IRWST 中的一个喷洒器相连。第二个的第 1～3 级 ADS 的管线同样具有自己共同的入口、出口和喷洒器。

第 4 级 ADS 直接和 RCS 的热管段顶部相连，并且直接向 SG 所在的隔间里喷放。第 4 级 ADS 同样具有两组卸压阀，每一组分别位于每一个 SG 所在的隔间内。

第 4 级 ADS 控制阀门采用爆破阀，其特点是在电厂正常运行时保持零泄漏，而在事故条件下能够可靠地开启，且不会出现误关闭。爆破阀的示意如图 4-18 所示。

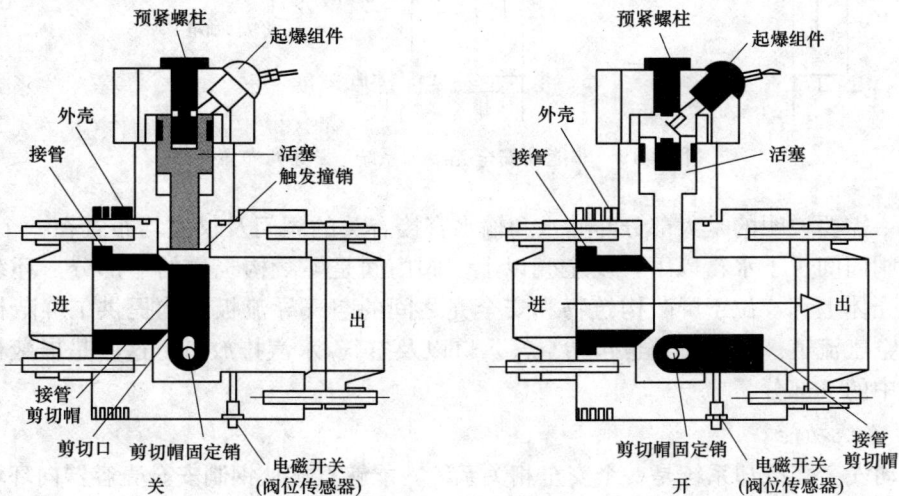

图 4-18 第 4 级 ADS 爆破阀示意

自动卸压阀在触发后自动开启，并在自动卸压过程中保持开启状态。第 1～4 级阀门在不同的 CMT 水位开启，安注或破口失水均能引起 CMT 水位下降。第 2 级和第 3 级的阀门在前 1

级阀门开启后延迟一段时间再开启。这个依次开启的过程提供了可控的 RCS 降压。第1～4级的 ADS 阀门的触发逻辑基于四取二的 CMT 水位探测信号是否达到开启的设定值。

前3级自动卸压控制阀的开启速度设计的相对较慢。在每一级的开启过程中，隔离阀在控制阀打开之后打开。因此，ADS 触发和控制阀触发之间有一定的时间延迟。操纵员能够以一定的开度来人工开启第一级的阀门，这样能够实现一个可控的 RCS 降压过程。

二、非能动安全壳冷却系统

非能动安全壳冷却系统（PCS）由一台于安全壳屏蔽构筑物合为一体的储水箱、从水箱经由水量分配装置将水输送至安全壳壳体外表面的管道，以及相关的仪表、管道和阀门构成，系统布置如图 4-19 所示。

非能动安全壳冷却系统还设有一台辅助水箱、再循环水泵以及用来对储存水加热和添加化学物的再循环管。附加的管道接口及阀门用于储水箱补水，并使非能动安全壳冷却系统储水可用于乏燃料池及抗震消防水塔。

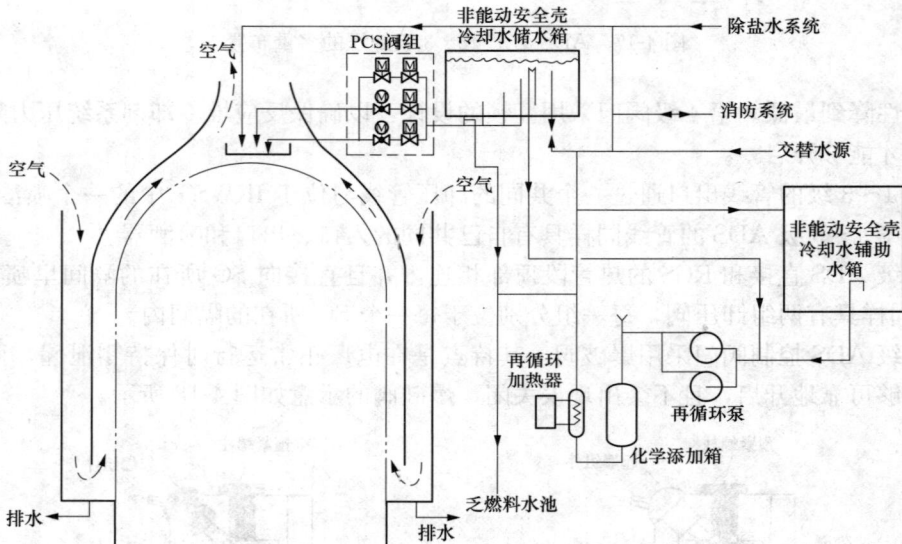

图 4-19　非能动安全壳冷却系统（PCS）布置

需要说明的是大部分与储水和输水直接有关的阀门及仪表均布置在一个阀门间，该阀门间位于水箱以下，安全壳以上。阀门间是屏蔽构筑物的一部分，环绕在安全壳壳体上部，位于屏蔽构筑物和安全壳之间的空气导流板结构提供了屏蔽构筑物内的空气流道。空气流道也包括空气入口以及空气/水汽排放口，这些是屏蔽构筑物结构中的一部分。

（一）系统功能

非能动安全壳冷却系统是一个安全相关系统，能够直接从钢制安全壳容器向环境传递热量。这种热量的传递是为了防止安全壳在设计基准事故后超过设计压力和温度，并可在较长时期内继续降低安全壳的压力和温度。

非能动安全壳冷却系统利用钢制安全壳作为一个传热表面，蒸汽在安全壳内表面冷凝并加热内表面，然后通过导热将热量传递至钢壳体。受热的钢壳外表面通过对流、辐射和物质

传递（水蒸发）等热传递机理，由水和空气冷却。热量以显热和水蒸气的形式通过自然循环的空气带出，来自环境的空气通过一个"常开"流道进入，沿安全壳容器外壁上升，最终通过一个高位排气口返回环境位于屏蔽构筑物顶部的储水箱在接到安全壳高 2 压力或温度信号后，通过重力自动将水撒湿安全壳壳体，并形成较为均匀的水膜。至少在 3d 内不需要操作员的干预。

1. 支持非能动安全壳的主要部件和结构

（1）布置在安全壳顶部与屏蔽构筑物结构为一体的非能动安全壳冷却水储存箱（PCC-WST）。

（2）位于钢制安全壳容器和混凝土屏蔽构筑物之间的空气导流板结构，在屏蔽构筑物内形成了自然循环冷却空气流道。

（3）包括 PCS 冷却空气入口和一个空气排放口的结构。

（4）固定在钢制安全壳容器穹顶外表面的上部，将水分配并漫洒在安全壳外表面的水量分配装置。

（5）一套非能动安全壳冷却系统储水箱疏水立管、管道和隔离阀，以及从储水箱到水量分配装置的洒水流道，并由该装置将水分配至钢制壳体外表面。

设置两台再循环泵和相关管道、阀门及仪表，用于循环储水箱中的水，可由化学添加箱中加入化学物质，并通过再循环加热器加热以防止结冰。储水箱初期充满水，由去离子水系统提供正常补水。

2. 非能动安全壳冷却系统执行下述安全相关功能

（1）最终热井。非能动安全壳冷却系统在任何导致安全壳内压力与温度剧增的设计基准事故后，排出安全壳内大气的热量，并传递至环境空气中。

（2）降低安全壳压力与温度。通过将安全壳大气中的热量传递至环境，限制并降低失水事故或安全壳内蒸汽发生器二次侧管道破裂（蒸汽或给水系统）后安全壳内的温度和压力。

（3）减少裂变产物的释放。非能动安全壳冷却系统通过减小安全壳大气与环境的压差，减弱了裂变产物从安全壳泄漏的驱动力，限制了事故后放射性的释放。

（4）乏燃料池及消防水的储存与供应。非能动安全壳冷却系统提供了一个抗震级的补水源，可供水给丧失冷却的乏燃料池。同时提供了一个有限储水容量的、抗震级的防火水源。

（二）设备描述

1. 非能动安全壳冷却水储水箱

储水箱位于安全壳容器上部，与屏蔽构筑物为一体。水箱内部的湿壁为不锈钢板衬里。内衬不锈钢构成密闭储箱边界，其间的焊缝需作密封性检查，并设置泄漏检查通道。水箱装满除盐水，并具有非能动安全壳冷却功能所需的最小可用容量。

视频和图片 2-安全壳冷却水箱晃动录像

储水箱设置多重的水量测量通道和报警器以监测水箱水位，同时设置多重的温度测量通道以监测温度和在低温时报警，防止水冻结。水箱能提供足够的热惯性和保温能力，即使在低环境温度下，没有加热器运行时也能疏水。同时，为了系统能够保持正常运行，水箱设有一条再循环回路以实现对其进行化学控制与温度控制。

水箱向消防系统的供水管处于高位，故消防系统的运行不会影响非能动安全壳冷却功能的可用水容量。

除了安全壳除热功能外，非能动安全壳冷却水储水箱也可以用作乏燃料水池以及地震安

全停堆后用作防火功能的地震Ⅰ类储水箱的补水水源。

　　2. 非能动安全壳冷却水储水箱隔离阀

　　非能动安全壳冷却水储水箱输出管道装配了三组多重隔离阀。在其中两台管道中，每一个常关的气动蝶阀接到安全壳高2压力信号或安全壳高温信号后开启这两个气动阀按失效安全设计，即在丧失气源或1E级直流电源时仍处于开启位置。在常关气动蝶阀上游，各串联布置一个常开电动闸阀（隔离阀）。当气动蝶阀处于实验或维修阶段或误开时，电动阀可以关闭，以阻断储水箱疏水。第三条平行管道设有两个电动闸阀，一个阀常关，另一个阀常开，这是一种多样化设计。避免因两个气动蝶阀共模失效都不能开启时而导致安全壳失去冷却。

　　水箱隔离阀、储水箱和隔离阀下游之间的水箱排放管系，以及有关仪表，均位于带有温度控制的阀门间内以防止冰冻。阀门间有采暖设计，可维持房间温度在10℃以上。

　　3. 流量控制孔板

　　储水箱的4根出口管上均装有流量控制孔板。这些孔板用来在4根出口管上建立适当的流阻以获得合适的疏水常量，孔板位于设有温度控制的阀门间。

　　4. 分水斗

　　奥氏体不锈钢制成的分水斗用来将水分配到安全壳穹顶的外表面。两条多重的输水管道和来自辅助水源的管道向分水斗排水。分水斗的侧壁均匀地开有16个分水口，将水均匀分成16段。分水口的尺寸设计使来自水箱的疏水流量最大，同时在最小疏水流量下提供足够均等的水流。分水斗悬挂在屏蔽构筑物屋顶并恰好悬在安全壳穹顶上，因此由压力或温度的变化而引起的穹顶形状的局部改变不会影响分水斗的分水效果。

　　5. 分水堰

　　奥氏体不锈钢制造的堰式分水装置（见图4-20）在非能动安全壳冷却系统运行时用来优化安全壳壳体的洒湿面。水由分水斗以大约均等的水流洒向安全壳穹顶正中位置，每股水流落入16个径向扇面之一，这些扇面由焊在安全壳穹顶上的小的垂直分隔板组成。这些分隔板自分水并沿穹顶外表面径向延伸到第一道分水堰。分隔板确保从16个分水斗口流出的水处于安全壳穹顶相应的1/16扇区中。这种设计可避免由于安全壳表面的坡度变化或者穹顶正中相对平坦位置的焊缝导致水量分配不当。

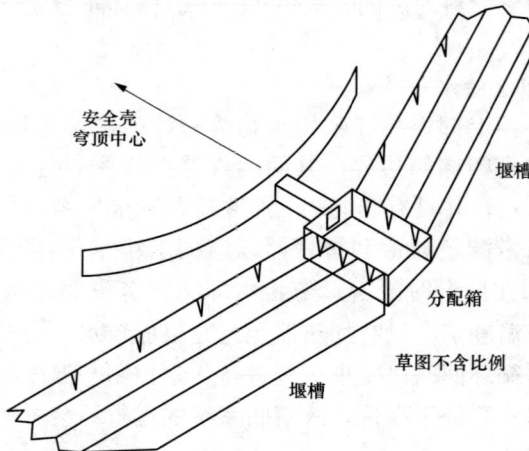

图 4-20　奥氏体不锈钢制造的堰式分水装置

在第一道穹顶环焊缝下方的第一道分水堰处，每个 1/16 扇面中的水被一个收集板集中后流入分流盒。分流盒将水倒入堰槽，之后堰槽将水分流成等间距、等量的水量，返回到安全壳表面。第二套收集板、分流盒以及堰槽安装在第二道穹顶环焊缝下方的安全壳穹顶上，用来再收集并将水再分流到安全壳表面。经第二道堰再分水后，由于安全壳穹顶的坡度足够大，供水不会受到钢制安全壳的焊缝或其他表面缺陷的明显影响，因此不需要额外的分水装置。

6. 安全壳空气导流板

空气流道包括设有滤网的屏蔽构筑物入口、安全壳空气导流板，用来将安全壳外表面和屏蔽构筑物内表面之间的空间分为下降流外环隙和沿安全壳壳体的内上升流内环隙。空气通过位于屏蔽构筑物顶部中央的高位排放空气扩散器排放。空气导流板布置在屏蔽构筑物环廊上部。

导流板主要包括：一面支承在屏蔽构筑物顶部的墙、一系列连接在安全壳容器壁的栅板、一块可用来补偿安全壳容器和屏蔽构筑物之间因热胀冷缩而产生位移的滑板、附于空气导流板底部为减小压降的导流装置。

7. 能动安全壳冷却水辅助水箱

PCCAWST 是一个圆柱形钢制箱体，布置在辅助厂房附近的露天地平高度，辅助水箱装满去离子水，其有效容积大于非能动安全壳冷却剂储水箱和乏燃料池所需的补水量。箱体设有水位测量和报警，以及对潜在冰冻进行监测和报警的温度测量通道。为维持系统水温在冰点以上，设有一台由温度仪表控制的内置式加热器。水化学性质可以通过化学添加箱的再循环回路进行调节。为了保证水箱中的水有足够的热容量，并在没有加热器的条件下 7 天内不会冻结，对辅助水箱进行了隔离，并保持干燥状态。

8. 化学添加箱

化学添加箱是一个小型、立式圆柱箱体，用来投入过氧化氢溶液等除藻剂，以防止储水箱和辅助水箱中藻类滋生。

9. 循环泵

储水箱再循环管路中设有两台离心再循环泵。这两台泵的容量设计考虑在一台泵运行时可将水箱中的水装量每周循环一次。两台泵均可手动接入，从辅助水箱取水，每台泵都能够向水箱或直接向安全壳并同时向乏燃料池提供用水。两台泵可以手动接入并联运行以满足消防系统用水需求。

10. 再循环加热器

再循环加热器用于防止水冻结，其加热容量考虑箱体和再循环管道在最低厂址温度下的热损失。

非能动安全壳冷却系统设备性能参数见表 4-8。

表 4-8　　　　　　　　　　　　非能动安全壳冷却系统运行参数

非能动安全壳冷却水储水箱（PCCWST）		非能动安全壳冷却系统辅助水箱（PCCAWST）	
项目	数值	项目	数值
非能动安全壳冷却系统可用容积（最小值）/m³	2864	非能动安全壳冷却系统及乏燃料冷却系统可用容积（最小值）/m³	2950

非能动安全壳冷却水储水箱（PCCWST）		非能动安全壳冷却系统辅助水箱（PCCAWST）	
项目	数值	项目	数值
消防系统可用容积（最小值）/m³	68.1	向储水箱长期补水流量（最小值）/m³·h⁻¹	22.7
水箱供水持续时间（最小值）/d	3	向乏燃料池长期补水流量（最小值）/m³·h⁻¹	7.95
最低温度/℃	4.5	向非能动安全壳冷却系统及乏燃料冷却系统长期补水持续时间（最小值）/d	4
最高温度/℃	48.9	消防系统可用容积/m³	68.1
向乏燃料池长期补水流量（最大值）/m³·h⁻¹	26.8	—	—
上部环廊疏水流量（每个地漏）（最小值）/m³·h⁻¹	119.2	—	—

（三）系统运行

1. 正常运行

核电厂正常运行期间，空气从屏蔽钢制物顶部入口进入，流过下降通道后又反向流过上升通道，带走安全壳容器壁传递的热量。最后从非能动安全壳冷却系统空气扩散器排至环境。非能动安全壳冷却系统通过运行 2 台再循环泵中的一台，利用再循环管路对非能动安全壳冷却水储水箱水装量进行循环，再循环管路设有 1 台加热器，自动触发及维持水箱的水温在最低整定值以上。水箱及辅助水箱定期取样并通过再循环管路提供的化学添加箱加入除藻剂。水箱及辅助水箱设置水位监测，在达到最低水位整定值时报警。补偿去离子水以维持水箱水位在正常水位运行段。储水箱和辅助水箱均设有一个常开的溢水栓以防止满溢。辅助水箱加热器自动触发维持水装量在最低温度整定值以上，自动投入暖空调系统以确保房间及其内部的系统管道阀门温度高于最低房间温度整定值；监测水箱出口隔离阀可能的泄漏。

误开气动供水阀时，水流会从供水阀流出洒向安全壳的钢制外表面，操作员要在主控室关闭串联的电动隔离阀来终止这类误操作。洒出的水流会沿安全壳容器壁向下流，汇流至安全壳内环廊底部的地漏。多重的环廊地漏将积水引出安全壳/屏蔽构筑物的环廊。环廊地漏布置在屏蔽构筑物墙内略高于楼板平面，将地漏被碎片堵塞的可能性减至最低。地漏常开且每个地漏的大小足以接受非能动安全壳冷却系统的最大流量。

2. 事故后运行

接到安全壳高 2 压力信号后非能动安全壳冷却系统的事故后运行自动触发。由于冷却空气流道常开，只要开启三个常关隔离阀中的任意一个，不需要其他动作即可触发系统，即启动事故后排热系统。非能动安全壳冷却系统也可由操作员在主控室或远程停堆工作站手动触发。系统的启动包括开启常关的水箱隔离阀。储水箱中的水流向钢制安全壳壳体外表面的顶部。水流经重力驱动分配至安全壳壳体的外表面，并在安全壳容器的穹顶和壁面形成水膜。隔离阀设置在三条多重管道上，这样一条管道上一个部件的失效并不会影响其他并列阀门的可运行性或整个系统的功能。

洒向安全壳外表面的初始水流约为 112.34m³/h，满足设计基准 LOCA 或主蒸汽管破裂事故下安全壳短期冷却的要求，并能限制和降低安全壳压力。流量随时间自动减小并至少持续72h。流量变化仅取决于水箱中水位的下降。事故72h后，操作员手动连接辅助水箱至非能动安全壳冷却系统再循环泵的入口，将水泵入储水箱以延长靠重力输送的水量。辅助水箱中的水装量足以维持安全壳冷却水以最小需求流量额外供应4d。

容器壁上没有蒸发的水流流入安全壳内环廊底部的地漏。在假定的大LOCA事故后，安全壳压力和温度迅速升高，在整个PCS运行期间，洒向安全壳壳体的大部分水将蒸发。对于导致安全壳压力和温度缓慢升高的事件，PCS初始大水流的大部分将不会蒸发。然而在第一根PCS立管浮出水面后，洒水流量逐渐与堆芯余热的排出相适应。其流量中有大部分水蒸发。如前文所言，多重的环廊地漏将所有剩余的水从上部环廊引出。

沿安全壳容器外壁向上的空气自然循环流道常开，空气流的引入或空气流量的调节均不需要操作员的干预。自然循环空气流道开始于屏蔽钢制物进气口，大气通过混凝土结构开口水平流入。空气流过固定的百叶窗，转过90°后向下进入安全壳/屏蔽构筑物外环隙。该外环隙由外侧混凝土和内侧可移动的空气导流板组成。在空气导流板内部，设置弯曲的叶子有利于向下的气流转向180°，导致向上流入安全壳内环隙。该内环隙由外侧空气导流板和内侧钢制安全壳容器构成。空气向上流过内环隙，沿着压力容器钢制壳体的外表面到达钢制安全壳容器顶部，之后空气通过屏蔽构筑物空气扩散器排放。沿安全壳壳体向上流动的空气增强了安全壳湿的钢制外表面上的水蒸发，大大增加了系统降低安全壳内蒸汽/空气混合物压力及温度的能力。

在乏燃料池冷却系统长期失效且其他冷却方法不可以的情况下，非能动安全壳冷却系统可以向乏燃料池提供补水以提供持续的水量及移出热量。在非能动安全壳冷却系统不需运行时，储水箱可由操作员手动接入向乏燃料池补水。储水箱和乏燃料池之间装有长期补水接口。辅助水箱和系统再循环泵也可由操作员手动接入并驱动，从而向储水箱或安全壳穹顶以及乏燃料池补水。

非能动安全壳冷却系统可以向乏燃料池池壁上的集管提供补水，以用于万一在乏燃料池完全排空情况下的乏燃料冷却。集管管嘴的布置有利于向乏燃料提供充分的冷却流。非能动安全壳冷却水储水箱可以通过操作员动作接入，向乏燃料喷嘴提供由重力驱动的补水。系统设有一只专用的手动阀和一条供水管道，其中管道为上文提到的乏燃料池长期补水连接管的分支。

三、非能动主控室应急可居留系统

AP1000的主控室应急可居留系统（VES）属于核电厂专设安全设施，在设计基准事故或失去正常交流电源情况下，通过非能动方式自动启动，为主控室提供可居留环境，以确保主控室运行人员在事故后72h内监视事故进程，并完成必要的事故缓解措施。

（一）系统功能

VES的安全相关功能包括：

（1）为主控室人员提供呼吸用的清洁空气。

（2）保证主控室相对周围环境有一个微正压，防止受气载污染的放射性气体进入主控室。

（3）设计基准事故后，利用构筑物的热容量，为电厂内那些必须保持其功能的设备提供非能动的冷却。

正常厂用电源供电的工况下，主控室、技术支持中心、仪表控制室、直流设备间和蓄电池室的正常通风由核岛非放射性厂房通风系统（VBS）提供。当核岛非放射性厂房通风系统发生故障且 72h 内不能恢复，则利用主控室的 2 台辅助风机为主控室提供新风。当全厂电源丧失或主控室通风放射性超标后，主控室被隔离，主控室应急可居留系统为主控室提供应急压缩空气和非能动热井。

主控室应急可居留系统有 4 个 VES 压空储存罐模块，每一模块包括 8 只单独的压空储存罐。储存箱的设计压力为 27.7MPa，内包含有可供呼吸的压缩空气，其压力至少保持在 23.55MPa。从公共供气母管到主控室设置了主、辅两条主控室压缩空气供应管道。主控室外的管道上安装 2 只压力调节阀和节流孔板，控制压空流量和主控室的压力。利用低压卸压风挡为主控室提供超压保护。在主控室和环境压差高于 31kPa 时，卸压风挡保持开启，及时将主控室的空气排放到外部环境中。

主控室应急可居留系统（VES）示意系统如图 4-21 所示。

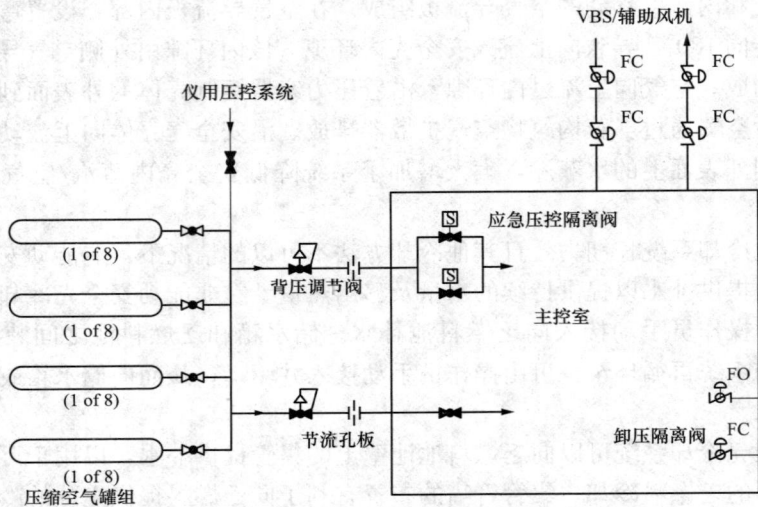

图 4-21　主控室应急可居留系统（VES）示意

系统运行原理如下：①气体膨胀吸热；②自然导热循环：新风与旧空气的密度差；③非能动热井吸热。

AP1000 的非能动热井主要由厂房的混凝土天花板和混凝土墙提供。为了增加天花板的吸热能力，挑选一些特点部位的混凝土墙面，在其表面安装一些金属散热片。

放射性控制原理如下：主控室在应急工况下相对于周围环境维持一个微正压（约 31kPa），防止没有经过过滤的、可能被污染的空气进入主控室内。

主控室入口门廊安装两道互锁的闸门，当闸门开启后，气流将会流向主控室外面的走廊。防止因操作员进入主控室带入放射性。

（二）设备描述

主控室应急可居留系统由紧急空气储存罐以及相关的管道、阀门、风阀和仪表组成。但是，VES 的运行和功能需要考虑将厂房结构的钢材、混凝土墙面、地板散热片的热容量作为主控室应急状态的热井，以此保证人员和电气设备房间的温度在可接受的限值范围内。

（1）主控室压力边界。主控室位于核岛辅助厂房内标高 5.334m 处，它由主控制区、操作员区、签票区、值班长工作室、办事员办公室、厨房以及盥洗室等组成。主控室压力边界示意如图 4-22 所示。

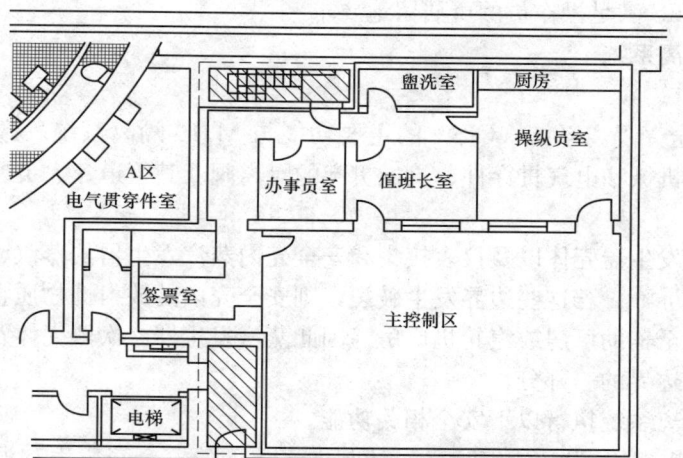

图 4-22　主控室压力边界示意

（2）应急压空储存罐。VES 共有 32 个压空储存罐，每个储罐均由罐体和管道构成，罐体采用遵照 ASME 标准的铸造工艺制造，需要铸造后的热处理，而采用的管道则是没用焊缝的无缝管道。

（3）节流孔板。节流孔板用来限制流入主控室的压缩空气流量维持在恒定流量。孔板位于主控室压力边界外部的应急空气输送管道上，上游是压力调节阀。

（4）卸压风挡。卸压风挡位于主控室压力边界外面、卸压隔离阀下游的风管上。当主控室压力高于环境压力 31kPa 时，卸压风挡保持开启，及时将主控室的空气排放到外部环境中。

（5）主控室入口闸门。主控室入口门廊安装两道互锁的闸门，用来防止因操作员进入主控室带入放射性。主控室在应急工况下相当于周围环境维持一个正压（约 31kPa），因此，当闸门开启后，气流将会流向主控室外面的走廊。

（6）可移动的呼吸装置。在主控室压力边界内设有带空气瓶的可移动呼吸装置，其中储存的空气量足够为 11 名主控室居住人员提供 6h 的可供呼吸用的空气。但它不是 VES 设计的一部分。

（三）系统运行

VES 由下列情况自动启动：在主控室供空气管道中探测到"高-高"微尘或碘放射性超过剂量限值时；失去交流电源超过 10min。

（1）正常运行工况。电厂正常运行和非应急情况下，不要求 VES 工作。当有交流电源时，核岛非放射性通风系统（VBS）为主控室、技术支持中心、仪表控制室、直流电源设备室、蓄电池室以及核岛非放射性通风系统设备室提供通风。

（2）非正常运行工况。当核岛非放射性厂房通风系统发生故障且 72h 内不能修复，则利用主控室的 2 台离心式辅助风机分别为主控室 1E 级电气设备间提供新风。此时要求主控室的所有阀门和风管保持开启，提供空气流通渠道。

（3）应急运行工况。如果在失去交流电源超过 10min 或主控室供空气管道内测量到放射性微尘或碘超过了"高-高"剂量限值的情况下，保护和安全监测系统（PMS）自动隔离主控室，然后由 VES 满足操作员的可居留地要求。

四、安全壳隔离系统

（一）系统功能

AP1000 的安全壳隔离系统（CIS）的主要功能与 M310 隔离系统一致。系统组成包括钢制安全壳容器、机械和电气贯穿件、机械贯穿的隔离阀及其管道、人员通行气阀和设备运输阀门等。

安全壳内蒸汽发生器壳体以及仪表接头和安全壳内蒸汽发生器的蒸汽、给水排污等管路组成安全壳的内部屏障。若这些边界发生破裂，则安全壳内的放射性物质将通过破口进入这些管路，然后释放至辅助厂房或汽轮机厂房。因此蒸汽发生器二次侧壳体及其安全壳内二次侧管路也是安全壳边界的一部分。

（1）安全壳隔离系统执行以下安全相关功能。

1）完整性功能。CIS 设计成能承受设计基准事故下的安全壳压力和温度以保证安全壳边界的完整，并限制设计基准事故下放射性物质向环境的释放。

2）隔离功能。安全壳的完整性准则构成安全壳隔离阀的设计基准，在保证流体在电厂正常运行工况下正常通过或事故工况下应急通过安全壳的同时，安全壳隔离阀保持安全壳边界的完整性以防止或限制放射性物质的外逸。

（2）AP1000 CIS 具有以下主要技术特点：

1）AP1000 的专设安全系统采用非能动原理后简化了安全壳隔离系统，显著减少了安全壳贯穿件的数量，事故后无高放射性的流体需要通过安全壳，从而限制了事故后放射性物质向环境的释放。

2）AP1000 简化了核辅助系统，因此减少了电厂正常运行时常开的贯穿安全壳的通路。

3）AP1000 采用了多样化的安全壳隔离信号，以提高关键通路隔离的可靠性，并同时采取措施，保证化学和容积控制系统、正常余热排出系统等非安全相关系统在事故后采取其纵深防御功能。

（二）设备描述

在 AP1000 的设计中，起安全壳隔离作用的部件主要有贯穿安全壳的贯穿件及其管道、隔离安全壳的阀门及其驱动装置和安全壳泄漏试验接头等。这些部件是其所属系统和结构的组成部分，并承担安全壳隔离功能。

（1）安全壳的贯穿通路。减少贯穿安全壳通路的数量不仅简化了系统和结构，而且减少了放射性物质向环境释放的潜在泄漏源。贯穿安全壳通路的数量少是 AP1000 的设计特点之一。AP1000 包括设备运输闸门、人员通行气闸、燃料运输通道和 3 个备用贯穿件在内的机械贯穿件总数仅 40 个。AP1000 安全壳贯穿件数量少的原因在于专设安全系统实现了非能动化，若干正常运行系统得到了简化以及系统配置的合理性。

AP1000 专设安全系统实现非能动化后，取消了传统压水堆电厂的高压安注泵、低压安注泵、安全壳喷淋泵等安全级能动设备。在传统压水堆电厂中，这些设备均布置在安全壳外的核辅助厂房内，因此事故后放射性流体需要按多重要求进出安全壳，AP1000 非能动专设安全系统的所有放射性设备和管路均布置在安全壳内，事故后无放射性流体需要穿越安全壳，这不仅大量减少了贯穿件的数量而且限制了放射性物质向环境的释放。

AP1000 取消了主泵轴封水系统，简化了化学和容积控制系统、正常余热排出系统及其他支持系统。AP1000 设备冷却水系统利用一条总管贯穿安全壳，然后再设支管将设备冷却水分配至各用户而不是各用户单独设置贯穿件，这些系统的简化和合理配置设计也减少了贯穿件的数量。

（2）隔离阀。AP1000 大量减少了隔离阀数量，约为 80 个。首先，属于反应堆冷却剂压力边界组成部分或直接与安全壳空间相连的贯穿件安全壳的每条管路，根据 GDC（general design criteria，设计总则）55 和 GDC56 的规定至少应串联两个合适的隔离阀（通常安全壳内侧和外侧各一个），每个阀门能可靠地独立动作。单个止回阀不能用安全壳外的自动隔离阀，阀门地配置应满足安全壳隔离的单一故障准则，隔离阀的位置应尽量靠近安全壳。其次，既非反应堆冷却剂压力边界的组成部分，又不直接与安全壳空间相通地贯穿安全壳管线，至少设置一个配适的隔离阀。隔离阀必须位于安全壳外侧，并尽可能地靠近安全壳。

每个动力操作隔离阀的阀位（全开或全关）无论自动还是手动遥控均要求在主控室操作，并输入电厂计算机。阀位指示应是真实的阀门位置。常关手动隔离阀设有锁关装置，阀门只有在全关位置才能锁住，正常运行时行政控制措施可以保证手动隔离阀在锁关位置。

隔离法的关闭时间至少应符合标准阀门，在 60s 内限制放射性。特殊隔离阀的快速关闭时间取决于放射性释放的限制或工艺要求（如安全壳内质能释放地限制）。

自动安全壳隔离阀由 1E 级直流电源供电。失去压缩空气或电源时，气动隔离阀失效在关闭位置。失电后，电动隔离阀保持在安全地原正常阀位。这些电动阀都有一个冗余的备用阀门，如安全壳内装一个止回阀或者串联加装一个电动阀，以防单一失效。

两道关闭的串联隔离阀之间的管段可能因流体加热而引起压力升高，为此设置止回阀或释放阀，或其他卸压装置。

安全壳内动力操作隔离阀的驱动装置位于安全壳最高水位之上或者位于不受水淹的区域。

（3）驱动信号。安全壳隔离系统由保护和安全监测系统（PMS）四取二逻辑产生的信号驱动，并在主控室和远距离停堆工作站提供手动安全隔离的操作。对最有可能旁路安全壳的贯穿通路上的隔离阀，提供了多样化驱动系统（DAS）信号。专设安全启动信号优先于其他隔离信号（如安全壳高放射性信号），有些隔离阀（如取样隔离阀）自动隔离信号复位后即允许进行手动操作。驱动信号的复位不改变任何阀门的阀位，隔离阀的再次开启只能逐个操作。

（4）封闭系统。既不是反应堆冷却剂压力边界的组成部分又不直接与安全壳空间相连并且满足封闭系统要求的贯穿安全壳的每条管线。除了按 GDC57 的要求设置一个安全壳隔离阀外，还满足下列附加要求：系统能抵御飞射物和高能管道破裂的影响；系统设计满足抗震Ⅰ类，ASMEⅢ-2 级要求；系统设计至少能承受安全壳的设计温度和安全壳结构验收试验的压力；系统设计能承受设计基准事故的压力和温度瞬态及导致的环境条件。

可能暴露于安全壳大气的安全壳外的封闭系统，在事故期间的工况条件与安全壳相同，因此封闭系统在安全壳 A 类整体泄漏试验期间是可实验的。

（5）阀门和通道。电厂运行期间，两个设备运输闸门、两个人员通行气阀和一个燃料运输通道均处于关闭状态，并由可试验的双重垫圈密封。

（6）两个设备闸门中的一个安装在运行平台处，内径为 4.877m，另一个在安全壳下部，内径与上部的相同。两个人员通行气阀与各自的设备阀门相邻，内径均为 3.048m，以容纳一个宽为 1.067m，高为 2.083m 的门。

五、安全壳氢气控制系统

（一）系统功能

安全壳氢气控制系统的功能与 M310 相同，可以监测和限制氢气浓度，保证安全壳的完整性。在发生失水事故后，产生的氢气会从反应堆冷却系统进入安全壳内。

对于氢气的控制需要分别考虑两种情况。即设计基准事故和严重事故条件下的氢气释放与控制。

在设计基准事故下，与水反应产生氢气的锆总量的限制为锆包壳总质量的 1%。安全壳内氢气控制系统由两个安全相关的氢气复合器构成，其功能是保证安全壳内的氢气浓度小于其可燃限值。

在严重事故情况下，M310 主要考虑了 LOCA 后释放到安全壳内的氢气量控制，AP1000 假设了 100% 的燃料包壳与水的反应所产生的氢气量。尽管辐射分解和腐蚀反应也产生氢气，但所占份额很小。在假想的严重事故发生后，燃料锆包壳与水蒸气的反应可以迅速产生大量的氢气，是氢气产生的主要来源，安全壳内的氢浓度很可能达到其可燃限制。这种情况下，安全壳氢气控制系统的作用是在氢气达到较低的可燃限值时，尽快促进氢的燃烧，以防止氢浓度的进一步增加而造成高浓度时的爆燃，进而对安全壳完整性构成威胁。这也为氢气燃烧条件下安全壳完整性的维持，及安全相关系统在氢气燃烧条件下的持续运行提供了保障。

安全壳氢气控制系统由安装在安全壳内的 3 台氢浓度监测仪、2 台非能动自催化复合器和 64 台氢点火器组成。这些设备用来限制安全壳大气中的氢浓度。

安全壳氢气控制系统执行以下非安全相关功能：

（1）在设计基准 LOCA 事故后限制和降低安全壳内的氢的总浓度。

（2）在严重事故后，为防止氢爆燃或爆炸提供纵深防御。

（3）在正常运行和设计基准事故后，监测安全壳大气中的氢浓度。

（4）在堆芯恶化或堆芯熔化事故期间及以后，通过局部点燃释放出来的氢以防止安全壳内的氢的总浓度达到可燃限制。

安全壳内的氢气体积分数不允许超过 4%，该限值保证了安全壳内不会发生氢气爆燃。并且在设计中，要求安全相关的氢气控制系统在受到恶劣自然条件如地震、飓风、龙卷风、水灾、外部飞射物等影响下仍能够执行其既定功能。

在严重事故时，分布在安全壳中的氢点火器能够使氢气燃烧（火焰前沿传播速度为亚声速），这可以限制氢气浓度在可燃限值与 10% 体积分数之间，从而防止其达到能够产生爆炸（火焰前沿传播速度为超声速）的氢气浓度。

（二）氢浓度监测子系统

为了满足 GDC41 中的相关要求，即可燃气体控制系统的设计中应包括在正常运行与事故条件下，对系统或部件的运行性能进行监测的仪器或设备。用于氢气监测的设备则必须是能够有作用的、可靠的，以及在超设计基准事故条件下的事故管理（包括应急计划中的）能对安全壳中的氢气浓度进行连续不断的监测。

氢浓度监测子系统由分布在安全壳内顶部的三台氢传感器连续指示安全壳大气的氢浓度。传感器由非 1E 级直流和 UPS（不间断电源）供电，测量范围 0%～20% 氢浓度，响应时间 10s 内达到 90%。在主控室内有连续的氢浓度指示和超限报警。

（三）氢复合子系统

AP1000 设计中的氢气复合子系统主要服务于非安全相关功能，因此并没有核安全设计准则。根据其审评结论，氢气复合子系统属于非安全相关系统，并提供非安全相关功能，其失效将不会导致安全系统的失效。

氢复合子系统由位于安全壳内的两台安全级的非能动氢气自催化复合器（PAR）组成，能在任何设计基准事故后维持安全壳总体氢浓度处在较低水平。PAR 的平均效率为 85%。一台复合器安装在安全壳平台 49.4m 的标高上，另一台在 50.6m 的标高上，两台复合器离安全壳内壁 3.96m。这些布置点均处于安全壳均匀混合区，在这一区域内存在着向上的自然对流。此外，PAR 的布置方位远离可能快速向上流动的区域，如环路隔间上方气团上升区域。PAR 结构简单，无能动部分，不需要供电和其他支持。使用钯或铂作为催化剂。氢和氧一般在 593℃ 以上快速燃烧合成，在有催化剂铂时，即使在 0℃ 以下也能复合。PAR 能在大的温度范围内、低于 1% 的反应物浓度和大于 50% 的蒸汽浓度时良好工作。当催化剂受潮时，会有短的延迟才发生复合，但是不会影响设计基准事故下的氢复合，因为此时氢的积累需要几天到几周。

对于设计基准事故，PAR 能防止安全壳内的氢的积累。对于严重事故，PAR 的消氢能力协助氢点火器减少安全壳内的总体氢浓度，也提供了纵深防御的能力。

（四）氢点火器子系统

AP1000 的氢点火器子系统主要对于严重事故下的氢气控制，包括 64 台安装在安全壳内的氢点火器。这些点火器组件被设计为可在 LOCA 发生后的安全壳大气中，维持点火器的表面温度在 870～927℃。为保护点火器不受滴落液滴的影响，在点火器上设置了防溅罩；在严重事故和堆芯熔化事故期间以及以后，氢快速释放，通过局部燃烧相对低浓度的氢，可以防止氢浓度达到可能的爆炸水平。因为氢点火器用于低概率的严重事故，所以氢点火子系统不是 1E 级。但是在供电、布置方面还是作了提高安全性的考虑。

64 台氢点火器分成两组，分别由不同的母线供电，正常时分别由场外电源供电；当外电源失去时分别由厂内一台安全级柴油发电机供电；当柴油机也发生故障时，由非 1E 级直流蓄电池供电约 4h。两组氢点火器根据安全壳内氢运输分布的评价结果和氢燃烧的特点来布置。为了达到这个目的，点火器布置在安全壳内氢气可能释放、流动或聚集的区域。所有安全壳内的自由体积包括容器顶部，都布置了来自两组的双重点火器。密闭区域不少于两台氢点火器。两台氢点火器的分隔距离要考虑一台氢点火器产生的火焰前沿速度对另一台的影响。其设置位置主要取决于组中每一个点火装置所能作用的区域范围。

在严重事故后，当安全壳内任一区域的氢浓度达到最低可燃浓度限值不久后，氢点火器触发以促进氢的燃烧。在较低氢可燃范围，燃烧氢气可防止在较高氢浓度时发生事故性氢燃烧。这可确保氢燃烧期间维持安全壳的完整性，并且保证氢燃烧期间及以后安全相关设备的可持续运行。在快速产生氢的事故中，通过分散的氢点火器子系统也可限制安全壳内的总体氢浓度。氢浓度在可燃限值和 10％ 体积浓度之间时，点火器引起氢的局部爆燃（氢燃烧火焰以亚声速传播），可防止氢爆炸（氢燃烧火焰以超声速传播）。

六、熔融物堆内滞留系统

（一）系统功能

堆芯熔融物堆内滞留（IVR）是 AP1000 缓解严重事故的重要管理措施，其主要作用是在反应堆发生严重事故时，通过反应堆压力容器外壁面冷却堆芯熔融物防止压力容器失效，并将熔融物滞留在堆内避免进入安全壳。由于堆芯熔融物滞留在堆内，防止了如堆外蒸汽爆炸、熔融物与混凝土相互作用等堆外严重事故现象，从而大大降低了这些事故对安全壳完整性构成的危险概率。

AP1000 的非能动安全系统设计使它具有更适于采用 IVR 作为严重事故管理措施的设计特性，有利于从压力容器外部对堆芯熔融物实施冷却，包括：①将反应堆冷却系统减压，可靠的反应堆冷却系统、多级卸压系统可在降压后导致较低的压力容器壁面应力；②利用安全壳内置换料水箱的储水向反应堆腔室充水，可以在外部淹没压力容器，并保证淹没水位在冷却剂环路的标高（29.8m）之上；③改进反应堆压力容器的保温层，强化两相自然对流为压力容器的水冷以及反应堆腔室的蒸汽泄放提供了专设途径；④反应堆压力容器外表面是无任何遮蔽或覆盖的金属；⑤压力容器底封头上没用压力容器贯穿件，这一设计减小了压力容器的失效风险。

（二）设备描述

AP1000 的 IVR 设计原理如图 4-23 所示。发生堆芯熔化严重事故时，自动或手动触发 IRWST 淹没堆腔。将压力容器作为"热交换器"，通过隔离材料在堆腔和压力容器间建立并形成自然循环流道，冷却堆芯熔融物，从而将熔融物滞留在压力容器内部。堆腔底部的水

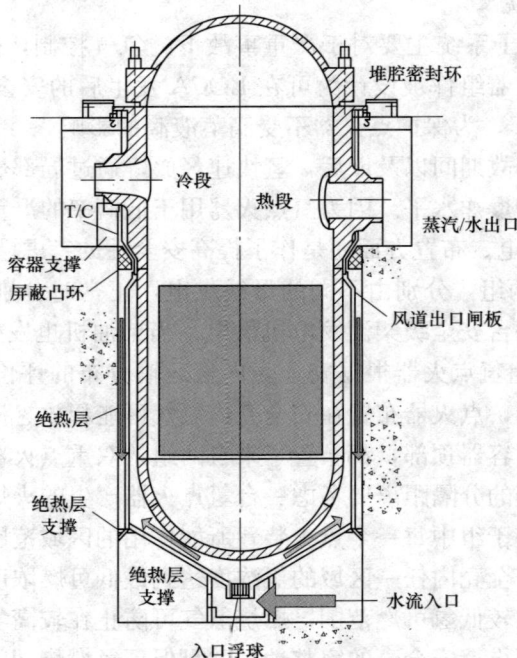

视频和图片
3-IVR 实验

图 4-23 AP1000 的 IVR 设计原理示意

顶开入口浮球，进入压力容器和隔热材料间的环形流道，堆芯熔融物热量通过压力容器壁面加热环形空间的冷却水。各蒸汽排放口通常是关闭的，而当隔热环形空间冷却水加热沸腾后，汽水混合物将蒸汽排放口冲开，使得蒸汽排放到环路隔间中。这些蒸汽通过安全壳壁面被非能动安全壳冷却系统的冷却水冷却，凝结成凝结水后返回堆腔。

此外，在下封头外设置一个半球形的导流板来引导冷却水流，同时保证压力容器外具有足够的安全壳淹没水位，以实现两相自然循环流动。这将提高热量导出能力，保证压力容器外表面不发生偏离泡核沸腾，从而保持压力容器的完整性。事故后，自动卸压系统降低堆芯压力，能够有效减小作用在压力容器的应力，减轻乃至消除反应堆压力容器潜在的脆性断裂，同时避免高压熔堆。将反应堆堆腔完全淹没，并将反应堆冷却剂系统降压，可使堆芯熔融物熔穿压力容器的可能性降到最低。

（三）系统运行

堆芯熔融物压力容器内保持策略主要分为压力容器内部冷却（IRVC）和压力容器外部冷却（ERVC）。

严重事故时，由于堆芯得不到足够冷却，燃料在高温下熔化，熔融物将产生机械热负荷。这种热负荷的范围很广，从最初的堆芯熔融物掉落到下封头重组开始，中间经历了很多复杂的过程，到最终形成类似稳定的状态（此时是指堆芯熔融材料几乎全部掉落到下封头并重组），都有大量的热负荷产生。压力容器内堆芯熔融物如果快速聚集到压力容器下封头并导致下封头内的水大量蒸发，可能导致冲击效应，即压力容器内的蒸汽爆炸。如此，可能破坏上封头的紧固螺栓，导致 PRV 上封头飞出，击穿安全壳，导致堆芯熔融物的溅出。同时，堆芯熔融物在下封头的快速聚集，可能导致下封头的热量难以迅速导出，导致下封头熔穿。实际上 AP1000 的堆芯活性区下方存在着大量的设备，如锆端塞、燃料组件管座、堆芯下支承板。这些设备很难快速融化，可以避免堆芯熔融物向下封头的快速聚集。而通过侧向间隙聚集的速度较慢，难以满足蒸汽爆炸的条件。

因为堆芯熔融物聚集速度较慢，这就给通过压力容器内部冷却和压力容器外部冷却带走堆芯熔融物的热量、保证压力容器的完整性创造了基础条件。

最终，压力容器下封头完整性受到熔穿、整体过薄和机械负荷的威胁。IRVC 措施的关键在于，事故时在一定条件下向压力容器内注入冷却水，注水通过强迫对流形成初始的受控状态。

压力容器内部冷却主要通过非能动堆芯冷却系统实现，非能动堆芯冷却系统的水源包括两个堆芯补水箱、两个安注箱和一个安全壳内换料水箱。三个水源完成注射后，受淹的安全壳成为长期的水源，由自然循环提供堆芯的再循环冷却。

压力容器外部冷却主要通过淹没反应堆堆腔，使反应堆压力容器浸没至高于反应堆冷却剂环路的标高，来建立压力容器的外部冷却机制。

压力容器外部冷却供水的水淹隔间包括垂直进入通道、反应堆冷却剂疏水箱间和反应堆堆腔。这些隔间的水与反应堆压力容器接触、加热然后排出到安全壳内。垂直进入通道和反应堆冷却剂疏水箱间的开孔约为 100 平方英尺。可移动式栅栏安置在垂直进入通道的进口处以限制杂物进入下部隔间。压力容器外部冷却时，这个栅栏使大块碎片不会被传输进入反应堆冷却剂系统及其连接系统。

保温层安装在一个由堆腔壁和地板支撑的结构框架上，可以在承受载荷的同时保持间隙不小于 2 英寸的流道。进水口组件在保温层底部，蒸汽排放通道在压力容器支承件下方。

安全壳再循环冷却水为堆腔提供足够的进水，进入反应堆堆腔中的水流经保温层下部的压力容器反射保温层和压力容器之间的环形间隙，堆腔冷却水进入保温层后，吸收压力容器外壁面的热量，以水蒸气的形式从排气口排出。排出的水蒸气将热量传递到非能动安全壳冷却系统，水蒸气在安全壳内冷凝以后，经过地坑循环泵又回到安全壳内换料水箱，从而通过堆腔注水系统进入堆腔，如此往复，实现压力容器外部冷却。

在触发安全壳压力高信号之后，保护及安全监测系统使非能动安全壳冷却系统自动投入运行以导出安全壳内的热量。在非能动安全壳冷却系统投入之后，位于安全壳穹顶上方屏蔽厂房内的冷却水储存箱通过重力疏水至安全壳穹顶的表面，并形成一层水膜。钢制安全壳上方有采用奥氏体不锈钢制作的冷却水分配围堰，在非能动安全壳冷却系统运行过程中能够有效地湿润钢制安全壳表面。事故发生后，在安全壳和屏蔽厂房之间的空气流道中形成一个自然循环驱动力，使空气沿着安全壳壳体外表面向上流动，促进安全壳壳体表面的水分蒸发。事故中释放到安全壳内的蒸汽中的热量通过传导、对流、蒸汽冷凝传输到安全壳外，降低安全壳内的压力。PCS 系统通过安装在冷却水储存箱上 4 个不同高度的出口管来改变冷却水流量。当系统启动时，冷却水同时经过 4 个出口管以最大流量流出，之后随着水位下降参与的出口管随之减少，流量也随之减少。操纵员可以通过辅助储水箱、除盐水、消防水以及循环泵向安全壳上方的冷却水储存箱补水。

第三节　华龙一号的安全系统

华龙一号作为三代核电技术，专设安全设施设计上进行了许多新的设计，具有许多新的特点。如安全注入系统 RSI 中压安注泵取代高压安注泵，为实现安注工况下向 RCS 安注注入功能而相应增设 TSA 系统快速冷却功能，为实现全工况下安注自动启动而增设两个自动启动安注信号（P11 与 P15 之间 RCS 热段 ΔT_{sat} 低和 P15 以下 RCS 热管段水位低）以及 TFA 系统辅助给水调节阀自动控制功能和辅助给水管线自动隔离功能等。

一、安全注入系统

1. 华龙一号安全注入系统（RSI）的设计改进

RCV 上充泵不再作为高压安注泵使用，相应 RSI 增设独立的两台中压安注泵 RSI003PO、RSI004PO 执行安注功能。两台中压安注泵的关闭压头控制在 10MPa 以下。安注信号触发后如果 RCS 压力高于中压安注泵的关闭压头，则通过小流量管线返回至内置换料水箱（IRWST）。为此，华龙设计增加了安注信号下 TSA 快速冷却功能，即安注信号触发 TSA 大气排放阀动作，以 100℃/h 速率执行快速冷却，对一回路冷却降温。当 RCS 压力下降到中压安注泵的关闭压头以下时，中压安注泵开始向 RCS 冷段注入含硼水，当中压安注注入流量高信号产生时，关闭中压安注泵小流量管线隔离阀，保证中压安注注入 RCS 流量。

RSI 系统取消了浓硼注入罐及相应循环回路，原 M310 机组浓硼罐设计为防止二回路破口引发的安注事故引起的一回路过度降温向堆芯引入正反应性，防止堆芯重返临界的风险。

华龙一号独立设计了 REB 应急硼注入系统，在发生未停堆的预期瞬态事故工况下，当 ATWS 信号发出 15s 后功率高于 2%FP 或反应堆停堆 15s 后功率高于 2%FP，REB 自动启动向 RCS 快速注入 7000~8000μg/g 硼酸溶液，将反应堆带入次临界状态。

原 M310 机组 P11 允许手动闭锁稳压器压力低 4 安注信号，这时发生一回路破口事故只能靠安全壳压力 H2 信号自动启动安注，若一回路破口较小，安全壳压力 H2 需要较长时间达到，此时 RCSΔT_{sat} 较低，主泵运行有汽蚀的危险。以前 M310 事故规程体系由 RCS 压力低自动停堆进入 DEC 规程，DEC 规程引导进入 I RCP4 事故规程，由操纵员根据定期监视 P11 以下安注已闭锁且 RCS 热段 ΔT_{sat} 低于 20℃ 手动启动安注。

2. 华龙一号 RSI 与 M310 RIS 总体设计差异

（1）上充和安注完全分离。M310 机组化容系统的上充泵兼做安注系统高压安注泵，华龙一号高压安注改为中压安注，且中压安注泵不需要低压安注泵增压。

（2）取消浓硼注入回路。M310 机组安注系统有硼酸再循环回路，事故时首先通过高压安注泵将 7000~8000μg/g 的浓硼酸注入堆芯，华龙一号安注系统取消了该回路。

（3）换料水箱内置。M310 机组安注系统的直接注入阶段从换料水箱取水，再循环注入阶段低压安注泵的取水则从换料水箱切换到安全壳地坑。而华龙一号采用内置换料水箱位于安全壳内最低的位置，兼做安全壳地坑，安注系统无论直接注入还是再循环注入阶段都从内置换料水箱取水。

（4）内置换料水箱过滤器。在内置换料水箱内每台安注泵、安喷泵的管道吸入口处设置过滤器，用以过滤水中的悬浮颗粒。

（5）厂房布置差异。M310 机组安注系统的低压安注泵分布在核燃料厂房−6.7m，高压安注泵分布在核辅助厂房 0m，水压试验泵分布在核辅助厂房 5m，安注箱分布在反应堆厂房−6.7m。华龙一号安注系统的两个系列完全分开，分别布置在两个安全厂房，厂房实现了完全的物理隔离，MHSI/LHSI 泵布置在安全厂房−12.2m，水压试验泵布置在燃料厂房−12.2m，安注箱和内置换料水箱布置在反应堆厂房−6.7m。

（6）华龙一号中压安注泵和低压安注泵电机由设备冷却水系统 WCC 冷却，并由电气厂房冷冻水系统 WEC 提供备用冷却水。

（7）华龙一号安全注入系统安注泵入口隔离阀安装在过滤器后面，而 M310 安全注入系统安注泵入口隔离阀安装在过滤器前面。

（一）系统功能

在反应堆冷却剂系统发生失水事故或主蒸汽系统发生管道破裂事故时，安全注入系统（RSI）提供堆芯应急冷却。华龙一号安全注入系统主要功能和辅助功能与 M310 的安全注入系统基本一致。RSI 具有以下安全功能：

（1）在失水事故工况下，向堆芯注入冷却水，防止燃料包壳熔化并保持堆芯的几何形状和完整性。

（2）在主蒸汽管道破裂事故工况下，向反应堆冷却剂系统注入硼酸溶液，补偿由于不可控的产生蒸汽致使反应堆冷却剂过冷而引起的体积变化，并限制反应性的迅速上升。

（3）在失水事故工况下，系统的部分承压边界作为安全壳的延伸，具有安全壳屏障的作用。

除了安全功能之外，本系统还具有以下辅助功能：

（1）在换料冷停堆期间向反应堆换料水池充水。

（2）利用水压试验泵对反应堆冷却剂系统进行水压试验。

（3）在全厂断电（SBO）工况下，水压试验泵由 SBO 电源供电，向反应堆冷却剂泵注入轴封水。

（4）在停堆期间半管运行并且堆芯失去余热排出系统冷却时，向堆芯自动补水。在 SBO 工况下，当需要通过向一回路临时紧急注水来缓解事故时，可根据严重事故管理导则的相关规定，通过低压安注管道实施一回路应急补水。

华龙一号安注系统与 M310 机组的功能差异如下：①华龙一号取消浓硼注入回路，上充泵不再作为安注系统的高压安注泵使用，事故工况时，首先将浓硼注入堆芯是由应急硼酸注入系统完成的。当一回路压力低于中压安注泵压头时自动往一回路注入硼酸溶液。②在反应堆停堆期间，反应堆处于半管水位时，若失去 RHR 泵，一台 MHSI 泵会自动地从换料水箱取水通过冷段向堆芯注水。

（二）系统描述

华龙一号的 RSI 包含如下子系统：中压安注（MHSI）子系统、低压安注（LHSI）子系统、安注箱注入子系统和水压试验子系统。中压安注子系统和低压安注子系统各包括两个系列，单独一个系列就能完成安注系统功能。中压安注子系统和低压安注子系统的流程如图 4-24 所示。

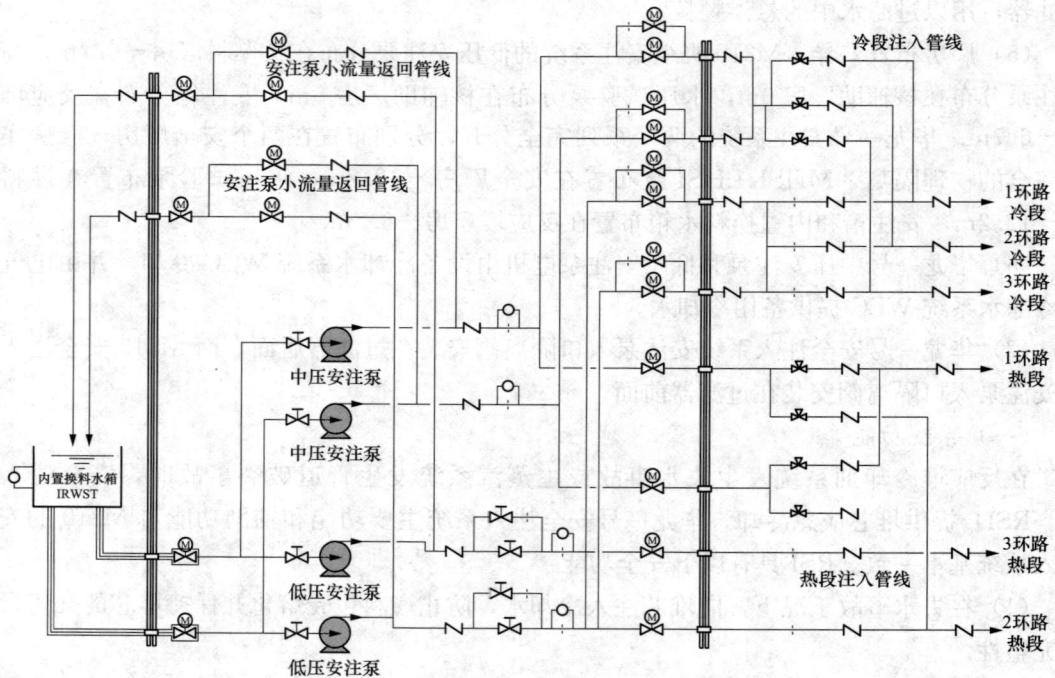

图 4-24　中压安注（MHSI）子系统和低压安注（LHSI）子系统流程

1. 中压安注子系统

中压安注子系统每一系列包括：一台中压安注泵、一条从安全壳内置换料水箱（IRWST）到泵的吸入管线及阀门、一条从泵到 RCS 冷段的注入管道及相关的阀门、一条泵下游返回 IRWST 的小流量管线及阀门、一条从泵到 RCS 热段的注入管线及阀门。

两个系列的中压安注管线在注入母管之前是完全隔离的。两条中压安注冷段注入管线在进入安全壳后合并成一条注入母管，再分成三条注入管线分别连接至 RCS 三个冷管段；A 列中压安注热段注入管线在安全壳内分成两条注入管线分别接至 RCS 一环路和二环路的热管段；B 列中压安注热段注入管线在安全壳内分成两条注入管线分别接至 RCS 一环路和三环路的热管段。

2. 低压安注子系统

低压安注子系统每个系列包括：一台低压安注泵、一条从 IRWST 到泵的吸入管线及阀门、一条从泵到 RCS 冷段的注入管道及相关的阀门、一条从泵到 RCS 热段的注入管线及阀门、一条返回 IRWST 的小流量管线及阀门。

两个系列的低压安注管线在注入母管之前是完全隔离的。两条低压安注冷段注入管线在进入安全壳后合并成一条注入母管，再分成三条注入管线分别连接至 RCS 三个冷管段；A 列低压安注热段注入管线进入安全壳后接至 RCS 二环路热管段；B 列低压安注热段注入管线进入安全壳后接至 RCS 三环路热管段。

事故工况下，两台中压安注泵及两台低压安注泵收到来自保护系统的安注信号时自动启动，从 IRWST 取水后提供冷段注入。在事故后的长期冷却阶段，系统配置容许中、低压安注切换到冷热段同时注入。

中、低压安注子系统均设置了泵下游返回 IRWST 的小流量管线。系统投入初期，如果 RCS 压力高于安注泵的注入压头，则通过小流量管线维持泵的运行。随着 RCS 压力降低，当注入管线已能够建立起足够的流量时，对应注入管线的小流量管线自动隔离同一系列的中压安注和低压安注共用一条贯穿安全壳的从 IRWST 的吸水管线。

3. 安注箱注入子系统

安注箱注入子系统包括三台安注箱及从安注箱到冷段的注入管线及阀门。水压试验用来为安注箱提供正常充水和定期补水。安注箱及水压试验泵回路流程如图 4-25 所示。

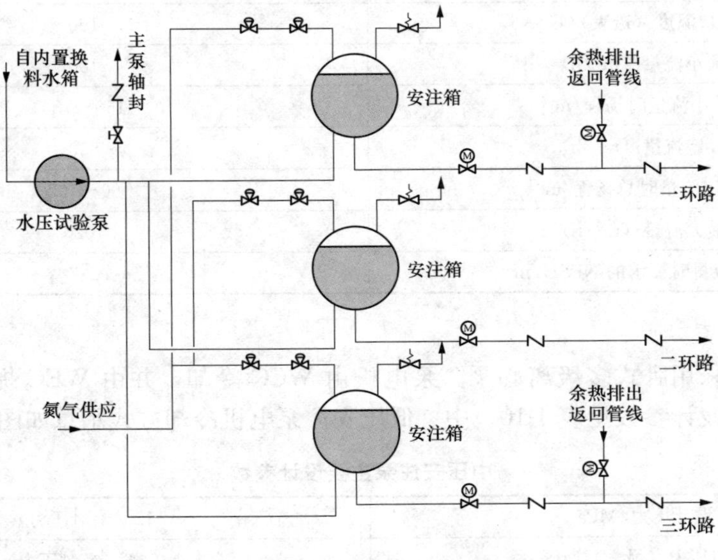

图 4-25　安注箱及水压试验泵回路流程

4. 水压试验子系统

水压试验泵用于对主回路进行水压试验，也用于安注箱的初始充水及定期补水。水压试验泵的安全相关功能为在全厂断电事故工况下，由水压试验泵电源系统供电，为一回路主泵提供轴封水，以保证一回路的完整性。

5. 华龙一号与 M310 的区别

M310 机组上充泵兼作高压安注泵，在事故工况下，上充泵将取水口从容控箱切换至换料水箱，将安注系统硼酸再循环回路中 RIS004BA 的浓硼酸通过反应堆冷却剂系统（RCP）冷段注入堆芯。且在安注再循环阶段泵由安全壳地坑吸水，经低压安注泵增压，进行再循环注入。

华龙一号将高压安注泵改为中压安注泵，并取消硼酸再循环回路。中压安注泵用于所有事故工况，在电站正常运行期间，泵处于备用状态。事故工况下，安注信号启动中压安注泵。中压安注泵投运后，从内置换料水箱（IRWST）吸水。泵的小流量返回管线保证泵的正常运行，并将泵的注入关闭压头控制在 1000m 以下。如果反应堆冷却剂系统 RCS 压力高于泵的注入关闭压头，则通过小流量管线返回 IRWST，当 RCS 压力下降到泵的注入关闭压头以下时，向反应堆冷却剂系统（RCS）冷段注入含硼水。

（三）主要设备

1. 低压安注泵

低压安注泵采用立式多级离心泵，每台泵安装在一个竖井内。泵电机由设备冷却水系统（WCC）冷却，并由电气厂房冷冻水系统（WEC）提供备用冷却水。低压安注泵主要设计参数见表 4-9。

表 4-9　　　　低压安注泵主要设计参数

设计压力/MPa	2.36（绝对压力）
入口压力（最大）/MPa	0.56（绝对压力）
入口温度（最大）/℃	160
最小流量/(m³/h)	100
最小流量时扬程/m	150～180
额定流量/(m³/h)	850
额定流量时总扬程/m	90～102
最大流量/(m³/h)	1020
最大流量时要求的 NPSH/m	0.7

2. 中压安注泵

中压安注泵采用卧式多级离心泵。泵电机由 WCC 冷却，并由 WEC 提供备用冷却水。中压安注泵主要设计参数见表 4-10。中、低压安注泵电机冷却方式示意如图 4-26 所示。

表 4-10　　　　中压安注泵主要设计参数

设计压力/MPa	12（绝对压力）
入口压力（最大）/MPa	0.56（绝对压力）
入口温度（最大）/℃	160

续表

设计压力/MPa	12（绝对压力）
最小流量/(m³/h)	45
最小流量时的扬程/m	963~1015
中间流量要求（最小值）/(m³/h)	155
中间流量要求对应的压头（最小值）/m	630
中间流量要求2（最小值）/(m³/h)	242
中间流量要求2对应的压头（最小值）/m	100
最大流量/(m³/h)	270
最大流量时要求的NPSH/m	<3

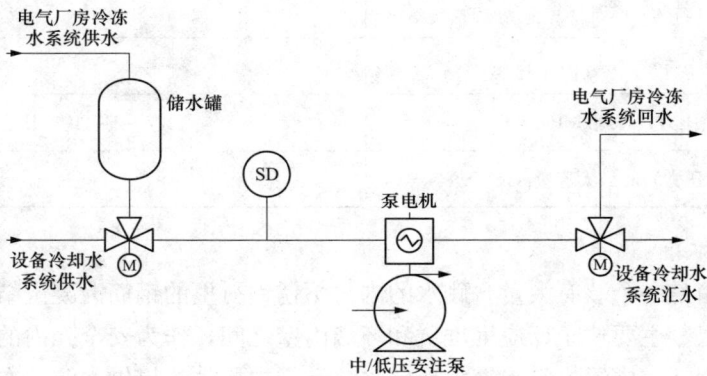

图4-26　中、低压安注泵电机冷却方式示意

3. 安注箱

安注箱为球形压力容器，箱内装有用加压气体覆盖的含硼水。在RCS压力降到安注箱压力以下时，加压气体用来将容器内的含硼水压入反应堆压力容器。安注箱主要设计参数见表4-11。

表 4-11　　　　　　　　　　　安注箱主要设计参数

设计压力（内部）/MPa	4.93（绝对压力）
设计温度（内部）/℃	50
事故工况下最大外部压力/MPa	0.5（绝对压力）
事故工况下最大外部温度/℃	150
容器容积/m³	65.5
液体体积（正常值）/m³	45.5
正常温度/℃	40
正常压力/MPa	4.275~4.53（绝对压力）
硼浓度（最小值）/%	0.23

4. 水压试压泵

水压试验泵为往复式正排量泵组。活塞是由液压缸驱动，而液压缸是用来自液压系统的油进行补给，通过滑阀改变油供给的方向进而控制液压缸。根据不同功能所要求的压力，设定液压回路的排放阀，从而控制泵的出口压力。该泵装有两个稳压装置。水压试验泵主要设计参数见表 4-12。

表 4-12　　水压试验泵主要设计参数

设计压力/MPa	26（绝对压力）
设计温度/℃	110
入口压力（最大）/MPa	0.2（绝对压力）
入口温度（最大）/℃	40
最小流量/（m³/h）	0
排放压力，可调/MPa	4.7～24（绝对压力）
24MPa（绝对压力）时最大流量/（m³/h）	6

5. 内置换料水箱

内置换料水箱是一个装有大量含硼水的内衬不锈钢衬里的钢筋混凝土结构，布置在反应堆厂房内部的底层，主要位于反应堆堆坑和环墙内壁之间，作为安全壳内的一个整体结构建造。在停堆换料期间，内置换料水箱为换料水池和堆内构件池提供水源。在事故工况下，当安注系统投入时，中、低压安注泵从内置换料水箱取水完成堆芯注入。

内置换料水箱还充当地坑的作用，用于收集事故后的喷淋水和失水事故下的反应堆冷却剂，从而实现长期的注入和喷淋。内置换料水箱内设置过滤器系统，过滤水中杂质，防止杂质进入安注和安喷泵，影响系统正常运行，也避免杂质进入堆芯造成堆芯传热恶化。内置换料水箱主要设计参数见表 4-13。

表 4-13　　内置换料水箱主要设计参数

设计压力/MPa	0.52（绝对压力）
设计温度/℃	156
总容积/m³	2403
名义水体积/m³	2267
正常水体积范围	2225～2310
正常温度/℃	10～55
正常压力/MPa	0.1（绝对压力）
硼浓度（最小值）/%	0.23

6. 华龙一号安注系统与 M310 机组的设备差异

（1）高压安注泵改为中压安注泵。M310 机组上充泵兼作安注系统高压安注泵，华龙一号高压安注改为中压安注。

（2）M310 中反应堆换料水池和乏燃料水池冷却和处理系统的换料水箱划分给 RSI，命名为内置换料水箱，内置换料水箱位于安全壳内的最低位置，兼做安全壳地坑，收集 LOCA 事故工况下通过破口进入安全壳的反应堆冷却剂，并收集安喷系统投入后的喷淋水；其容积为 $2403m^3$，可用容积为 $2225\sim2310m^3$，内部硼浓度为 0.24%，华龙一号 RSI 内置换料水箱容积、硼浓度比 M310 PTR 的换料水箱都要大，内置换料水箱的水量保证换料期间使换料水池建立足够高的液位，并保证事故工况下内置换料水箱的液位满足安注泵和安喷泵有效运行所需的汽蚀余量要求，内置换料水箱里的硼水浓度足以在换料冷停堆期间使反应堆保持次临界状态；制硼过程其主要差异体现在硼浓度、体积变化，需根据内置换料水箱的容积和硼浓度计算出所需的硼酸数量，制硼过程中给水箱充水的临时管路径也将变化，此外因为内置换料水箱与大气对空口在零米附近，还需注意做好防异物等措施，具体风险分析见换料水箱制硼风险分析。

（3）华龙一号安注系统取消浓硼注入回路，即华龙一号不再有 RIS021PO/RIS022PO、RIS004BA、RIS021BA 等主要设备和该回路的一系列阀门。

（4）华龙一号中压安注泵 RSI003PO/RSI004PO 和低压安注泵 RSI001PO/RSI002PO 电机由设备冷却水系统 WCC 冷却，并由电气厂房冷冻水系统 WEC 提供备用冷却水，所以在电机冷却水的进出口增加了四个三通阀。

（5）MHSI 泵最小流量 $45m^3/h$、对应扬程 $963\sim1015m$、最大流量 $270m^3/h$、入口压力 $\leqslant0.56MPa$，用于所有事故工况，在电站正常运行期间，泵用于备用状态；在事故工况下，安注信号启动中压安注泵。中压安注泵投运后，从内置换料水箱吸水，泵的小流量管线返回管线保证泵的正常运行。如果 RCS 压力高于泵的注入关闭压头，则通过小流量管线返回内置换料水箱，当 RCS 压力下降到泵的注入关闭压头以下时，向反应堆冷却剂系统冷段注入含硼水。在反应堆停堆期间，反应堆处于半管水位时，若失去 RHR 泵，一台 MHSI 泵会自动地从内置换料水箱取水通过冷管段向堆芯注水。

（6）华龙一号安注箱 001BA～003BA 的形状为球形与 M310 的圆柱形安注箱有较大差异。

（四）运行特性

电厂正常运行时，安注系统处于备用状态；电厂事故工况下，在接到安注信号时，安注系统投入。

1. 事故运行

接到安注信号后，安注系统自动启动，步骤如下：启动中压安注系统；启动低压安注系统；确认中、低压泵出口至冷段注入管道的隔离阀是开启的，安注箱出口隔离阀是打开的；

确认中压、低压安注泵小流量管线是打开的。

系统启动后，中压安注泵和低压安注泵将内置换料水箱内的含硼水注入反应堆冷却剂系统冷段。当反应堆冷却剂系统的压力降到安注箱压力以下时，安注箱内的硼水在氮气压力的作用下自动注入反应堆冷却剂系统冷段。

为防止硼在一回路的聚集，在进入长期冷却阶段后，通过打开中、低压泵热段注入管道上的隔离阀，安注系统将被手动切换到冷热段同时注入。安注系统以这种方式长期运行，直至堆芯完全冷却。

2. 正常运行

电厂功率运行期间，安注系统处于备用状态。中压安注泵入口与换料水箱相连管道开通，出口管通向冷段的隔离阀处于开启状态，泵返回内置换料水箱的小流量管线也开通。安注箱的隔离阀打开，一旦反应堆冷却剂的压力低于安注箱的额定运行压力时，安注箱便开始注水。

电厂停闭期间，当反应堆冷却剂系统的压力降到某一压力整定值时，安注系统闭锁。压力高于此整定值时，不能闭锁安注信号。

电厂启动过程与停闭相反。当冷却剂的压力超过某一整定值时，必须验证安注解锁情况。在安注解锁之前，将系统阀门转到正常运行状态，使系统处于备用状态。

二、安全壳喷淋系统

（一）系统功能

华龙一号的安全壳喷淋系统与 M310 安全壳喷淋系统功能基本一致。在反应堆冷却剂系统发生失水事故或安全壳内主蒸汽管道发生破裂事故工况下，除了安注系统投入运行外，安全壳喷淋系统（CSP）也将根据保护系统的触发信号而投入运行，以降低安全壳内的压力和温度，保持安全壳的完整性，减少安全壳的泄漏量。在发生失水事故时，安全壳喷淋系统还通过吸收放射性碘降低安全壳内大气的放射性水平。在失水事故 15d 后，如果安注系统的安注泵发生故障，也可用安全壳喷淋泵代替。

安全壳喷淋系统除了具有安全功能外，还具有如下辅助功能：在电厂运行和冷停堆期间承担消防功能，可防止安全壳内火灾的蔓延；在冷停堆期间，如果内置换料水箱的水温超过 40℃，可对其进行冷却；在喷淋阶段，在安全壳外的管段成为第三道屏障的一部分。

（二）系统描述

系统由两个相互独立的相同的喷淋系列组成，另外包括一个公用的化学添加子系统。每个喷淋系列主要包括一台安全壳喷淋泵、一台化学试剂添加喷射器、一台热交换器、两条环形喷淋总管、连接各设备的管道及喷淋泵的一条试验管线。公用的化学添加子系统包括：一台化学试剂添加箱及一台混合泵，一条与内置换料水箱相连的喷射器试验管线。安全壳喷淋系统流程如图 4-27 所示。

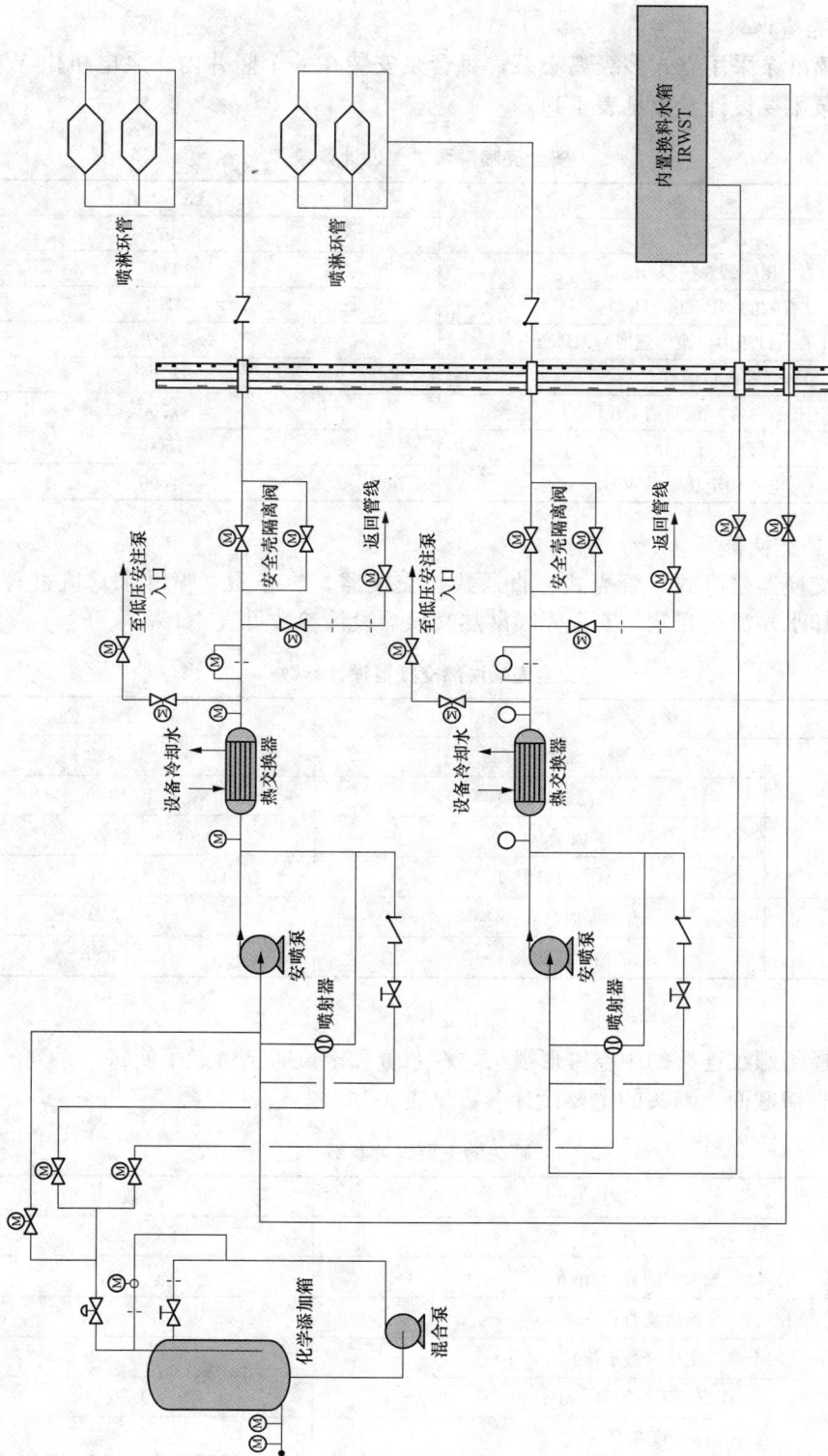

图 4-27 安全壳喷淋系统流程

（三）主要设备

1. 安全壳喷淋泵

安全壳喷淋泵采用立式多级离心泵，每台泵安装在一个竖井内。泵电机由 WCC 冷却。安全壳喷淋泵主要设计参数见表 4-14。

表 4-14　　安全壳喷淋泵主要设计参数

参　　数	数　　值
额定流量/m³/h	1029
相应的总扬程/m	116
有效的 NPSH/mH₂O	＞1.41
设计的入口压力（泵停运时）/MPa	0.97
最高入口温度/℃	120
关闭扬程（在零流量时）/mH₂O	＜200
转速/(r/min)	1500
电机额定功率/kW	≤500

2. 喷淋热交换器

喷淋热交换器是卧式、管壳式、直通式热交换器。热介质（喷淋水）流过管侧，冷介质（设备冷却水）流过壳侧。安全壳喷淋热交换器设计参数见表 4-15。

表 4-15　　安全壳喷淋热交换器设计参数

参　　数		数　　值
喷淋水侧	流量/t/h	993
	最高进口温度/℃	120
设备冷却水侧	流量/(t/h)	1920
	最高入口温度/℃	45
热交换系数	有污垢时/(W/m²·℃)	2650
	清洁时/(W/m²·℃)	3680

3. 喷头

系统选择了螺纹连接的中空锥形喷头，在布置和定位时已考虑了使每一系列的喷淋能覆盖整个安全壳横截面。喷头的主要设计参数见表 4-16。

表 4-16　　喷头的主要设计参数

参　　数	数　　值
数目	506
最大水滴直径/mm	1.4
平均水滴直径/mm	0.27
每个喷头流量（最小值）/(m³/h)	3.9
相应的压头损失/MPa	0.26～0.33
开度角/(°)	60
孔径/mm	12.9

4. 化学试剂添加箱

化学试剂添加箱为立式不锈钢常压容器，装有 30％质量百分比的氢氧化钠溶液。化学试剂添加箱的主要设计参数见表 4-17。

表 4-17　　　　　　　　　　化学试剂添加箱的主要设计参数

参　　　　数		数　　　值
有效容积/m³		14
总容积/m³		16
正常运行条件	绝对压力	大气压力
	温度/℃	40
设计工况	压力/MPa	0.15
	温度/℃	40

5. 化学添加剂喷射器

化学添加剂喷射器用于将氢氧化钠溶液添加到喷淋水里，提高喷淋水的 pH。化学添加剂喷射器的主要设计参数见表 4-18。

表 4-18　　　　　　　　　　化学添加剂喷射器的主要设计参数

参　　　　数	数　　　值
设计温度/℃	120
设计压力（表压力）/MPa	2.3
动力介质流量/(t/h)	36
引入介质流量/(t/h)	14

6. 混合泵

混合泵用于定期混合化学试剂添加箱内的氢氧化钠溶液，以保持介质均匀。混合泵的主要设计参数见表 4-19。

表 4-19　　　　　　　　　　混合泵的主要设计参数

参　　　　数	数　　　值
设计特性	数值
入口温度/℃	40
额定流量下的总扬程/mH₂O	30
额定流量/(m³/h)	15
要求的 NPSH/mH₂O	2.6

（四）运行特性

当发生主管道破裂事故或安全壳内主蒸汽管道断裂事故时，安全壳喷淋系统投入运行。一开始，两个系列的启动信号均来自反应堆保护系统的安全壳高压信号，喷淋泵从内置换料水箱吸水打入喷淋热交换器，经 WCC 冷却后的水被喷淋到安全壳内，从而导出释放到安全壳内的热量，将安全壳内的压力和温度降低到可接受的水平。

安全壳喷淋系统的启动信号来自反应堆保护系统。反应堆保护系统在安全壳内有 4 个压力传感器，当 4 个传感器中有 2 个测出安全壳内压力增大，则反应堆保护系统发出信号，自动触发相应的保护动作，不同安全壳压力定值所触发的保护动作见表 4-20。

表 4-20　　　　　　　　　　　不同安全壳压力定值所触发的保护动作

安全壳内绝对压力	投入运行操作
0.13MPa	·反应堆紧急停堆
	·汽轮机脱扣
	·柴油发电机组启动
	·安注系统投入运行
	·安全壳隔离 A 阶段
	·主给水泵停运
	·主给水隔离
	·辅助给水系统投入运行
0.19MPa	·主蒸汽管道隔离
0.24MPa	·反应堆紧急停堆
	·安全壳隔离 B 阶段
	·安全壳喷淋系统启动
	·柴油发电机组投入运行

喷淋可能持续运行几个星期，当确认安全壳内的压力不可能再升高，则可关闭一个系列。

在大破口失水事故之后，如果两台低压安注泵失效或者两台安全壳喷淋泵失效，安注泵与安全壳喷淋泵可以相互支援，利用系统之间的连接管线，可确保导出堆芯余热，并将安全壳内的释热传给最终热井——海水。

三、蒸汽发生器辅助给水系统

（一）系统功能

辅助给水系统（TFA）作为正常给水系统的备用，在丧失主给水系统时，向蒸汽发生器二次侧提供给水。在下列情况下代替主给水系统（TFM）和启动给水系统（TFS）运行：反应堆启动和反应堆冷却剂系统升温；热停堆；将反应堆冷却到余热排出系统能投入运行的状态。

利用辅助给水电动泵给蒸汽发生器二次侧充水（初次充水和冷停堆后的再充水）。在启动给水系统失效时，也可用辅助给水泵（电动或汽动）维持蒸汽发生器二次侧水位。

利用除氧器装置可向辅助给水系统的储水池和反应堆硼水补给系统（RBM）的水箱提供除盐除氧水。

在任一正常给水系统（TFP、TFM、TFS）发生事故时，辅助给水系统运行，能够确保向蒸汽发生器供应适量的水以导出堆芯余热，直到反应堆冷却剂系统达到余热排出系统可投入的状态。辅助给水系统的供水不会导致蒸汽发生器满溢。反应堆冷却剂系统的热量通过由辅助给水系统供水的蒸汽发生器传给二回路系统产生蒸汽；二回路系统蒸汽通过汽轮机旁路系统排入凝汽器或排向大气。

（二）系统描述

辅助给水系统的设备包括两个辅助储水池、一个泵子系统和一套与蒸汽发生器相连的给水管线，给水管线上装有流量调节阀和给水隔离阀。辅助给水泵从装有适当 pH 的除盐除氧水的辅助储水池吸水，并将其送入安全壳内主给水止回阀下游，靠近蒸汽发生器入口处的主给水管道内。

泵子系统包括：两台 50% 流量的汽动泵，由蒸汽发生器主蒸汽隔离阀上游的主蒸汽管道供汽，乏汽通过消音器排入大气；两台 50% 流量的电动泵，由应急柴油发电机组供电。

其中一台电动泵和一台汽动泵分别组成一个系列。每台电动泵或汽动泵均有供水管线（包括除盐水和再生水管道）和供给三台蒸汽发生器的供水管线。

辅助给水系统流程如图 4-28 所示。

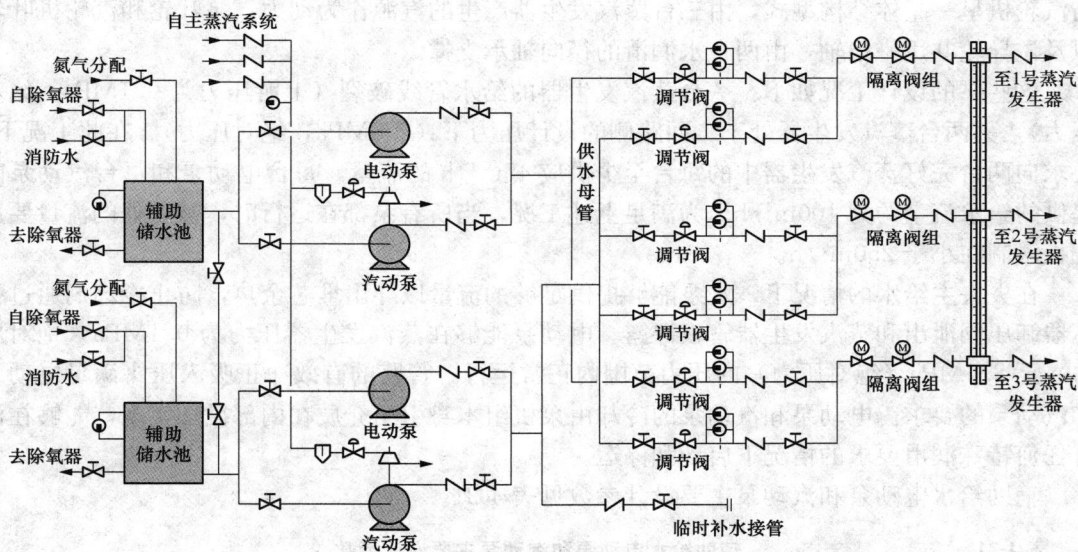

图 4-28 辅助给水系统流程

（三）主要设备

1. 辅助储水池

辅助储水池是具有一定水质要求的永久性储水池，在所有的运行工况下作为四台辅助给水泵的水源。辅助储水池由两个水池组成。通过管线和阀门连接。正常运行期间阀门处于常开状态。只有在其中一个水池发生泄漏的情况下，阀门才会关。辅助储水池为钢筋混凝土水池，内衬钢覆面。为保证水池内的水有适当的含盐量和含氧量，水池上部充有氮气，最大压力为 0.112MPa（绝对压力）。水池装有一只呼吸阀作高压和低压保护。

在 Ⅱ 类工况下，例如失去主给水同时失去或不失去厂外电源、辅助储水池能提供反应堆紧急停堆后至少 8h 的热停堆（反应堆冷却剂的温度为 291℃），然后转换到冷停堆直到达到能启动余热排出系统的条件（反应堆冷却剂的温度为 180℃）。当厂外电源可使用时，冷却速率为 28℃/h，一台反应堆冷却剂泵运行，冷却过程至多在 4h 内完成；当厂外电源不能使用时，冷却速率为 15℃/h，冷却到余热排出系统可投入工况的时间约为 8h。

在 Ⅳ 类工况下，在与电厂和反应堆控制相一致的时间限制内，辅助储水池的储水量足以使反应堆转换到冷停堆状态。

其他工况下，如果主给水管道破裂，辅助储水池容积中包括 30min 经过管道破口流失的水量，这段时间供运行人员采取行动。

通过启动除氧器装置，或将储水池与冷凝水抽取系统相接，可向辅助储水池补水。消防水分配系统也可以向辅助储水池补水，并提供最后的给水备用水源。在消防水补水管线上增设连接到厂房外的快速接口，在全厂断电并且电源长期无法恢复的情况下可采用移动设备（如消防车和移动泵等）对储水池进行应急供水。

2. 辅助给水泵

辅助给水系统由两台电动泵和两台汽动泵组成。两台电动泵为卧式离心泵，泵和电机由被输送的流体进行冷却，电动泵由柴油发电机作为备用电源。两台汽动泵为卧式离心泵，泵与汽轮机呈一整体结构型式，由三台蒸汽发生器产生的汽源作为动力。泵叶轮和汽轮机叶轮以及诱导轮共用一根轴，由两个水润滑的径向轴承支撑。

这些泵的设计工况如下：一台蒸汽发生器的给水管线破裂（上游压力为 0.1MPa，绝对压力），另两台蒸汽发生器处于二回路侧的设计压力下（8.6MPa，绝对压力）。在此工况下，要求向两台完好蒸汽发生器中的每台至少供应 $45m^3/h$ 的流量。每台电动泵和每台汽动泵能提供的给水流量约为 $100m^3/h$。为满足上述工况，当所有泵都在运行时，破口处的流量要用孔板限制在小于 $250m^3/h$。

在失去主给水的情况下，水泵能够提供足够的流量以导出堆芯余热，防止冷却剂通过稳压器卸压阀泄出和蒸汽发生器管板裸露。电动泵能够在蒸汽发生器压力为 0.1MPa（绝对压力）至 8.6MPa（绝对压力）的压力范围内正常运行。管路的有效净正吸入压头满足电动泵和汽动泵的要求。电动泵和汽动泵的冷却由泵机组本身引出介质在内部循环实现，能够在没有任何特殊润滑要求的情况下启动和停运。

辅助给水电动泵和汽动泵主要设计参数见表 4-21。

表 4-21　　　　　　　　　　辅助给水电动泵和汽动泵主要设计参数

参　　数	数　　值	
最小吸入压力（绝对压力）/MPa	0.08	
最大吸入压力（绝对压力）/MPa	0.3	
最小/最大温度/℃	7/60	
额定流量/(m^3/h)	≥101	110
相应扬程/m	1125	1080
有效 NPSH/m	12.37	

3. 汽动泵汽轮机

汽动泵汽轮机能在 8.6～0.76MPa（绝对压力）（相当于余热排出系统投入时的蒸汽压力）的供汽压力下运行。汽轮机按蒸汽发生器二次侧设计压力 8.6MPa（绝对压力）进行设计，在此压力下每台汽动泵可以向蒸汽发生器提供约 $110m^3/h$ 的流量。在最低蒸汽压力下运行时，汽轮机的特性仍能使汽动泵向蒸汽发生器注入足够的流量。在汽轮机入口处装设汽水分离器以保证瞬态或事故工况（启动、蒸汽泄漏等）下的蒸汽质量。

4. 除氧装置

如果热停堆时间超过 8h，辅助储水池的正常储水量不能满足要求，此时可由除氧装置向辅助储水池补水。除氧装置还能在电厂启动前对反应堆硼和水补给系统（RBM）的储水箱进行初次充水，当硼回收系统（ZBR）故障时向硼水补给水箱补充除盐除氧水。当辅助给水系统启动时，除氧装置向辅助储水池补充除盐除氧水。当失去厂外电源时，由应急柴油发电机向除氧装置的泵供电，并且允许直接由常规岛除盐水系统对储水池进行补水。除氧装置能使蒸汽发生器辅助给水中溶解氧的总含量保持在 0.1×10^{-6} 以下。除氧装置简图如图 4-29 所示。

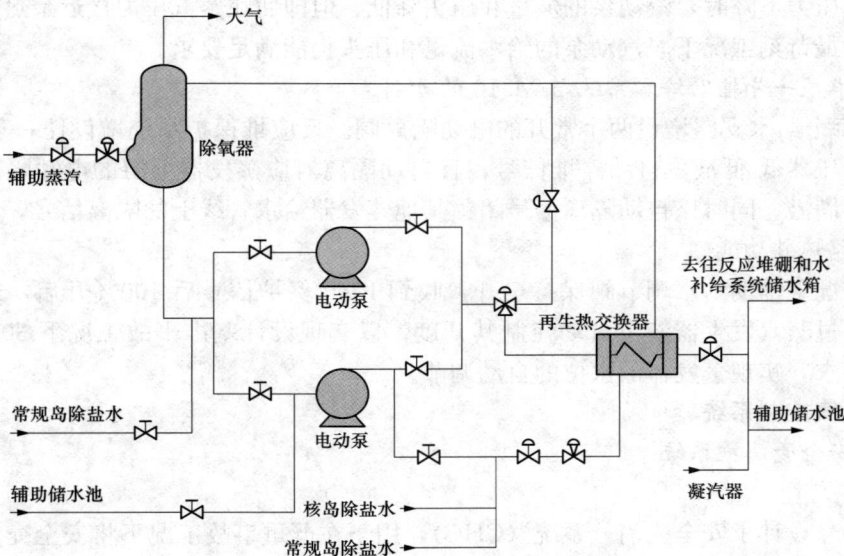

图 4-29　除氧装置简图

（四）运行特性

1. 正常退行

在电厂正常运行期间，辅助给水系统处于备用状态，或处于进行短期试验状态。

2. 事故运行

在事故工况下，不能使用主给水设备时，启动辅助给水系统向蒸汽发生器供水。产生的蒸汽向大气排放。如果冷凝器可以使用时，则排入冷凝器。

3. 特殊稳态运行

辅助给水系统的特殊稳态运行包括以下情况：

（1）给蒸汽发生器充水：使用电动泵给蒸汽发生器充水（包括初次充水及冷停堆后充水）。

（2）电厂启动至反应堆临界：辅助给水电动泵或汽动泵可以取代 TFS 运行，以维持蒸汽发生器水位接近于零负荷的水位，补充由于启动而导致的二回路流失水量，在蒸汽发生器开始升温后，减小控制阀开度，防止水泵过流量运行。

（3）延长热停堆：给辅助储水池补水，其补水量等于安全棒落棒后 8～9h 的蒸汽流量，总补水量能满足下一次在安全条件下启动的水量要求。

（4）辅助储水池补水或充水：只要可能，由另一机组的凝结水泵进行补水或充水，也可用本机组的凝结水泵补水。

（5）非除氧给水：在厂外电源长时间断电（约 8h）、一台机组停运的特殊情况下有可能使热停堆时间延长至超过 8h，并有额外的余热释放，此时辅助给水箱不能进一步补充除氧除盐水，可补充非除氧的除盐水应对该工况。

4. 特殊瞬态运行

汽轮机超速可预先整定 110% 额定转速及 115% 额定转速来加以保护。若保护无效，则应中断供汽，停止汽动泵运行，事故处理完后再就地调整。

当蒸汽压力下降时，汽泵的流量和压头降低，但即使在蒸汽压力接近余热排出系统可投入压力的最苛刻工况下，汽动泵的给水流量和压头仍能满足要求。

（五）华龙一号辅助给水系统与 M310 的差别

TFA 每个给水支路增设两个常开的电动隔离阀。反应堆保护系统增设任一蒸发器高-高液位叠加稳压器低-低液位自动停堆信号，且自动隔离对应蒸发器上游的电动隔离阀，以确保蒸发器不满溢。同时该自动隔离信号闭锁其他蒸发器给水管线上的隔离信号，以保证其他 SG 的一回路热井功能。

正常情况下辅助给水调节阀保持全开，收到 RRP 保护信号后 100% 开启，通过手动复位后，可通过蒸汽发生器液位自动控制其开度，以实现设计基准事故工况下 30min 内不人为干预的要求，实现蒸发器的水位的自动调节。

四、氢气控制系统

（一）安全壳消氢系统

1. 系统功能

华龙一号设计了安全壳消氢系统（CHC），用于在严重事故工况下将安全壳大气中的氢浓度减少到安全限值以下，从而避免发生氢气燃烧和氢气爆炸对安全壳完整性构成威胁。

2. 系统描述

华龙一号的安全壳消氢系统由完全独立的数十台非能动氢复合器组成，根据氢气的产生和聚积情况在安全壳隔室内布设一定数量的复合器。当安全壳内的氢气浓度达到一定数值时，非能动氢复合器将启动并复合氢气，将安全壳内的氢气浓度控制在安全范围之内。非能动氢气复合器在氢气浓度达到启动阈值时能够自动启动，不需任何监测和控制措施。

华龙一号非能动氢气复合器的金属外壳可引导气流向上通过氢气复合器，在壳体的下部装有一个插入很多平行的竖直催化剂板的框架，在这些催化剂板上涂满活性催化剂（见图 4-30）。含氢气体混合物在催化剂作用下发生氢-氧化学反应，并释放出热量使复合器下部的气体密度降低，进而加强了气体对流，以使大量的含氢气体进入与催化剂接触，以此来保证高效的消氢功能。

除了非能动安全壳氢气复合器之外，华龙一号还设置了安全壳氢气监测系统（CHM），用于严重事故下对安全壳内氢气浓度进行有效监测，确保控制氢气

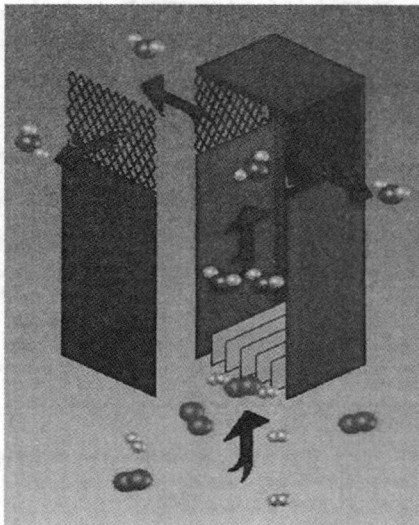

图 4-30　华龙一号非能动氢气复合器示意

可燃性相关的严重事故缓解措施的有效运行,并为确定核电厂状态和为严重事故管理期间的决策提供实际的信息。

3. 系统有效性

按照美国联邦法规10CFR50.34(f)(2)(ix)的要求,在严重事故期间和严重事故后,氢气控制系统要求能够防止相当于100％锆-水反应产生的氢气量在安全壳内均匀分布的体积浓度超过10％。事故后安全壳内不同气体(水蒸气、空气、氢气)组分条件下的可燃性及其燃爆特性则可通过夏皮罗图来判断。

针对SBO事故、大LOCA事故和小LOCA事故同时非能动氢气复合器有效投入条件下的氢气可燃性分析如图4-31～图4-33所示。典型序列的计算结果表明,华龙一号的安全壳消氢系统能够有效控制安全壳内氢气浓度,防止出现威胁安全壳完整性的氢气燃烧和爆炸。

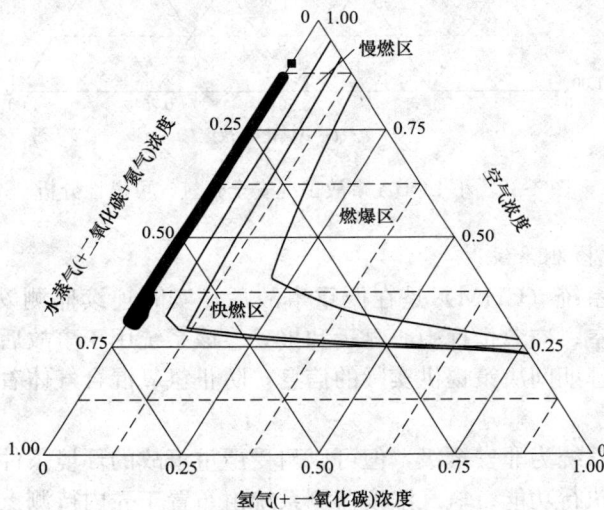

图 4-31 SBO 事故工况安全壳氢气可燃性分析

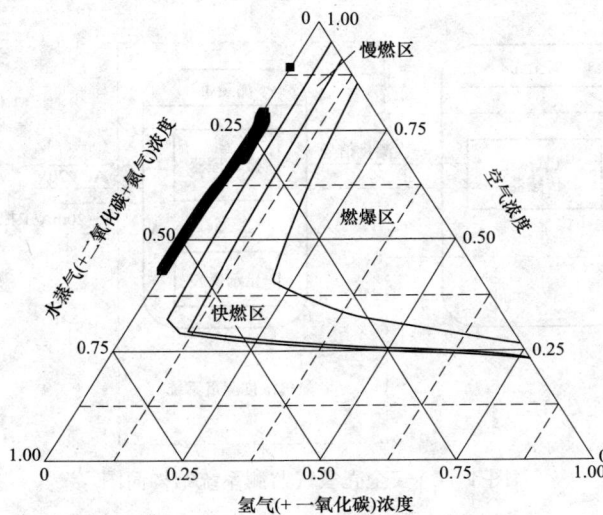

图 4-32 大 LOCA 事故工况安全壳氢气可燃性分析

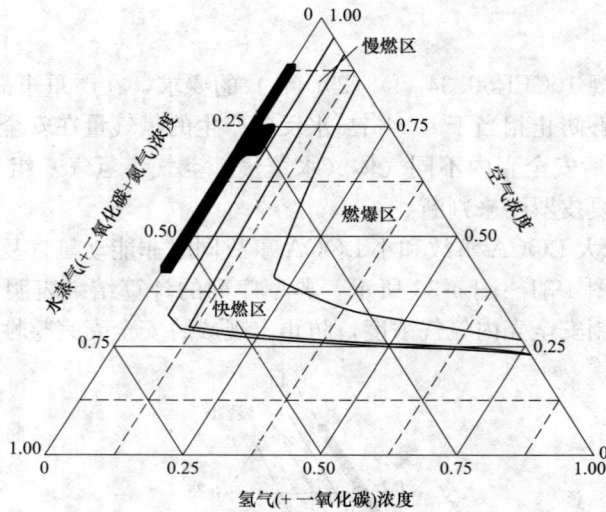

图 4-33　小 LOCA 事故工况安全壳氢气可燃性分析

（二）安全壳氢气检测系统

　　安全壳氢气监测系统（CHM）是在严重事故后，实时连续监测安全壳内的氢气浓度，并将该信号送入主控室、应急指挥中心显示和报警。该系统用于事故后运行管理，为确定核电厂状态和为事故管理期间决策提供实际的信息，防止氢氧混合气体着火或发生爆炸而危及安全壳完整性。

　　安全壳氢气监测系统为非安全级，但可以耐受严重事故的环境条件，并在设计基准地震中及地震后可以保证执行功能。氢气浓度监测系统由布置于壳内待测点的氢气传感器和壳外的测量处理机柜组成（见图 4-34）。

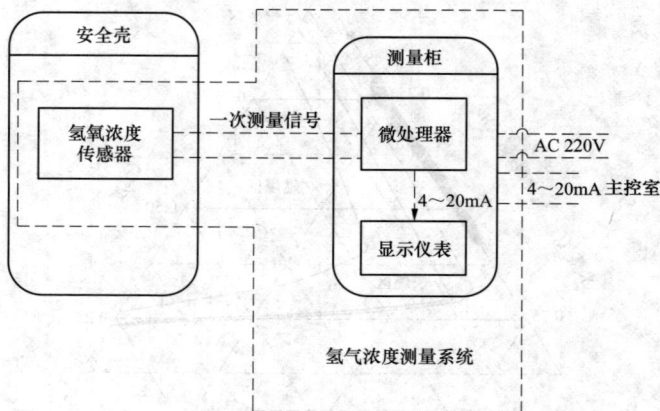

图 4-34　安全壳氢气监测系统结构简图

复 习 题

4-1　简述安注系统在核安全方面的功能。

4-2　安注系统由哪些分系统组成？简述各个安注分系统的功能和组成。

4-3　安注系统的注水来自何处？怎样取水？

4-4　收到安注信号后，高、中、低压安注系统怎样动作？

4-5　高压安注为什么水先要注入反应堆冷管段？以后又怎么注入？为什么？

4-6　建立长期再循环的条件是什么？怎样实现？建立长期再循环的原因是什么？有什么注意事项？

4-7　安全壳喷淋系统是在设计基准事故情况下排出热量的唯一系统吗？热量传往何处？

4-8　安全壳喷淋系统 EAS 的主要功能和辅助功能是什么？主要由哪些设备组成？

4-9　安全壳喷淋系统的组成有什么特点？其目的何在？

4-10　安全壳喷淋系统有哪些水源？喷淋泵怎样取水？

4-11　什么是安全壳的 A 阶段隔离？它由哪些信号启动？

4-12　什么是安全壳的 B 阶段隔离？它的启动信号有哪些？

4-13　简述 AP1000 非能动安全注入系统和非能动余热排出系统的工作原理。

4-14　简述 LOCA 事故下 AP1000 对 RCS 进行非能动安全注入的水源。

4-15　简述自动降压系统的降压顺序以及第 4 级 ADS 的启动条件。

4-16　简述分水堰、安全壳空气导流板、化学添加箱的作用。

4-17　简述非能动安全壳冷却系统的冷却过程。

4-18　简述 AP1000 安全壳氢气控制系统的主要功能。

第五章　换料系统及辅助冷却水系统

第一节　M310 换料系统及辅助冷却水系统

一、换料系统

（一）系统功能

换料系统的主要功能包括：

（1）装卸料操作。卸出燃料组件的过程是通过装卸料机、水下燃料运输系统、燃料抓取机等设备，将堆芯内燃料组件逐一转运到辅助厂房的乏燃料储存格架内；装入燃料过程是卸出燃料组件过程的逆过程。

（2）燃料储存。换料系统为新燃料组件和乏燃料组件提供储存场所，使其在正常工况及假想事故工况下始终处于次临界状态和安全冷却状态。

（二）系统介绍

核电厂装换料操作主要依靠装换料系统，如图 5-1 所示。装换料操作相关的主要设备包括：装卸料机、水下燃料运输系统和燃料抓取机。多数压水堆采用整堆卸出的换料方案，典型的换料操作包括卸出燃料组件和装入燃料组件两个过程。卸出燃料组件过程是通过装卸料机、水下燃料运输系统、燃料抓取机等设备协作，将堆芯内燃料组件逐一转运到辅助厂房的乏燃料储存格架内，装入燃料过程是卸出燃料组件过程的逆过程。换料操作流程如图 5-2 所示，其中辅助厂房内的操作主要由燃料抓取机执行。

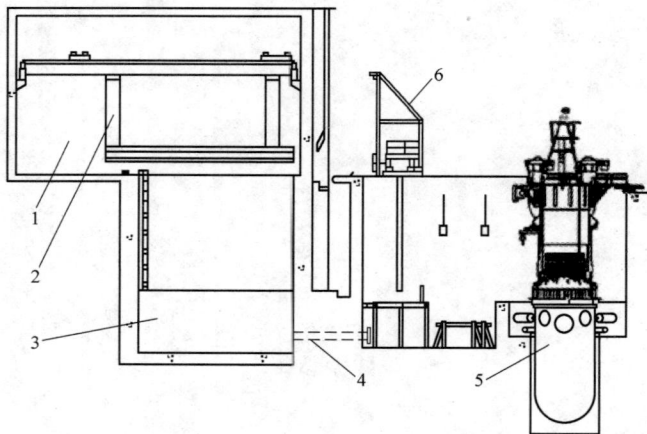

图 5-1　核电厂装换料系统

1—辅助厂房；2—燃料抓取机；3—乏燃料储存格架；4—水下燃料运输系统；5—反应堆；6—装卸料机

（三）主要设备介绍

1. 装卸料机

装卸料机在反应堆厂房内操作燃料组件，是可以执行三轴向运动的机电一体化设备，操

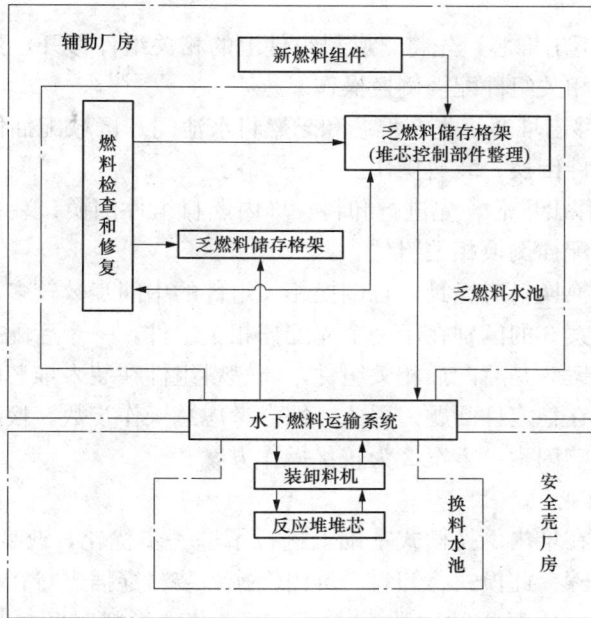

图 5-2　反应堆装换料操作流程

作燃料组件的主要位置为堆芯和水下燃料运输系统安全壳侧的倾翻中心处。

2. 水下燃料运输机

水下燃料运输系统贯穿安全壳厂房运行，用于将燃料组件在两个厂房之间转运，并在倾翻中心位置对燃料组件进行倾翻操作，使得燃料组件贯穿安全壳运行时为水平状态，在与装卸料机和燃料抓取机交接时处于竖直状态。

3. 燃料抓取机

燃料抓取机用于在辅助厂房燃料储存区域操作燃料组件，与装卸料机类似，可以执行三轴向运动。根据多数核电厂的换料方案，在水下燃料运输系统燃料篮和乏燃料储存格架中执行燃料组件升降操作时，其升降高度相同，升降速度相等。

（四）换料系统运行

换料系统运行模式有全进全出换料模式、堆内倒换换料模式、边进边出换料模式三种。

1. 全进全出换料模式

全进全出换料模式是目前世界上各核电机组普遍采用的换料模式，其操作过程步数如下：①将新燃料组件移至乏燃料水池；②将堆芯中的全部燃料组件卸出到乏燃料池；③更换换料机抓具，装上相关组件专用抓具；④在乏燃料水池中完成相关组件的倒换配插操作；⑤更换换料机抓具，卸下相关组件专用抓具；⑥将参与下一循环的燃料组件从乏燃料水池移至堆芯对应位置。

2. 堆内倒换换料模式

堆内倒换换料模式与全进全出换料模式的主要区别：只将不参加下一循环运行的乏燃料组件卸出到乏燃料水池，参加下一循环运行的乏燃料组件直接在堆芯中完成位置倒换，然后再装入新燃料组件。根据相关组件配插操作方式和时机选择不同，该模式又可以设计出多个细分操作方案，具体如下：

方案 1：相关组件不出堆芯，先将乏燃料组件上的相关组件移开，然后进行卸料、堆内燃料组件倒换、装料、相关组件配插倒换操作。

方案 2：相关组件移出堆芯，先在堆芯和乏燃料水池间跨区域配插倒换相关组件，然后进行卸料、堆内燃料组件倒换、装料操作。

方案 3：相关组件移出堆芯，先进行卸料、堆内燃料组件倒换、装料操作，然后在堆芯和乏燃料水池间跨区域配插倒换相关组件。

方案 1 需要 2 次更换换料机抓具，且倒换相关组件的中间步数较多，总耗时比方案 2 和方案 3 长。方案 2 和方案 3 的区别在于一个先配插相关组件，一个后配插相关组件，总的操作时间基本相同，但方案 3 是后配插相关组件，新燃料组件在装入堆芯的过程中没有相关组件配插在上面，可能存在稳定性问题。因此，综合考虑总操作步数、换抓具次数和换料过程中燃料组件稳定性等影响因素，方案 2 为较优操作方案。

3. 边进边出换料模式

边进边出换料模式在堆内倒换模式基础上进行了进一步优化，改变了卸料、堆内倒换、装料三步曲式的换料步骤。此模式将卸料、堆内倒换和装料穿插进行，主要目的是减少换料机在堆芯和乏燃料水池间空行程的次数，从而进一步节省换料时间。其操作过程和步数如下：①将新燃料组件移至乏燃料水池；②更换换料机抓具，装上相关组件专用抓具；③完成相关组件的倒换配插操作；④更换换料机抓具，卸下相关组件专用抓具；⑤完成链式装卸料和堆内倒换操作。

4. 三种换料模式的分析比较

全进全出换料模式、堆内倒换换料模式、边进边出换料模式适用性及约束条件等对比分析见表 5-1。

表 5-1 三种换料模式的对比

对比项	堆芯换料模式		
	全进全出	堆内倒换	边进边出
适用场景	全部	不需要全出堆检修	不需要全出堆检修
时间效率	不需要全出堆检修时很低	较高	高
约束条件	卸料和装料过程中需要注意满足"平衡原则"，对乏燃料水池空位量要求大	换料过程容易出现不满足"平衡原则"的步序，需要专门的软件来辅助设换料步序	换料过程完全满足"平衡原则"的要求，对乏燃料水池的空位量要求最小，但对燃料组件的形状规整度要求较高

（五）反应堆水池和乏燃料水池冷却和处理系统

1. 系统功能

反应堆水池和乏燃料水池冷却和处理系统（PTR）作为对换料系统的后处理系统，主要对反应堆水池和乏燃料水池进行冷却、净化、充水和排水。

（1）冷却功能。系统冷却乏燃料水池中的燃料元件，导出其剩余释热；机组在换料或停堆检修时，RRA 系统不可用，且一回路已经打开的情况下，PTR 系统作为 RRA 系统的应急备用，冷却堆芯，导出其余热。

（2）净化功能。净化去除乏燃料水池中的裂变产物和腐蚀产物，限制乏燃料水池的放射性水平；过滤清除反应堆水池和乏燃料水池水中的悬浮物，以保持水中良好的能见度。

（3）充、排水功能。系统向反应堆水池和乏燃料水池充以硼浓度为 2100μg/g 的硼水，使水池有足够的水层，为操作人员提供良好的生物防护；保证乏燃料处于次临界状态；实施除乏燃料储存池外其他水池的排水。

（4）为安全注入系统和安全壳喷淋系统储存必要的硼水。

2. 系统介绍

系统由反应堆水池、乏燃料水池、换料水箱和它们所连接的冷却、净化、充水和排水回路组成。系统流程如图 5-3 所示。

（1）反应堆水池。反应堆水池位于反应堆厂房内，池面标高为 20m，总水容积为 1310m³。它分为换料腔和堆内构件储存池两个部分。换料腔（或称为堆腔），该水池位于反应堆压力容器的正上方，池底标高为 10.862m，容积为 520m³；堆内构件储存池，该水池与换料腔相连，池底标高为 7.5m，容积为 790m³。

这两个水池之间用气密封挡板隔开，可单独进行充排水。机组正常运行时，反应堆水池是不充水的。只有在换料，反应堆压力容器封头需要打开的情况下，反应堆水池才予充水。水池满水的水位标高为 19.5m。

（2）乏燃料水池。乏燃料水池位于燃料厂房内，池面标高也是 20m，总水容积为 1800m³，它分为四个部分。

燃料输送池：水容积为 235m³，池底标高为 7.5m，池底有一个连接燃料厂房和反应堆厂房堆内构件储存池的传递通道，乏燃料由换料机从反应堆内吊出后，由运输小车将其穿过传递通道，送入燃料输送池。通道在燃料输送池侧设有一个闸阀，可将通道隔离，在堆内构件储存池侧由盲板法兰将其隔离。正常运行时，通道是隔离的，换料时才打开。

乏燃料储存池：水容积为 1326m³，池底标高为 7.5m。它可以存放 13/3 个堆芯的燃料组件，这些燃料组件被分放在 20 个格架内。其中，有 5 个格架各可存放 30 个燃料组件，有 15 个格架各可存放 36 个燃料组件，总共可存放 690 个燃料组件。另外还备有一个可存放 5 个破损燃料组件的格架。该池只要有乏燃料就必须充满水，且维持正常水位。

乏燃料运输罐装罐池：水容积为 230m³，池底标高为 7.26m，乏燃料在该池被装入运输用的铅罐内。以上三个水池彼此相通，并用气密闸门隔离。三水池满水的水位标高均为 19.5m。

燃料运输罐冲洗池：与乏燃料运输罐装罐池相邻，但不相通，池底标高为 14.25m，燃料运输罐在该池内进行冲洗。

（3）换料水箱。换料水箱（PTR001BA）被安装在反应堆厂房外面，四周设有钢筋混凝土围墙，围墙可在事故情况下包容水箱的水容量。水箱箱底标高为 1.02m。

换料水箱在机组出现失水事故情况下为反应堆提供应急水源。反应堆换料时，换料水箱可实现反应堆水池的充水和排水。失水事故时，换料水箱可提供两台高压安注泵、两台低压安注泵和两台安全壳喷淋泵同时运行 20min 的水容量。水箱总水容积为 1692m³，有效水容积不小于 1600m³，硼水的硼浓度为 (2400±100)μg/g。

换料水箱由反应堆硼和水补给系统提供初始充水和补水。在水箱顶部设有排气管，在上部 15.95m 处设有溢流管。EAS 系统提供冷却，使其水温最高不超过 40℃。

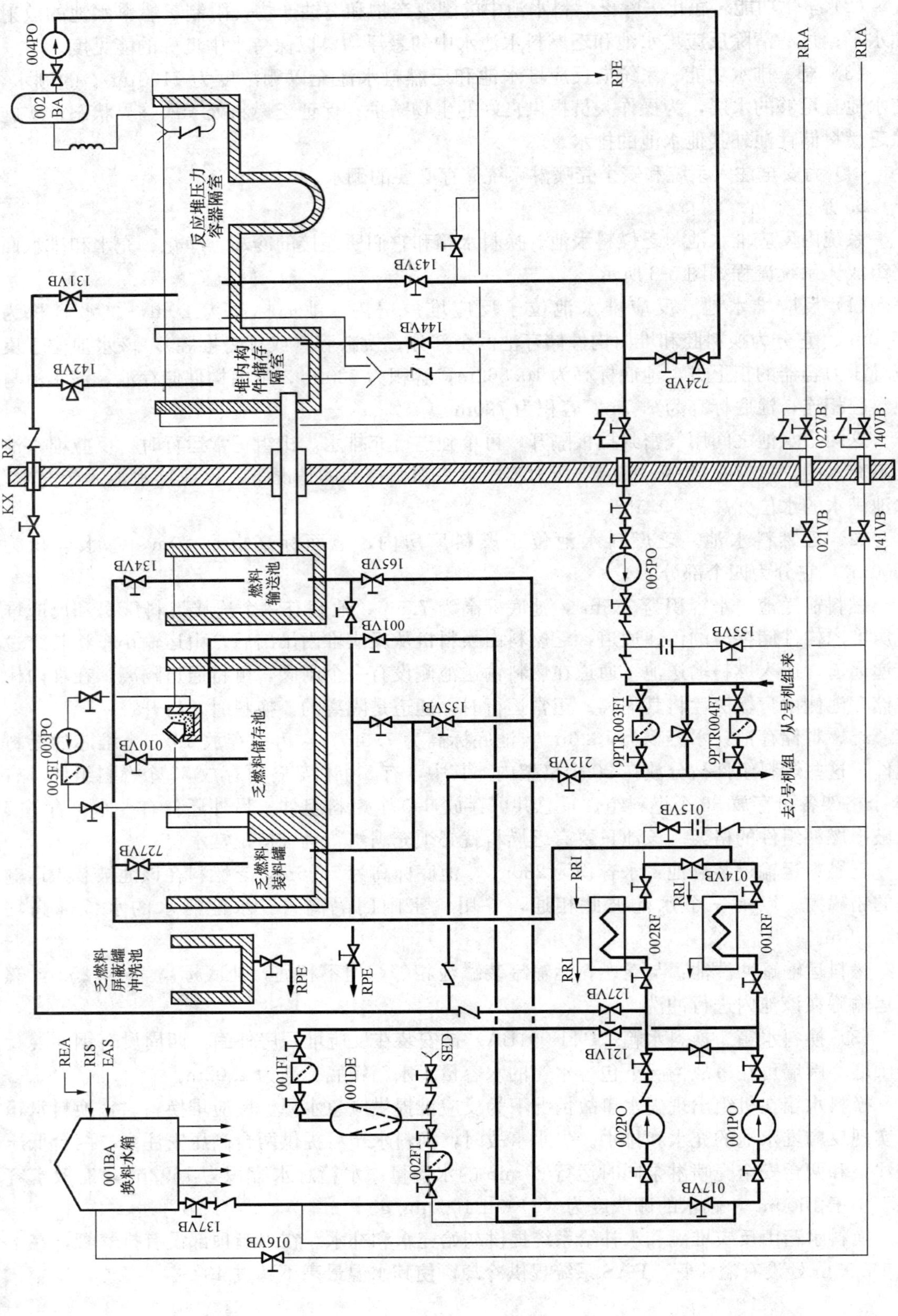

图 5-3 反应堆水池和乏燃料水池冷却和处理系统流程简图

为防止水箱中产生硼结晶，水箱内设有六组电加热器。在冬季，可使水箱中的水温维持在 $7 \sim 13$℃。

（4）反应堆水池的充水、排水、冷却和净化回路。

1）充水回路。换料水箱的水可以用 PTR001PO 或 PTR002PO 充入反应堆水池，在反应堆压力容器打开以后，也可以利用安全注入系统低压安注泵通过环路向反应堆水池充水。

2）排水回路。大修卸料后，可以用 RRA001PO、RRA002PO、PTR002PO 及 PTR005PO 将反应堆水池的水排回到换料水箱，最后通过地漏将水排尽（到核岛排气和疏水系统）；反应堆水池排水时，只用 PTR002PO 排水而不用 PTR001PO 排水的原因是此时 PTR001PO 要用来冷却乏燃料水池。

反应堆水池排水时，卸料后可用 RRA001PO、RRA002PO 排水，而装料后不能用 RRA001PO、RRA002PO 排水，原因是卸料后反应堆水池不需要冷却，可以用 RRA001PO、RRA002PO 排水；而装料后只能用 PTR002PO 及 PTR005PO 排水，最后也用地漏将水排尽，此时 RRA 系统用来冷却反应堆水池，不能用来排水。

3）冷却回路。正常情况下，反应堆水池的水是由余热排出系统来冷却的。在反应堆停堆换料，一回路已经打开，余热排出系统不可用的情况下，则由 PTR 系统的偶数系列（PTR002PO 和 PTR002RF）应急冷却反应堆水池。

反应堆压力容器开盖及水池充水的过程中，不能用 PTR005PO 净化反应堆水池，原因是在反应堆压力容器开盖及水池充水的过程中，PTR005PO 所在的净化回路有一段管道要用来给反应堆水池充水。

4）净化回路。在反应堆压力容器开盖及水池充水的过程中，反应堆水池的水是通过余热排出系统送至化容系统或硼回收系统的净化单元去净化的；反应堆水池满水后，水池中的水则改用 PTR005PO 去进行循环过滤。回路中的两台过滤器 PTR003FI 和 PTR004FI 为两台机组共用。

（5）乏燃料水池的充水、排水、冷却和净化回路。

1）充水回路。换料水箱的水借助于 PTR001PO 或 PTR002PO 充入燃料输送池、乏燃料储水池和乏燃料运输罐装罐池。

2）排水回路。乏燃料储水池的水一般不能被排掉。必要时（如检修），可使用临时接管和一台潜水泵进行特殊情况下的排空。燃料输送池和乏燃料装卸罐储水池的水一般通过 PTR001PO 或 PTR002PO 排向换料水箱，也可以排向核岛排气和疏水系统。反应堆水池和乏燃料水池充满水后，无需给 PTR001BA 补水，因为待换料结束，反应堆水池和乏燃料水池中的水还要排回到 PTR001BA。

3）冷却回路。燃料输送池、乏燃料储水池和乏燃料装卸罐储水池的水用 PTR001RF 或 PTR002RF 冷却，冷源是设备冷却水。冷却后的水返回到各水池。两套冷却管线中的任何一条都能保证对上述三个水池的冷却能力和作为余热排出系统的应急备用。两项操作同时进行时，只有偶数系列管线可作为余热排出系统的应急备用。

4）净化回路。冷却流量的一部分经 PTR001PO 或 PTR002PO 出口旁路被送入 PTR001FI、PTR001DE 和 PTR002FI 实现净化。设计净化流量为 $60\mathrm{m^3/h}$，最大不超过 $65\mathrm{m^3/h}$。PTR001FI 用来过滤直径大于 $5\mu\mathrm{m}$ 的悬浮颗粒，PTR002FI 则阻止离子交换树脂进入冷却系统。

（6）反应堆水池和乏燃料水池表面撇沫回路。

1）反应堆水池表面撇沫回路。反应堆水池的水经水箱 PTR002BA 进入 PTR004PO，该泵将水送到 PTR005PO 的吸入口，经 PTR005PO 增压后，水通过并联设置的两台过滤器 PTR003FI 和 PTR004FI 过滤后返回反应堆水池。PTR002BA 使 PTR004PO 有足够的吸入压头。开始阶段 PTR004PO 由手动控制启动，当回路充满水并到达 PTR005PO 吸入口时，PTR004PO 即可停止运行。

撇沫操作只有在需要提高水的纯度和透明度时才进行，撇沫器在机组正常运行时被存放在反应堆厂房大厅内。

2）乏燃料水池表面撇沫回路。乏燃料水池中的水经固定在池壁的撇沫器进入 PTR003PO，再经 PTR005FI 过滤后返回乏燃料水池。回路的设计净化流量为 5m³/h。

3. 主要设备介绍

（1）PTR 系统特性。考虑到输水操作的特点，PTR 系统所有的泵（PTR001PO～PTR005PO）均为就地操作，另外，为了防止输水过程中可能的操作失误，出现"跑水"，PTR 系统所有阀门均为手动控制。

（2）主要设备特性。下面以 1 号机组为例：

1）换料水箱 PTR001BA。换料水箱关键参数见表 5-2。

表 5-2　　　　　　　　　　　　　　　换料水箱关键参数

水箱外径/m	11.8	硼水硼浓度/(μg/g)	2400±100
水箱高度/m	17.94	正常水温/℃	7～40
总水容积/m³	1692	最高水温/℃	60
可利用水容积/m³	≥1600	电加热元件/kW	6×12

2）反应堆水池撇沫储水罐 PTR002BA。这是一个很小的储水容器，其最大外径为 0.15m，最大高度为 0.49m，最高工作温度为 60℃。

3）冷却循环泵 PTR001PO、PTR002PO。两台冷却循环泵不是对称排列的，而是前后排列。其最小吸入压力（表压）为 0.08MPa，正常流量为 360m³/h（冷却乏燃料水池时）或 300m³/h（作 RRA 系统备用时），泵电机电压为 380V。

4）乏燃料水池撇沫泵 PTR003PO。乏燃料水池撇沫泵是卧式离心泵，其最高吸入压头为 0.1MPa，额定流量为 5m³/h，总扬程为 32m 水柱，电机电压为 380V。

5）反应堆水池撇沫泵 PTR004PO。卧式离心泵 PTR004PO 额定流量为 6m³/h，最小吸入压力为 0.01MPa，总扬程为 20m 水柱，最高工作温度为 60℃。

6）反应堆水池净化泵 PTR005PO。卧式离心泵 PTR005PO 额定流量为 100m³/h，最高吸入压头为 0.15MPa（表压），总扬程为 42m 水柱，电压为 380V。

7）冷却水热交换器 PTR001RF、PTR002RF。两台卧式列管热交换器运行参数见表 5-3。

表 5-3　　　　　　　　　　　　　　两台卧式列管热交换器运行参数

项目	管外(RRI 侧)	管内(PTR 侧)
流量/(m³/h)	450	300
进口温度/℃	35	50

续表

项目	管外（RRI 侧）	管内（PTR 侧）
出口温度/℃	42	39.5
热负荷/MW	3.58	
进口压力（表压）/MPa	0.70	0.75
最大压降/MPa	0.15	0.05

乏燃料水池净化过滤器 PTR001FI 和 PTR002FI、反应堆水池过滤器 PTR003FI 和 PTR004FI 以及乏燃料水池浮沫过滤器 PTR005FI、PTR003FI 和 PTR004FI 为两个机组共用。PTR001FI～PTR005FI 运行参数见表 5-4。

表 5-4　　　　　　　　　　　　**PTR001FI～PTR005FI 运行参数**

项目	PTR001FI、PTR002FI	PTR003FI、PTR004FI	PTR005FI
最高工作压力/MPa	0.75	0.75	
最高工作温度/℃	50	65	50
最大流量/(m³/h)	65	50（额定值）	7
过滤能力/μm	5/25	5	5
过滤效率/%	98	98	98
最大过滤压降/MPa	0.25	0.25	0.25
过滤器面积/m²	＞20	20	2.2

8）混床除盐器 PTR001DE。PTR 系统的混床除盐器中，阴离子交换树脂（强碱，季胺 1 型）和阳离子交换树脂（强酸，氢型磺酸）交换容量大致相等。其最大工作压力（表压）为 0.8MPa，最高工作温度为 60℃。

4. 系统运行

（1）系统的正常运行。对于反应堆水池，在反应堆维修或换料的情况下，反应堆堆芯的剩余释热由余热排出系统的正常运行带出；对于乏燃料水池，正常运行时按储存 10/3 个堆芯考虑。只要储有乏燃料，就必须投入一台冷却循环泵和一台热交换器，以 300m³/h 的流量保证其冷却，并以 60m³/h 的流量用于净化。冷却和净化的操作都是连续进行的。

（2）特殊稳态运行。对于反应堆水池，当一回路处于打开状态（压力容器封头、蒸汽发生器或稳压器人孔打开）且一回路水温低于 70℃时，如果 RRA 系统不可用，RTR 系统偶数系列将作为 RRA 系统的应急备用，代其冷却堆芯。此时冷却流量为 300m³/h，可带出 3.58MW 的热负荷。

对于乏燃料水池，在反应堆压力容器要进行检查时，将按储存 13/3 个堆芯燃料组件来考虑，须带出的剩余释热最高可达 7.22MW。此时须投入两台冷却循环泵和两台热交换器，冷却流量限制在 600m³/h。为保证乏燃料水池水温不超过 60℃，设备冷却水流量将达到 450m³/h。

（3）事故情况下的运行。

1）RRI 系统失效。在这种情况下，为了保证热交换器的冷源，可及时将 RRI 系统切换到另外一条管线。在失水事故时，RRI 系统通向本系统的配水管线将自动隔离。此时，就要切换到另一机组的一条 RRI 冷却管线。

2）冷却循环泵失效。在冷却循环泵失效后，乏燃料储存池的水温将逐渐上升。在储有 10/3 个堆芯燃料组件的最高释热情况下，约 13h，水温就可从 50℃ 上升至 80℃，约 21.5h，水温就可从 50℃ 上升至 100℃，达到水的沸点；在储有 13/3 个堆芯燃料组件的最高释热情况下，约 3h，水温就可从 65℃ 上升至 80℃，约 7.5h，水温就可从 65℃ 上升至 100℃。因此，在这种情况下，一定要采取措施，使其在 7h 内恢复泵的功能。

当水池中的水温超过 70℃ 时，将出现报警信号。

3）冷却循环泵失去电源。在此情况下，须将冷却回路切换至备用管线。

4）热交换器失效。如果热交换器下游通向水池的输水管路上的温度报警装置动作（$t > 45℃$），说明热交换器失效。此时也须将冷却回路切换至备用管线，并将事故热交换器隔离。

5）失水事故。失水事故发生后，要立即打开相应阀门，开通安全注入管线和安全壳喷淋管线，使两台高压安注泵、两台低压安注泵和两台安全壳喷淋泵将换料水箱的储水同时注入一回路和喷淋管线，约 20min 后，当换料水箱水位达 3.12m 时，低压安注泵和安全喷淋泵将自动切换到安全壳集水坑取水，进入安全壳地坑再循环阶段。

二、设备冷却水系统

慕课 16-设备冷却水系统

（一）系统功能

设备冷却水系统所冷却的设备中，有一部分是与安全系统有关的，如安全壳喷淋系统热交换器 EAS001RF、EAS002RF 等。因此，RRI 系统是部分与质量和核安全相关的。其功能包括冷却功能和隔离作用。

（1）冷却功能。系统向核岛内各热交换器提供冷却水，并将其热负荷通过重要厂用水系统（SEC）传到海水中。

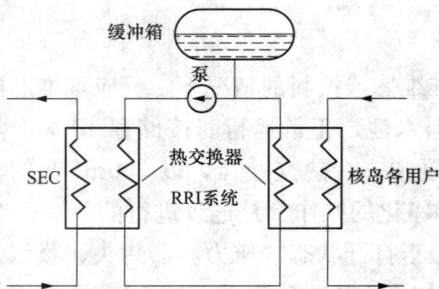

图 5-4　设备冷却水系统工作原理

（2）隔离作用。该系统是核岛设备与海水之间的一道屏障。它既可以避免放射性流体不可控地释放到海水中而污染环境又可以防止海水对于核岛设备的腐蚀。其工作原理如图 5-4 所示。

（二）系统介绍

在所有运行工况下，RRI 系统的压力都低于一回路系统的压力，以防止在被冷却的换热器出现泄漏时，RRI 系统的除盐水进入一回路而引起一回路系统的意外稀释。

设备冷却水系统的冷却能力可以满足在机组启动、功率运行、次临界停堆和失水事故（LOCA）等各种运行工况下运行设备需同时排出的总热负荷的需求。

不同工况下各种冷却器需导出的热负荷及 RRI 水流量见表 5-5。

1. 系统的水质特性

RRI 系统经过用 SED 除盐水冲洗及用化学药品调配后，最终水质特性见表 5-6。

表5-5　不同工况下各种冷却器需导出的热负荷及 RRI 水流量

分组	冷却器	启动 流量/(m³/h)	启动 热负荷/MW	名义运行工况 流量/(m³/h)	名义运行工况 热负荷/MW	冷停堆(停堆后4~20h) 流量/(m³/h)	冷停堆(停堆后4~20h) 热负荷/MW	保持冷停堆(停堆20h后) 流量/(m³/h)	保持冷停堆(停堆20h后) 热负荷/MW	失水事故 流量/(m³/h)	失水事故 热负荷/MW	次临界停堆 流量/(m³/h)	次临界停堆 热负荷/MW
系列 A/系列 B	安全壳喷淋系统 EAS001RF (EAS002RF)	0	0	0	0	0	0	0	0	1920	52.9	0	0
系列 A/系列 B	电气厂房冷冻水系统 DEL001MO/PO (DEL002MO/PO)	3.8	0	3.8	0	3.8	0	3.8	0	3.8	0.02	3.8	0
系列 A/系列 B	DEL001CS, DEL003CS (DEL002CS, DEL004CS)	130	1.06	130	1.06	130	1.06	130	1.06	130	1.06	130	1.06
系列 A/系列 B	上充泵房应急通风系统 DVH001RF (DVH002RF)	33.8	0.18	33.8	0.18	33.8	0.18	33.8	0.18	33.8	0.18	33.8	0.18
系列 A/系列 B	安全注入系统 RIS001MO/PO (RIS002MO/PO)	3.8	0	3.8	0	3.8	0	3.8	0	3.8	0.02	3.8	0
系列 A/系列 B	设备冷却水系统 RRI001MO/PO, RFI003MO/PO (RRI002MO/PO, PRI004MO/PO)	3.70	0.1	3.70	0.1	3.70	0.1	3.70	0.1	3.70	0.1	3.70	0.1
两个系列公用的冷却器	余热排出系统 RRA001RF (RRA002RF)	0	0	0	0	1000	33.2	1000	9.75	0	0	1000	37.2
两个系列公用的冷却器	RRA001PO (RRA002PO)	0	0.03	0	0.03	3	0.02	3	0.02	0	0	3	0.02
两个系列公用的冷却器	反应堆冷却剂系统 RCP001MO/PO~RCP003MO/PO	350.4	2.50	350.4	2.50	350.4	1.09	350.4	0	0	0	350.4	1.09
两个系列公用的冷却器	RCP002BA (稳压器卸压箱)	1	0.03	1	0.03	1	0.01			0	0	1	0.01
两个系列公用的冷却器	化学和容积控制系统 RCV003RF 主泵密封水热交换器	25	0.40	25	0.40	25	0.23	25	0.23	0	0	25	0.23
两个系列公用的冷却器	RCV002RF 非再生热交换器	244.2	4.80	135	1.49	28	1.49	28	0.5	0	0	28	1.49
两个系列公用的冷却器	RCV021RF 过剩下泄热交换器	75	1.46	0	0	0	0			0	0	0	0
两个系列公用的冷却器	控制棒驱动机构风冷系统 RRM001RF~RRM004RF	101	0.63	101	0.63	101	0.1					101	0.1

续表

冷却器	启动 流量/(m³/h)	启动 热负荷/MW	名义运行工况 流量/(m³/h)	名义运行工况 热负荷/MW	冷停堆（停堆后4~20h）流量/(m³/h)	冷停堆（停堆后4~20h）热负荷/MW	保持冷停堆（停堆20h后）流量/(m³/h)	保持冷停堆（停堆20h后）热负荷/MW	失水事故 流量/(m³/h)	失水事故 热负荷/MW	次临界停堆 流量/(m³/h)	次临界停堆 热负荷/MW
两个系列公用的冷却器												
核岛冷冻水系统 DEG101CS、DEG201CS、DEG301CS、DEG401CS	752	5.24	752	5.24	752	5.24	752	5.24	0	0	752	5.24
蒸汽发生器排污系统 APG001RF	193	10.90	0	0	0	0	0	0.0	0	0	0	0
核取样系统 REN 冷却器	39.8	0.8	39.8	0.8	39.8	0.6	39.8	0.0	0	0	39.8	0.6
PTR 系统 PTR001RF、PTR002RF	450	3.58	450	3.58	450	3.58	450	3.58	0	0	450	3.58
热洗衣房通风系统 DWL101CS、DWL102CS	62	0.43	62	0.43	62	0.43	62	0.43	0	0	62	0.43
硼回收、废液处理和废气处理系统的冷却器：TEP 和 TEU 冷却器	563	10.85	563	10.85	563	10.85	563	10.85	0	0	563	10.85
TEG 压缩机	0.8	0.01	0.8	0.01	0.8	0.01	0.8	0.01	0	0	0.8	0.01
辅助蒸汽分配系统 KRT 分析冷却器（SVA001RF）	0.92	0.03	0.92	0.03	0.92	0.03	0.92	0.03	0	0	0.92	0.03
系列 A（B）汇总												
系列 A（B）	3033.22	42.80	2656.02	27.33	3552.02	58.22	3450.02	31.98	2095.10	54.28	3552.02	62.22
运行泵的数目及被导出的热负荷	2台	0.80	1台	0.40	2台	0.80	2台	0.80	1台	0.40	2台	0.80
被导出的热负荷		43.60		27.73		59.02		32.78		54.68		63.02
系列 B（A）总												
系列 B（A）					1178.10	34.56	1178.10	11.11				
（一号机组）运行泵的数目及被导出的热负荷					1台	0.40	1台	0.40				
被导出的热负荷						34.96		11.51				
必须的总流量和热负荷	3033.22	43.60	2656.02	27.73	4730.12	93.98	4628.12	44.29	2095.10	54.68	3552.02	63.02

表 5-6   **最终水质特性**

参　　数	设备冷却水	SED 补给水
25℃时电导率(在注射化学添加剂前)/(μS/cm)		0.2
25℃时的 pH 值	11.5～12.5	7
滤网尺寸(在试车期间)/μm	500 和 100 两种	
二氧化硅含量/(μg/g)		0.02
钠含量/(μg/g)		<0.10
氯化物/(μg/g)	0.15	
氟化物/(μg/g)	0.15	
溶解盐总量/(μg/g)	0.5	
缓蚀剂和 pH 值控制添加剂 Na_3PO_4(g/L) 含量(以 PO_4^{3-} 计)	最小值 0.5 最大值 0.6	无
悬浮物含量/(μg/g) 正常运行 扰动运行	最大值 1 最大值 5	<0.01

2. 独立管线

对于每一个机组，设备冷却水系统都设有两条独立管线（系列 A 和系列 B）和一条公共管线。在两个机组之间，还设有一条共用管线。系统流程简图如图 5-5 所示。

两条独立管线为反应堆安全设施和冷停堆必不可少的冷却器提供冷源。这些冷却器都需要有 100％的冗余。因此，独立管线被设计为分别由应急电源 A 列和 B 列供电，使在事故情况下，每条独立管线都有 100％的提供必要冷却的能力。

两条独立管线分别由两台 100％容量的单级离心泵、两台 50％容量的、以 SEC 为冷源的板式热交换器、一个有效容积为 8.5m³ 的缓冲箱及相应的管道和仪表组成。

3. 公共管线

设备冷却水系统公共管线的用户是在事故情况下不需投入的那些冷却器。这些冷却器可借助阀门的切换，由独立管线系列 A 或系列 B 提供冷却水。在事故情况下，则通过电动阀门使其与独立管线隔离，停止向公共管线用户供水。

在公共管线用户中，有几个核取样系统的低温热交换器，它们要求 RRI 系统的冷却水进一步降温才能满足需要。这部分水流量是在以核岛冷冻水（DEG）为冷源的热交换器 RRI005RF 中冷却的。

4. 两机组的共用管线

两机组的共用管线是每台机组公共管线扩展后的一部分。这部分的用户可由 1 号机或 2 号机提供冷却水。RRI 系统的用户详细分类见表 5-7。

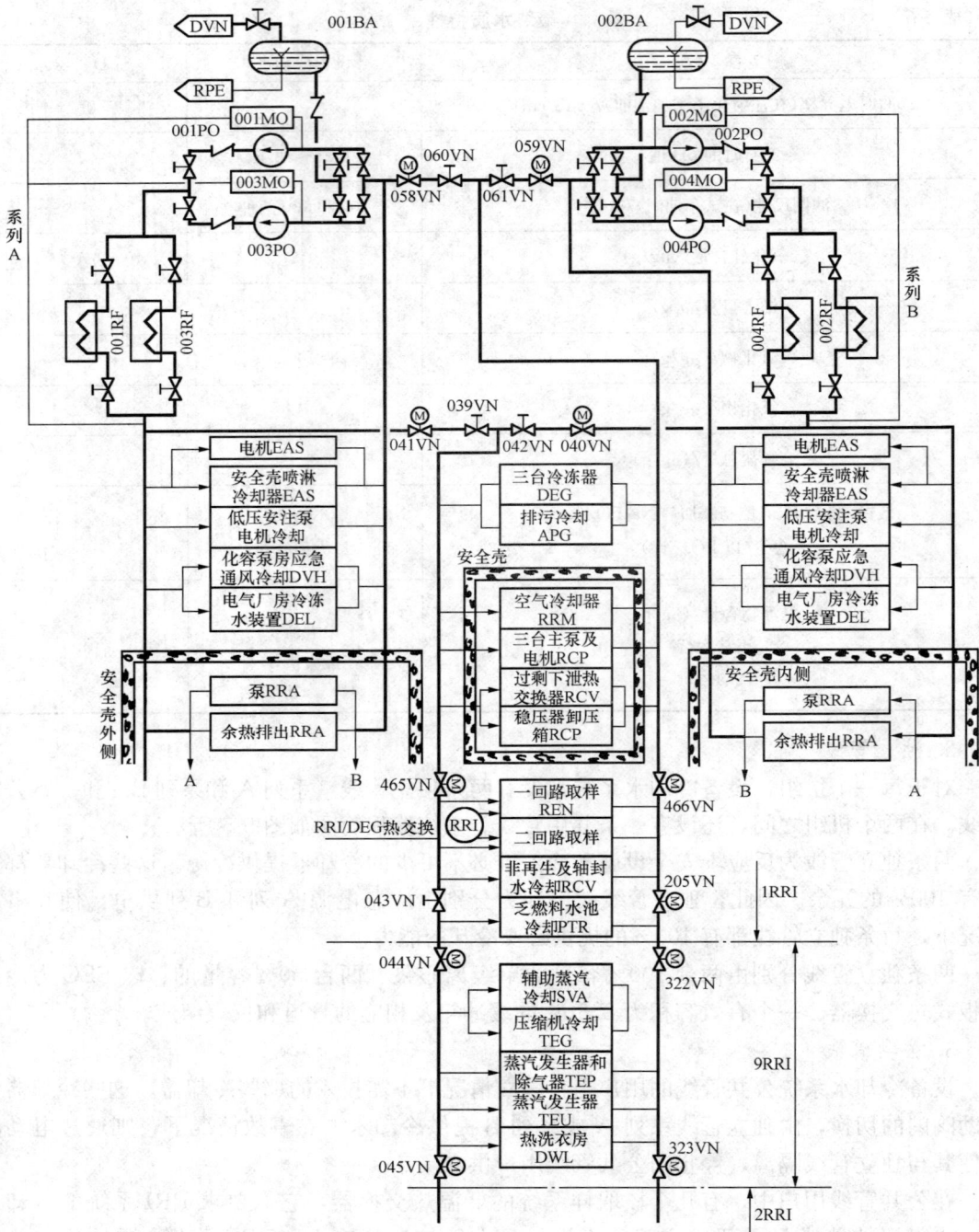

图 5-5　设备冷却水系统流程简图

（三）主要设备介绍

1. 设备冷却水泵 RRI001PO～RRI004PO

四台设备冷却水泵均为单级离心泵，轴的密封采用机械密封装置。泵的驱动电机为异步电机，泵与电机的联轴器为挠性连接方式。

表 5-7   **RRI 系统的用户详细分类**

类别	冷却水供应方式	设备冷却水的用户
1	系列 A（系列 B）	安全壳喷淋系统：EAS001RF（EAS002RF）、EAS001MO/PO（EAS002MO/PO） 电气厂房冷冻水系统：DEL001CS、DEL003CS（DEL002CS、DEL004CS） 上充泵房应急通风系统：DVH001RF（DVH002RF） 安全注入系统：RIS001MO/PO（RIS002MO/PO） 设备冷却水系统：RRI001MO/PO、RRI003MO/PO（RRI002MO/PO、RRI004MO/PO） 余热排出系统：RRA001RF（RRA002RF）、RRA001PO（RRA002PO）
2	两个系列中任一系列	反应堆冷却剂系统：RCP001MO/PO～RCP003MO/PO、RCP002BA（稳压器泄压箱） 化学容积控制系统：RCV003RF（主泵密封水热交换器） 　　　　　　　　　RCV002RF（非再生式热交换器） 　　　　　　　　　RCV021RF（过剩下泄热交换器） 控制棒驱动机构风冷系统：RRM001RF～RRM004RF 核岛冷冻水系统：DEG101CS、DEG201CS、DEG301CS 蒸发器排污系统：APG001RF 核取样系统：REN 冷却器 反应堆水池和乏燃料水池冷却和处理系统：PTR001RF、PTR002RF
	电厂二台机组中任一台机组的 RRI	热洗衣房通风系统：DWL101CS、DWL102CS 硼回收系统和废液处理系统 TEP 和 TEU 冷却器 废气处理系统：TEG 压缩机 辅助蒸汽分配系统：SVA001RF

2. RRI/SEC 热交换器 RRI001RF～RRI004RF

四台 RRI/SEC 热交换器均为板式热交换器。在污垢条件下（假定污垢因子 RRI 侧为 1×10^{-5}℃·m^2/W，SEC 侧为 4×10^{-5}℃·m^2/W）每台热交换器的热工水力设计参数见表 5-6。

热交换器启动时，应先启动低压侧（SEC 侧），后启动高压侧（RRI 侧）；停运时，应先停 RRI 泵，后停 SEC 泵。

对热交换器两侧进口压力和 RRI 出口侧温度要进行监测。

3. 缓冲箱 RRI001BA 和 RRI002BA

缓冲箱（RRI001BA 为 A 列，RRI002BA 为 B 列）连接到设备冷却水泵的吸入段，它为泵提供吸入压头，并且可以补偿由于水的膨胀、收缩引起的水体积变化和可能的泄漏。其补水来自核岛除盐水分配系统（SED）和核岛消防系统（JPI）。

（四）系统的运行

1. 正常运行

在机组正常功率运行的工况下，RRI 系统的用户主要是主冷却剂泵、化容系统下泄热交换器和轴封水回流热交换器、控制棒驱动机构空气冷却器以及稳压器卸压箱等，所需导出的热负荷基本上是一个常量。

在此工况下，只需一条独立管线（系列 A 或系列 B）的一台泵和一台热交换器投运，而另一条独立管线则处于停运状态。此时，停运系列上的一台泵可以隔离维修。

如果运行中的泵由于出口压力低或电源故障不可用时，将自动切换并启动该系列的另一台泵。当该系列两台泵都不可用时，将自动切换至另一系列。

公共管线上用户的冷却由投运的独立管线承担，两机组共用管线上用户的冷却可由 1 号机或 2 号机承担。

每台泵出口处都引出一条水流，用以冷却泵的驱动马达，管路上设置的流量开关会以报警方式将马达的冷却情况报给操纵员。

2. 特殊稳态运行

（1）反应堆启动时 RRI 系统的运行。反应堆启动时，由于蒸汽发生器排污系统热交换器 APG001RF 和化容系统过剩下泄热交换器 RCV021RF 的投运，热负荷加大。在此工况下，需投运 RRI 系统一条独立管线的两台泵。如果两机组共用管线的用户由另一机组承担，投运一台泵即可满足要求。

（2）停堆后 4～20h RRI 系统的运行。在此期间，由于余热排出系统热交换器 RRA001、RRA002RF 的投运，热负荷将急剧增加。此时需投运一条独立管线的两台泵（提供一个RRA 热交换器和公共管线用户的冷却）和另一条独立管线的一台泵（提供另一个 RRA 热交换器的冷却）。

（3）停堆 20h 后 RRI 系统的运行。停堆 20h 以后，机组已进入冷停堆状态。在此工况下，RRI 系统将根据海水温度、需导出总热量等运行条件来确定运行模式。一般来讲，一条独立管线的两台泵和另一条独立管线的一台泵仍然投入运行。大约 48h 以后，只一条独立管线投运就可以。

（4）安全注入时 RRI 系统的运行。接到安注信号后，备用独立管线上的一台泵将自动启动，而运行中的独立管线运行状态不变。

（5）安全壳喷淋时 RRI 系统的运行。在接到安全壳喷淋信号后，RRI 系统将出现下列动作：

1）两个 EAS 热交换器气动隔离阀自动开启；

2）由于此时停止对公共管线用户提供冷却，运行中独立管线与公共管线的两个电动隔离阀将自动关闭；

3）经接信号 5s 延迟后，备用独立管线的一台泵将自动启动，并实现与公共管线的隔离；

4）在 EAS 系统选定一列管线运行后，可停运另一列管线使其置于备用状态。此时需相应手动停运 RRI 系统对应的独立管线；

5）PTR 热交换器的冷却将自动切换到另一机组。

3. RRI 系统的启动和停运

在整个 RRI 系统充满水后，如果供电供水正常，即可启动。在泵启动之后，可通过阀门的切换，打开公共管线，向其用户供水。

如果要把整个系统停下来，须在操作泵的控制器之前消除系列间实现自动切换的记忆功能，然后再停泵及关闭切换阀门。

4. RRI 系统的过渡运行

（1）两条独立管线的相互切换。正常运行时，一条独立管线运行并承担公共管线上用户的冷却；另一条独立管线则处于备用状态，其通向公共管线的两个隔离阀置于关闭位置。

用手动或自动两种方式都可以实现两条独立管线的相互切换。在任何情况下，RRI 系统两个系列的切换都会导致 SEC 系统对应管线的切换。手动切换时，为避免出现短时间的流量不足，在停运故障系列之前，先启动第二系列。自动切换由压力开关执行，阀门的开启与泵的启动将同时进行。

（2）运行中泵的突然停运。当运行中的泵由于马达失电等故障而突然停运时，设在泵出口处的压力开关就会检测到压力低的信号。该低压信号将启动该独立管线上的另一台备用泵。如果备用泵未能启动，则另一条独立管线上的一台泵就将自动启动。

三、重要厂用水系统

重要厂用水系统（SEC）是完全与质量和安全相关的系统，这是因为无论在电站正常运行工况或事故运行工况下，该系统都将导出设备冷却水系统所传输的热量传到海水中。该系统又称为核岛的最终热井。

（一）系统功能

冷却设备冷却水系统 RRI，并将其热负荷输送到海水中。

（二）系统介绍

重要厂用水系统为一个开式循环系统，流动工质为海水。与 RRI 系统类似，每台机组中，SEC 系统也分为两个相互独立的系列（A 系列和 B 系列）。两个系列的设备和流程基本相同。系统流程简图如图 5-6 所示。

慕课 17-重要
厂用水系统

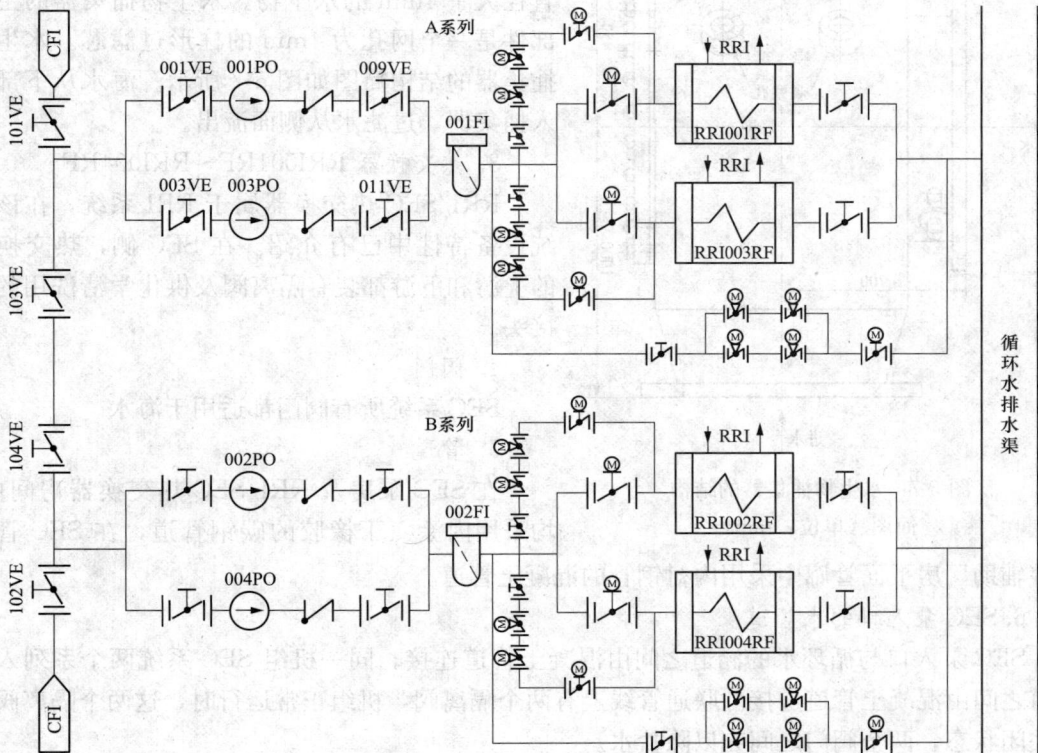

图 5-6　SEC 系统流程简图

系统的每个系列均由两台 SEC 泵并联从海水过滤系统（CFI）吸入海水，经 SEC 管道、水生物捕集器及两台并联的 RRI/SEC 热交换器，将冷却 RRI 后的海水排入 SEC 集水坑，再由排水管将其排往排水渠入海。

（三）主要设备介绍

1. 泵 SEC001PO～SEC004PO

每个机组有 4 台 SEC 泵，每个系列两台。SEC 泵为立式离心泵，其电机装在泵的上部，电机由应急电源供电。SEC 泵的特性见表 5-8。

表 5-8　　　　　　　　　　　　SEC 泵的特性

参数	数值	参数	数值
环境温度/℃	5～40	额定流量/(m³/h)	3400
海水杂质尺寸/mm	<3	额定扬程/m	25.5
海水密度/(g/m³)	1.03	同步转速/(r/min)	1000
海水温度/℃	11～33	电压/V	6600

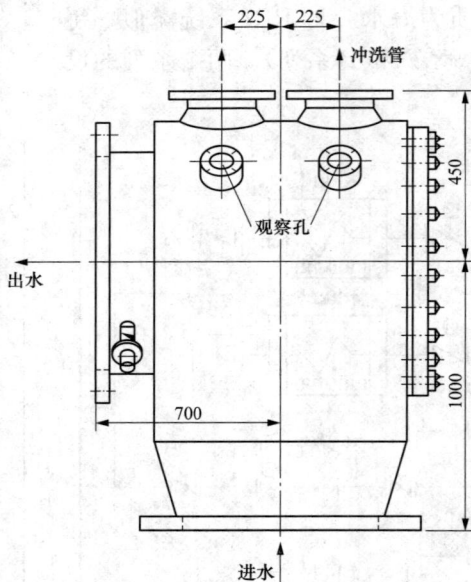

图 5-7　水生物捕集器的结构
简图（单位：mm）

2. 水生物捕集器 SEC001FI、SEC002FI

SEC 系统每个系列在 RRI/SEC 热交换器的上游都装有一台水生物捕集器，用来过滤海水中直径大于 4mm 的水生物。水生物捕集器的主要部件是一个网孔为 4mm 的柱形过滤芯。水生物捕集器的结构简图如图 5-7 所示。海水从下部进入捕集器，过滤水从侧面流出。

3. 热交换器 RRI001RF～RRI004RF

RRI/SEC 热交换器属于 RRI 系统，在该系统设备特性中已有介绍。在 SEC 侧，热交换器的上游和下游都装有隔离阀及供化学清洗用的管接头。

4. 阀门

SEC 系统所有阀门都适用于海水。

5. 管道

在 SEC 泵房及 RRI/SEC 热交换器房间内，均采用内涂氯丁橡胶的碳钢管道，在 SEC 管廊及核辅助厂房下面管廊中采用内衬钢管的混凝土管道。

6. SEC 泵入口的水管道

SEC 泵入口与循环水的涵道之间由混凝土管道连接。同一机组 SEC 系统两个系列入口管道之间由混凝土管道连接。联通管线上有两个隔离阀，机组正常运行时，这两个隔离阀处于关闭状态，两个阀门之间充以除盐水。

7. SEC 溢流井、排水槽及排水管道

SEC 溢流井在核辅厂房外，同一机组两个溢流井之间相通。排水槽紧邻溢流井，之间有一矮墙，溢流井中的水从矮墙上面溢流到排水槽，然后再进入排水管，其排水结构示意如图 5-8 所示。一个机组有一个排水槽和一条排水管线。两个机组的排水槽之间有涵道相通，使两机组间的排水管互为备用。SEC 水经排水管进入 SEC 排放结构，然后进入排水渠，再入大海。在排水管与排水槽及排水结构之间都设有闸门，用于排水管及排水结构的维修。排水管下游有一导流室，可改变水流方向。室内装有防破坏金属栅栏。

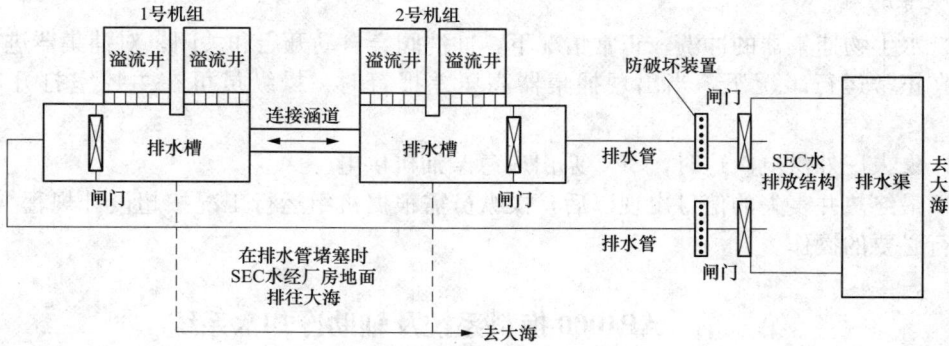

图 5-8　SEC 系统排水结构示意

（四）SEC 系统的运行

1. SEC 泵的操作

SEC 泵操作的一般原则，是根据不同运行工况下 RRI 系统的总热负荷及 RRI/SEC 热交换器的污垢系数来决定 SEC 泵投运的数目。SEC 系统在不同运行工况下投运泵的数目、流量及温度见表 5-9。

表 5-9　　　　　　　　　　　SEC 系统运行工况及参数

机组运行工况		投入运行泵的数目		设计流量/(m³/h)	最大入口温度/℃	最大出口温度/℃
		1 系列	2 系列			
机组启动		2	0	4410	30	39
正常运行		1	0	3332	30	38
机组冷停堆（4~20h）	1 系列	2		4410	30	42
	2 系列		1	3332	30	39
机组冷堆 20h 后	1 系列	2		4410	30	37
	2 系列		1	3332	30	33
LOCA		1	0	3332	33	48

2. RRI/SEC 泵的自动启动条件

（1）正在运行中的一台泵跳闸，则该系列的另一台备用泵将自动启动。

（2）正在运行着的系列不可用时，另一备用系列的一台泵将自动启动（A 列 003PO 和 B 列 004PO 优先）。

（3）RRI 系列切换时，SEC 相应备用系列的一台泵将自动启动（SEC003PO 和 SEC004PO 优先），同样，当 SEC 系列切换时，RRI 相应备用系列的一台泵将自动启动（RRI003PO 和 RRI004PO 优先）。

（4）A 系列柴油机启动供电时，RRI 和 SEC 系统 A 系列的一台泵将自动启动（003PO 优先），同样，B 系列柴油机启动供电时，RRI 和 SEC 系统 B 系列的一台泵将自动启动（004PO 优先）。

（5）出现安注信号"SI"或安全壳喷淋信号"CS"时，RRI 和 SEC 系统备用系列的一台泵将自动启动（003PO 和 004PO 优先）。

3. 其他操作

（1）水生物捕集器的冲洗。正常情况下，冲洗阀会自动开启和关闭，对捕集器进行冲洗操作；在正常运行工况下，当出现捕集器高压差报警时，操纵员可在主控室打开冲洗阀冲洗。

（2）失去厂外供电。这时，SEC 泵由应急柴油机供电。

（3）最终热井丧失的信号出现以后，操纵员需根据机组运行工况按超设计规程（H1 规程）进行必要的操作。

第二节　AP1000 换料系统及辅助冷却水系统

一、燃料操作系统

（一）系统功能

AP1000 燃料操作系统（fueling and refueling system）与 M310 中的换料系统功能相同，分别为装卸料操作和燃料储存，其具体内容详见 5.1.1 中的系统功能。

（二）系统介绍

AP1000 的燃料操作系统设计相对于传统压水堆核电厂的设计，主要改进如下：新燃料和乏燃料格架的力学分析和与环境的适应性有更为具体和明确的要求，抗震和设备分级要求提高，安全性更有保障。环吊设计为安全级，抗震 I 类。燃料操作分区布置使换料操作更为简捷和安全。

燃料操作系统主要包括三个区域：进行换料操作的安全壳内区域；接收、储存和装运新燃料组件和乏燃料组件的燃料储存大厅；在燃料储存大厅和安全壳之间的区域。

1. 安全壳内区域

安全壳内部结构和换料腔室是一个整体，为抗震 I 类构筑物，在安全停堆地震（SSE）条件下应能保持结构的完整性。换料腔室内设有存放燃料组件和控制棒组件的燃料暂存架。为了吊装一体化顶盖组件，还设置有专门的控制棒组件拆卸工具。进行换料操作时，IRWST 内的含硼水将换料水池、安全壳内的换料腔室以及位于燃料操作区域的燃料运输通道淹没，保证燃料组件和堆芯部件上方至少有 2.9m 的屏蔽水层高度，从而保证进行换料操作时工作人员的吸收剂量小于 1×10^{-5} Sv/h。换料操作结束后，将换料水重新输送回 IRWST。

装卸料机用于在燃料运输系统和反应堆之间移动燃料组件，由大车和带有可伸到换料水池内的垂直套筒的小车组成，大车横跨整个换料腔室，并沿着换料水池边上的轨道行驶。通过移动大车和小车，可将垂直套筒定位于选定的燃料组件、运输设备或者其他的位置。此外，装卸料机上还设有一个副钩，用于其他换料操作。

2. 燃料运输系统

燃料运输系统（fuel transfer system）由运输车以及与车一体化的可翻转的燃料运输容

器组成。运输车在燃料运输通道和两个厂房之间的水平轨道上行驶，在每个厂房的预设位置，利用翻转机对燃料运输容器实施翻转操作。燃料运输系统在安全壳和辅助厂房燃料操作区域之间运输燃料组件，每次最多可运输两个燃料组件。当燃料组件放入燃料运输容器后，为了水平通过燃料运输通道，翻转机将燃料运输容器从垂直状态置为水平状态。当运输车将带有燃料组件的燃料容器运至燃料运输通道的另一端后，另一台翻转机再将燃料运输容器翻转为垂直状态，以便将燃料组件从燃料运输容器中取出。换料系统平面如图 5-9 所示，剖面如图 5-10 所示。

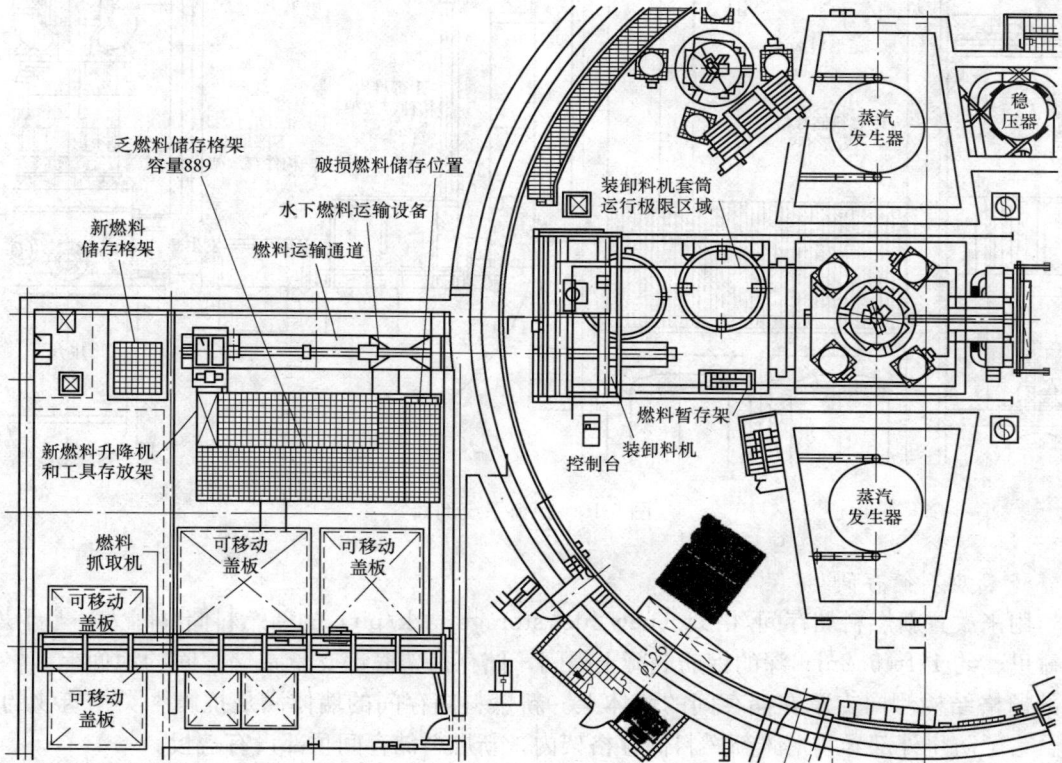

图 5-9　换料系统平面

3. 燃料操作区域

乏燃料水池、燃料运输通道、运输容器装料池、清洗池以及乏燃料水池与运输容器装料池之间的水闸门和乏燃料水池与燃料运输通道之间的水闸门均属于燃料操作区域（fuel handling area），它们是辅助厂房结构的一部分。辅助厂房按抗震 I 类要求进行设计，在安全停堆地震（SSE）工况下应能够保持其结构的完整性。

（三）主要设备介绍

1. 装卸料机

和 M310 中的装卸料机相似。

2. 新燃料抓取工具

和 M310 中的燃料抓取机相似。

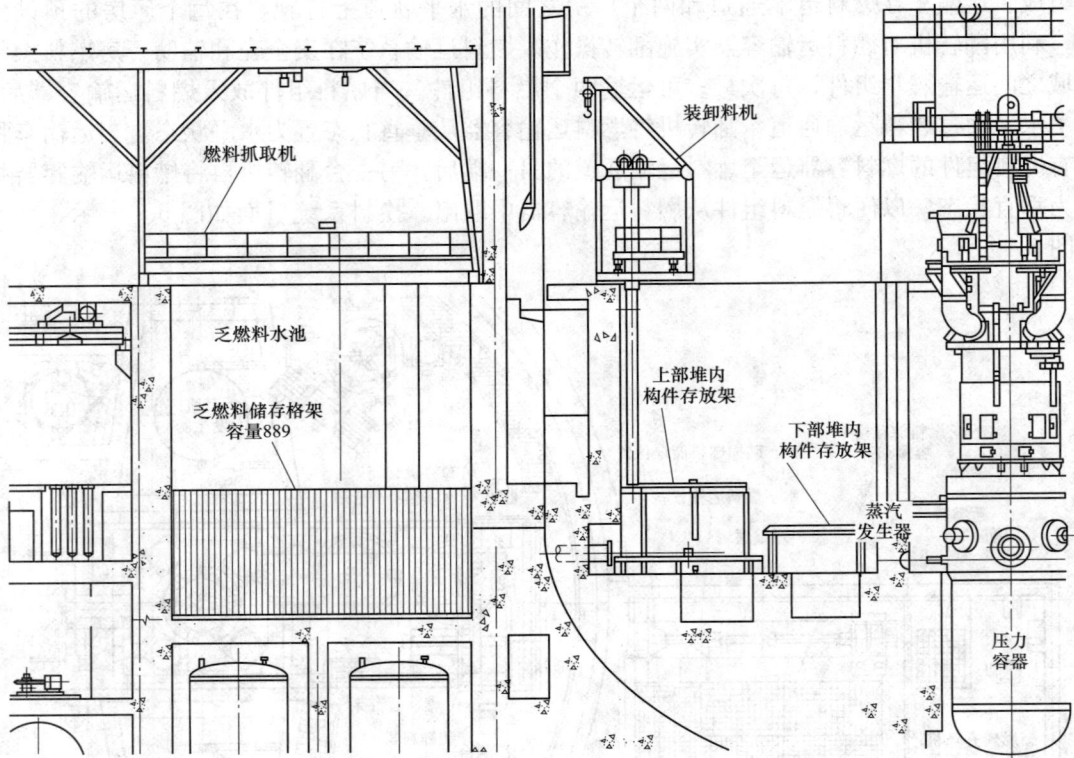

图 5-10 换料系统剖面

3. 新燃料储存间/格架

用来放置新燃料储存间/格架（new fuel storage rack/pit）的新燃料储存间为一个干燥、无衬里、约 17ft(5.2m) 深的钢筋混凝土隔间，储存格架底部支承在储存间的地面上，格架顶部栅格结构侧向支承在储存间的墙体上。新燃料储存间的墙体满足抗震Ⅰ类构筑物的要求。为了防止外部异物落入新燃料储存格架内，新燃料储存间顶部设有盖板。

新燃料储存在一个密集排列的格架中，该格架包含有中子吸收材料，以此来保持燃料的次临界排列要求。格架设计成可以储存最大设计富集度的燃料。储存格架的储存腔按照 9×8 排列，储存腔之间通过格架顶部和底部的支承栅格结构互相连接。格架不与储存间地面锚固，但是侧向支承在储存间墙体上。

新燃料储存格架的设计容量为 72 个，相邻储存腔的中心距为 10.9in(276.86mm)，每个储存腔内部包含有一个不锈钢筒，其内部尺寸为 8.8in(223.52mm)、壁厚 0.075in(1.905mm)。此间距足够保证相邻的燃料组件在任何设计基准事故下均处于次临界状态。

(1) 乏燃料水池/储存格架。M310 中反应堆水池和乏燃料水池冷却和处理系统中也有乏燃料水池/储存格架（spent fuel p001/racks），不同之处在于 AP1000 乏燃料水池深度约为 52.4 ft (13m)，由钢筋混凝土和混凝土填充结构模块构成，与池水接触的部分由不锈钢衬板制成，如结构为钢筋混凝土，则其表面需要镶嵌不锈钢衬板。正常情况下，池水体积约为 181000gal(685160L)，含硼浓度为 2500μg/g。

乏燃料储存格架共可以储存 889 个燃料组件（884 个乏燃料组件和 5 个破损燃料组件）。

储存格架由 3 个 1 区格架模块，5 个 2 区格架模块以及 5 个独立的破损燃料组件储存腔组成，这些格架采用含中子吸收材料的板材制作。

（2）运输容器装料池。运输容器装料池（cask loading pit）与 M310 中的乏燃料运输罐装罐池功能基本一致。

（3）容器清洗池。容器清洗池（cask washdown pit）紧邻运输容器装料池，与 M310 中的燃料运输罐冲洗池功能基本一致。

（4）燃料运输通道，燃料运输通道（fuel transfer tube）贯穿安全壳和乏燃料区域。在换料期间为运输车提供出入通道；在反应堆正常运行期间，燃料运输通道在安全壳一侧需进行密封，并作为安全壳压力边界的一部分；在燃料操作区域一侧，通过闸阀进行密封。燃料运输通道的安全壳贯穿件示意如图 5-11 所示。

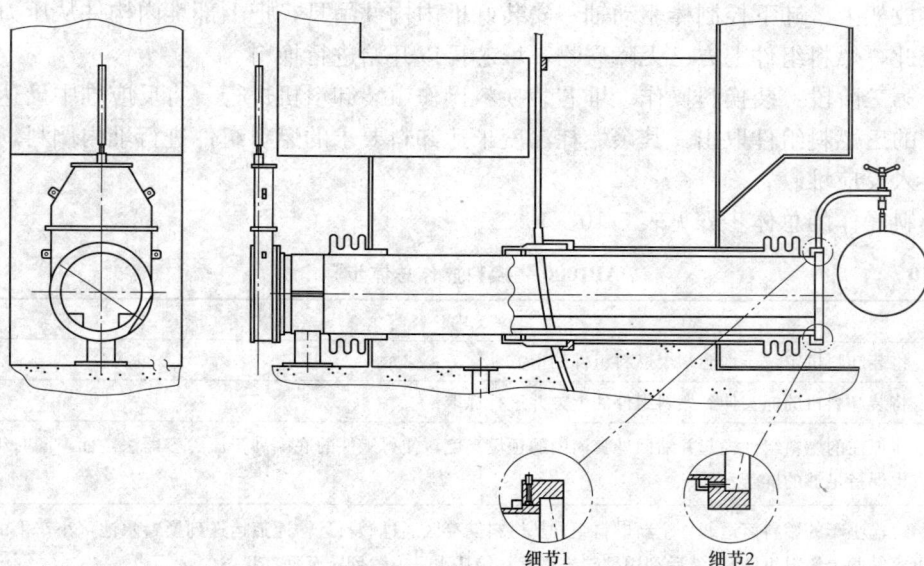

图 5-11　燃料运输通道安全壳贯穿件示意

（四）系统运行

1. 换料

新燃料组件运送到厂房以后，每次将一个燃料组件从运输容器中吊运到新燃料检查区域，经检查合格后，存放于新燃料储存格架中。首次装料时，部分新燃料组件可存放在乏燃料水池内的乏燃料储存格架中。

在进行换料（Refueling）操作之前，反应堆冷却剂已经硼化并冷却到符合停堆换料技术规格书的要求，换料操作过程中的临界保护在相关的技术规格书中作了说明。换料操作过程中需特别注意：①反应堆冷却剂和换料水的硼浓度为 2700 μg/g。此浓度足以保证在换料期间将堆芯保持在次临界；②当燃料组件从堆芯取出时，水面上的放射性剂量水平必须维持在可接受的限值以内，因此换料腔室应有足够高的水位。

与 M310 整个换料过程类似，分为四个主要阶段，包括准备、反应堆拆卸、装换料操、反应堆恢复。典型换料操作的大概描述如下：

（1）第一阶段：准备。反应堆停堆、加硼并冷却到换料条件（≤140 华氏度，即 60℃），

且 k_{eff} 小于 0.95（插入所有控制棒）。对安全壳内进行辐射监测，合格后人员方可进入。这时，压力容器内冷却剂水位降至比压力容器法兰面略低的位置。装卸料机控制台从储存的位置取出，放置在装卸料机上，并与装卸料机连接。然后检查装卸料机和燃料运输设备是否可以操作。

（2）第二阶段：反应堆拆卸。拆除一体化顶盖组件连接板上的所有电缆，然后移开反应堆压力容器顶盖。在换料腔室充水前，检查水下照明、工具和燃料运输系统；关闭换料腔室排水管道；做好燃料运输通道的闸阀开启等准备工作。完成换料腔室充水的准备工作后，RPV 顶盖被开启，并由环吊垂直提离压力容器法兰。安全壳内换料水箱中的水靠重力进入换料腔室和乏燃料水池冷却系统。随着换料腔室水位的提高，同时提升压力容器顶盖，保持腔室水位正好在顶盖法兰面下面。换料腔室水位达到安全防护深度后，取走压力容器顶盖并放置到存放架上。卸下控制棒驱动轴，安装好堆内构件吊具，把上部堆内构件从压力容器中卸出。至此，燃料组件上方已无障碍物，堆芯可以开始进行换料。

（3）第三阶段：装换料操作。堆芯装换料操作由装卸料机进行。将反应堆中已达到卸料燃耗深度的乏燃料组件取出，其余燃耗深度未达卸料要求的燃料组件进行堆内倒料，将新燃料组件装入反应堆。

装换料操作的总体步骤见表 5-10。

表 5-10　　　　　　　　　　　　AP1000 装换料操作总体步骤

步骤	内　容
1	将装卸料机定位于堆芯某个燃料组件的上方
2	将装卸料机的抓头伸到燃料组件的上方并进行抓取
3	将抓住的燃料组件提起并缩回外套筒内的预设高度，使得组件的底端高于压力容器法兰面，同时组件的上方也保持足够的屏蔽水层
4	运输小车的燃料篮运载一个新燃料组件从燃料储存区通过燃料运输通道运送到换料水池（小车上的燃料篮可容纳两个燃料组件），然后利用翻转机将燃料壁从水平位置翻转至垂直状态
5	带有一个乏燃料组件的装卸料机移动到小车空燃料篮的上方并成一直线位置
6	将套筒内的乏燃料组件装入运输小车的空燃料篮内
7	移动装卸料机到新燃料组件的位置（燃料篮的另一个位置），从燃料运输系统抓取新燃料组件并将其提起
8	装卸料机返回堆芯区域，将新燃料组件插入步骤 3 准备好的堆芯预定位置
9	重新将燃料篮翻转到水平位置，由燃料运输系统的运输容器将其从换料水池通过运输管道运送到辅助厂房燃料操作区域，再将燃料篮转为垂直状态
10	利用新燃料抓取工具将一个新燃料组件从储存格架中取出，然后装入空的燃料篮中。注：在换料操作开始以前，新燃料组件已经放置到乏燃料储存格架中（利用新燃料升降机）
11	用新燃料抓取工具将燃料篮中的乏燃料组件卸出
12	将乏燃料组件放到乏燃料储存格架中
13	将燃料篮倾翻为水平状态，通过运输小车再次转运到安全壳厂房内，并倾翻为垂直状态
14	与此同时，装卸料机对继续使用的燃料组件进行重新布置，并取出一个需卸出的燃料组件，运送到燃料运输系统区域
15	重复以上过程直到换料操作完成

续表

步骤	内　　容
16	在乏燃料水池中，利用长柄控制棒组件更换工具将控制棒组件在不同燃料组件间更换，轻便式操作工具挂在燃料抓取机的副钩上，通过操作人员进行操作，可以将控制棒组件从原燃料组件中抽出，并插入另一个需要控制棒组件的燃料组件内
17	在乏燃料水池中，利用长柄阻力塞更换具将阻力塞组件在不同燃料组件间更换。此轻便式操作工具挂在燃料抓取机的副钩上，通过操作人员进行操作，可以将阻力塞组件从原燃料组件中抽出，并插入另一个需要阻力塞组件的燃料组件内

　　（4）第四阶段：反应堆重装配。换料后的反应堆重新装配，操作步骤和第二阶段反应堆拆卸的步骤相反。在反应堆重新装配时，压力容器顶盖下降过程中依靠导向柱进行对中，压力容器顶盖和换料腔室水位同时下降，直到水位正好降至反应堆压力容器法兰面下。对于24个月的燃料循环，从断开电厂输出断路器开始到所有换料操作完成后电厂输出断路器闭合为止，燃料操作系统能够在17d内完成停堆换料操作。

　　2. 乏燃料运输容器装料

　　乏燃料组件通常储存在乏燃料水池中，直到其裂变产物的放射性活度低到可以进行外运，然后将乏燃料组件装入具有屏蔽功能的运输容器中外运。

　　假定运输容器装料池已经充水，运输容器装料池和乏燃料水池之间的闸门已经开启，乏燃料运输容器装料操作的典型步骤简要描述如下：

　　（1）将一个干净的空的运输容器放到容器清洗池中，利用除盐水进行清洗。在清洗的过程中，运输容器的盖子需取走并存放于其他位置。

　　（2）将清洗干净的运输容器放入充满水的运输容器装料池中。

　　（3）燃料抓取机定位在一个要外运的乏燃料组件上方，将其抓起并运送到运输容器装料池中。在运输的过程中，要始终保证燃料组件的上方至少有3m的屏蔽水层，这将保证在水池表面接收到的燃料直接辐射很小。

　　（4）燃料运输操作完成以后，装上运输容器的盖子以保证必要的辐射防护。

　　（5）然后将运输容器重新吊运至容器清洗池中，并用除盐水进行清洗去污。

　　（6）当运输容器去污操作完成以后，将其吊起移出容器清洗池，准备外运。所有操作进行期间，移动的燃料组件上方需有足够的屏蔽水层，以保证操作人员接收的辐射剂量水平在允许的可接受限值内。

　　（五）与M310比较

　　（1）AP1000的燃料操作系统设计相对于传统压水堆核电厂的设计，主要改进如下：新燃料和乏燃料格架的力学分析和与环境的适应性有更为具体和明确的要求，抗震和设备分级要求提高，安全性更有保障。环吊设计为安全级，抗震Ⅰ类。燃料操作分区布置使换料操作更为简捷和安全。

　　（2）AP1000对燃料储存架的力学分析要求更为明确和具体，描述了作用在燃料储存格架上的各种荷载类型，包括热荷载。特别是对燃料组件跌落和卡住两种假设事故，给出了详细的分析和计算要求。

　　（3）M310 PRT系统有RRA备用和当RRA与RCP隔离后保持RRA压力的功能，而

AP1000 采用的是非能动的余热排出系统。

（4）反应堆换料水池的充排水两者有所不同：M310 可用 PTR 泵从换料水箱充水，也可用低压安注泵通过环路向反应堆水池充水。排水是先用 RRA 泵大流量排水，再用 PTR 泵将余下的水排到换料水箱；AP1000 是在换料前先用备用系统净化 IRWST 水，充水时关闭此泵打开阀门依靠重力使水充入换料水池。需要时也可用备用泵将水箱中水排向换料水池，在换料结束后则用备用泵将水排入 IRWST。

二、设备冷却水系统

（一）系统功能

设备冷却水系统是一个非安全相关的封闭回路的冷却水系统，它在电厂运行的各个阶段，包括停堆和事故之后，把那些可能含有放射性水的系统（如反应堆冷却剂系统、化容系统、余热排出系统）产生的热量排到厂用水系统。因此它在放射性系统和外界环境之间起到一个屏障的作用。

（1）设备冷却水系统执行如下非安全相关的纵深防御功能：在正常停堆、换料和半管运行时，为正常余热排出系统的热交换器及泵提供冷却；为化学和容积控制系统补给泵的小流量热交换器提供冷却；为乏燃料池热交换器提供冷却。

（2）其他非安全相关的功能包括：提供放射性物质向环境泄漏的屏障；提供厂用水向一回路系统泄漏的屏障；为支持电厂正常运行所需的各种非安全相关设备提供冷却；在非能动余热排出热交换器运行时，向 RNS 热交换器提供冷却水以冷却安全壳内置换料水箱的水；在非能动堆芯冷却系统缓解事故后的电厂恢复运行期间，向 RNS 系统提供冷却水带走堆芯热量。

电厂停堆的第一阶段是将热量从反应堆冷却剂系统通过蒸汽发生器传递到主蒸汽系统。

在冷停堆的第二阶段，CCS（component cooling water system，设备冷却水系统）与 RNS 一同将衰变热和显热从堆芯和反应堆冷却剂系统导出，降低反应堆冷却剂系统的温度。

（二）系统介绍

设备冷却水系统为表 5-11 和表 5-12 所列的各种电厂设备提供可靠的冷却水。所有核岛（NI）设备都由设备冷却水系统冷却，而不能直接使用厂用水来进行冷却。设备冷却水系统流程如图 5-12 所示。

表 5-11　　　　　　　　　　　由设备冷却水系统冷却的电厂设备

设备名称	所处系统
反应堆冷却剂泵 1A	RCS
反应堆冷却剂泵 1B	RCS
反应堆冷却剂泵 2A	RCS
反应堆冷却剂泵 2B	RCS
反应堆冷却剂泵变频驱动装置 1A	RCS
反应堆冷却剂泵变频驱动装置 1B	RCS
反应堆冷却剂泵变频驱动装置 2A	RCS
反应堆冷却剂泵变频驱动装置 2B	RCS
下泄热交换器	CVS

续表

设备名称	所处系统
反应堆冷却剂疏水箱热交换器	WLS
正常余热排出系统热交换器 A	RNS
正常余热排出系统热交换器 B	RNS
正常余热排出系统泵 A	RNS
正常余热排出系统泵 B	RNS
乏燃料水池热交换器 A	SFS
乏燃料水池热交换器 B	SFS
冷冻机 A	VWS
冷冻机 B	VWS
取样系统热交换器	PSS
化容系统小流量热交换器 A	CVS
化容系统小流量热交换器 B	CVS
空气压缩机 A	CAS
空气压缩机 B	CAS
空气压缩机 C	CAS
空气压缩机 D	CAS
冷凝泵 A 油冷器	CDS
冷凝泵 B 油冷器	CDS
冷凝泵 C 油冷器	CDS

表 5-12　　　　　　　　　　　　　由设备冷却水系统冷却的电厂设备

代号	名称	代号	名称
CAS	压缩空气和仪用空气系统	RCS	反应堆冷却剂系统
CDS	凝结水系统	RHR	余热排出
CVS	化学和容积控制系统	RNS	正常余热排出系统
HX	热交换器	SFP	乏燃料池
PSS	一回路取样系统	SFS	乏燃料池冷却系统
RCDT	反应堆冷却剂疏水箱	VWS	中央冷冻水系统
RCP	反应堆冷却剂泵	WLS	液体废物系统

　　设备冷却水系统包含两个相互并联互为支持的独立系列，每个系列包括一台设备冷却水泵和一台设备冷却水热交换器。它们从同一根回水母管吸水，在回水母管上有一个设备冷却水膨胀箱。泵直接向各自的热交换器供水，每个热交换器都有一根安装有节流阀的旁通管线，以防止设备冷却水的过度冷却。经过热交换器冷却的水流向共用的供水母管。

　　设备冷却水通过一根供水/回水母管分配至各个设备。根据电厂布置，各个设备由各支路供水，各条支路冷却安全壳内相应的设备。当接到安注信号时，安全壳内的设备将被主控室远距离隔离，同时该安注信号会关闭反应堆冷却剂泵。除了反应堆冷却剂泵，每个设备都

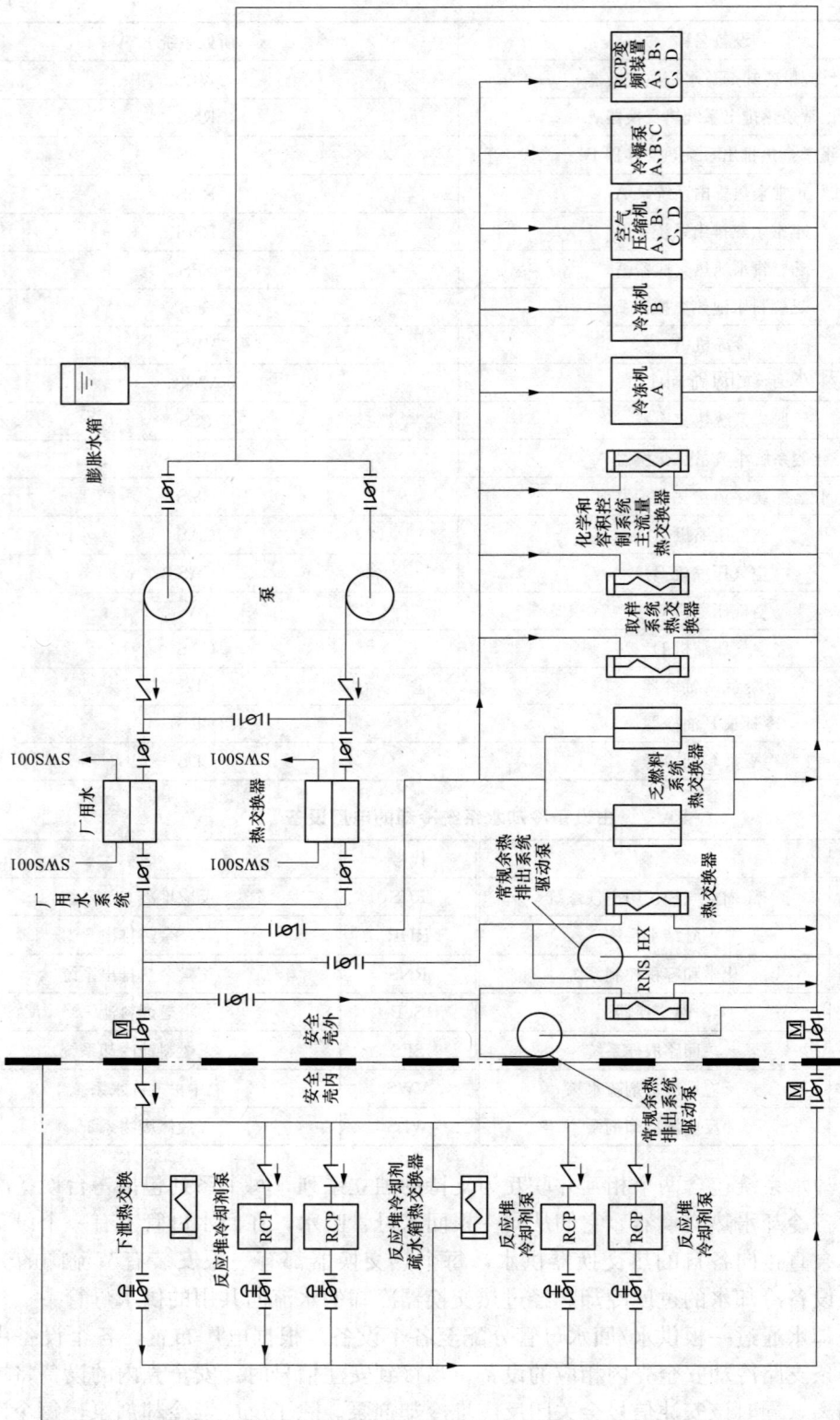

图 5-12　设备冷却水系统流程

能够就地进行隔离维修，同时维持其他设备的冷却。

设备冷却水膨胀箱用来调节系统的热胀冷缩，同时在操作人员隔离泄漏前调节本系统由于内漏或外漏引起的波动。当水箱出现低水位信号时，除盐水输送和储存系统自动给膨胀箱补水。从泵出口管到膨胀箱的管线上安装了一台混合箱，用来向系统添加防止腐蚀的化学添加剂，向封闭的冷却水系统加入钼酸钠，使铝的额定浓度为 $50\sim150\mu g/g$，并且维持 pH 值为 $9.0\sim10.5$。经初次添加钼酸钠，并再次添加使其浓度处于理想的运行范围后，正常运行期间就不再需要频繁地向设备冷却水系统加入化学添加剂。

当 CCS 系统或其组成部件失效时，不会影响安全相关系统执行其预定的安全功能。除安全壳隔离外，CCS 不执行任何安全相关功能。

（三）主要设备描述

设备冷却水系统的各部件的位置参见图 5-12，CCS 各设备的额定设计参数见表 5-13。

表 5-13 CCS 各设备的额定设计参数

CCS 泵（所有数据均是单台泵的数据）	
数量	2
类型	卧式离心
设计流量/gal/min	9800(2226m³/h)
设计总扬程/ft	255(77.7m)
CCS 热交换器（所有数据均是单台热交换器的数据）	
数量	2
类型	板式
停堆末期设计热负荷/MBTU/h	44.0(12.89MW)
设计 UA(每台)/MBTU/h/°F	15.5(8.17MW/℃)
CCS 侧设计流量/gal/min	9800(2226m³/h)
厂用水侧设计流量/gal/min	10 800（2453m³/h）
板材	超奥氏体不锈钢(AL-6XN)、钛或其他类似材料
抗震设计	非抗震

1. 设备冷却水热交换器

两台设备冷却水热交换器（component cooling water heat exchangers）为正常运行热负荷提供了多重性。在电厂停堆冷却时，为达到设计要求的冷却速率需运行两台热交换器，如果只运行一台热交换器将延长核电厂的停堆冷却时间。在电厂正常运行时，任一台设备冷却水热交换器可以与任一台设备冷却水泵组合运行，从而允许另一台热交换器和设备冷却水泵退出运行。

设备冷却水热交换器为板式热交换器。设备冷却水通过热交换器的一侧，而厂用水通过热交换器的另一侧。热交换器的设备冷却水侧压力要高于厂用水侧的压力，以防止厂用水泄漏至设备冷却水（CCS）系统。

设备冷却水热交换器的设计保证有足够的换热面积排出设计的热负荷，同时考虑热交换器表面的污垢裕量。在考虑设计热负荷、设计寿命、板片材料、运行条件以及热交换器冷侧/热侧流体特性后，板式热交换器的污垢裕量通常由热交换器的供货商确定。污垢裕量一般通过增加热交换器换热面积来实现（例如多于设计热负荷所需的板片数），一般增加 5%

的换热面积。

另外，所选的设备冷却水热交换器的结构尺寸应允许安装超过设计（包括污垢裕量）所需的 20% 板片数。

2. 设备冷却水泵

设备冷却水系统有两台卧式离心泵，由交流电机驱动。泵的流量能够满足相应热交换器的换热热负荷要求。在电厂正常运行时只需一台泵就可以满足系统设计要求，另一台泵可以退出运行。但是在停堆冷却时，为达到设计的冷却速率，两台泵都要求运行，如果只运行一台冷却水泵就会延长停堆冷却时间。

3. 设备冷却水膨胀箱

设备冷却水系统有一台膨胀箱，用来调节由于运行温度变化引起的设备冷却水容积的变化。膨胀箱能够满足每分钟 $50\text{gal}(11.36\text{m}^3/\text{h})$ 的系统内漏或外漏，且 30min 内不需要操纵员的任何干预。膨胀箱为立式、碳钢圆柱体。

4. 设备冷却水系统阀门

设备冷却水系统中绝大多数阀门都是手动阀，用来隔离给定电厂运行模式中不需要冷却的设备冷却水。

贯穿安全壳的设备冷却水系统供水管及回水管上设有三台电动隔离阀和一台止回阀用于安全壳隔离。电动阀为常开阀，接到安注信号时关闭。该阀门由主控室控制，失效时保持原有位置。

每台反应堆冷却剂泵的设备冷却水出口管线上安装有一台电动隔离阀。这些阀门常开，接到设备冷却水大流量信号时关闭。设备冷却水出口管线出现大流量时，即表明有大量的反应堆冷却剂通过反应堆冷却剂泵冷却盘管或热屏向设备冷却水系统泄漏。关闭这些阀门可以防止带有放射性的反应堆冷却剂泄漏至设备冷却水系统。

每一台反应堆冷却剂泵的冷却水出口管线上都安装有卸压阀。这些阀门用于反应堆冷却剂泵冷却盘管或热屏发生传热管破裂时，保护泵电机冷却夹套和设备冷却水管道。在下泄热交换器设备冷却水出口管上的卸压阀也用于热交换器传热管破裂时保护设备冷却水管道。其他设备的冷却水出口管线上安装有小型的卸压阀，当设备冷却水管道被隔离时，可卸去因水温上升而膨胀的容积。

（四）系统运行

如前所述，CCS 除安全壳隔离外，不执行任何安全相关的功能，但 CCS 的设计遵循非安全相关的纵深防御原则。

1. 电厂启动

电厂启动是指将反应堆从冷停堆状态带到零功率运行的温度和压力，然后进入功率运行状态。正常情况下，换料后设备冷却水系统的两个系列都应投入运行。

当电厂开始升温，反应堆冷却剂泵启动，同时关闭余热排出泵。下泄热交换器设置为温度自动控制模式，维持恒定的下泄流温度。在整个电厂启动期间，监测设备冷却水的流量和温度，使之在所要求的限值内。一旦电厂进入正常运行阶段，只需一台设备冷却水泵和一台热交换器运行，另一台设备冷却水泵和另一台热交换器将退出运行。

2. 正常运行

在电厂正常运行期间，只需要设备冷却水系统一个系列的设备投入运行。如果运行系列的设备冷却水泵发生故障，另一系列将自动启动。

正常运行期间，设备冷却水系统的泄漏将由膨胀箱低水位信号触发补水管线上阀门的自动开启来进行补给。

电厂运行人员定期对设备冷却水进行取样，以确定化学成分是否满足要求。如果需要，通过化学添加箱加入适量的化学添加剂，由泵出口母管经膨胀箱到泵进口管的循环管线混合化学添加剂。

当单一能动设备失效时，CCS 仍可以导出支持电厂正常功率运行所需的各种设备的热量。正常运行时，CCS 设计遵循以下准则：

（1）在电厂处于正常运行或停堆阶段时，提供给电厂设备的设备冷却水温度保持在限定的水温之内。正常运行时 CCS 水温不超过 95°F（35℃）。

（2）提供给电厂设备的设备冷却水最低温度为 60°F（15.6℃）。

（3）CCS 系统提供足够的波动能力，允许每分钟 50gal（11.36m³/h）的泄漏量（内漏或外漏），并且 30min 内无需操作人员的任何干预。

（4）CCS 在安全壳内的运行压力大于安全壳的设计压力［45psig（0.310MPa，表压）］。

（5）水化学方面：为了满足电厂 60 年的设计寿命，系统需添加防腐蚀剂。CCS 系统的水质既要防止热交换器表面的污垢沉积又要保证最小的腐蚀。CCS 的补水是来自除盐水输送和储存系统的除盐水。

（6）关于防止放射性泄漏的考虑：为了防止放射性物质从反应堆冷却剂泵或下泄热交换器传热管泄漏，这些设备的 CCS 回水管上提供了自动隔离。

3. 电厂停堆

电厂停堆是指反应堆从功率运行阶段至换料阶段。在电厂停堆的过程中，通常设备冷却水系统的两个独立系列都需运行。

电厂停堆的第一阶段是反应堆冷却剂系统通过蒸汽发生器和主蒸汽系统实现降温降压。反应堆停堆的第二阶段，在反应堆冷却剂温度和压力分别降至 350°F（176.7℃）和 400~450 psig（2.758~3.130MPa，表压）时，余热排出系统投入运行（大约在反应堆停堆 4h 之后）。

启动余热排出泵之前，备用的设备冷却水泵和热交换器投入运行，并向余热排出热交换器供水，正常余热排出系统投入运行。

在停堆后 96h 之内，设备冷却水系统和正常余热排出系统以及厂用水系统将反应堆冷却剂系统降温至 125°F（51.7℃）。在停堆冷却阶段，各设备的设备冷却水进口温度不能超过 110°F（43.3℃）。两台设备冷却水泵和两台热交换器同时运行以满足电厂停堆速率的要求。一旦一台设备冷却水泵或热交换器发生故障，将会延长停堆时间。

除了冷却时间的要求外，停堆时 CCS 的其他设计准则如下：

（1）按照以上确定的反应堆冷却剂系统冷却速率，维持设备冷却水温度低于 110°F（43.3℃）。

（2）在电厂停堆冷却时，系统设计要防止 CCS 系统沸腾。

（3）在正常停堆冷却时，单一能动设备失效不会引起反应堆冷却剂系统温度升高至 350°F（176.7℃）以上。

（4）当反应堆压力容器顶盖被打开、反应堆堆腔被淹没时，CCS 的单一故障不会引起反应堆冷却剂系统的沸腾。停堆冷却完成后，CCS 继续向 RNS 提供冷却水。

4. 换料

在换料期间，设备冷却水系统的两个系列都需投入运行。在倒料（部分堆芯换料）时，冷却水系统向两台乏燃料池热交换器供水，使乏燃料池水温保持在 120°F（48.9℃）以下。在整炉卸料加上池中所累积的最大数量乏燃料工况下，两台乏燃料池热交换器和一台正常余热排出热交换器同时运行，以维持乏料水池水温在 120°F（48.9℃）以下。

换料期间 CCS 系统设计准则如下：①CCS 系统运行且两个系列可用；②假设厂用水的海水进口温度为 90.5°F（32.5℃）时，CCS 系统维持乏燃料池水温低于 120°F（48.9℃）。

5. 应急整堆卸料

在应急整堆卸料期间，设备冷却水系统两个系列都必须投入运行，以维持乏燃料水池温度低于 120°F（48.9℃）（假设池中累积了最大数量的乏燃料）。设备冷却水系统同时向两台乏燃料池冷却水系统热交换器和一台正常余热排出热交换器供水，以冷却乏燃料水池。

6. 丧失厂外电

丧失厂外电后，两台备用柴油发电机启动运行。设备冷却水系统泵自动加载至柴油发电机以继续向重要的核岛热负荷提供冷却水，如 RN 热交换器和泵、SFS 热交换器及 CVS 补给泵小流量热交换器。丧失厂外电后，SWS 泵也通过加载至柴油发电机来维持核岛的热井。随着 RCS 系统的冷却和降压，正余热排出泵投入运行。堆芯衰变热可以通过 RNS、设备冷却水系统及 SWS 的正常运行排出。

7. IRWST 的冷却

非能动余热排出系统热交换器从高温高压工况下的 RCS 系统导出衰变热，使 IRWST 中的水温上升。水温可以通过与 IRWST 相连的正常余热排出泵来进行控制，多余的热量可以通过 RNS 热交换器、设备冷却水系统及 SWS 导出。需要时，RNS 也可在正常运行工况下降低 IRWST 水箱中的水温。

8. 事故后冷却与恢复

当自动降压系统 ADS 触发，安全壳被 IRWST 流入安全壳地坑的水淹没后，通过正常余热排出系统泵和热交换器以及设备冷却水系统和厂用水系统的运行来排出堆芯衰变热，实现对地坑内水的冷却。这些冷却后的水通过非能动堆芯冷却系统来冷却堆芯。

（五）与 M310 比较

AP1000 的设备冷却水系统与先进的改良型压水堆的安全相关冷却水系统相比，设计简化。两种设计的主要设备数量的比较见表 5-14。

表 5-14　AP1000 设备冷却水系统与先进的改良型压水堆的安全相关冷却水系统主要设备数量的比较

设备	AP1000 设备冷却水系统	M310 的安全相关冷却水系统
安全相关的泵	0	4
非安全相关的泵	2	0
热交换器	2	4
膨胀箱	1	2
化学添加箱	1	2
要求安全级电源的远距离操作阀门	3	26

可见，AP1000 简化的设备冷却水系统（CCS）和系统中使用的非安全相关的设备明显

地降低了核电厂的建造成本和运行成本。

三、重要厂用水系统

（一）系统功能

厂用水系统是一个非安全相关的系统，无论在电厂正常运行还是事故工况，该系统都将设备冷却水系统（CCS）传输的热量带出。不需要厂用水系统的运行来保证电厂的安全。但是，它为电厂提供了重要的纵深防御和投资保护功能，即使一个能动设备故障，或失去正常电源，并同时失去一台柴油发电机组，厂用水系统也不失去冷却功能。

（二）系统介绍

AP1000 非安全相关的厂用水系统（service water system，SWS）是一个封闭回路的冷却系统，其总体布置如图 5-13 所示。厂用水泵位于海水取水构筑物的厂用水泵房内，当核电厂位于内陆厂址时，海水取水构筑物由带有分隔槽的两单元冷却塔代替，通过冷却水塔将厂用水的热量排放到环境。

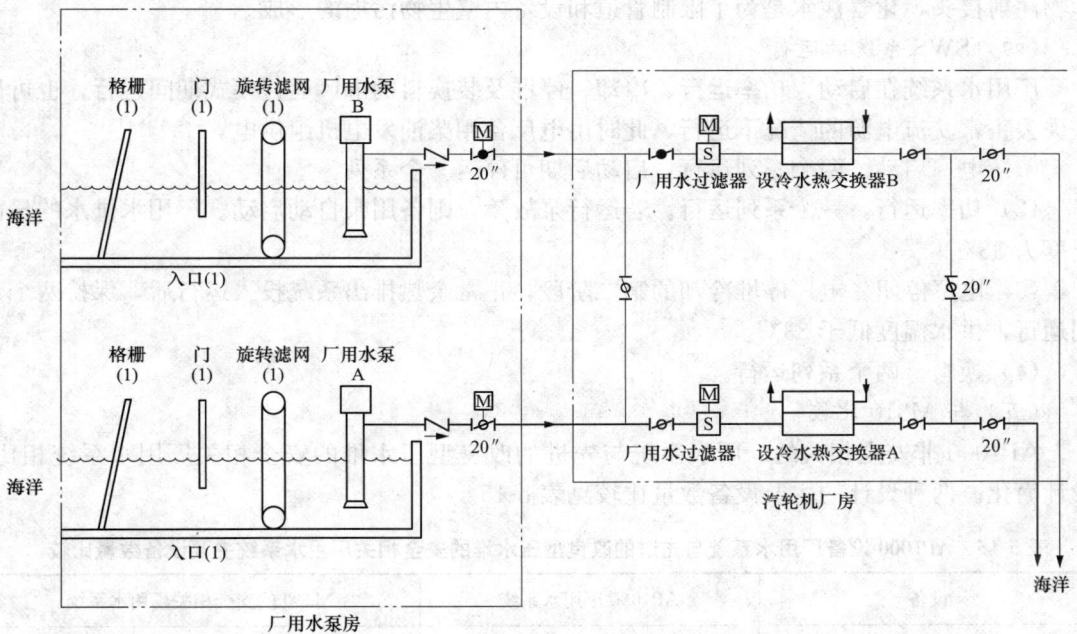

图 5-13　厂用水系统总体布置

海水取水构筑物包括格栅及旋转滤网，用来排除漂浮的垃圾和其他可能影响厂用水泵和系统部件运行的杂物（如草木）。海水进入厂用水泵，经过滤器过滤后，带走设备冷却水系统热交换器内由核岛设备产生的热量。从设备冷却水系统热交换器出来的温度升高的厂用水通过回水管道回到循环水系统排放管，直接排入大海。

当核电厂处于内陆厂址时，位于汽轮发电机厂房的厂用水泵从厂用水冷却塔底座中的管道吸水。厂用水经泵加压后，经过滤网过滤，输送到设备冷却水热交换器，排出设备冷却水系统中的热量。在 AP1000 标准设计中，经热交换器中加热的厂用水通过机力通风的冷却水塔，将系统热量排放到大气中。在冷却塔基座上回收的冷却水流经泵吸入管线上的固定滤网进入泵，从而在系统中进行重新循环。

厂用水系统有两个系列。每个系列包括一台厂用水泵、一台过滤器及相关的阀门和仪表。在每个系列的设备冷却水系统热交换器的上游和下游管道之间设置有连通管，从而两个厂用水泵中的任何一个都可以将冷却水输送给两个热交换器中的任何一个，并且允许任意一个热交换器通过平行布置的另一个热交换器的排水管排放到循环水系统排水管中。厂用水系统将冷却水排放到循环水系统排水涵管，然后与循环水系统的排水混合后排到大海。

（三）主要设备介绍

系统有两台100％容量的海水泵，自动反洗滤网及相应的管道、阀门和仪表。海水泵位于循环水泵房（见图5-13）。海水在取水口通过拦污栅、检修闸门及旋转滤网清除大部分悬浮性物质后，进入循环水系统的进水池厂用水泵吸入口，然后，厂用水被送入汽轮机厂房，经自动反洗滤网后进入设冷水热交换器。被加热的海水最后经循环水系统的排水管，直接排入大海。两个系列设冷水热交换器的进出口管上均有桥管相连。每台设冷水热交换器可由任一台厂用水泵供水，每台热交换器的出口也可与任一个排水口相连。厂用水泵的出口管有化学物注射接头，化学注水是为了限制管道和设备内壁生物污垢的形成。

（四）SWS系统的运行

厂用水系统在启动、功率运行、冷却、停堆及装换料的电厂运行模式期间运行，也可以在失去正常交流电源的情况下运行，此时由电厂备用柴油发电机组供电。

（1）电厂启动。两个系列运行，启动后期可停运一个系列。

（2）功率运行。一个系列运行。若运行泵故障，则备用泵自动启动。厂用水供水的最高温度为33℃。

（3）电厂停闭。电厂停堆冷却的第二阶段，正常余热排出系统投入运行后，保持两个系列运行，供水温度低于33℃。

（4）换料。两个系列运行。

（五）与M310比较

AP1000非安全相关的厂用水系统与先进的改良型压水堆的安全相关厂用水系统相比，设计简化。两种设计的主要设备数量比较见表5-15。

表5-15　AP1000设备厂用水系统与先进的改良型压水堆的安全相关厂用水系统主要设备数量比较

设备	AP1000厂用水系统	M310的安全相关厂用水系统
安全相关的泵	0	4
非安全相关的泵	2	0
带安全级电源的滤网	0	4（路）
带非安全级电源的滤网	2（路）	0
远距离操作的安全级阀门	0	31
远距离操作的非安全级阀门	4	0

可见，AP1000简化设计的厂用水系统和SWS中使用的非安全相关设备明显地降低了核电厂的建造成本和运行成本。

第三节　华龙一号换料及辅助冷却水系统

一、燃料操作与储存系统

（一）系统功能

华龙一号燃料操作与储存系统（RFH）的主要功能与 M310 换料系统和反应堆水池和乏燃料水池冷却和处理系统的功能类似，主要有检查、储存和操作新、乏燃料组件，完成反应堆首次装料和反应堆换料操作，包括在反应堆停堆后装卸反应堆燃料组件。

RFH 系统不直接参与反应堆安全运行方面的任务，但它在保护现场工作人员免受过量放射性照射、防止燃料组件意外临界、防止放射性物质超限值释放等方面起着极为重要的作用。

（二）系统介绍

华龙一号 RFH 系统属于辅助系统，其主要操作对象是燃料组件和相关组件。主要功能是完成反应堆的换料操作，安全储存新燃料组件直至将其装入反应堆堆芯和安全储存乏燃料组件直至将其装入乏燃料运输容器准备外运。RFH 系统的设备分别布置在反应堆厂房和燃料厂房，已完成各工艺操作环节的规定功能。

1. RFH 系统的组成

RFH 系统主要由以下设施组成：装卸料机、反应堆厂房燃料运输装置、在线啜吸检测装置、燃料厂房内燃料转运装置、新燃料升降机、人桥吊车、辅助吊车、新燃料储存格架、Ⅰ区乏燃料储存格架、Ⅱ区乏燃料储存格架、离线啜吸检测装置、破损控制棒组件储存小室、新燃料检测装置、乏燃料检测系统、手动操作工具。其中前三个设施处于反应堆厂房，其余处于燃料厂房。

2. 燃料操作与储存系统相关的重要设施

燃料操作与储存系统相关的重要设施主要包括：反应堆水池、乏燃料水池；反应堆水池和乏燃料水池冷却与处理系统；乏燃料容器吊车，燃料厂房容器准备井和装载井；反应堆厂房中的吊环，用于起吊压力容器顶盖和堆内构件。

（三）主要设备介绍

1. 装卸料机

与 M310 中的装卸料机相似。

2. 燃料运转装置

燃料运转装置在反应堆停堆换料期间，在燃料厂房和反应堆厂房之间转运新组件和乏燃料组件；在反应堆运行期间，将反应堆厂房和燃料厂房隔离开，确保安全壳的密封性和完整性。

燃料运转装置主要由盲板法兰、运转通道、膨胀节、承载器、运输小车、运输小车驱动结构、运输小车手动应急操作机构、小车轨道、倾翻架、倾翻架提升结构、倾翻架的导向定位结构及支架和手动闸阀组成。

运转装置运行时，燃料组件首先被垂直放在运输小车的燃料篮内，再由倾翻架将燃料篮翻至水平位置，然后由运输小车运输到燃料运转通道的另一端后，位于通道另一端的倾翻架将燃料组件恢复到垂直位置，便于将其从燃料篮内吊出。

3. 新燃料储存格架

新燃料储存格架安装在燃料厂房中的新燃料储存间内。该设备是用来暂存入堆前的新燃料组件的专用设备。经电厂接收并检查合格后的新燃料组件通过辅助吊车操作，垂直地插入格架储存，以待继续进行下一步装料操作。

每台新燃料储存格架主要由顶板及其支承件、储存小室、底板及其下部构件、连接件等构成。

每台机组设两台储存格架，一台格架储存 12 组组件，另一台格架储存 6 组组件，总储存容量为 18 组新燃料组件。新燃料组件储存方式为干燥状态下垂直储存。储存的新燃料组件可带或不带控制棒组件。

4. 新燃料升降机

新燃料升降机安装在燃料厂房的乏燃料储存水池的池壁上，用于降低新燃料组件在乏燃料水池中的位置，从而使得燃料抓取机可以对新燃料组件进行操作。

新燃料升降机主要包括卷扬机、上部构件、燃料舱及导向轨三大部分组件。

新燃料升降机主要功能是借助于人桥吊车和辅助吊车及相关操作工具操作新燃料。燃料舱处于高位时，用辅助吊车及新燃料组件抓具将新燃料组件（带或者不带控制棒组件）插入燃料舱，然后将燃料舱降至乏燃料储存水池的池底，通过人桥吊车及乏燃料组件抓具将新燃料组件从燃料舱里取出，并转运至其他燃料操作或储存设备中。

新燃料升降机的辅助功能是借助于人桥吊车和辅助吊车及相关操作工具操作可燃毒物组件存放架。当燃料舱处于低位时，用人桥吊车及专用工具将乏燃料储存格架中的可燃毒物组件存放架取出，并插入燃料舱，然后将燃料舱升至高位，对可燃毒物组件存放架进行去污并取出。

5. 乏燃料储存格架

乏燃料储存格架自由坐落在乏燃料水池池底，由按一定栅距排列的垂直方形储存小室构成，储存格架的底部安装着支腿，通过支腿在垂直方向上可以对储存格架进行调整。乏燃料储存格架保证乏燃料组件的安全储存，不发生临界和燃料组件过热事故。

视频和图片
4-乏燃料
储存格架

乏燃料储存格架分为两个区，Ⅰ区用于储存新燃料组件或乏燃料组件，Ⅱ区高密度储存格架仅用于储存达到规定燃耗限值的乏燃料组件。

华龙一号机组乏燃料储存格架的设计具有以下特点：Ⅰ区格架中子吸收材料采用硼不锈钢代替镉，主要在于硼不锈钢在乏池环境下的性能比镉稳定，具有良好的工程应用经验，且无需采用密封包覆设计；满足抗震计算要求；在临界控制方面，两个区的格架在正常工况下和假想的事故工况下，均能由格架本身的结构以及所带的固定中子吸收体维持临界安全。

（四）系统运行

华龙一号燃料操作与储存系统的工作始于新燃料运输容器运抵核电厂，终止于乏燃料组件装入乏燃料运输容器并离开核电厂。

1. 新燃料的接收、检查和储存

燃料厂房接收工作就绪后，新燃料容器运输车在燃料收发间就位，拆开新燃料容器在运输车上的固定装置后，用辅助吊车的主钩将新燃料运输容器吊起，运至新燃料接收间上方并通过其舱口将其降至地板上就位。

用工具松开容器盖与容器体间的连接，用新燃料运输容器盖吊车将容器盖吊开，除去新燃料组件的聚乙烯包皮，再用辅助吊车将容器内的燃料托架旋转至垂直位置，工作人员用手动工具松开燃料组件与燃料托架间的固定装置后，再用辅助吊车及燃料组件抓具从新燃料运输容器内提取新燃料组件并运至新燃料检查间进行相关检查，合格后运至新燃料储存格架或乏燃料Ⅰ区储存格架。

2. 堆芯卸料及乏燃料储存

燃料循环结束后，部分乏燃料组件必须从堆芯移除；剩余的燃料组件和下一循环的相关组件在乏燃料水池中进行倒换。燃料转运装置的运输小车开至反应堆厂房换料水池后，将燃料承载器翻转至垂直位置，通过装卸料机将一根辐照燃料组件连同其所带的相关组件转运并插入燃料承载器内，再将燃料承载器翻转至水平位置，然后将燃料转运装置的运输小车开至燃料厂房乏燃料水池。

在乏燃料水池内将燃料承载器翻转至垂直位置，借助人桥吊车和乏燃料组件抓具把辐照燃料组件从承载器内抽出，再将辐照燃料组件及其相关组件运至乏燃料储存格架的Ⅰ区（或根据燃料组件的燃耗程度运至Ⅱ区，如果有破损，将运至破损燃料组件储存滤网），再将燃料转运装置的运输小车运回反应堆厂房。重复上述步骤，直至将反应堆堆芯内的燃料组件全部卸至燃料厂房的乏燃料储存水池的指定区域为止。

3. 堆芯装料

堆芯装料前，首先使用辅助吊车和新燃料组件抓具将新料组件运往新燃料升降机，然后用人桥吊车将新燃料组件临时存放于乏燃料水池中的Ⅰ区中，并准备接受从辐照燃料组件或乏燃料组件中取出的相关组件。当在乏燃料储存水池内进行的倒换相关组件的操作全部完成后，将燃料转运装置的运输小车开至燃料厂房，将燃料承载器翻转至垂直位置，通过人桥吊车和乏燃料组件抓具将一根燃料组件连同其所带的相关组件转运并插入燃料承载器内，然后将燃料承载器翻转至水平位，燃料转运装置的运输小车开至反应堆厂房换料水池后，将燃料承载器翻转至垂直位置，借助装卸料机把燃料组件连同所带的相关组件从承载器内抽出，然后运至堆芯并按堆芯装料计划插入规定的位置后，再将燃料转运装置的运输小车运回燃料厂房。重复上述操作步骤，直至将乏燃料储存水池中的燃料组件全部装入堆芯指定区域为止。

4. 乏燃料的装载和运输

乏燃料组件储存在乏燃料水池中的乏燃料储存格架中，当需要外运时，需要装入乏燃料容器中，经过专用运输车运至指定地点。乏燃料组件的运输由辅助厂房吊车、燃料抓取机、乏燃料容器、专用运输车及相应的操作工具完成。

乏燃料容器通过辅助厂房吊车先被送入乏燃料容器冲洗井，取下容器顶盖后，用除盐水冲洗干净，再将其吊入乏燃料装载井内，然后使用燃料抓取机将乏燃料组件装入乏燃料容器中；乏燃料容器顶盖盖上后，再通过辅助厂房吊车将乏燃料容器吊入乏燃料容器冲洗池，用除盐水进行冲洗，并进行疏水、加压、密封等其他乏燃料容器运输前的操作；最后通过辅助厂房吊车将乏燃料容器装上专用运输卡车，运出辅助厂房。

（五）与 M310 比较

（1）与 M310 相比，华龙一号改进了燃料储存水池的冷却和监测手段。

（2）华龙一号的燃料操作与储存系统和反应堆换料水池和乏燃料水池冷却和处理系统共同属于一回路辅助系统，而 M310 换料系统不属于一回路辅助系统。

（3）华龙一号的燃料操作与储存系统不直接承担反应堆安全运行方面的功能，但它在保护现场工作人员免受过量放射性照射、防止燃料组件意外临界、防止放射性物质超限值释放等方面起着极为重要的作用。

二、设备冷却水系统

（一）系统功能

（1）设备冷却水系统（WCC）的主要功能包括：

1）冷却核岛的各类热交换器；

2）通过设备冷却水热交换器将热负荷传至最终热井——海水；

3）在核岛热交换器和海水之间形成屏障，防止放射性流体不可控地释放到海水中，避免核岛热交换器因采用海水冷却而引起腐蚀、污垢等问题。

（2）设备冷却水系统的安全功能包括：

1）在正常运行和事故工况下，把热量从重要的与安全有关的房间、系统和设备传给海水；

2）当被冷却的热交换器可能受到污染时，防止放射性液体释放到海水。

（二）系统介绍

设备冷却水系统包括两个独立的安全系列和一个公用环路，公用环路由两个设备冷却水系列中的任一系列供水。安全系列具有100%的冗余度，设计中考虑单一故障准则及厂内外电源丧失的情况，两个系列分别由两列电源供电，并由应急柴油发电机组作为备用电源。

（1）每个安全系列包括下列主要设备：两台100%的离心泵，额定流量为3400 m^3/h，扬程60 m，配套电机功率为900 kW；两台板式热交换器，每台容量为总容量的50%；一台设备冷却水波动箱，接在泵的吸入端。

加药系统将缓蚀剂注入WEE系统，来自核岛的除盐水作为补充水。取自核岛消防系统（FNP）的水作为设备冷却水系统的抗震补水源，提供应急补水。

（2）每个安全系列冷却的设备包括：安全壳喷淋系统（CSP）热交换器；上充泵房应急通风系统（VCP）热交换器；电气厂房冷冻水系统（WEC）的冷凝器；反应堆换料水池和乏燃料水池冷却及处理系统（RFT）热交换器；余热排出系统（RHR）热交换器。

安全壳喷淋泵、低压安注泵、中压安注泵、余热排出泵、设备冷却水泵的电动泵和电机。公用环路的冷却对象是指在事故工况下不需要提供冷却水的冷却器，它们可以通过任一安全系列供水，并可通过管路上配置的电动阀门与系统的安全系列隔离。

（3）公用环路冷却下列设备：

1）核岛冷冻水系统（WNC）的冷凝器；

2）蒸汽发生器排污系统（TTB）的非再生热交换器；

3）反应堆冷却剂泵和稳压器卸压箱；

4）化学和容积控制系统（RCV）过剩下泄热交换器、非再生热交换器和主泵密封水热交换器；

5）反应堆换料水池和乏燃料水池冷却及处理系统热交换器；

6）核取样系统（RNS）热交换器；

7）控制棒驱动机构通风系统（RRV）的热交换器；

8）硼回收系统（ZBR）的蒸发器和除气塔相关的热交换器；

9）废液处理系统（ZLT）的蒸发器相关的热交换器；

10）废气处理系统（ZGT）的压缩机冷却器；

11）用于监测辅助蒸汽分配系统（WSD）凝结水活度的热交换器；

12）人员通行厂房冷冻水系统（WAC）的热交换器。

设备冷却水系统流程如图 5-14 所示。

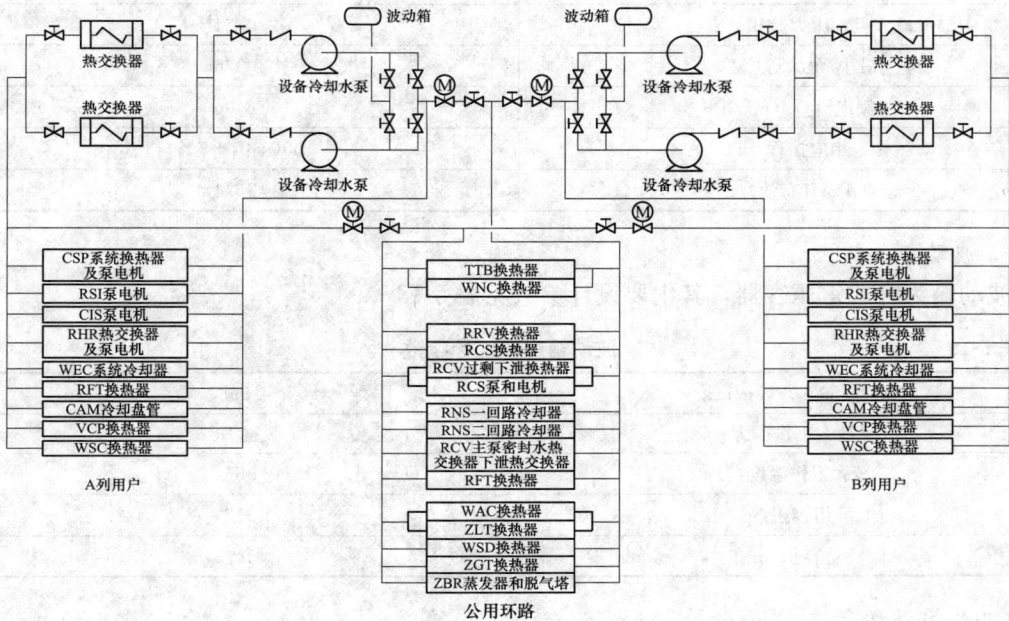

图 5-14　设备冷却水系统流程

（三）主要设备介绍

1. 热交换器

每个设备冷却水系列有两台板式热交换器，每台热交换器的容量为 50%。板式热交换器的设计考虑了各种工况的要求。通过热负荷和水量计算热交换器的换热面积。

热交换器主要设计参数见表 5-16。

表 5-16　　　　　热交换器主要设计参数

参数	设备冷却水侧	海水侧
流量/（t/h）	1547	1900
入口温度/℃		31.6
出口温度/℃	35	
污垢系数/（℃·m²/W）	1×10^{-5}	4×10^{-5}
热负荷/MW	16.7	
最大允许压降（MPa）	0.08	0.15
内部压力/MPa（表压）	1.35	0.9
内部温度/℃	90	90

2. 设备冷却水泵

设备冷却水泵采用卧式双吸离心泵。泵的主要设计参数见表 5-17。

表 5-17 设备冷却水泵主要设计参数

参　　数	数　　值
最小吸入压力/MPa(表压)	0.21
最大吸入压力/MPa(表压)	0.24
最小/最大温度/℃	4.3/66
额定流量/(m³/h)	3400
相应扬程/m	60(-0,+7%)
NPSH(有效)/m	16.4

3. 波动箱

波动箱为卧式常压容器，其主要设计参数见表 5-18。

表 5-18 波动箱主要设计参数

密度(50℃)/(kg/m³)	998
最大工作压力	常压
最大工作温度/℃	65
可用容积/m³	12
总容积/m³	14.3

（四）系统运行

1. 正常运行

正常运行期间，投运一个 WCC 系列的一台泵，另一台泵备用，另一个 WEE 系列停运。公用环路上的冷却器由投运的系列供水。

2. 特殊稳态

包括以下特殊稳态运行：

（1）反应堆启动。这种工况需运行一个系列两台泵。

（2）停堆后 4～20h 冷停堆。在此工况下，一个系列配一台泵运行供一台 RHR 系统热交换器和一台 RFT 系统换热器用水。另一个系列投运两台泵供另一台 RHR 热交换器、另一台 RFT 系统换热器和公用环路上的所有用户用水。

（3）次临界停堆。仅有一个 WCC 系列可用，其两台泵给带出 RCS 系统剩余热功率的一台 RHR 热交换器和一台 RFT 系统热交换器供水，并向各公共用户供水。热交换器的能力足可以将反应堆冷却剂的温度保持在 180℃ 以下。

（4）停堆后 20h 冷停堆。冷停堆 20h 后，根据电厂的实际运行条件（如海水温度和被导出的热量等），仍然保持一个系列两台泵运行和另一系列一台泵运行的运行方式。此后还应考虑 RHR 和 RFT 系统的需求而运行 WCC 系统。

3. 事故运行

包括以下事故运行：

（1）安全壳隔离。安全壳隔离 A 阶段信号和安全壳隔离 B 阶段信号将关闭系统部分安全壳隔离阀。在安全壳外位于 RHR 供水管线上的 WCC 隔离阀为电动操作，仅仅当启动 RHR 系统时才开启。

（2）安全壳喷淋。安全壳喷淋信号触发 CSP 系统热交换器气动隔离阀（WCC 侧）的开启，并将处于开启状态的公用环路隔离阀关闭，并且确认另一系列的公用环路隔离阀已处于关闭状态，保证安全系列的供水。启动停运系列上的一台备用泵，投运系列上的一台或两台泵继续运行。

（3）安全注入。安注信号触发启动停运系列上的一台备用泵，正在运行系列维持当前状态。

（4）特殊瞬态运行。一个系列到另一个系列的切换采用自动或手动方式切换。当一台泵失效，则与其并联的另一台泵自动启动，如果并联的这台泵也不能启动，则另一系列的泵自动启动。

（五）与 M310 比较

（1）华龙一号的冷却剂泵采用卧式双吸离心泵，而 M310 为单级离心泵。双吸泵的叶轮结构对称，无轴向力，轴承负荷小。采用双吸离心泵，泵的尺寸、质量均减小，提高了转速，增大了容积效率，提高了设备可靠性。

（2）用于实现容积补偿的设备不同，华龙 1 号是波动箱，而 M310 是缓冲箱。

三、重要厂用水系统

（一）系统功能

WES 系统与 M310 中的 SEC 系统功能类似，主要是把由 WCC 系统收集的热负荷输送到最终热井——海水。该项功能由两条与安全有关的冗余系列来完成，它们用海水来冷却 WCC 系统的板式热交换器。WES 系统的安全功能体现在事故工况下把从安全有关构筑物、系统和部件传来的热量输送到海水。

（二）系统介绍

每一个机组均有属于自己的 WES 系统。每个 WES 系统有两个独立且实体隔离的回路，形成 A、B 两个安全系列。每个系列中有两台 100％容量的 WES 泵。对于海水直流冷却模式，在整个 WES 系统的起点，有两条吸水暗渠从循环水过滤系统的鼓形滤网滤后取水。海水经 WES 泵提升，沿重要厂用水廊道进入核岛厂房，经过贝类捕集器后进入 WCC/WES 板式热交换器，从板式热交换器中带走热量。每条回路的 WES 系统排水先排入溢流井，然后排入钢筋混凝土管道，最后汇入循环水（WCW）系统的虹吸井排至大海。每个机组设两条钢筋混凝土排水管。对每台机组，两个系列的溢流井之间连通以保持溢流井具有一定水位。

WES 系统流程如图 5-15 所示。

（三）主要设备介绍

1. 重要厂用水泵

系统的每个系列设有并联的两台立式离心泵，设计参数见表 5-19。驱动电机位于水泵的上方，电机配应急电源。

2. 贝类捕集器

在核燃料厂房内的系统管道上设有贝类捕集器（每个系列配有一台）。贝类捕集器是一个球形过滤器，海水从下方进入，滤后水从侧面排出。在过滤器上设有排污阀，可以用压差控制或由时间继电器控制阀门的开启进行反冲洗。

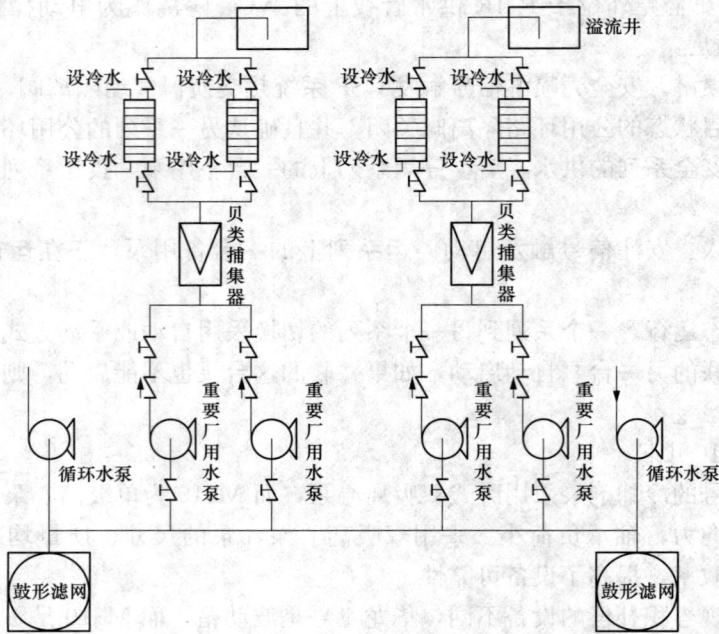

图 5-15　WES 系统流程

（四）WES 系统的运行

WES 系统是连续运行的。其中受其他系统运行状态制约的设备为 WES 泵，其运行数量取决于 WCC 系统回路中排出的热功率总量，泵的流量随 WCC/WES 板式热交换器的污垢系数和海水潮位的变化而变化。

表 5-19　　　　　　　　　　　　　　　　**WES 泵设计参数**

参数	单台泵运行	双泵并联运行
流量/(m³/h)	3800	5000
扬程/m	38.0	50.0
功率/kW	560	
转速/(r/min)	985	

1. 正常运行

当反应堆处于正常功率运行时，一个系列的一台泵运行，而另一个系列停运。

贝类捕集器的运行是与同系列的 WES 泵的运行相关的。只要该系列的 WES 泵动作，贝类捕集器即同时投入。排水阀按压差控制并以时间继电器控制开启，在正常运行工况下以时间继电器控制，运行中压差控制优先启动反冲洗程序。

2. 特殊稳态运行

在机组启动或停堆过程中，以及机组维持冷停堆状态时，需要多台泵或两个系列同时投入运行。

在堆启动工况时，根据热负荷量，一个系列的一台或两台泵运行，另一个系列处于备用状态。

在停堆过程中，需要两个安全列同时运行。一般情况下，一个系列的一台泵运行，另一个系列投运两台泵。在停堆过程的不同阶段，随着堆芯衰变热水平的降低和主回路冷却速率的需求，设备冷却水系统两个运行系列投入运行的泵的数量按照实际需求进行调整。如果在停堆过程中仅有一个 WES/WCC 系列可用，则可用列运行两台泵，另一个系列停运。

在 LOCA 事故工况下，WES 系统的自动动作和运行方式与 WCC 系统保持协调。

（五）与 M310 比较

1. 为了防止板式换热器堵塞和尽可能降低海水对系统设备的腐蚀，"华龙一号"WES 系统设计采取了针对性设计措施。位于板式热交换器上游的贝类捕集器设计采用了新的形式，且滤网尺寸进行了设计优化。

2. 相较于 M310，"华龙一号"的重要厂用水系统设计尽可能降低系统阻力，从而尽可能降低重要厂用水泵设计参数。

复　习　题

5-1　简述重要厂用水系统（SEC）的功能。

5-2　水生物捕集器的功用是什么？

5-3　简单图示 SEC 系统的流程。

5-4　简述 AP1000 非安全相关的厂用水系统（SWS）的功能。

5-5　试述设备冷却水系统（RRI）的功能和组成。

5-6　试述 RRI 系统独立管线、公共管线和两机组间的共用管线的用户分类特点。

5-7　请简述 RRI 系统的几种主要运行工况。

5-8　简述缓冲箱 RRI001BA 和 RRI002BA 的功用及设备特性。

第六章 三废处理系统

核电厂除了产生一般废物外，还会产生特有的废物——放射性废物，按其自然形态划分为气体废物、液体废物和固体废物。在核电厂反应堆运行过程中，源项主要有三类：一类是裂变产物，另一类是活化和腐蚀产物，还有一类是少量的α核素。所有这些裂变产物和活化产物在冷却剂的下泄和净化过程中都将进入到放射性废物中。在核电厂的设计中必须尽可能做到废物最小化，用科学的方法对放射性废物进行处理，将放射性废物对人类的危害降至最低。

第一节 M310 三废处理系统

一、废气处理系统

核反应堆正常运行期间（包括预期运行事故）所释放的气体流出物中所含的放射性物质主要包括反应堆本体一回路的裂变产物（如氙、氪等）和放射性微粒、碳-14、氚、中子照射空气或微尘后生成的放射性核素（如氩-41）、释热元件烧焙时释放出的氪-85、碘-131等。反应堆内气体流出物的放射性主要来自几种重要的放射性物质，这些物质包括放射性惰性气体、气载放射性微粒、气载放射性碘及氚等。核电厂放射性废气主要处理方法见表6-1。

表 6-1 核电厂放射性废气主要处理方法

废气净化方法	废气净化设备	特性	去污因子
过滤	进风预过滤器	为进风气流除尘，过滤效率至少为85%	7
	排风预过滤器	设在高效空气粒子过滤器之前，为除去气流中粗粒粉尘，以提高高效微粒空气过滤器使用寿命，过滤效率至少为85%	7
	高效过滤器	用来捕集气流中细小颗粒灰尘，其过滤效率至少为95%	20
	高效微粒空气过滤器（绝对过滤器 HEPA）	用来捕集废气中超细小颗粒灰尘，对于粒径<0.3 μm的气溶胶颗粒，除去效率>99.97%	2000~10 000
	碘过滤器（碘吸附器）	通常以1%KI浸渍活性炭为介质，对元素碘除去率可达99.9%，对有机碘除去率可达99%	无机碘 100~1000 有机碘 10~500
	其他类型过滤器	袋式过滤器、金属烧结过滤器、陶瓷烛状过滤器、钉过滤器	—
滞留衰变	活性炭滞留床或加压储存衰变	衰变储存是核电厂废气处理的重要措施，用于去除短寿命惰性气体	10
其他	静电除尘器、旋风除尘器、喷淋塔、文丘里洗涤器、碱吸收塔		—

核电厂放射性废气处理系统大多采用活性炭延迟技术，与加压储存工艺相比，其设备少、投资省。处理原理如下：采用直流常温活性炭延迟系统，基于活性炭对氪、氙等气体有物理吸附功能，当气流通过活性炭时，氪、氙优先被活性炭吸附而与载气氮和氢分离，被吸附的氪和氙还会从活性炭解吸，形成不断吸附、解吸的平衡过程。经处理后废气再经过通风系统的吸附过滤器和高效过滤器，最后通过烟囱排入环境。其处理流程如图6-1所示。

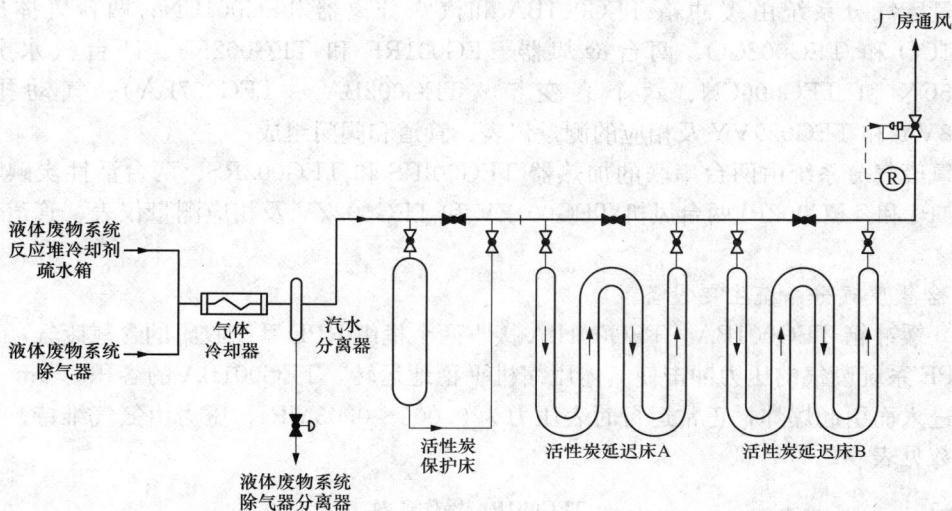

图 6-1 放射性气体废物处理流程

（一）系统功能

M310 废气处理系统（TEG）用于处理由核岛排气和疏水系统（RPE）分类收集的、在两个机组正常运行和预期运行事件中产生的放射性含氢废气和含氧废气。

含氢废气经压缩储存，使放射性裂变气体衰变后，排到核辅助厂房通风系统（DVN），再经放射性监测、过滤除碘和稀释后排入大气。

1. 含氢废气的主要来源

（1）容积控制箱 RCV002BA 换气、扫除放射性气体和改变堆冷却剂氢含量时产生的废气，最大流量 75m³/h。

（2）稳压器卸压箱 RCP002BA 和堆冷却剂疏水箱 RPE001BA 氮扫气，最大流量 30m³/h。

（3）硼回收系统两套除气装置同时工作，废气流量 2.1m³/h。

含氢废气的储存衰变期在核电厂基本负荷运行时是 60d，在负荷跟踪运行时是 45d。一台衰变箱的控制排放时间是 5~84h，以保证大气有足够的稀释能力和 DVN 系统的风道内氢含量小于 4%。

2. 含氢废气分系统的防爆措施

（1）保持正压，防止空气漏入形成爆炸气体混合物。

（2）氦气检漏试验保证系统的密封性。在表压为 0.05MPa 下，泄漏率限值：整个系统，2.63×10^{-5} cm³/s 氦气；单项设备，6.58×10^{-5} cm³/s 氦气。

（3）压缩气体储存前要冷却到 50℃以下。

（4）工艺房间换气率每小时 8 次，排风管内设有氢探测器。

（5）电气防爆措施。

含氧废气经过滤除碘后由 DVN 系统排入大气，含氧废气分系统的排气流量为 2000m³/h。RPE 含氧废气总管保持 4kPa 的表负压，以防止放射性气体向环境泄漏。

（二）系统组成和流程

含氢废气分系统由缓冲箱 TEG001BA 和汽水分离器 TEG001CN、两台气体压缩机 TEG001CO 和 TEG002CO、两台冷却器 TEG001RF 和 TEG002RF、两台汽水分离器 TEG005CN 和 TEG006CN、六个衰变箱（TEG002BA ～ TEG007BA）、气动排气阀 TEG028VY 和 TEG029VY 及相应的测量仪表、管道和阀门组成。

含氧废气分系统由两台串联的加热器 TEG001RS 和 TEG002RS、两台活性炭碘吸附器 TEG001PI 和 TEG002PI 两台风机 TEG001ZV 和 TEG002ZV 及相应测量仪表、管道和阀门组成。

1. 含氢废气分系统主要设备

（1）缓冲箱 TEG001BA。TEG001BA 接收两个机组 RPE 系统收集的含氢废气，以减轻来自 RPE 系统废气的压力冲击使气体压缩机平稳地运转。TEG001BA 的容积为 5m³。为防止空气进入而引起爆炸，正常运行时表压力为 0.005～0.03MPa，压力由氮气维持，其具体操作参数见表 6-2。

表 6-2　　　　　　　　　　　　　　TEG001BA 操作参数

输入信号类型	数值	设备动作
压力（表压）/MPa	0.025	一台气体压缩机自动启动
	0.03	第二台气体压缩机自动启动
	0.005	两台气体压缩机均停运
	0.35	安全阀自动开启，排废气至烟囱
	0.025	安全阀关闭
	0.04	发出警报信号
	0.003	由 RAZ 系统补充氮气
	0.02	停止充氮
水位/cm	25	打开疏水阀排水
	5	疏水阀自动关闭
氧含量/%	2	报警并手动充氮
	4	报警并使气体压缩机停运

（2）气体压缩机 TEG001CO 和 TEG002CO。TEG001CO 和 TEG002CO 为膜片式容积压缩机，两台压缩机并联运行。正常时一台运行另一台备用，将废气送入衰变箱中储存。额定流量（STP）为 38m³/(h·台)，出口表压力为 0.7MPa。

（3）冷却器 TEG001RF 和 TEG002RF。气体一经被压缩，其温度就会升高。为了防止由于温升引起的氢气爆炸，进入衰变箱的废气温度必须限制在 50℃ 以下。因此，废气在进入衰变箱之前需要进行冷却。TEG001RF 和 TEG002RF 额定气体流量（STP）为 38m³/(h·台)，气侧运行表压为 0.025～0.7MPa，由 RRI 系统冷却，其流量为 400L/h。

（4）汽水分离器 TEG005CN 和 TEG006CN。TEG005CN 和 TEG006CN 用来分离被冷却废气的凝结水，并将其导入 RPE 系统。每台汽水分离器的容积为 7.4L，运行表压力为 0.025～0.7MPa。

（5）衰变箱 TEG002BA～TEG007BA。每台衰变箱的容积为 18m³。六台衰变箱的连接方式可以是一台在充气、一台处于衰变储存、一台在排气、其余三台皆处于备用状态。当废气过多时，也可向备用的三台充气。必要时，还可用气体压缩机将一台衰变箱中的废气转送到另一台衰变箱中去。

衰变箱的运行温度低于 50℃。运行表压力为 0.02～0.7MPa，衰变储存时，表压力被控制在 0.65MPa。充气的衰变箱，当表压力达到 0.47MPa 时会给出信号，以提示准备空箱。因为表压力由 0.47MPa 增加到 0.65MPa 需 5d 时间，正好是排放一个衰变箱的最短时间。当表压力达到 0.65MPa 时，气体压缩机将自动停运，停止充气。排气的衰变箱，当表压力降到 0.02MPa 时，排气将自动停止，以避免压力过低时空气进入衰变箱。

储存废气的衰变箱，在基本负荷运行工况下，储存时间为 60d，这是因为裂变气体中的主要核素之一的 Xe-133 经 60d 衰变后，放射性强度就会衰减为原来的千分之一。在跟踪负荷运行的工况下，由于废气量增加，储存时间可缩短为 45d。

大亚湾核电厂的运行经验反馈表明，其含氚废气处理系统的设计容量（18m³×6）偏小，在机组大修一回路吹扫期间，尤显得备用废气储存箱不够。为此，岭澳核电厂的废气储存箱在 4 个 18m³ 罐的基础上增加 4 个 60m³ 的废气储存箱，即容量改为：18m³×4＋60m³×4，从而保证了电站产生的含氚废气有足够的储存衰变空间和时间。

（6）排放阀 TEG028VY 和 TEG029VY。TEG028VY 和 TEG029VY 控制废气的排放。每个排放阀的最大设计流量（STP）为 96m³/h。设计排放能力为：5h（两阀全开）到 84h（只开一个阀）内将一个衰变箱里的废气受控地排向烟囱。

废气通过含氚废气分系统排放管排入 DVN 系统活性炭膜吸附器的上游，排放速率可保证 DVN 碘过滤器中的氢浓度低于 4%。

2. 含氧废气分系统设备

含氧废气分系统有两台风机可供使用，每台风机都能提供 100% 的额定流量。正常运行时，一台风机运行，另一台风机处于备用状态。

（1）电加热器 TEG001RS 和 TEG002RS。含氧废气的主要成分是带有饱和蒸汽的空气和少量放射性气体，废气的湿度比较大。为保持活性炭碘吸附器高的吸附效率，一定要降低废气的湿度。TEG001RS 和 TEG002RS 可使废气的湿度控制在 40% 以下。电加热器额定气体流量（STP）为 2000m³/h，最高温度为 70℃，额定功率为 12kW。

（2）活性炭碘吸附器 TEG001PI 和 TEG002PI。当废气通过活性炭时，裂变气体中的放射性核素 I、Xe 和 Kr 由于连续吸附、解吸过程而被延滞，得以充分衰变，使活性炭床出口废气的放射性水平大为降低。

活性炭碘吸附器对分子碘的去污因子大于 5000，废气湿度小于 40%。

（3）风机 TEG001ZV 和 TEG002ZV。在正常情况下两台离心式风机中的一台运行，另一台备用，用来排气并维持各设施内 4kPa 的负表压。

每台风机额定流量（STP）为 2000m³/h，将空气排入烟囱。至少有一台 DVN 排风机在运行时才能允许 TEG 系统风机投入运行。TEG 系统流程如图 6-2 所示。

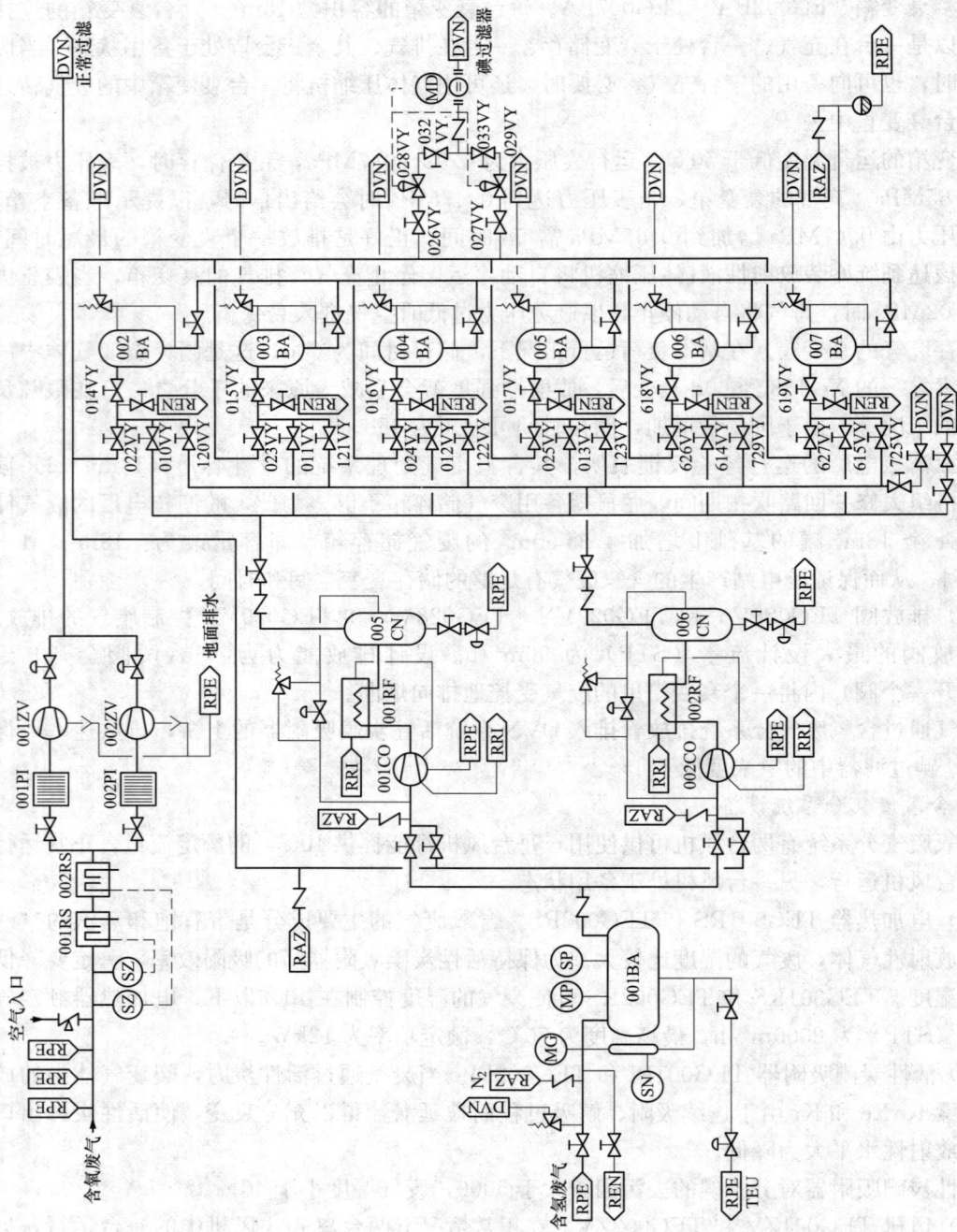

图 6-2　TEG 系统流程

TEG001BA 接收反应堆冷却剂容器和脱气器所排出的废气，其中主要是来自稳压器卸压箱、化学系统容控箱、核岛排气和疏水系统一号水箱和碘回收系统脱气器的排气。在TEG001BA 上游装有一个测氧仪，连续测量废气中的氧浓度。TEG001BA 上游废气的凝结水由汽水分离器 TEG001CN 排出。之后，废气进入两台并列的气体压缩机。经冷却器TEG001RF（或 002RF）冷却和汽水分离器 TEG005CN（或 006CN）汽水分离后，废气被压缩进入衰变箱（TEG002BA～TEG007BA）。衰变箱内的待排放废气通过一条共用的排气管排气。排气管上装有两个并列的气动阀 TEG028VY 和 TEG029VY，将废气排入 DVN 系统的碘吸附器的上游，经除碘和稀释后排入烟囱。六个衰变箱之间有管道连接，可以利用压缩机将任一个衰变箱内的废气输送到另一个衰变箱。

另外，含氢废气分系统还设有氮气吹扫和排放的管道系统。含氧废气分系统接收的废气主要是核岛系统盛装放射性液体的储水箱等一些容器的通风的排气。废气排入本系统后，由TEG057VA 闸板上的平衡锤调节空气进入量，以维持系统中的负压（表压）为 4kPa。加热器 TEG001RS（或 TEG002RS）将回路内的废气加热，使相对湿度小于 40%，以保证碘去除率。最后再进入活性炭碘吸附器 TEG001PI（或 TEG002PI），由风机 TEG001ZV（或TEG002ZV）送入 DVN 系统，排入烟囱。

二、废液处理系统

核电厂废水中，含有的重要核素是 ^{58}Co、^{60}Co、^{137}Cs、^{90}Sr、^{3}H 等。核电厂放射性废液类型通常分为化学废液、工艺废液、地面排水、洗涤废液、去污废液、其他废液等。

常用的放射性废液的处理方法有化学沉淀法、离子交换法、吸附法、蒸发浓缩法、膜处理法等，根据不同的废液类型选择不同的处理方法见表 6-3。

表 6-3　　　　　　　　　　　不同的废液类型选择不同的处理方法

废液类型	主要来源	主要处理方法
高活度、低盐类	工艺废液	离子交换法
高活度、高盐类	化学废液	蒸发法
低活度、低盐类	地面排水、洗涤废液、淋浴水	沉淀、吸附法

核电厂放射性废液处理系统通常采用化学絮凝、深床活性炭过滤、离子交换等方法的组合来处理废水。该工艺克服了国内蒸发法能耗大、厂房占地多、处理费用高等缺点，该工艺在美国已有超过 17 家核电厂的运行经验。处理所需串联的离子交换树脂床数量由运行人员根据保证足够净化能力又不产生过量废树脂的原则确定。

工艺废液首先经过加药单元，本单元添加高分子絮凝剂与调整适当的酸碱值，借由电性中和使废液中微细胶体颗粒核素（Co、Hg、Cr、Mn、Fe 等）凝集形成较大的胶羽。随后经过活性炭床，主要过滤去除絮凝后产生的较大颗粒活素，Co、Ag、Cr、Mn、Fe 等细小胶体物质与其他核素，微细悬浮固体等。活性炭床装填多种粒径的活性炭，除了去除一般的悬浮固体外，还可过滤对下游离子交换树脂有害的物质，例如油脂、有机物。经过前面两道工序处理后的工艺废液与地排废水一并经过前置过滤器，过滤器安装在离子交换树脂床上游，用于截留工艺流中粒径超过 $25\mu m$ 的杂质颗粒。离子交换床内填充不同类型的树脂，以满足不同的处理需要。放射性离子交换到离子树脂上，进一步降低废水放射性，使废水得到净化。后置过滤器安装在离子交换树脂床下游，用于收集树脂碎片等颗粒物质，避免排出。

经处理后的废水进入监测排放箱储存、排放，处理后水质能满足国家排放标准。排放总管线上设有辐射监测仪，在废水放射性超过标准限值时报警并自动终止排放。化学废液处理原理与之类似。

（一）系统功能

废液排放系统（TER）收集两台机组来自下列各系统的废液，对这些废液进行监测，并有控制地将这些废液向海中排放：蒸汽发生器排污系统（APG）不可复用的废液；核岛排气和疏水系统（RPE）；废液处理系统（TEU）；固体废物处理系统（TES）；常规岛废液排放系统（SEK）；放射性废水回收系统（SRE）。

废液在重要厂用水系统（SEC）的终端排水沟，按照向环境排放的特性要求进行稀释。当稀释能力不足或 TEU 系统不可用，或废液产生量超过正常排放量，或废液放射性水平超标时，TER 系统则将这些废液进行储存，或送回 TEU 系统进行再处理。

系统监测废液放射性水平，并测计废液排放量。

（二）系统组成和流程

TER 系统是由室外混凝土储留坑 TER003PS、TER003PS 内的三台暂存罐 TER001BA～TER003BA、排水泵 TER001PO～TER003PO、储留坑的地坑泵 TER007PO、地坑 TER001PS 及其地坑泵 TER004PO 和 TER005PO、核辅助厂房内 TER 坑道地坑 TER002PS 及其地坑泵 TER006PO、辐射监测系统（KRT901MA～KRT903MA）、积分流量计 TER001MD～TER033MD 和相应的管道、阀门组成的，系统结构如图 6-3 所示。

1. 暂存罐 TER001BA～TER003BA

三台有效容积为 $500m^3$ 的暂存罐 TER001BA～TER003BA 布置在核辅助厂房外的储留坑 TER003PS 内。每台暂存罐内设置搅拌装置，以减少固体颗粒在箱底的沉积，并为每次排放前的放射化学分析提供取样。暂存罐处于常压，每台暂存罐都配有一台排水泵（TER001～003PO），用于均匀罐液、排放罐液及回收泄漏废液。在正常运行期间三台暂存罐是空的，只在排放管道不能使用或排放量过大时才接受废液。三台暂存罐均设有水位测量，储存容量由三台暂存罐分担。当一台暂存罐在排放，另一台在接收废液时，可以监测第三台暂存罐内的废液，不符合排放标准的废液可送到 TEU 系统进行再处理。

2. 储留坑 TER003PS

储留坑 TER003PS 的容量能在地震后三台暂存罐全部被震裂的情况下接受它们所装的所有废液，并确保不泄漏。储留坑内设有一台排水泵 TER007PO，并设有水位监测装置。

3. 排放管道

TEU 系统废液的排放管如图 6-3 所示，经监测符合排放标准的来自 TEU 系统（TEU009BA 和 TEU010BA 或 TEU002FI 和 TEU012FI）的废液和来自 TEP 系统（TEP005BA 和 TEP006BA）的废液的排放有两条管线，一条是经过暂存罐暂存后由排水泵输送到公用排放管道的管线，另一条是不经暂存罐和排水泵的直接排放管线。

在公用排放管道上配备了一个放射性监测系统（KRT901MA）作为 TEU，TEP 系统蒸馏液监测箱的后备监测和 TER 系统暂存罐排放的放射性监测。其放射性剂量达到整定值 $0.4MBq/m^3$ 时发出报警，当剂量达 $4MBq/m^3$ 时，排放阀门 TER049VE 自动关闭并开启通往暂存箱的阀门，将废液排入暂存罐。

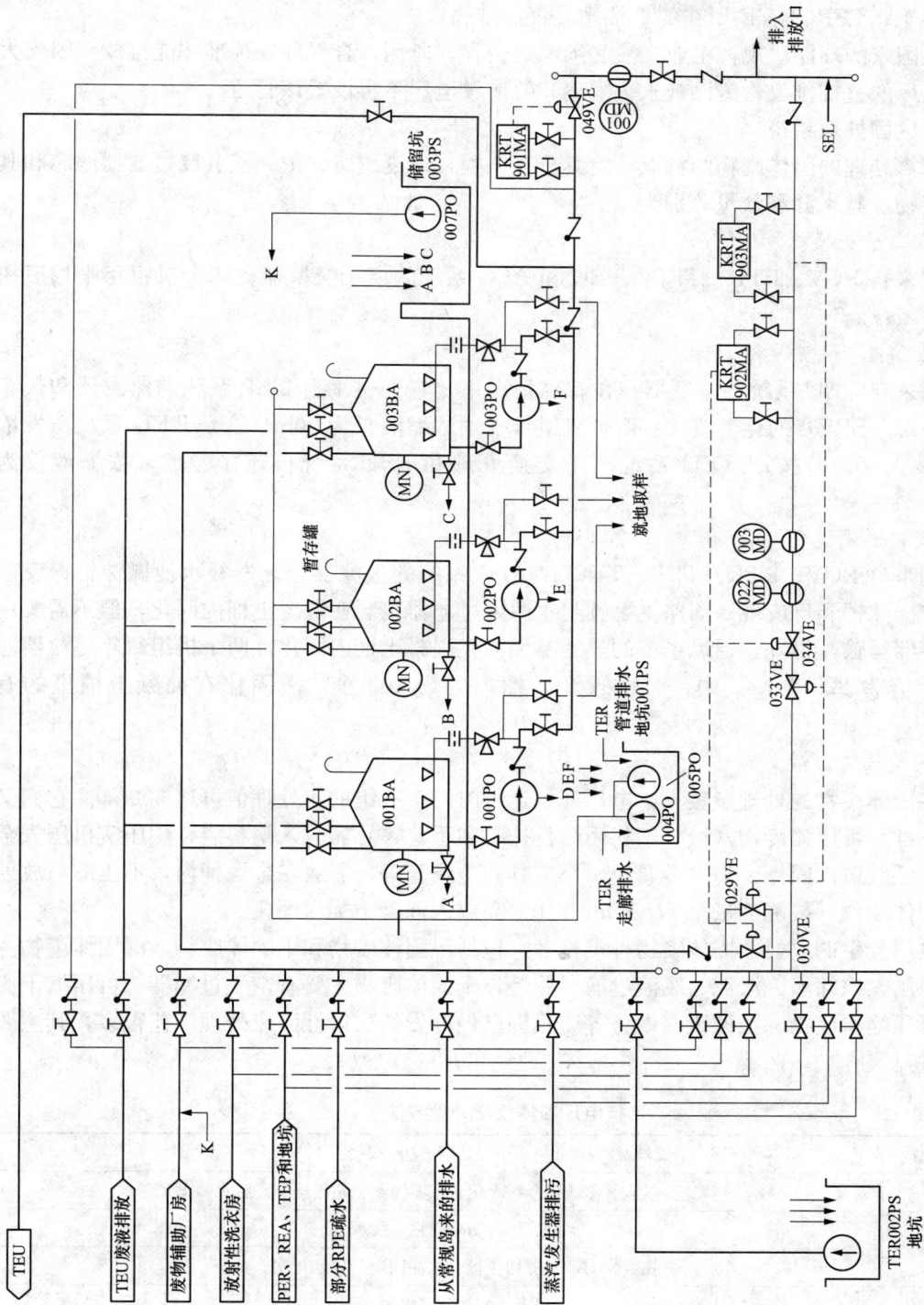

图 6-3 废液排放系统结构

4. TER 系统的直接排放管道

在大亚湾核电厂的最初设计中，来自核岛和常规岛的低放射性废液可以通过 TER033VE、TER034VE 所在的直接排放管道排放。

按照国家的环保法规，工业废液必须经过暂存、监测，合乎环保标准才能排放。因此大亚湾核电厂的直接排放管道已被永久隔离，岭澳核电厂不再设置该管道。

三、废固处理系统

根据需处理的固体废物的特点，将其分为四类，即废树脂、浓缩液、废过滤器滤芯和其他固体废物。其来源和数量分别为：

1. 废离子交换树脂

它们来自 RCV、PTR、TEP、TEU 和 APG 系统的离子交换器。两个机组年平均废树脂量为 $34m^3/a$。

2. 浓缩液

它们来自 TEU 系统的蒸发器。在特殊情况下，它们也来自 TEP 系统的蒸发器和热车间疏水系统（SRE）的化学废水。两个机组年平均浓缩液量为 $50m^3$（这是 TEU 系统蒸发浓缩液的最大值。若按用 TEU 系统离子交换处理和 RPE 系统再疏排考虑，浓缩液仅为 $20m^3$）。

3. 废过滤器滤芯

它们来自 RCV、PTR、TEP、TEU 和 APG 系统的过滤器。乏燃料水池撇沫器、反应堆换料腔撇沫器和反应堆一回路主泵轴封水注入过滤器也装在混凝土桶内固化，但不需要用铅屏蔽容器运输。另外，通风系统的过滤器无需在混凝土桶内固化。两个机组每年过滤器芯子的估计值为 220 个，其中，需压入金属桶内的为 102 个，需固化在混凝土桶里的有 118 个。

4. 其他固体废物

这些固体废物的处理量较大，电厂开始运行时两个机组的年处理值可达 $300m^3$。它们又细分为三种：可压缩废物（纸、塑料用品、抹布和手套等）需放入塑料袋，用压实机压入金属桶内；低放射性固体废物（金属块、小工具和金属管等）需放在金属桶内，不压缩；放射性强的固体废物（接触剂量率 $H_1 \geqslant 2mSv/h$）需放入混凝土桶内固化。

核电厂产生的放射性固体废物种类繁多，包括湿固体废物和干固体废物。湿固体废物主要有废树脂、浓缩液、淤泥、废液过滤器芯等，干固体废物主要有空气过滤器、可压缩干废物、不可压缩干废物、大件废弃设备等。我国已经开发的放射性固废处理工艺很多，其主要处理方法见表 6-4。

表 6-4　　　　　　　　　　　　　核电厂固体废物处理方法

废物类型	处理方法
废树脂	焚烧、湿法氧化、聚合物固化、水泥固化、超级压缩、脱水装 HIC
浓缩液	水泥固化、沥青固化、脱水装 HIC
废过滤器芯	脱水装 HIC、剪切装桶、水泥固定、剪切压实、焚烧
杂项废物	超级压缩、破碎水泥、固定

核电厂放射性固体废物处理系统主要的处理物有可压缩废物、不可压缩废物、HVAC

过滤器芯、废过滤器芯（包括一回路过滤器芯和低放废过滤器芯）、活性炭以及大件废物等，其系统的处理工序主要为分拣、烘干、预压缩（挤压）、超级压缩、灌浆等，处理后形成200L的产品桶。200L产品桶再通过检测、擦拭去污后送至暂存库存放，经过一定年限暂存以后，这些废物桶将运至专门的处置场进行最终处置。湿废物产生的浓缩液经过装桶固化工序，最后送至暂存库存放。不同种类的废物采用不同的处理工序。

核电厂产生的不可燃废物、可压缩废物、废过滤器芯等使用超级压缩机进行压缩，超压机由液压站提供一个可变力（4000～15 000kN），将废物桶压成压饼。压饼在高度上被压缩到原来桶高的1/10～1/5（取决于废物的内容物和压实度），减容效果优异，达到废物最小化效果。装有压饼或不可压缩废物的桶，在水泥灌浆站灌浆，最终成品桶送至暂存库存放。移动式处理装置把废物处理各设备紧密布置安装在1台大型集装箱卡车上，可以安全、方便地开往废物产生单位进行服务，且设置安全可靠的物料接口，能实现安全进料和排料以及配备其正常运行所需要的电、热、气、风等接口。

湿废物经过移动式处理装置处理后产生的浓缩液，经过蒸发造粒，采用固化方式处理，固化后减容效果佳，且能彻底安定化处理，与废树脂湿式氧化后的废浆共同固化则减容效率可以再加倍。

（一）系统功能

固体废物处理系统（TES）是本电厂两个机组共用的，其设备分别布置在核辅助厂房（NAB）和废物辅助厂房（QS）内，收集处理电厂正常运行和预期运行事件中的放射性固体废物。

TES系统收集两台机组产生的放射性固体废物，对其暂时储存进行可能的放射性衰变，压实可压缩的固体废物，以及将放射性固体废物固化在混凝土桶内或压实在金属桶内。

固体废物处理系统不属于与安全有关的系统，但本系统设有屏蔽，可使运行人员和公众所受到的辐照剂量率不超过允许限值。另外，对各种放射性固体废物实施固化和包装，防止了放射性物质对环境的泄漏。

（二）系统组成和流程

TES系统由废树脂处理站、浓缩液处理站、废过滤器滤芯支承架装卸系统、装桶站、混合物配料站、最终封装站和压缩站组成，TES系统流程如图6-4所示。

1. 浓缩液处理站

浓缩液（主要来自TEU系统的蒸发器）收集在容积为5m³的浓缩液暂存箱TES001BA。箱内有两个恒温加热器加热待处理的浓缩液，使其温度维持在55℃，以防止硼结晶。箱内还备有一个搅拌器TES001AG用来定期搅拌混合浓缩液，以防止浓缩液产生沉淀。在箱体的上部设有排气管，将产生的废气排往TEG的含氧废气分系统。该排气管与公用压缩空气分配系统SAT相接，需要时可用压缩空气将浓缩液经阀门TES033VB送回TEU系统再处理。TES001BA箱内的浓缩液靠重力排入容积为32L的浓缩液计量箱TES001PM。计量后，浓缩液排往4号装桶站的混合器TES001EG。与此同时，由混合物配料站配制的干混合料装于TES003DM料斗，也被输送到混合器TES001EG内，再在混凝土桶内与浓缩液混合制成废物固化块。

所有收集、疏排和计量管道均用电加热器加热保温，以防止硼结晶。

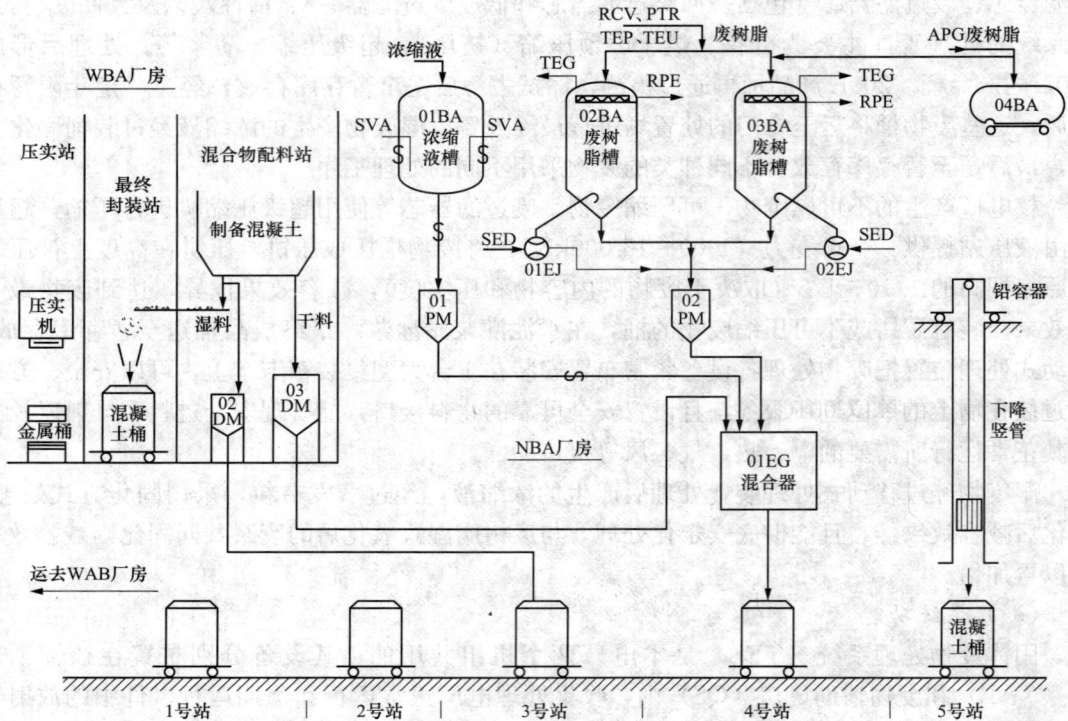

图 6-4　TES 系统流程

2. 废树脂处理站

来自 RCV、PTR、TEP、TEU 以及 APG 系统（仅在放射性高时）除盐床的废树脂由 SED 系统除盐水以 $1\sim2m/s$ 的流速冲排到容积均为 $9m^3$ 的两台废树脂储存箱 TES002BA 和 TES003BA 中，而冲排水则通过浓缩液处理站过滤器排往 TEU 系统的工艺排水箱。

在正常情况下，APG 系统除盐床的废树脂是由水力冲排到可移动的储存箱 004BA 中进行单独装桶的。

废树脂储存箱内的废气通过上部的排气口排到 TEG 含氧废气分系统，也可直接排入大气。箱体下部的排放管将废树脂靠重力送往废树脂计量箱 TES002PM，计量后输入 4 号装桶站的混合器 TES001EG。与此同时，由混合配料站的 TES003DM 料斗输送干混合料到 TES001EG，配制的混合物卸入混凝土桶制成废树脂装桶固化块。

从图 6-4 中可以看出，TES002BA 和 TES003BA 各配备一个喷射器 TES001EJ 和 TES002EJ，喷射的管道经阀门直通到 TES002BA 和 TES003BA 箱内，用于喷射水或压缩空气来疏松箱内的树脂。

3. 废过滤器滤芯支承架装卸系统

废过滤器滤芯支承架由铅屏蔽容器进行运输。铅屏蔽运输容器是个用不锈钢作外壳、内嵌 10cm 厚铅的容器。其底部设有抽屉式拉板，上部可与装卸抓具相连。

将铅容器吊装就位后，吊出支承架，然后由铅容器将废过滤器滤芯从下降管放入 5 号装桶站的混凝土桶，再将该桶运到 3 号站。与此同时，由混合物配料站配制的湿混合料经 TES002DM 料斗输送到 3 号站装有废过滤器滤芯的混凝土桶内，制成废过滤器滤芯固化块。

4. 装桶站

在生物屏蔽墙后面设置 1～5 号装桶站。

1 号站：暂存运入和运出的混凝土桶，且在装桶前将石灰加入桶内，运出之前测量桶的表面计量率。

2 号站：设有空气闸门，以防止放射性物质和灰尘的逸出。混凝土桶在这里吊装临时封盖。

3 号站：将湿混合料加入装有废过滤器滤芯的混凝土桶，并在振动台上震动。

4 号站：废树脂或浓缩液与干混合料在 TES001EG 中混合后一起装入混凝土桶。

5 号站：用铅容器将废过滤器滤芯放入混凝土桶内。

在装桶站内，废物桶通过弯曲轨道上的 TES002CX 运输车从 1 号站进入 2 号站。然后通过装在墙上的 TEC001CX 运输车从 2 号站进入 3、4 号或 5 号站。

装桶站日装桶能力设计为 4 桶，装桶所需时间取决于桶的类型。

5. 混合物配料站

水泥固化用的干混合料和湿混合料的配料（水泥、沙子、砾石和石灰）均储存在十个容积为 3m³ 的标准容器内。这十个标准容器被安装在废物辅助厂房内进料斗和混合器 TES002EG 的上方。物料从称量料斗送入 TES002EG 进行混合，然后用送料车送往核辅助厂房用于装桶或用皮带输送器送往最终封装站用于封桶。

6. 最终封装站

在混凝土废物桶从装桶站运送到最终封装站时，立即进行最后的封桶和储存。由皮带输送机将湿混合料从混合物配料站运到最终封装站灌入混凝土废物桶内，并用可伸缩的振动喷枪保证均匀充填。全部操作都是由主控制台进行远距离控制的。另外，设计上使得在清洗和冲洗设备时产生的废液尽可能少。

7. 压缩站

在压缩站里，由一台压力为 10t 的压实机将可压缩废物压实在金属桶内。压实机内有一个粉尘过滤器、一个排风罩和一个与废物辅助厂房通风系统相连接的细过滤器，使压实机与废物桶之间建立负压以及防止尘埃的逸出。岭澳核电厂的压缩站增加了一台超级压缩机，压力为 1500t，原初级压缩机（10t）作为预压缩机。改进后压缩比由 3∶1 提高到 9∶1。

已固化了废物的混凝土桶暂存在废物辅助厂房内的固体废物临时存放区。

第二节　AP1000 三废处理系统

一、废气处理系统

（一）系统功能

AP1000 放射性废气系统（gaseous radwaste system，WGS）主要功能和 M310 废气处理系统基本相同。

在反应堆运行期间，放射性同位素氙、氪和碘以裂变产物形式生成。由于少量燃料元件包壳破损，这些核素中的部分将释放到反应堆冷却剂中。一旦反应堆冷却剂泄漏，将导致放射性惰性气体释放入安全壳大气环境中。通过严格限定反应堆冷却剂泄漏率和控制反应堆冷却剂系统（RCS）内放射性惰性气体及碘的浓度，都能控制气载放射性核素的释放量。

在化学和容积控制系统（CVS）内，通过离子交换去除碘。RCS 系统内的惰性气体并非一定要除去，因为只要燃料元件包壳破损率在正常预计范围内，放射性惰性气体就不会累积到无法承受的程度。若由于反应堆冷却剂系统（RCS）放射性浓度过高而必须除去惰性气体，则通过化容系统（CVS）的运行，并结合放射性废液系统（WLS）脱气装置来去除废气。

（二）系统组成和流程

系统组成由气体干燥器、活性炭保护床和延迟床、监测仪表组成。其能够降低放射性气体的受控释放量，并维持在 AP1000 总排放目标内。

除了通过 WGS 释放外，放射性物质也可通过各类厂房通风系统释放至大气环境。

WGS 系统处理能力如下：

1. 废气收集

WGS 设计用于收集工艺系统运行时产生的含氢废气和放射性废气。混有微量放射性废气的氢气、氮气混合气体一起进入放射性废气系统（WGS）。WGS 能处理以下的废气量：

（1）通过下泄流去进行硼稀释时：按下泄流间歇运行考虑，当 RCS 在最高的氢浓度时，进气量为 $0.014m^3/min$（标准状态下），其中含少量放射性废气。总氢气量可达 $15.6m^3$（标准状态下）。

（2）通过下泄流去进行除气时：假设 RCS 中的气体从最高氢含量的 $40mL/kg$ 降至 $1mL/kg$ 时，最大进气量为 $0.014m^3$（标准状态下），其中含少量放射性废气，总氢气量可达 $6.9m^3$（标准状态下）。

（3）假设在 RCS 疏水系统间歇运行时，从 RCS 进入到疏水箱的冷却剂流量约为 $0.25gal/min(0.9L/min)$，这时反应堆冷却剂疏水箱可维持在一个恰当的水位，在这种情况下产生 $0.014m^3/min$（标准状态下）含有少量放射性废气的氢气和氮气。氢气和氮气的总量约为 $2.3m^3$（标准状态下）。

（4）反应堆冷却剂疏水箱排气。保守估计为每日 $0.03m^3$（标准状态下），共产生总量为 $1.3m^3$（标准状态下）的氮气和氢气。

2. 废气处理

基于废气系统的处理能力，在正常运行时放射性废气系统设备可用的条件下，各种不同浓度和流量的气体进入放射性废气系统，产生的电厂废气总释放量必须在 10CFR20 和 10CFR50 附录 I 的限值之内。

AP1000 放射性废气系统是一个直流常温活性炭延迟系统（见图 6-1）。系统含一个气体冷却器、一个汽水分离器、一个活性炭保护床、两个活性炭延迟床。

裂变产生的放射性废气由氢气和氮气载送到本系统。一回路进气源来自 WLS 除气器。除气器从放射性废液系统的化容系统下泄流或反应堆冷却剂疏水箱疏水中分离出氢气和裂变气体。

在核电厂运行时燃料元件包壳破损率小于等于 0.25% 设计基准水平情况下，不需要对反应堆冷却剂进行除气。但在反应堆冷却剂系统进行硼稀释和容积控制运行时，WGS 会定期接收 WLS 除去的 CVS 下泄流的废气。

反应堆冷却剂疏水箱也是 WGS 另一主要进气来源。溶于反应堆冷却剂疏水箱中的氢气通过箱体放气或 WLS 除气器的排放进入 WGS 系统。

　　反应堆冷却剂疏水箱的箱体排气口是常关的，但是在压力升高时会定期打开进行放气，将溶液中的废气排出。反应堆冷却剂疏水箱内的液体通常通过除气器将残余氢气排出，然后输送入 WLS。

　　在反应堆冷却剂疏水箱接入运行前，用氮气吹扫疏水箱，并将氮气和裂变废气排入 WGS。在反应堆冷却剂疏水箱使用后或开箱检查时会导致空气进入箱体，此时也用氮气吹扫，稀释和排放其中的氧气；在这种情况下，吹扫用的是氧气氮气混合气体且不带放射性，可释放到安全壳内。

　　WGS 的进气首先通过气体冷却器，由冷冻水系统将其降温至 45℉（7.2℃）。在气体冷却过程中形成的湿汽经汽水分离器去除。

　　离开汽水分离器后，废气流入保护床，保护床可以避免异常的水汽夹带和化学污染物对延迟床的影响。然后，废气流入两个 100% 容量的延迟床。裂变气体被活性炭动态吸附，其通过速率相对氢气和氮气有所延迟。在延迟期间裂变气体得到衰变，离开除气器的裂变气体的活度已明显降低。

　　延迟床出口设放射性监测仪表和进入通风系统的排风管线。当达到高放射性时，放射性监测仪表联锁关闭 WGS 排风隔离阀。排风隔离阀在通风系统出口气流低的情况下也关闭，防止通风管内氢气积聚。

　　AP1000 放射性气体系统在核电厂正常运行的大多数时间里不运行。没有废气流进入系统时，少量氮气通过排放隔离阀的入口注入除气器排气管线。氮气流用于将放射性废气系统维持正压，防止放射性废气流量低时空气倒灌。

　　WGS 非能动运行，利用进口气源提供的压力，使废气通过本系统。

　　WGS 输入气源主要来自 WLS 除气器。除气器处理化容系统下泄流和放射性废液系统反应堆冷却剂疏水箱排出的液体。处理后的化容系统下泄流随后转送往放射性废液系统（WLS）。

　　CVS 下泄流仅在反应堆冷却剂系统稀释、硼化和正常停堆排气时排 WLS 系统。来自 WLS 除气器的设计基准气体流量为反应堆冷却剂系统以最大允许氢含量运行时 CVS 下泄流量。因为 WLS 除气器为真空形式，无须扫气操作，进口气量较小，约 $0.014\text{m}^3/\text{min}$（标准状态下）。

　　WLS 的除气器也用于反应堆冷却剂疏水箱输出液体的脱气。疏水箱输送出的液体量取决于其接收量。溶解于疏水箱废液中的放射性废气将送往废气系统处理，这一废气量比由 CVS 下泄流产生的废气量少。

　　放射性废气系统的最后一项进气源是反应堆冷却剂疏水箱的排气。在反应堆冷却剂疏水箱内始终保持氮气覆盖。这部分废气输入包括：氮气、氢气和放射性废气。排气管线常关，箱体水位几乎恒定，因此进气量为最小。排气只有在大量液体输入箱体内，反应堆冷却剂疏水箱体压力过高时才动作。

　　进气先通过气体冷却器。冷冻水也以一定流速通过气体冷却器，冷却废气至 45℉（7.2℃，无论废气流量大小）。汽水分离器去除由气体冷却产生的湿汽，凝结水定期自动排放。为了减少因阀门泄漏而引发的废气旁通气体冷却器，需设置一个浮球控制疏水阀，当低水位时该阀门自动关闭。

　　废气离开汽水分离器后由 WGS 管道和设备的金属（外壳）传热升温，因此降低了相对湿度。

废气经湿汽监测，若出现需要注意的异常情况时，向运行人员发出报警。氧气浓度也可监测。若含氧量高报警，清扫的氮气流将自动沿进气管注入。

废气通过保护床，除去碘和化学（氧化）污染物。保护床同样能去除废气中多余的湿汽。

废气经两台延迟床时，氙和氪被活性炭动态吸附并延迟衰变。排放管线上设有阀门，在WGS排放管线高放射性或排风管气量小的时候，均可自动关闭。

保护床上游设备的容积，包括放射性废液系统除气器、分离器和放射性废气系统的冷却器、汽水分离器、保护床和相关管道都能提供一个缓冲效应来稳定进入延迟床的废气流量。

放射性废气在延迟床内吸附不需依靠能动设备或运行人员的操作。操作员误操作或能动部件失效不会导致放射性向环境失控释放。由于冷冻水丧失或其他原因使得废气在进入延迟床前未能除湿，这将导致WGS运行能力逐渐下降。高湿度和排放出口放射性警报预示了延迟床处理能力的下降。达到高-高放射性报警时自动停止排放。

在役运行后，废气系统采用氮气扫气，去除残余的氧气，直至出口处排出气体的氧气达到低浓度。WGS氧气分析仪临时接入系统，监测排放管线气流。在取样子系统和系统排放管线上设有氮气接头，以便在系统维护前和维护后，用氮气扫气。

二、废液处理系统

（一）系统功能

AP1000的放射性废液系统（liquid radwaste system，WLS）功能与M310基本相同，但其处理技术是基于离子交换技术而不是采用传统的蒸发技术。蒸发技术所使用的多个蒸汽发生器体积大、复杂、昂贵，而且维护困难，蒸发的残渣会产生更多的放射性固体废物。使用离子交换技术比较简单，离子交换处理技术所产生的放射性固体废物较少，通常要减少至原来的1/10。而且，离子交换处理技术所产生的固体废物处理比较容易。他可以通过脱水处理后存放在密闭容器内待处置。

（二）系统组成和流程

放射性废液系统包括箱体、泵、离子交换床和过滤器。

放射性废液系统主要用于控制、收集、处理、输运储存和排放处置正常运行及预期运行事件下产生的液体放射性废物。除了在正常运行和预期运行事件情况下运行的固定WLS之外，考虑到对小概率事件情况下放射性废液的处理，例如对燃料元件包壳破损率多0.1%工况下来自一回路系统的冷却剂废液的处理和SGTR事故情况下二回路放射性废水的处理等，WLS还提供了与移动式放射性废液处理装置或运送放射性废液的槽车的接口。

1. 收集、储存或处理的放射性废液及其来源

（1）含硼的反应堆冷却剂的废液。这部分废液来自化容系统的下泄流、取样系统取样槽的疏水和设备引漏排出的反应堆冷却剂系统（RCS）疏水。

（2）地面疏水和其他潜在的带有高浓度悬浮固体颗粒杂质的废液。这部分废液由各厂房地面疏水和地坑内收集而来。

（3）含洗涤剂的废液。这部分废液来自电厂热井（适用于内陆厂址的冷却塔）、淋浴器和一些清洗去污工艺。这些废液放射性浓度较低。

（4）化学废液。这部分废液来自实验室和其他相对少量的水源。他可能含化学危险物

质、放射性物质和其他高溶解性颗粒杂质。

WLS不处理非放射性的二回路废液。二回路系统的非放射性废液通常由蒸汽发生器排污处理系统和汽轮发电机厂房疏水系统处理。

当蒸汽发生器传热管发生较大泄漏或者断裂导致放射性物质泄漏至二回路时，根据监测到的二回路水污染水平，将其运至WLS处理，或运到场区放射性废物处理设施（Site Radwaste Treatment Facility）或移动式放射性废液处理装置处理。

放射性废液系统（WLS）有收集储存废液的能力，离子交换床/过滤器系列提供75gpm(17 m^3/h)的稳定处理能力，符合核电厂预期处理要求。

放射性废液系统（WLS）的处理能力能够承受处理设备故障情况下的预期废液量和由于过量泄漏可能导致的波动量。此外，WLS能容纳预期运行事件下产生的废液。

若发生（二回路）凝结水箱污染，随后可送到场区放射性废物处理装置（SRTF）或放射性废液处理装置处理。若燃料元件包壳破损率达0.1％或者更高时，化容下泄流也要送到SRTF或移动式放射性废液处理装置处理，各类排往WLS处理的废液预计量和处置见表6-5。

表6-5　　　　　各类排往WLS处理的废液预计量和处置

储存箱和废液源		预计流出液	活度	基准	处置
1. 流出液储存箱	化容下泄流	159 000gp/a(602m^3/a)	100％反应堆冷却剂	AP1000-specific calculations 特殊计算	过滤，除盐，排放
	安全壳内泄漏至反应堆冷却剂疏水箱	10gp/d(38L/d)	167％反应堆冷却剂	ANSI/ANS 55.6	
	安全壳外泄漏至流出液储存箱	80gp/d(1900L/d)	100％反应堆冷却剂	ANSI/ANS 55.6	
	取样疏水	200gp/d(757L/d)	100％反应堆冷却剂	ANSI/ANS 55.6	
2. 废液储存箱	反应堆安全壳冷却	500gp/d(1900L/d)	0.1％反应堆冷却剂	ANSI/ANS 55.6	过滤，除盐，排放
	乏燃料泄漏	25gp/d(95L/d)	0.1％反应堆冷却剂	ANSI/ANS 55.6	
	各类疏水	675gp/d(2560L/d)	0.1％反应堆冷却剂	ANSI/ANS 55.6	

2. 放射性废液系统

（1）反应堆冷却剂系统废液。放射性废液系统如图6-5所示。

反应堆冷却剂系统的含硼和含氢废液来自反应堆冷却剂系统的疏水箱和化容系统的下泄流。由于反应堆冷却剂系统流出的废液通常含氢和溶解性废气，因此，废液在进入暂存箱前需通过放射性废液系统的真空除气器进行除气。

在停堆前，化容系统以开环路形式运行，通过放射性废液系统（WLS）真空除气器进行除气后将废液送往指定的废液暂存箱，然后由暂存箱泵将处理过的下泄流重新送回化容系统。补给泵在正常工况下，将下泄流送回RCS。根据需要，可对反应堆冷却剂进行连续脱气。

进入反应堆冷却剂疏水箱内的疏水温度可能很高，因此，需通过一个热交换器来进行循环冷却。反应堆冷却剂疏水箱由氮气惰化，废气排往废气系统（WGS）。

来自化容系统下泄流管线或反应堆冷却剂疏水子系统的反应堆冷却剂废液通过真空除气

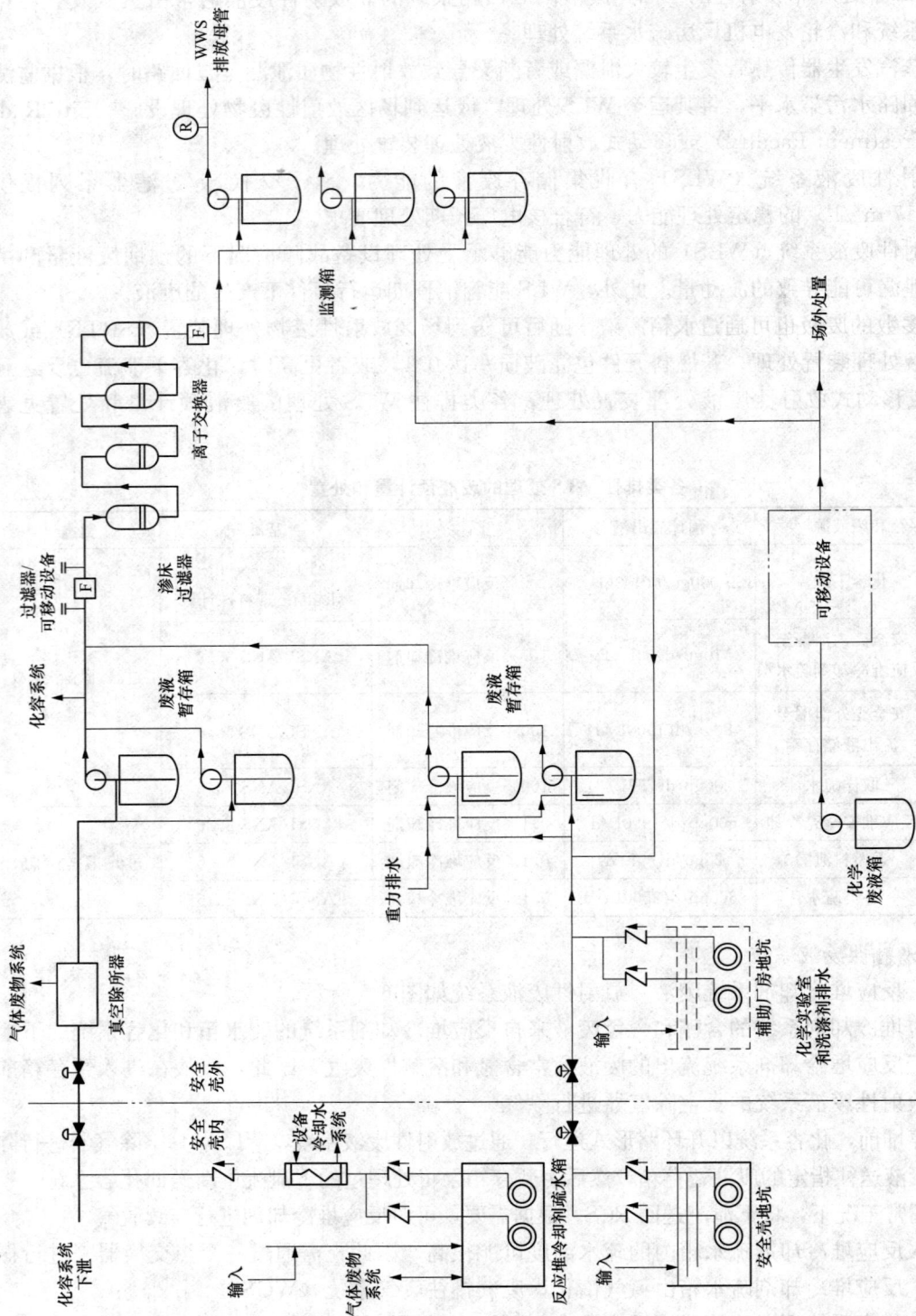

图 6-5 AP1000 放射性废液系统

器，将溶解氢和裂变废气去除。这些废气随后经过一个汽水分离器送往废气系统（WGS）。而后除气器排放泵将废液送至指定的废液暂存箱中。如果同时有下泄流管线和反应堆冷却剂疏水箱废液送往除气器，则优先处理下泄流废液，疏水箱疏水自动暂缓处理。

废液暂存箱内液体可再循环和取样，通过除气器的循环进一步除气，经过化容补给泵返回反应堆冷却剂系统，或排放至移动式处理设施处理，或通过离子交换床处理，或不经处理直接排入监测箱排放。

暂存箱内的废液先通过前过滤器，而后经四个串联的离子交换树脂床来处理。任何一台树脂床都能手动旁通。最后两个离子交换树脂床的次序可以互换，以便使离子交换树脂得以充分利用。

第一台树脂床的顶部一般装有活性炭，起到深层过滤器的作用，并去除地面疏水中的油。大多数的废液也可通过该树脂床。这台树脂床比其他三台稍大，设有一个排放接口用于更换床体顶部的活性炭。这一特征和树脂床的深层过滤功能有关。上层的活性炭收集杂质颗粒物，且在不影响下层阳床（硅酸盐）的情况下将其去除，减小固体废物的产生量。

第二～第四台离子交换树脂床是相同的，根据核电厂主要运行工况有选择地装填树脂。

离子交换处理后，废液通过一个后过滤器，将放射性颗粒物和碎粒树脂阻截。处理后的废液送入三台监测箱之一。

监测箱中的废液需进行再循环和取样。在极少可能出现的放射性水平高于可接受限值的事件中，监测箱中的废液返回废液暂存箱再处理。然而，通常情况下放射性水平低于排放限值，稀释的硼酸排入循环水排污水中以降低其浓度。控制排放废液的流速来限制循环排污水中硼酸浓度以满足当地的排放要求。若监测到排放流的放射性超标，立即停止排放，要求运行人员采取行动后恢复排放。原水系统能向循环水系统提供补水，用作循环水系统不足以提供稀释排放用水时的后备水源。

（2）地面疏水和其他含高悬浮颗粒物的废液。可能受污染的地面疏水地坑来的废液和其他含高颗粒物的废液收集在废液暂存箱中。水箱中可加入添加剂以改进过滤和离子交换的处理效果。暂存箱内的废液可以再循环进行混合和取样。在处理设备更换组合和设备维修时，暂存箱有足够的储存能力。随后的处理方法与反应堆冷却剂废液的处理方法相同。

（3）含洗涤剂的废液。来自核电厂热井和淋浴器的洗涤剂废液含肥皂水和洗涤剂。这类废液通常不适用上述离子交换方法处理。洗涤剂废液不经处理，收集在化学废液箱内。通常洗涤剂废液的活度较低，可不经处理直接排放。

如果有必要处理时，洗涤剂废液能由特殊的移动式箱体送往场区放射性废物处理设施（SRTF）或移动式反射性废液处理装置来处理。大量的洗涤剂废液由 SRTF 的洗衣房和呼吸器清洗操作产生。该设施有专门的处理洗涤剂废液的设备。

（4）化学废液。输入化学废液箱的化学废液产生量较小。这些废液通常只收集而不进行处理。在化学废液箱中添加化学试剂用以调节 pH 或其他化学性质。若化学废液放射性浓度能满足排放要求，则将其中和后送入监测排放管线进行排放。如果排放对这类废液不适用，则将送往 SRTF 进行处理。

首先，化学废液收集在 SRTF 化学废液缓冲罐内，通过输送泵送往两桶站的桶内干燥装置。桶内干燥装置采用加热空气加热模式，配置有一组加热回路，一组冷却回路，能在无人监测的条件下连续运行。该设备设计简单，运行速率低，有自动控制和安全关闭的功能。

设备设计还考虑了温度限制、溢流保护等安全措施。随后，160L桶的化学废液盐块送往超级压缩机进行 Free Space 的超压处理。形成的超压饼在 200L 包装桶内由水泥灌浆固定。最终形成的废物包装体送往废物暂存库存放。加热烘干时产生的蒸汽，将送往冷却回路冷凝。冷凝液排往指定的凝结水箱。凝结水箱的水将送往 SRTF 疏水排放系统（WTS）的监测箱。

（5）蒸汽发生器排污。蒸汽发生器排污水通常由蒸汽发生器排污系统收集处理。若蒸汽发生器传热管破裂，导致蒸汽发生器排污水放射性较高，这部分排污水在排放前转送入放射性废液系统（WLS）内进行处理。在这类工况下，一个废液暂存箱排空，以准备接收和处理排污水。排污水连续或间歇排入储存槽，随后由泵送入离子交换床进行处理。离子交换床的使用数量由操作员根据情况决定，要求能够提供足够的净化能力但不浪费树脂使用量。排污水处理后收集在监测箱中，取样并在监测下排放。

对于冷却剂疏水、洗涤剂废液和 SGTR 二回路沾污水（含放射性）以及其他超出核岛废液系统处理能力的各类疏水，采用移动式设备处理系统（MBS）处理。SRTF 提供的移动式设备能运送至各机组内。移动式设备在任何一个机组的核岛废物厂房泊位区停留，该泊位区设有废液处理的接口，经移动式处理设施处理后的废液可排放至核岛废液监测箱或放射性液体废物系统的后续工艺。移动式设备产生的浓缩液则送往 SRTF 化学废液缓冲罐，随后送往水泥固化计量槽进行处理。移动式设备的去污因子可达 1000。移动式设备装在一个转运容器内。移动式设备包括了多个处理模块的组合，如活性炭床、离子交换床、R/O 反渗透前过滤器、R/O 反渗透模块等，部分处理模块能根据需求旁路。

三、废固处理系统

（一）系统功能

AP1000 中放射性固体废物系统（solid radwaste system，WSS）功能与 M310 基本相同，用来收集核电厂正常运行（包括预期运行事件）产生的废离子交换树脂、过滤芯子、活性炭、水处理和暖通的废过滤器芯子、放射性干废物和混合废物。本系统位于辅助和放射性废物厂房内。

一回路的树脂和过滤器通过固定式设备，从各自固定的工艺容器运送到固定或移动式的容器中。这些废物收集在辅助厂房和放射性废物厂房内，直到他们被送往厂址废物处理设施进行进一步的处理和中间储存。

（二）系统组成和流程

固体废物按其来源分为四类：废树脂、放射性废水蒸发残液、过滤器芯子及其他固体废弃物，下面分别对它们的处置进行描述。

1. 废树脂处理

核岛产生的废树脂由屏蔽转运容器运送至 SRTF 的废树脂缓冲罐内。废树脂缓冲罐内的废树脂通过输送泵送往废树脂计量罐。（废树脂计量罐的容积等同于锥形烘干机单次烘干的容量，约为 500L）

初步除水后的废树脂送往锥形烘干机。锥形烘干机为油加热型，设有保温隔层。夹套外的表面温度不超过 40℃。废树脂经加热至 160℃，废树脂内的残余水分通过真空泵输送，在烘干机内逐步蒸干，烘干机内的搅拌装置充分搅拌废树脂，使其形成致密度高的烘干产物。在烘干末期，添加专用的添加剂以增强树脂之间黏结和紧密，并在树脂呈热状态时装桶（160L）加盖，送往超级压缩机进行超压处理。

加热烘干时产生的蒸汽，先经由可清洗真空过滤器处理，然后送往冷凝器。冷凝液排往指定的凝结水箱。凝结水箱的水将送往 SRTF 疏水排放系统（WTS）的监测箱。

经超压形成的超压饼通过测高、测重、测剂量率（共安装五组探头，其中，三组探头位于超压饼边侧，一组位于底部，一组位于顶部），在指定区域集中存放，并通过优选组合的方式装桶（200L）。超压饼在 200L 包装桶内由水泥灌浆固定。最终形成的废物包装体送往废物暂存库存放。

2. 废过滤器处理

过滤器转运罐（filter transfer cask）用于更换化容系统和乏燃料系统（SFS）高放射性的废过滤器。废过滤器容器疏水后，远距离开启过滤器的顶盖。取出过滤器顶部的屏蔽塞，将卸下底部屏蔽盖的转运罐吊运至过滤器滤芯的顶部。

远距离放下转运罐内的抓钩，与过滤器滤芯相连接。过滤器滤芯吊入至转运罐中，由塑料包装好的转运罐运送至转运罐底部屏蔽盖上并连接。在连接前由一个长柄探测器来测定过滤器滤芯的剂量。然后转运通运至辅助厂房轨道车上。

完成取样分析确定包装要求后，重新将废过滤器滤芯从转运罐中取出倒入废物容器（waste container）中。借助拉杆工具去除塑料覆盖膜，然后将废物容器加盖，并根据需要进行放射性污染检测和去污，并进行剂量测定。遥控操作轨道小车区域的起重机将废物容器放入运输容器（Shipping Cask）中。

表面剂量率低于 15R/h 的过滤器能在过滤器屏蔽外，用拉杆工具更换。在核岛放射性废物厂房，中、低水平放射性废过滤器滤芯装入低放（低水平放射性）废物容器内。使用移动式起重机将这些低放废物容器运送到废物收集间的移动式屏蔽罐内储存。

当废物容器积累到卡车单次装载量时，废物容器将运送到厂址放射性处理设施。

排气通风过滤设备的放射性过滤器采用袋装运输至放射性废物厂房，进行临时储存。然后在厂址放射性处理设施内和其他放射性干废物一起进行压缩处理。

3. 干废物处理

干废物根据测量的表面剂量率分类，以确定合适的处理方法。最初废物的接触剂量率分类如下：低放废物 $<5mR/h$；中放废物 $\geqslant 5mR/h$ 且无释热。

为了提高干废物的处理效率并且降低处理时的放射性照射，操作员可根据具体情况对放射性分类进行调整。

将来自放射性控制区域中的（radiologically controlled area，RCA）表面污染区域的废物放入袋中或装入容器，在废物产生地点标注上放射性水平、废物类型和处理地点的信息。废物袋或容器运至废物厂房，根据中、低放射性水平，使用合适的移动式屏蔽方式分开储存。

中放废物（$\geqslant 5mR/h$）在厂址放射性处理设施内分类，取出可复用部分，如防护服、工具、有害废物和大型的不可压缩废物。其他废物通常在厂址放射性处理设施内压缩打包。

低放干废物（$<5mR/h$）通常含大量非放射性物质。此类废物通常在中央处理设施的剂量监测和分类系统内分离出可供复用或就地处置的非放物项。通过放射性检测确定和取出可能清洁的物项。其他放射性废物采用合适的方式压缩或打包后送中间储存。

进入放射性控制区（RCA）的材料在复用或释放前，需确认其为非放射性材料。属于个人或承包人的工具、设备在附属厂房放射性控制区（RCA）出入口需通过监测，如果这些物项不能豁免或去污，则纳入核电厂废物总量或干放射性物质，如前描述处理。

在放射性控制区内表面污染区外产生其他的废物收集在废物袋或容器内，然后输送至废物厂房临时储存区。通常，这些废物通过厂址放射性处理设施监测系统检测，确定为非放射性并适合在当地废物掩埋场处置后方可处理。

4. 混合废物处理

来自放射性控制区的混合废物收集在合适的容器内运送至废物厂房。采用单独的容器架和收集桶储存固液混合废物。通常将混合废物送至厂址放射性处理设施。

以上描述了 AP1000 核电厂主要的辅助系统，它们均为非安全级系统，在核电厂正常运行时不需要承担安全相关的功能，但对于 AP1000 的正常运行至关重要，对于 AP1000 核电厂达到 93% 的高可利用率和进行投资控制具有重要的作用。

AP1000 非安全相关的辅助系统与现已运行的第二代核电厂和先进的改良型压水堆安全相关辅助系统相比，设计简化，明显地降低了核电厂的建造成本和运行成本。

四、与 M310 比较

（1）AP1000 对放射化学实验室产生的含有酸碱试剂等化学品的放射性废液的处理，设置移动式化学废液处理系统，M310 无该系统。

（2）AP1000 简化了核岛及辅助厂房放射性固体废物处理系统的设计。对于废树脂和废过滤器芯仅考虑暂存的功能，处理整备功能整合于厂址集中废物处理设施。

（3）与 M310 相比，AP1000 取消了之前采用的放射性废水蒸发处理系统，设置的放射性废液处理系统采用多级过滤和离子交换工艺对放射性废水进行处理后排放。

第三节　华龙一号三废处理系统

一、废气处理系统

（一）系统功能

华龙一号废气处理系统（ZGT）主要功能和 M310 废气处理系统基本相同，用于处理核电厂正常运行工况和预计运行事件中产生的放射性气体废物。

按照废气中的含氢量，放射性气体废物被分成两类（与 M310 基本一致）：

1. 含氢废气

这类废气来自装有反应堆冷却剂的容器，即 RCS 系统的稳压器卸压箱、RCV 系统的容积控制箱和 RVD 系统的反应堆冷却剂流水箱。废气还来自 ZBR 系统净化段的反应堆冷却剂除气塔。

这类废气由氢气、氮气和裂变气体（例如 Xe，Kr）组成，进入本系统后采用压缩、储存衰变的方法降低废气的放射性浓度。储存期满后进行取样分析。如符合要求则排至核辅助厂房的通风系统，经通风系统的通风排气稀释后排向烟囱。

2. 含氧废气

这类废气来自容器的排气（并可能含有放射性气体）。废气由 RVD 系统集中于含氧废气母管中，由本系统排气风机引入 ZGT 系统，经除碘后由排气风机排至通风系统，用通风系统来的空气进行稀释后不经储存排向烟囱。

（二）系统组成和流程

废气处理系统设置了含氢废气处理和含氧废气处理两条生产线。

　1. 含氢废气处理子系统

　采用压缩、储存衰变法处理含氢废气。来自核岛疏水排气系统集气管的含氢废气首先进入缓冲罐，缓冲罐可使来气流量和压力的波动变得相对平稳，从而保证了后面压力的稳定运行。压缩后的废气经冷却器冷却至50℃，经气水分离器分离冷液，最后废气被压入其中一台衰变箱。一般经60天衰变后取样分析，如放射性浓度符合要求，则可将废气进行在线监测排放至核辅助厂房的通风系统，由核辅助厂房通风系统的排风进行稀释后排向烟囱。

　含氢废气在衰变箱中的衰变时间：基本负荷运行时60天，负荷跟踪运行45天，衰变箱最大工作压力0.7MPa（表压力）。衰变箱内的冷凝水可排至RVD系统。在衰变箱配管上考虑了可通过压缩机将气体从一个衰变箱转移到另一个衰变箱的操作。含氢废气处理子系统保持正压，防止外界空气漏入而形成易燃、易爆的混合气体。

　本子系统运行前用氮气吹扫净化。

　含氢废气由RVD集气总管直接送至缓冲罐。缓冲罐可对无规律（不同压力和流量）的来气起到调节稳定的作用，向压缩机提供平稳的气流，并分离废气中夹带的冷凝水。正常运行时，废气压缩机将根据已在缓冲罐压力检测装置上设定的压力值，随缓冲压力变化而自动启动或停运：如果没有废气进入缓冲，罐内压力不超过0.005MPa（表压力）时。压缩机不启动；当有废气产生并通过RVD系统输入，使缓冲罐压力上升达到0.025MPa（表压力）时，第一台压缩机启动；如果缓冲罐压力继续上升到0.03MPa（表压力）时，第二台压缩机自动启动；在压缩机运行中，当缓冲罐内压力回落到0.005MPa（表压力）时，正在运行的压缩机停运。压缩机的手动操作及压缩机运行先后的选择可以通过ZGT系统控制柜上的转换开关来实现。

　衰变箱向大气排放废气之前，要进行取样分析监测排放废气的放射性浓度、氚浓度、主要核素等，并且要检查通风系统的运行工况和大气环境条件是否满足排放要求。只有当两个串联的远传阀门已经被手动打开时，才能遥控排放阀门排放废气。

　在衰变箱排放总管上设有在线辐射监测仪表，当废气放射性活度超过排放阈值时，发出报警信号，并连锁关闭排放阀，废气停止排放。如果通风系统碘吸附器出现故障厂房烟囱放射性监测值超过阈值，或者如果正在排放的衰变箱内的压力下降到0.02MPa（表压力）时，则自动停止排放。衰变箱内压力低于0.02MPa（表压力）时停止排气是一种压力保护，以防止外部空气返入衰变箱而发生爆炸事故。

　2. 含氧废气处理子系统

　从化学和容积控制系统、核取样系统、反应堆硼和水补给系统、核岛疏水排气系统废液处理系统、硼回收系统、固体废物处理系统等系统有关容器排出的含氧废气经核岛疏水排气系统集气管汇集后，由本子系统风机抽吸，使其连续通过电加热器，将气体温度提高，使气体的相对湿度维持在40%以下，然后通过碘吸附器，最后由排风机送至核辅助厂房的通风系统。为了保证含氧废气的处理不间断，本子系统设备以100%备用，当一套设备运行时，设备处于备用状态。

　正常运行时，一台电加热器、一台碘吸附器和一台排气风机串联投入运行。当信号显示第一台风机停运后，第二台风机即自动启动（包括串联的电加热器和碘吸附器），排风总管内的负压由止回调风阀维持；一旦风机停运，该阀就自动关闭。通过调节阀瓣的平衡锤，可以手动控制负压的程度。含氧废气和由可调节风阀引入的空气经处理后，在经烟囱排放前，被通风系统的主排风气流稀释。

二、废液处理系统

（一）系统功能

华龙一号废液处理系统（ZLT）主要功能和 M310 废液处理系统基本相同，用于接、储存、处理，监测核电厂控制区排出的放射性废液。

ZLT 系统处理三类放射性废液：工艺排水、化学排水和地面排水。上述废液由核岛疏水排气系统和放射性废水回收系统收集。

工艺排水先进入工艺排水缓冲槽再进入工艺排水接收槽，地面排水进入地面排水接收槽，化学排水先进入化学排水接收槽再由化学排水接收槽接收。工艺排水接收槽、地面排水接收槽和化学排水接收槽中各自总有一个储槽处于接收状态。储槽装满后要进行搅拌、取样、分析、添加化学试剂等操作。经过处理和取样分析达标的 ZLT 废液通过 ZLD 系统监测和排放。

此外，还有服务排水可送到 ZLT 系统地面排水接收槽进行处理。如果其放射性浓度低于排放控制值，应经过滤后再经 ZLD 系统排放。ZLT 系统也可收集其他来源的废液（如 ZBR 系统废液等）。

（二）系统组成和流程

放射性废液根据放射性浓度和化学组成由 RVD 系统分类收集，然后送至 ZLT 系统储槽分别储存。按照废液的特性分别采用下述方法进行处理：①工艺排水为化学杂质含量低的放射性废液，一般采用除盐工艺处理；②化学排水的化学杂质含量及放射性浓度均较高，一般用蒸发工艺处理，采用外热式自然循环型蒸发器，去污性能好（去污系数可达 1000）；③地面排水和服务排水的放射性浓度较低，含悬浮固体和纤维物质等，一般采用过滤工艺进行处理。

1. 系统组成

（1）除盐工艺。除盐工艺包括以下设备：

1）两个工艺排水接收槽，工艺排水在储槽中混合、取样分析；一台工艺排水泵，用于废液的混合搅拌、取样分析和输送，当废液需要除盐处理时，将废液送往除盐净化装置，当废液的放射性浓度低于排放控制值时，将废液送往过滤器过滤后排放；

2）一台预过滤器，用于去除悬浮物质，以保证除盐器效率；

3）一套化学试剂注入装置，包括化学试剂添加罐、计量泵、一台絮凝剂泵、化学调节泵和在线监测装置，用于在预过滤器的出口管线上连续注入化学试剂，以破坏较难去除胶体的稳定性，从而有利于下游的深床过滤器将这些杂质有效地去除。根据在线监测器取样结果调节化学试剂的注入量；

4）一台深床过滤器，经上游注入絮凝剂后，通过深床过滤器去除废液中的悬浮物、胶体和部分离子；

5）四台串联的树脂床过滤器经过处理后的废液进入监测槽。

（2）蒸发工艺。蒸发工艺包括以下设备：

1）三台化学排水接收槽，用于废液的收集、储存、混合、取样分析和预处理；

2）一台化学排水泵，用于槽内废液的混合搅拌、取样分析和输送；

3）化学中和站，由酸、碱试剂槽和两台计量泵组成，用于调节接收槽中废液的 pH 值；

4）蒸发处理设备，包括蒸发器供料泵、蒸发器预过滤器、预热器、加热器、蒸发器、旋风分离器、泡罩塔、蒸馏液冷凝器、蒸馏液冷却器、冷凝水冷却器和冷凝水平衡槽。

蒸发浓缩液由浓缩液槽收集，用泵送至 ZST 系统浓缩液槽。蒸馏液由两个监测槽接收。

蒸发净化单元包括化学试剂注入装置，可调节蒸发器内废液 pH。当蒸发器处理易起泡的废液时，也可由本装置注入消泡剂。蒸发净化单元和除盐净化单元设有集中和就地取样点，通过取样分析来监测废液的特性及处理效果。

对检测槽中的废液进行取样分析，如果其放射性和化学特性符合排放要求，则排往 ZLD 系统，否则送至蒸汽发生器重新处理。

（3）过滤工艺。过滤工艺包括以下设备：

1）三台地面排水接收槽、用于地面排水和服务排水的收集、储存、混合、取样分析及化学中和；

2）地面排水泵，用于废液的混合搅拌、取样分析和输送；

3）两台并联的过滤器，可以在不停止处理废液的情况下更换过滤器芯。

当地面排水接收槽内废液的放射性浓度高于排放控制值时，可采用蒸发工艺处理或由除盐单元处理。

2. 系统流程

（1）前储槽的运行流程。前储槽中的料液经混匀后取样监测其放射性。

工艺排水由絮凝剂注入及除盐器处理，如果工艺排水有化学污染则由蒸发器处理。如果工艺排水的放射性浓度低于排放限值，则通过过滤器后以 $8m^3/h$ 的流量从核废物厂房排往 ZLD 系统。

地面排水以 $27m^3/h$ 的流量，经过滤器排往 ZLD 系统。如果放射性浓度高于排放限值，则采用蒸发处理。

化学排水经过滤器，以 3.5t/h 的流量由蒸发处理。如果放射性浓度低于排放限值，则经过滤器后以 $27m^3/h$ 的流量从核辅助厂房送往 ZLD 系统。

（2）废液蒸发器的运行流程。在正常运行工况时，废液蒸发器以 3.5t/h 的流量处理废液。考虑到蒸馏液回流量是 0.35t/h，所以蒸发器的蒸发量是 3.85t/h，产生的二次蒸汽在冷凝器中冷凝。

蒸发器工作压力为 0.12MPa（绝对压力），溶液的沸腾温度约 108℃。辅助蒸汽的流量由测量控制仪表来调节，蒸馏液的流量和蒸馏液的回流量是恒定的。蒸馏液经过冷却器冷却后的最高温度为 50℃。蒸发器循环管上的就地取样点用于测量有关参数，这些参数为固体物或硼酸浓度、浓缩液放射性浓度、氢氧化钠和硼酸的浓度比。

可通过化学试剂添加装置向蒸发器添加一定量的氢氧化钠溶液或消泡剂。

（3）除盐器装置的运行流程。除盐装置由操作员手动启动，运行稳定后进入自动调节运行模式。

（4）蒸馏液监测槽的运行流程。混匀后的废液的放射性通过取样来检测。如果废液的放射性浓度是排放所允许的，则送往 ZLD 系统进行排放。

三、废固处理系统

（一）系统功能

华龙一号固体废物处理系统（ZST）主要功能和 M310 废气处理系统基本相同，主要是收集、暂存、固化（或固定）、压实和包装电厂运行及检修时产生的放射性干、湿固体废物，使其符合运输、储存和处置的要求，具体包括以下功能：

（1）收集运行产生的放射性固体废物。

（2）将废物暂存，并进行可能的放射性衰变。

（3）将废物处理和整备后封装在200L钢桶中。

（4）将200L钢桶废物包送到固体废物暂存库暂存。

本系统处理下列类型的废物：废树脂及废活性炭等、浓缩液、废过滤器芯和杂项干废物（受污染的纸、擦拭布、塑料等）。废树脂由下列系统的除盐器产生：RCV系统。ZBR系统、ZLT系统、蒸汽发生器排污系统（TTB）、乏燃料水池净化系统（RFT）。废活性炭产生自ZLT系统工艺废液处理的深床过滤器。浓缩液来自ZLT系统的蒸发器。废过滤器芯来自RCV、ZBR、ZLT、RFT和TTB系统的过滤器。通风系统的废过滤器芯不进行水泥固定。控制区产生的杂项干废物由低污染的可压实废物（例如污染严重的抹布、塑料、纸、防护鞋套、口罩、手套、衣服等）和不可压实的固体小部件组成，收集在塑料袋内。

（二）系统组成和流程

1. 系统组成

固体废物分为湿废物和干废物两类，针对以上两类固体废物的处理，系统组成及描述如下：

（1）废树脂和废活性炭的处理系统组成。在核辅助厂房内设有两个废树脂储槽，用来接收和储存来自RCV、RFT和ZER系统的废树脂。废树脂用屏蔽转运容器送到核废物厂房，与核废物厂房ZLT系统产生的废树脂采用水泥固化后装入包装容器200L钢桶。

TTB系统废树脂的放射性水平一般很低，在核辅助厂房将其通过临时软管用水力输送进入移动式TTB废树脂储槽，沥干后用真空装置将TTB废树脂装入内衬有塑料薄膜的200L钢桶中，经检测达到清洁水平后可作为非放废物处理。在异常情况下，TTB系统产生的废树脂排至废树脂储槽，再送到固化线处理。

废活性炭来自ZLT系统絮凝注入及活性炭吸附和除盐装置的活性炭床，用管道送到活性炭收集槽采用水泥固化处理。

（2）浓缩液的处理系统组成。浓缩液来自核废物厂房的ZLT系统。浓缩液通过管道输送到湿废物处理系统，浓缩液与水泥和添加剂加入200L金属桶并混合均匀，以制成匀质的能留放射性物质的固化块。

（3）过滤器的处理。核辅助厂房产生的废过滤器芯用屏蔽运输车运送到核废物厂房进行处理。核废物厂房产生的废过滤器芯通过转运容器、下降通道和辊道送到核废物厂房内的固体废物处理系统进行固定处理。

（4）杂项与废物的处理系统组成。杂项低放固体废物用屏蔽运输车运送到废物处理辅助厂房，按照可压实杂项干废物、湿的可压实杂项与废物、可直接超级压实废物和不可压实废物四类进行分类处理：

1）潮湿的可压实杂项干废物先装入160L钢桶进行烘干，然后作为可压实杂项干废物用初级压实机压入200L钢桶中，再对这些200L钢桶进行超级压实，超压获得的金属饼装入200L钢桶，用水泥固定。

2）可直接超级压实废物装入200L钢桶进行超级压实后装入200L钢桶水泥固定；

3）不可压实废物装入 200L 钢桶进行水泥固定处理。

2. 系统运行流程

（1）湿废物装桶。产生于核辅助厂房内的废树脂收集到核辅助厂房的废树脂储槽中，再用废树脂运输车运送到核废物厂房的废树脂接收槽，ZLT 系统的废树脂直接用水力将除盐器中的废树脂输送至核废物厂房的废树脂接收槽。浓缩液通过管道收集到浓缩液接收槽，再送至固化线处理。

过滤器芯的装卸利用过滤器芯更换转容器进行更换，过滤器芯进入更换转容器后关闭过滤器芯更换转容器底部滑板，将过滤器芯更换转容器运至废过滤器芯输送通道上。在输送通道正上方定位后，将过滤器芯经下降通道放入已就位的 200L 钢桶内。装有废过滤器芯的200L 钢桶通过屏蔽容器和运输车运送至固化线处理，处理后产生的钢桶废物包送到废物暂存库暂存。

（2）杂项干废物装桶。杂项干废物根据放射性水平的不同收集在不同颜色的塑料袋内，送到废物处理辅助厂房进行分拣、烘干（必要时）、剪切（必要时）、初级压实、超级压实和水泥固定处理，处理后产生的钢桶废物包送到废物暂存库暂存。

（3）储存。废物暂存库设有检测装置，用于检测入库废物的表面剂量率、核素组成、重量和表面污染，然后对废物进行分区存放。整备后的 200L 钢桶废物包，先在废物暂存库暂存，然后送中、低放废物区域处置场。

四、与 M310 比较

（1）在 M310 中经废固处理系统处理后形成 200L 的产品桶，200L 产品桶再通过检测、擦拭去污后送至暂存库存放；而在华龙一号中废物处理和整备后封装在 200L 的钢桶中。

（2）M310 中废气处理系统中使用六个衰变箱，而在华龙一号中仅连接使用四台衰变箱。

复　习　题

6-1　简述放射性废物的来源和分类。

6-2　简述废气处理系统、废液处理系统及废固处理系统的组成与功能。

6-3　M310 含氢废气主要来源有哪些？

6-4　核电厂放射性废液类型有哪些？

6-5　试述 M310 机组、AP1000 及华龙一号三废处理系统的区别。

附录 A 不同类型机组常用系统代码和常用名词的中英文对照

附表 A-1   M310 机组

类型	代码	中文
系统	ASG	辅助给水系统
	DVN	核辅助厂房通风系统
	EAS	安全壳喷淋系统
	EIE	安全壳隔离系统
	ETY	安全壳内大气监测系统
	HHSI	高压安全注入系统
	LHSI	低压安全注入系统
	MHSI	中压安全注入系统
	PTR	反应堆水池和乏燃料水池冷却和处理系统
	RCP	反应堆冷却剂系统
	RAZ	核岛氮气分配系统
	RCV	化学和容积控制系统
	REA	硼回收和补给水系统
	REN	核取样系统
	RIS	安全注入系统
	RIS	安全注入系统
	RPE	核岛排气和疏水系统
	RPR	反应堆保护系统
	RRA	堆芯余热排出系统
	RRI	设备冷却水系统
	SEC	重要厂用水系统
	SED	核岛除盐水分配系统
	SEK	常规岛废液排放系统
	SER	常规岛除盐水分配系统
	SRE	放射性废水回收系统
	TEG	废气处理系统
	TER	废液排放系统
	TES	固体废物处理系统
	TEU	废液处理系统
	VVP	主蒸汽系统

续表

类型	代码	中文
	GV	蒸汽发生器
	PO	主泵
常用名词	NAB	核辅助厂房
	PZR	稳压器
	QS	废物辅助厂房

附表 A-2　　　　　　　　　**AP1000 机组**

类型	代码	中文
	ADS	自动卸压系统
	CAS	压缩空气和仪用空气系统
	CCS	设备冷却水系统
	CDS	凝结水系统
	CIS	安全壳隔离系统
	CVS	化学和容积控制系统
	IIS	堆芯仪表系统
	IVR	熔融物堆内滞留系统
	PCS	非能动安全壳冷却系统
	PRHRS	非能动余热排出系统
系统	PSIS	非能动安全注入系统
	PSS	一回路取样系统
	PXS	非能动堆芯冷却系统
	RCS	反应堆冷却剂系统
	RNS	正常余热排出系统
	SFS	乏燃料池冷却系统
	SWS	厂用水系统
	VES	非能动主控制室应急可居留系统
	WGS	放射性废气系统
	WLS	放射性废液系统
	WSS	放射性固体废物系统
	ACC	安注箱
	CMT	堆芯补水箱
	CRDM	控制棒驱动机构
	GDC	设计总则
	HX	热交换器
常用名词	IRWST	安全壳内置换料水箱
	PAR	非能动自动催化复合器
	PCCWST	安全壳非能动冷却水箱
	RPV	反应堆压力容器
	SG	蒸汽发生器

附表 A-3　　　　　　　　　　　　　　华龙一号机组

类型	代码	中文
系统	CAM	安全壳大气监测系统
	CHC	安全壳消氢系统
	CHM	安全壳氢气检测系统
	CSP	安全壳喷淋系统
	FNP	核岛消防系统
	LHSI	低压安注子系统
	MHSI	中压安注子系统
	PAMS	事故后检测系统
	PCS	非能动安全壳热量排出系统
	RBM	反应堆硼和水补给系统
	RCS	反应堆冷却剂系统
	RCV	化学和容积控制系统
	REB	应急硼注入系统
	RFH	燃料操作与储存系统
	RFT	反应堆换料水池和乏燃料水池冷却及处理系统
	RHR	余热排出系统
	RNS	核取样系统
	RRP	反应堆保护系统
	RSI	安全注入系统
	RVD	核岛疏水排气系统
	TFA	辅助给水系统
	TFA	辅助给水系统
	TFM	主给水流量控制系统
	TFS	启动给水系统
	TTB	蒸汽发生器排污系统
	WCC	设备冷却水系统
	WCT	循环水处理系统
	WEC	电气厂房冷冻水系统
	WES	重要厂用水系统
	WNC	核岛冷冻水系统
	WND	核岛除盐水分配系统
	WSD	辅助蒸汽分配系统
	ZBR	硼回收系统
	ZGT	废气处理系统
	ZLT	废液处理系统
	ZST	固体废物处理系统

续表

类型	代码	中文
常用名词	HFP	热态满功率
	HZP	热态零功率
	IRWST	内置换料水箱
	MSLB	主蒸汽管道破裂
	RPV	反应堆压力容器
	SGTR	蒸汽发生器传热管破裂

附表 A-4   **常用通用名词的英文缩写及中文**

英文缩写	中文
ALARA	合理可行尽量低
LOCA	失水事故/冷却剂丧失事故
DBA	设计基准事故
DNBR	偏离泡核沸腾比
SBO	全厂断电

参 考 文 献

[1] 单建强. 压水堆核电厂系统与设备 [M]. 西安：西安交通大学出版社，2021.

[2] 邢继，吴琳. 中国自主先进压水堆技术"华龙一号"：上册 [M]. 北京：科学出版社，2020.

[3] 刘永阔，晁楠. 压水堆核岛主系统安装与调试 [M]. 哈尔滨：哈尔滨工程大学出版社，2020.

[4] 朱华. 核电与核能 [M]. 2 版. 杭州：浙江大学出版社，2020.

[5] 阎昌琪，丁铭. 核工程导论 [M]. 哈尔滨：哈尔滨工程大学出版社，2018.

[6] 环境保护部核与辐射安全中心. 核安全设备 [M]，北京：中国原子能出版社，2017.

[7] 孙中宁. 核动力设备 [M]. 2 版. 哈尔滨：哈尔滨工程大学出版社，2017.

[8] 徐利根. 华龙一号核电厂系统与设备 [M]. 北京：中国原子能出版社，2017.

[9] 徐利根. 华龙一号初级运行 [M]. 北京：中国原子能出版社，2017.

[10] 俞冀阳. 核电厂系统与运行 [M]. 北京：清华大学出版社，2016.

[11] 于涛. 压水堆核电厂系统与设备 [M]. 北京：中国原子能出版社，2016.

[12] 孙汉虹. 第三代核电技术 AP1000 [M]. 2 版. 北京：中国电力出版社，2016.

[13] 秋穗正. 先进核电厂结构与动力设备 [M]. 北京：中国原子能出版社，2015.

[14] 阎昌琪，王建军，谷海峰. 核反应堆结构与材料 [M]. 哈尔滨：哈尔滨工程大学出版社，2015.

[15] 阎昌琪. 核反应堆工程 [M]. 2 版. 哈尔滨：哈尔滨工程大学出版社，2014.

[16] 刘定平. 核电厂安全与管理 [M]. 广州：华南理工大学出版社，2013.

[17] 郑明光，杜圣华. 压水堆核电站工程设计 [M]. 上海：上海科学技术出版社，2013.

[18] 孙为民. 核能发电技术 [M]. 北京：中国电力出版社，2012.

[19] 周涛. 压水堆核电厂系统与设备 [M]. 北京：中国电力出版社，2012.

[20] 缪亚民. AP1000 核电厂核岛系统初级运行 [M]. 北京：中国原子能出版社，2011.

[21] 田传久. 核电厂通用机械设备概述 [M]. 北京：中国原子能出版社，2011.

[22] 顾军. AP1000 设备技术及分析 [M]. 北京：中国原子能出版社，2011.

[23] 马进，王兵树，马永光. 核能发电原理 [M]. 2 版. 北京：中国电力出版社，2011.

[24] 郑福裕，邵向业，丁云峰. 核电厂运行概论 [M]. 北京：中国原子能出版社，2010.

[25] 阮於珍. 核电厂材料 [M]. 北京：中国原子能出版社，2010.

[26] 阎克智. 核电厂通用机械设备 [M]. 北京：中国原子能出版社，2010.

[27] 韩延德. 核电厂水化学 [M]. 北京：中国原子能出版社，2010.

[28] 赵郁森. 核电厂辐射防护 [M]. 北京：中国原子能出版社，2010.

[29] 臧希年. 核电厂系统及设备 [M]. 2 版. 北京：清华大学出版社，2010.

[30] 朱继洲，单建强. 核电厂安全 [M]. 北京：中国电力出版社，2010.

[31] 林诚格. 非能动安全先进压水堆核电技术：上册 [M]. 北京：中国原子能出版社，2010.

[32] 林诚格. 非能动安全先进压水堆核电技术：中册 [M]. 北京：中国原子能出版社，2010.

[33] 林诚格. 非能动安全先进压水堆核电技术：下册 [M]. 北京：中国原子能出版社，2010.

[34] 朱华. 核电与核能 [M]. 杭州：浙江大学出版社，2009.

[35] 单建强. 压水堆核电厂调试与运行 [M]. 北京：中国电力出版社，2008.

[36] 林诚格. 非能动安全先进核电厂 AP1000 [M]. 北京：中国原子能出版社，2008.

[37] 朱继洲. 压水堆核电厂的运行 [M]. 北京：中国原子能出版社，2008.

[38] 广东核电培训中心. 900MW 压水堆核电站系统与设备：上册 [M]. 北京：中国原子能出版社，2005.

[39] 广东核电培训中心 . 900MW 压水堆核电站系统与设备：下册 [M]. 北京：中国原子能出版社，2005.

[40] 臧希年，申世飞 . 核电厂系统及设备 [M]. 北京：清华大学出版社，2003.

[41] 钱承耀 . 核反应堆仪表 [M]. 西安：西安交通大学出版社，1999.

[42] 邬国伟 . 核反应堆工程设计 [M]. 北京：中国原子能出版社，1997.

[43] 薛汉俊 . 核能动力装置 [M]. 北京：中国原子能出版社，1990.